公共管理 文库

国家重点图书出版规划项目

公共管理文库
总主编 纪宝成

寻找公共行政的伦理视角

（修订版）

● 张康之 著

中国人民大学出版社
·北京·

图书在版编目（CIP）数据

寻找公共行政的伦理视角/张康之著. —2版. —北京：中国人民大学出版社，2012.6
（公共管理文库/纪宝成总主编）
ISBN 978-7-300-15954-6

Ⅰ.①寻… Ⅱ.①张… Ⅲ.①行政学-伦理学-研究 Ⅳ.①B82-051

中国版本图书馆CIP数据核字（2012）第120886号

国家重点国书出版规划项目
公共管理文库　总主编/纪宝成
寻找公共行政的伦理视角（修订版）
张康之　著

出版发行	中国人民大学出版社		
社　　址	北京中关村大街31号	邮政编码	100080
电　　话	010-62511242（总编室）	010-62511398（质管部）	
	010-82501766（邮购部）	010-62514148（门市部）	
	010-62515195（发行公司）	010-62515275（盗版举报）	
网　　址	http://www.crup.com.cn		
	http://www.ttrnet.com（人大教研网）		
经　　销	新华书店		
印　　刷	涿州市星河印刷有限公司	版　次	2002年8月第1版
规　　格	160 mm×235 mm　16开本		2012年7月第2版
印　　张	24.75 插页2	印　次	2012年7月第1次印刷
字　　数	400 000	定　价	78.00元

版权所有　　侵权必究　　印装差错　　负责调换

总　序

公共管理是当代社会科学研究的一个重要领域。经过20多年的发展，特别是公共管理一级学科的设置，我国公共管理硕士专业学位研究生教育的启动，以及高校公共管理本科专业的大量开设，公共管理已成为当代中国社会科学领域的教学与研究的一个充满生机活力和具有远大发展前景的学科领域。

同时，我们也应该看到，我国的公共管理教育仍然存在着不少问题。例如学科视野有待拓展，学科知识体系有待丰富，理论研究和教学内容落后于实践发展，针对性、应用性不强等。为此，中国人民大学出版社在大力引进国外优秀的公共管理出版物的同时，也积极组织国内学术资源，出版原创性的公共管理著作——"公共管理文库"，期望推动我国公共管理的理论创新，为我国的政府改革、公共服务体系的建设以及我国的现代化建设提供精神动力。

我非常欣喜地看到，"公共管理文库"从酝酿、组织到出版，得到了我国公共管理领域的专家学者的鼎力支持与无私帮助，通过专家学者的努力，体现出该文库的以下特色：

第一，坚持原创性。在中国，公共管理是一个正在发展中的新兴学科群，公共管理的教育也处于探索和发展阶段，在这一时期，我们更应该以务实的态度、实干的精神、前瞻的眼光进行公共管理方面的理论研究和实践总结。文库涉及公共管理的热点问题和前沿问题，不乏对公共管理领域的真知灼见，对公共管理理论的构建和发展将产生广泛而深刻的影响，为我国的读者特别是公共管理各专业的师生、研究人员以及公共部门管理者提供了崭新的知识。

---

* 纪宝成，中国人民大学原校长，教授、博士生导师，全国公共管理专业学位研究生（MPA）教育指导委员会副主任委员。

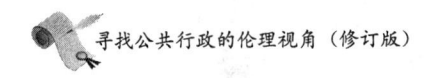

第二，坚持一流的学术水准。文库的作者基本上都是公共行政与公共管理领域及其分支学科的名家，这些著作凝结了作者多年的研究心得与教学经验，是他们的心血之作，具有重要的学术价值，特别是对于我国公共管理学科的发展的意义不可低估。相信该文库的出版能够为我国公共管理知识体系的创新提供很好的借鉴，对于推进我国公共管理的理论研究和实践发展产生积极的意义。同时，相信文库中所提供的新理论、新方法以及新的概念框架和思维方式对于推进我国公共管理教育具有积极的意义。

第三，坚持理论与实践的紧密结合。历史已进入 21 世纪，公共管理的理论与实践都发生了深刻的变化，特别是声势浩大的公共领域改革，不仅改变了当代政府管理的实践模式，而且也改变了有关公共管理的理论形态以及知识体系。一方面，如何建立与社会主义市场经济相适应的公共管理体系，是我国改革与发展过程中面临的一个重大课题；另一方面，我国公共管理改革实践的许多实际问题，都需要理论上的研究和探讨，需要理论的指导。文库的作者们面向公共管理实践，探讨公共管理的新课题，运用大量的实践经验和案例材料来说明相关的理论问题，所提出的理论与方法针对性、操作性强，具有现实的应用价值。

公共管理的理论创新与实践发展是一个永无止境的过程。我们相信，在公共管理领域专家学者的共同努力下，坚持"古为今用，洋为中用"的原则，我国的公共管理理论会更具创新性。同时，21 世纪是公共管理教育与研究大发展的新时期，在此背景下，我们期待"公共管理文库"能够发挥更大的作用，成为一个兼容并蓄、百家争鸣的学术舞台，成为吸引海内外专家学者共建中国特色的公共管理理论大厦的桥梁。

目 录

自序：我们的主题是什么 ·· 1

上篇　反思

第一章　政治—行政二分原则与官僚制理论 ························ 43
  第一节　政治—行政二分原则 ·· 43
  第二节　官僚制理论 ·· 58
第二章　反思官僚制 ·· 74
  第一节　官僚制理论的统治视角 ······································ 74
  第二节　官僚制的合理性设计 ·· 88
  第三节　官僚制的实践困境 ·· 101
第三章　官僚病的人文救治 ·· 110
  第一节　对官僚制的文化反思 ·· 110
  第二节　超越工具理性 ·· 122
第四章　合法性问题 ·· 136
  第一节　合法性的思维历程 ·· 136
  第二节　对合法性的超越 ··· 148
第五章　超越官僚制（一）：理论探索 ······························· 159
  第一节　分析"经济人"假设 ·· 159
  第二节　政府中可以引入市场机制吗 ································ 171
第六章　超越官僚制（二）：实践努力 ······························· 183
  第一节　行政改革的追求 ··· 183
  第二节　公共行政的建构之路 ··· 198

下篇　畅想

第七章　公共行政的道德化 ·· 215

第一节　朝着公共行政道德化的方向 ……………………… 215
　　第二节　公共行政道德化的双重向度 ……………………… 231
第八章　行政人员：道德与自主性 ………………………………… 241
　　第一节　行政人员的道德价值 ……………………………… 241
　　第二节　行政人员的自主性问题 …………………………… 254
第九章　公共行政的道德责任 ……………………………………… 264
　　第一节　公共行政中的责任与信念 ………………………… 264
　　第二节　公共行政的道德责任 ……………………………… 275
　　第三节　公共行政视角中的公正 …………………………… 286
第十章　政府能力的道德整合 ……………………………………… 298
　　第一节　行政改革中的价值追寻 …………………………… 298
　　第二节　提升政府能力的道德途径 ………………………… 312
第十一章　社会秩序的供给（一） ………………………………… 321
　　第一节　政府与社会秩序的获得 …………………………… 321
　　第二节　社会秩序的道德化 ………………………………… 330
第十二章　社会秩序的供给（二） ………………………………… 342
　　第一节　在政府的道德化中防止冲突 ……………………… 342
　　第二节　政府社会秩序供给的路径 ………………………… 353
第十三章　畅想"以德治国" ……………………………………… 365
　　第一节　公共行政中的权利问题 …………………………… 365
　　第二节　"以德治国"的前提 ……………………………… 376

主要参考文献 ………………………………………………………… 386
后　记 ………………………………………………………………… 389

自序：我们的主题是什么

一

在当代社会，人类有着许多共同的主题。不仅如罗马俱乐部所指出的那样，解决环境问题、人口问题、粮食问题以及能源、资源等问题是人类面对的共同主题，而且在许多领域，甚至在一些更为实质性的领域中，都存在着某些共同的主题。诸如，在制度设计的问题上，在生活方式和生存观念等领域中，人类都有着共同关注的问题，人类需要在每一个领域中共同设计和创造自己的未来。这是因为，尽管近代以来世界各国处于一种发展不平衡的状态，但是，20世纪80年代以来，后工业化把整个人类置于同一个起点上了；尽管一些地区还有着繁重的工业化任务，但面对后工业化的问题，必须同发达国家一道去寻求出路。全球化把人类如此紧密地捆绑在了一起，无论是发达国家还是发展中国家，在工业社会发展中所积累起来的问题面前，在后工业化所带来的各种各样的挑战面前，是平等的。在人类社会的发展史上，从未像今天这样把整个人类的命运紧密地联系在一起，需要人类携起手来，合作应对每一个全球性的问题。

但是，当今世界是一个以西方为中心的世界，西方是世界的中心，而广大的发展中国家则处于世界的边缘。这种中心与边缘间的位差，决定了那些处于中心地带的国家总是不愿意去与处于边缘地带的国家开展合作，总是希望处于边缘地带的国家听命于它，接受它的控制和支配。其实，自从人类走出中世纪而进入现代化的发展进程，就开始了造就世界中心—边缘结构的运动。在实现工业化的过程中，不仅在民族国家的内部生成了中心—边缘结构，而且在经济自由化和资本主义世界化的过

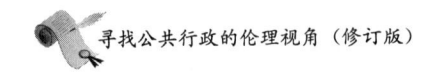

程中,也生成了世界的中心—边缘结构。今天的世界,所呈现给我们的是一个有着中心—边缘结构的世界,世界政治、经济、文化等,都从属于一种单一的中心—边缘结构模式。在这种中心—边缘结构中,发展总是通过某一边缘部分的牺牲去开辟道路的,发展的步伐越大,就会把更大面积的边缘存在推上祭坛。无论在一国内部还是在世界范围内,发展总是伴随着两极化的运动,一方面是贫困的积累,另一方面是财富的堆积。

在对亚洲金融危机的思索中,我们得到了这样一个结论:亚洲经济在世界经济体系中恰恰属于这一中心—边缘结构中的边缘性存在,亚洲国家在20世纪后期的崛起不仅没有改变世界的中心—边缘结构,反而使呈现出衰落迹象的西方世界获得了吸取新鲜血液的机会,从而巩固了世界的中心—边缘结构。然而,亚洲国家在世界中心—边缘结构中的地位,决定了它的经济是脆弱的,当工业社会传统的经济危机以一种新的形式出现的时候,率先在亚洲爆发了金融危机。也就是说,当前存在于这个世界上的经济体系是在近代300多年中经过经济自由化、全球性的殖民和不断的战争较量而建立起来的,是由西方人建立起来的经济体系,这个经济体系中包含着西方文化和价值观念,接受这个经济体系,也就意味着接受了西方人的思维方式和解决问题的方法。世界在向中心看齐,产生于中心地带的发展经验被世界所模仿,存在于中心地带的政治、经济、文化模式被世界所效法,在全球性的事务上接受来自于中心国家的安排。

亚洲从20世纪60年代末开始所建立起来的经济体系恰恰是西方经济体系的复制品,或者说,亚洲国家在对外开放的过程中是极力把自己的经济纳入世界经济体系之中去的,是极力要把自己的经济体系变成西方人所建立起来的那种类型的经济模式。在这同时,是以放弃亚洲自己的文化和价值观念为代价而去博得西方人的认同的,是要在融入西方经济体系之中去谋求发展的机遇的,是在实现与西方经济体系的一体化的过程中去促进经济发展和社会进步的。然而,这个经济体系已经有了固定的格局,亚洲经济的介入,只意味着为这个经济体系增加了一些新的内容,绝不意味着打破既定的经济格局,反而恰恰是对经济上的中心—边缘结构的强化。所以,在世界经济繁荣的情况下,亚洲经济也表现出繁荣的景象,一旦处于这个经济体系中心的国家有了经济危机的潜在因素,这种经济危机就会首先在亚洲国家呈现出来。由此看来,发生在亚洲的金融危机绝不能归结为索罗斯等少数人的蓄意捣乱，而是整个世界经济体系运行过程中必然出现的现象，是经济体系的中心—边缘结构所决定的。就像地壳的运动一样，地震总是发生在一些"板块"的边缘地带。这个经济体系是西方人建立起来的，亚洲经济只能是这个经济体系"板块"边缘上的因素。一旦有了经济危机，就会把亚洲作为危机的泄气口。

在中心—边缘结构中，边缘地带的国家不仅在经济而且在政治、文化、军事等每一个领域，都要接受中心地带国家的霸权。要么依附于这种霸权，要么屈服于这种霸权，一旦出现了对这种霸权的挑战，就会立即遭遇这种结构的压制，就会受到这种结构维护者所发动的制裁。最为常见的形式就是不得不承受中心国家转嫁过来的任何危机。因为，处于结构中心位置的国家，在政治、经济和文化等任何一个方面出现了危机因素的时候，都必然会扩散到边缘地带的国家中去，有的时候，是有意识地把那些危机转嫁到边缘位置的国家中去的。其实，在中心—边缘结构中，既包含着危机转移的机制，也包含着财富转移的机制。产生于世界中心国家的危机，会自动地转移到处于边缘地带的国家中；由边缘地带国家创造的财富，也会自动地转移到世界的中心。财富向中心积聚，而危机则在边缘国家集结，使边缘国家陷入动荡，发生"革命"。此时，中心国家又开始通过政治的甚至军事的手段而对边缘国家实施干预，迫使边缘国家建立起与它们相同的政治体制，甚至成为失去了独立自主能力的依附于它们的国家。这样一来，中心与边缘的落差变得更大了，财富与危机的转移通道也变得更加畅行无阻了。当然，也会出现这样一种状况，那就是由于世界经济、政治上的发展不平衡，一些发生于中心地带的危机可能会由于中心与边缘的非同质性而没有得到及时有效的转移，从而在中心地带爆发了。即便出现了这种情况，发生于中心地带的危机也能够在发生之后而被有效地转移到边缘地带去，这往往是通过一种政治上的要求而实现的，即要求边缘地带的国家去与中心地带的国家一道承担危机的后果，甚至要求边缘地带的国家更多地承担危机的后果。如果政治的要求得不到响应的话，还可以通过武力讹诈迫使边缘地带的国家屈服，使其不得不接受由中心地带的国家转嫁过来的危机。

在危机因素从中心地带向边缘地带转移的时候，就如电子从一个能级向次一个能级跃迁一样，会释放出能量。因而，危机因素在边缘地带的表现同在中心地带的表现是不同的。一些危机因素有可能在中心地带并未表现出明显的征候，一俟转移到边缘地带，就会有着极大的破坏力。亚洲金融危机在实质上是西方发达国家的一些危机因素在这里爆发了，然而，在应对这场危机的过程中，人们并没有思考制度创新、治理方式创新的问题。由于缺乏这些创新，对这场危机的应对，其实只是为一场更大规模危机的爆发提供准备。同样的道理也适用于对后发展国家投资热的理解。因为资本的运动也表现出这种特征，同样的资本被投资到中心—边缘结构中的中心地带与在边缘地带的收益是不一样的，资本也会在向边缘地带的运动中释放出更大的能量。这也就是处于边缘地带的国家虽然在投资环境方面远不如中心地带的国家却依然能够较为容易地吸引投资的原因。当然，由于边缘地带的国家随时都可能因为中心地带国家的危机转嫁而使资本面临风险，一些资本在边缘地带的国家中获得了可观收益后，也会回流到中心地带国家。这是一种资本避险行为，而不是要在中心地带国家去获取收益的做法。

我们也看到，边缘地带国家可能在资本量的占有上已经超过了中心地带的国家，但它们在世界经济格局中的地位却不会与其所占有的资本量相对称。中心地带的国家在世界经济中的领导地位似乎是不可动摇的。政治也是这样，文化亦如此，几乎所有的领域都不例外。存在于边缘地带的某个国家可能在经济发展中取得了惊人的进步，甚至在经济规模上赶上或超过了某个中心地带的国家，但是，很快它就会发现，来自于中心国家的政治压力是不得不接受的，而且会在接受来自于中心国家的政治压力的时候更加巩固自己在世界经济体系中的边缘地位。比如，一个国家的经济规模可能会在量上接近美国，但是，一场"货币战争"就可能把它打回边缘地带，从而把世界"第二"的位置转让给另一个国家。来自于世界边缘地带的国家可以争当"第二"并轮番登场，但是，永远也不可能成为"第一"，在既有的中心—边缘结构中，处于世界中心的那个最大的霸权是永远不可挑战的。

从20世纪后期以来的情况看，后发展国家表现出极其复杂的情绪和心态，一种迫切的追赶和超越要求更反映出一种致命的浮躁情绪。因为，出于追赶和超越的愿望，总是希望用更快的速度走完中心地带国家走过的路程，然后超越之。速度快了必然不稳，一旦出了问题可能会被甩得更远。在一些试图超越西方的国家中，我们也看到因模仿和套用西方国家政治制度而造成动荡不安状况的出现。在某种意义上，我们认为，后发展国家如果确立追赶和超越发达国家的目标，是不可取的，在既定的世界中心—边缘结构中,这条道路是走不通的。走西方走过的路,永远也无法打破已经形成的这种中心—边缘结构,只有去发现中心地带所面临的问题,并率先解决之,才能改变既有的格局。

对于后发展国家而言,首先需要打破的是世界中心—边缘结构,改变"财富向中心积聚"和"危机向边缘转移"的结构性基础。应当说,在今天这样一个全球化的条件下,选择封闭国门而脱离世界中心—边缘结构的道路显然是不行的,或者说,那是不可能的。另一方面,在自身的发展中去学习和模仿那些中心国家所走过的现代化道路也是不可行的,因为,那不能从根本上改变自己在世界中心—边缘结构中的位置。唯一可以走的道路就是,在全球化的条件下根据全球化的现实来确立自身的发展策略。第一,边缘地带国家间的广泛合作可以削弱既有世界中心—边缘结构的作用力;第二,通过治理方式的创新去解决自身发展中的各种各样的问题,而不是单纯地学习和借鉴发达国家的经验;第三,在解决自身的问题时需要拥有一种全球性的视野和观念,需要在全球化的时代坐标中去发现可供选择的方案。

最为重要的是,边缘地带的国家不能够把自身发展中出现的问题看作是国内问题,而是需要在全球视野中去认识这些问题。我们看到,在工业化的过程中生成了民族国家,在整个工业社会,民族国家内出现的各种各样的问题是可以在一个相对封闭的系统中去加以把握的,是可以被区分为民族国家内部的问题和由于外部因素影响而发生的问题的。然而,在今天这样一个全球化的时代,这种区分已经无助于寻求科学的解决方案了,即使对于那些完全属于民族国家内部的问题,也需要在充分考虑全球背景的条件下来寻求解决方案。比如,一国内部的物价指数、通货膨胀等问题,都必须在全球背景下去寻求解决方案。当前正在发生的全球化运动是与后工业化联系在一起的,后工业化把人类社会置于一个复杂性迅速增长的境地,特别是全球化激荡出来的人、物、资金等的流动性,使人类处于一个空前复杂的生活空间之中。在这种条件下,人类在工业社会这个历史阶段发现和发明的社会治理方式正在呈现出"失灵"的状况,因而,需要面向后工业社会去寻求社会治理方式的变革。谁能领导这场社会治理方式的变革呢?可以断定,处于世界中心地带的国家必然会陶醉于工业社会的发展成就,会极力维护既有的世界中心—边缘结构,而那些处于世界边缘地带的国家,如果不满足于向发达国家学习的话,就会提出变革的要求。

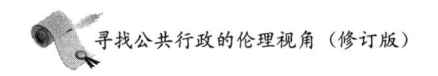

全球化视野和后工业化取向构成了当今社会治理变革的坐标,在这个坐标中,从现实走向未来的道路展现出了一幅流动的图景。在现实的中心—边缘结构中,处在世界边缘地带的国家所面对的是一些地域性的、特殊性的问题,而处在世界中心地带的国家所遇到的则是世界共有的和普遍性的问题,是我们这个时代的人类必须加以解决的共同主题。然而,处于世界中心地带的国家在解决这些人类共同主题的时候,总是在工业社会的既有框架中去寻求方案,不愿意在后工业化取向中去创造性地解决问题。这样一来,社会治理变革的使命就落到了处于世界边缘地带的国家这里。但是,这绝不意味着处于世界边缘地带的国家就能够自觉地承担起这一使命。因为,这些国家往往更多地为自身的那些地域性的、特殊性的问题所困扰,往往会把视线落在发达国家发展过程中所创造的经验上,往往满足于对发达国家的学习和借鉴。这样做,显然就无法承担起领导人类社会治理方式变革的使命。所以说,只有处于边缘地带的国家拥有了全球化视野和后工业化取向,才能创造性地解决自身当前所面对的那些问题,才能在解决这些问题的过程中建构起全新的社会治理模式。

总的说来,对于处于世界边缘地带的国家而言,在既有的世界中心—边缘结构中处于被动的、受支配的地位上,而在民族国家的框架下,自身的社会治理也是在其内部的中心—边缘结构中展开的,往往会陷入集权还是民主的争议之中,会遇到在这二者之间进行选择的困难。其实,集权与民主都是工业社会的政治遗产,躺在这些遗产上过日子,只能使日子过得越来越艰难。更令人沮丧的是,处于边缘地带的国家所享用的那份工业社会遗产还是来自于发达国家的恩赐,民主是来自于发达国家的赠予,官僚制也同样是来自于发达国家的恩赐。结果,陷入了一种恶性循环:因为走了那些世界中心地带国家所走过的道路,因为挪用了那些世界中心地带国家的制度以及治理方式,所以,产生了那些中心地带国家发展进程中曾经出现的问题,再借用它们解决问题的方案,以至于永远追随着中心地带国家的脚步。

变革是既有模式的改变,变革是结构性的重组。20世纪80年代以来,在全球化、后工业化的压力下,社会变革的客观要求越来越强烈,因而,全世界都进入了一个改革的"季节"。但是,发达国家只是盗用了"改革"的名义,他们并不想从根本上改革既有的模式和结构,反而是要强化既有的模式和结构,同时在发展中国家的改革中去推行西方模式。

这样一来，就使人类的一场伟大的社会变革运动陷入庸俗化的境地，改革变成了改良。其实，真正渴望改革的是发展中国家，变革既有的模式和结构的动力来源于发展中国家，只是由于西方话语霸权阉割了改革的追求，从而使发展中国家的改革沿着西方国家所设计的道路前行了。

这一状况的改变需要在发展中国家的改革自觉中实现，也就是说，发展中国家需要在自身的改革中增强创新意识，需要在全球化、后工业化的背景下去认识自身所存在的各种各样的问题，特别是需要把这些问题的解决与人类当前所遇到的那些共同问题联系在一起。在全球化、后工业化的过程中，无论是中心地带的国家还是边缘地带的国家，在寻求发展机遇的过程中，是有着共同主题的。国家间的竞争，不应当是在已有的中心—边缘结构中的竞争，而是应当在解决那些时代性的课题方面的竞争，只有在这些新的和共同面对的问题面前，竞争才是在同等地位上展开的。谁率先解决了时代课题，谁就赢得了发展先机，谁就在改革中获得了主动权和领导权。

二

后工业化是一场伟大的社会变革运动。如果说农业社会的产生以及从农业社会向工业社会的转变都是自然历史进程的话，那么，后工业化应当是一场人类自觉推进的社会变革运动。在农业社会向工业社会转变的过程中，我们看到，在几乎每一个国家和地区都是通过暴力革命的方式去开辟前进的道路，而工业社会在其发展过程中所创造出来的足以在顷刻之间毁灭人类的武器，决定了后工业化的历史运动不能够走自然发展之路，必须在政府的领导下走和平发展的道路。或者说，需要在世界各国政府的共同努力中去走一条和平发展之路。这样一来，就突出了政府的地位和作用，突出了行政管理的功能。

政府是近代社会的造物，但是，在前近代的农业社会中，也有着可以被比喻为政府的社会治理体系，而且也有着行政管理的内容。在某种意义上，可以说，自从人类出现了利益分化和阶级分化以来，就有了行政管理的问题。但是，在传统的阶级统治模式中，行政管理是附属于阶级统治的，是从属于阶级统治的需要和为阶级统治服务的。近代以来，阶级统治变得越来越隐蔽，以至于在公众意识中，阶级统治似乎已被人

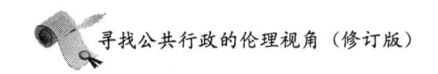

们所忘却，人们处处所见的是政府对社会的管理。特别是在第二次世界大战之后，无论是在经济领域、政治领域、文化领域，还是在其他社会生活领域，都可以看到政府干预的身影。这种干预也可以看作是一种超强化的管理，从整个人类历史发展的过程来看，这是一种从以统治为主导的模式向以管理为主导的模式转化的过程，即统治与管理的此消彼长。

在农业社会的历史阶段中，统治阶级构成了社会治理主体，全部社会治理活动都是从属于阶级统治的需要的，具有阶级统治的色彩和特征。根据现代的科学分析，对于农业社会治理主体的活动也是可以进行理论上的抽象和分析的，那就是从中区分出统治的内容和管理的内容。实际上，对于那个时期的社会治理过程来说，作出这种区分是没有必要的。因为，在整个农业社会中，政治与经济都没有实现分化，社会的同质性决定了它必然以家长制（或类似于家长制）的形式出现，社会的等级关系决定了它必然是借助于权力而实现对整个社会的治理。总之，农业社会的治理体系并没有实现统治职能与管理职能的分化，统治与管理是如此紧密地联系在一起，统治过程与管理过程是同一个过程。所以，在农业社会的历史阶段中，存在着行政管理的问题，其社会治理过程中有着行政管理的内容，但是，这种行政管理是与统治行为一体的，是作为统治的附属行为的管理。

当然，大量的历史文献资料证明，在农业社会的历史阶段中，统治者有着促进经济社会发展的愿望和行动。比如，在中国农业社会的历史阶段中，许多朝代开展过兴修水利、开掘运河、铺设道路的活动，人们也许会在这些公共工程的建造中看到公共利益的影子。其实，在这个历史时期中，公共利益还没有生成，这个时期的社会同质性决定了它是拒绝抽象的，这个社会所拥有的一些属于全社会共有的利益在性质上都属于共同利益的范畴。也就是说，公共利益是一个抽象的概念，产生于社会分化的过程中，是在一个社会的同质性完全消解之后才能够产生出来的一种抽象的利益形式。与农业社会中的那些社会工程建设相比，可能中国隋唐开始的户籍制度更具有行政管理的色彩。因为，户籍制度的出现可以最大限度地消除人口流动的随意性，可以使人与土地更紧密地结合在一起，从而使赋税、徭役、社会治安等都被纳入确定性的秩序之中。但是，这一户籍制度在实质上也是从属于统治秩序的要求，其中所反映出来的行政管理内涵，无疑是服务于统治秩序的。所以，在尚未产生公共利益的社会中，社会治理主体的行政管理也没有可以独立发展的空间，这时的行政管理与阶级统治是一体化的，属于"统治行政"的范畴。

近代社会呈现给我们的是无尽的社会分化，整个社会分化为不同的方面和不同的领域，而每一个方面和每一个领域也都不断地进一步分化为不同的方面和不同的领域。在这种社会分化的过程中，社会治理主体自身也分化为不同的部门，从而使政府作为社会治理体系中的一个部门而出现。这就是现代政府的产生，而且，在近代以来的社会发展过程中，政府又在分化与转型中不断地变换自身的形式和内容，特别是政府的职能因社会的分化而分化为不同的方面。总的说来，政府的发展进入一个统治职能与管理职能此消彼长的过程之中。在社会分化的过程中，随着原子化的利益主体的出现，随着利益诉求的差异化，在具体的差异万千的社会存在背后，出现了一种可抽象的因素，那就是公共利益。公共利益的生成无疑会要求社会治理体系中有专门的部门和确定的行为模式去服务和增进公共利益，结果，指向了政府及其行政管理。因此，行政管理呈现出与政治统治相分离的趋势，并成为社会治理体系和治理过程中管理色彩最为浓重的一个专业化的领域。进而，行政管理在其自身的发展中也把它的管理色彩涂抹到了整个社会治理体系上去，使整个社会治理体系越来越呈现出管理的特征。

回顾既往，社会治理体系的演进展现给我们的是一个从统治到管理的过程。农业社会的治理体系是一个统治体系，近代以来，社会治理体系逐渐朝着管理体系的方向演进，到了20世纪后期，基本上定型为典型的管理模式，最为突出地反映在行政管理过程中。所以，作为这一治理体系一个构成部分的行政管理应当被命名为"管理行政"。管理行政经历过一个典型化的过程，这个过程是与公共利益的成长一致的。也就是说，在近代社会，统治者的利益与公共利益也有一个此消彼长的过程，随着统治利益的逐渐消解和公共利益的逐步成长，行政管理的职能和性质都在逐渐地发生改变，直至成为典型的管理行政模式。从西方国家的情况看，在19世纪后期，随着资产阶级革命和巩固资产阶级政权的任务基本完成，全体社会成员都转化为了国家的公民，统治对象消失了，政府的统治职能也开始被管理职能所取代。

如果说政府的统治职能是服务于统治利益的要求的，那么，政府的管理职能则是服务于公共利益的。正是在此意义上，行政管理在19世纪后期获得了"公共行政"的性质，开始进入了一个按照"公共性"的要求进行建构的阶段。由此看来，公共行政只是行政管理发展到特定历史

9

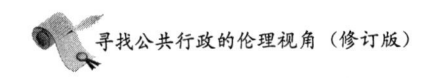

阶段的产物，是政府为了维护和促进公共利益而开展的行动。当然，此时的政治生态已经表现为不同利益集团的角斗场，为了保证政府的行政管理不偏离维护和促进公共利益的方向，就需要在政治与行政之间划定一条界线，这就是政治—行政二分原则提出的客观历史依据。政治与行政的分离，既是行政在不同的利益诉求间保持价值中立的要求，也是行政在民主生态下能够高效率地达成管理目标的要求，所以，管理行政也就是公共行政。政治—行政二分原则一经确立，科学探讨的目标就指向了行政主体，因此，官僚制组织理论的出现就是顺理成章的了。

行政主体的科学建构任务是由马克斯·韦伯承担起来的，他的官僚制组织理论就是关于行政主体的科学理论。正是在韦伯对官僚制组织作出了理论确认之后，行政主体进入了一个自觉建构的阶段，在科学化、技术化的道路上迅猛飞奔，使行政管理活动获得了此前从未有过的效率。但是，官僚制组织仅仅是与管理行政联系在一起的，当社会的发展不断地涌现出新的因素和不断呈现出新的特征时，管理行政也开始遇到了严峻的挑战，官僚制组织的各种弊端也就暴露了出来。当然，自从官僚制组织理论提出之后，对它表示怀疑的声音就不绝于耳，但在凯恩斯主义成为社会治理的基本理论依据的条件下，唯有官僚制组织能够为行政管理提供有力的支持。直到凯恩斯主义遭到颠覆的时候，摒弃官僚制的声音才真正地占据了上风。

在历史的宏观视野中，我们看到，农业社会所拥有的是一种统治行政模式，尽管韦伯认为古代埃及以及中国的先秦就出现了官僚制组织，实际上，在整个农业社会的历史阶段中，行政主体依然是一种混沌未开的组织形式。在工业社会的历史阶段中，逐渐生成了管理行政模式，社会的分化，特别是组织类型的分化，孕育出了官僚制组织，并为管理行政提供了强有力的支持，促进管理行政走向了自己的典型化状态。从20世纪80年代开始，后工业化的迹象变得越来越清晰，管理行政在行政管理以及社会治理中表现出的那种有心无力的状况，被经济学家们的"政府失灵"一语道破。如果说后工业化意味着工业社会走向了自己的巅峰而进入了一个自我否定的阶段，如果说后工业化意味着人类社会的一个新的历史阶段的开启，那么，正如工业社会不能够把农业社会的统治行政原封不动地搬过来一样，工业社会的管理行政也不适用于后工业社会这个新的历史阶段，后工业社会应当有新的行政管理形式，那就是"服务行政"。

从欧美等发达国家的情况看，管理行政在经过一段时间的发展之后，各种弊端逐渐暴露了出来，诸如公平与效率的矛盾、政府机构膨胀问题、官僚主义问题、管理成本无限增长问题、腐败问题等等，受到了广泛的诟病。起先，人们试图通过对管理行政的调整和修补来解决其各种各样的问题，但是，当这些努力在一轮又一轮的反复中受挫后，一场深刻而广泛的全球性行政改革浪潮掀起。对于这场行政改革运动，人们较多地从其形式上加以理解，没有清醒地认识到这场行政改革的真正出路在于建立一种全新的行政模式。根据我们的看法，这场行政改革的未来应当是指向一种全新的"服务行政"模式的。如果行政改革不是走向服务行政模式的自觉建构，而只是满足于对管理行政的修修补补，行政管理以及整个社会治理就会在后工业化的躁动中变得越来越被动，甚至人类社会将逐渐走向一个极其危险的境地。

表面看来，政府总是属于某个具体国家的，但是，行政模式的状况却决定了世界各国政府间关系的性质。后工业化把人类领进了风险社会，单独一个国家是不可能把人类重新领出风险社会的，而是需要世界各国的携手合作。就目前世界各国的政府而言，它们所拥有的行政模式决定了这种合作是不可能的。所以，人类的命运极不乐观。然而，当我们把服务行政模式的建构与后工业化联系起来思考的时候，其实是赋予了服务行政全新的历史性质，它是继管理行政否定了统治行政之后的再一次否定，是对管理行政的否定。这可以说是历史用实实在在的脚步丈量出了黑格尔的辩证法。服务行政作为历史辩证法的"合题"，必然会从管理行政甚至统治行政那里接受大笔有用的遗产。但是，就它作为行政管理的一种全新的模式而言，包含着（在今天看来）无尽的探索空间。行政的性质、行政主体、行政过程、行政行为模式等等，都需要得到创造性的重塑，特别是对官僚制组织，需要作出系统、全面的反思。

行政是政府行为的总和，是依照制度化的方式和程序展开的管理活动及其过程。在有了行政管理问题的人类社会中，政府一直处于一个举足轻重的地位；在现行的社会中心—边缘结构中，政府处于社会的中心。所以，寻求发展机遇的行动从政府着手也就是自然而然的了。在全球化、后工业化的历史条件下，如果一个国家的政府能够自觉地抛弃统治行政，如果一个国家的政府不满足于完善管理行政，而是积极地探索并建立起全新的服务行政模式，那么，它就会实现自身的根本性变革，甚至实现对自我的否定。这样一来，重建起来的社会治理主体就能够领导自己的

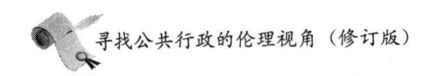

国家渡过从工业社会向后工业社会转型中的一个风险未测的水域,就能够在走向后工业社会的过程中逐渐确立起全球领导地位。建立服务行政模式,既是解决一切管理行政无法解决的现实难题的需要,也是一项面向未来的积极探索,在人类走向未来社会的一切积极探索中,关于服务行政模式的探索无疑是最根本的探索。

三

世界历史告诉我们,在地球上的每一个区域,当人类走出原始丛林而进入农业社会后,都无一例外地被等级关系编织了起来。社会是分等级的,呈现出等级结构,并在等级结构的基础上形成了社会治理体系,通过统治行政的途径去维护等级秩序,确保每一个等级以及每一个人都能"各安其位"。依据今天的科学分析,可以说等级关系是农业社会中基础性的社会关系,如果说这个社会中还有着政治关系和经济关系的话,那么它们都是在等级关系的基础上展开的。显然,统治行政所反映的是农业社会的政治关系,至于经济关系,学者们往往满足于"自给自足的小农经济"的判断,从而割断了这个社会中人与人之间、等级之间的经济联系。其实,农业社会的所谓"自给自足的小农经济"只是一种表现形式,在其背后,存在着一种无孔不入的分配关系。从经济的角度看,农业社会是一个分配关系占主导地位的社会。在某种意义上,我们可以推断,社会等级之所以在原始社会的后期得以产生,可能正是分配行为的结果,是首先有了分配关系,而后这种分配关系才凝结成或固定为等级关系。这样一来,我们就可以获得关于农业社会的两幅图画:在农业社会的任一截面上,我们看到的都是在等级关系的基础上生成的整个世界;在历史的维度中,我们所看到的则是由分配关系造就的和在分配关系中产生的整个世界。我们之所以要作出这样的区分,是因为后一幅图画更清晰、更准确地映现出了农业社会的真实状况。

统治行政为什么会发生?可以有这样几种解释:其一,从统治阶级的本性出发,统治者天生地具有统治的要求,并认为这种统治是不可推卸的责任;其二,从统治阶级的利益要求出发,认为统治阶级的利益是凭借着和只能凭借统治的手段而得以实现的;其三,从被统治阶级的天生不安分出发,认为有等级就有等级压迫,等级压迫必然导致反抗,反抗则迫使统治者建立起统治行政来制止和防止反抗;其四,从共同体的生存需要出发,认为农业社会的生产力较为低下,人的理性和智力尚不发达,必须借由统治行政去把人们集结起来,去应对自然以及外族入侵等挑战。所有这些解释都是今人的臆断。其实,从分配关系的角度来看,统治行政生成的原因以及它所具有的性质就变得非常清楚了。

在原始氏族中,一些丰裕的生活物品是可以各自取食的,而那些稀缺的物品则必然要通过分配的方式来加以配给,因而,出现了分配行为。分配行为以两种可能的方式实现了对等级社会的建构:第一,分配行为如果由固定的主体承担的话,就会在日积月累中形成分配权威,有了这种权威,就会在分配者与分配的接受者之间形成差距,而差距的扩大化也就会以等级差别的形式出现;第二,分配行为如果由氏族成员轮流承担的话,就产生了对轮流承担分配进行安排的需要,同时,也产生了对分配行为进行督导的需要,负责安排和督导的人应当是有威望和有权威的,他在安排和督导分配行为的过程中与所有的分配者之间形成差距,而差距的扩大化也同样生成了等级差别。最为重要的是,这两种可能建构出等级的分配行为,都存在着保证分配公正、消除分配过程中的异议等事项,需要有一种力量来为分配行为提供支持。因而,统治行政也就在此种下了"胚芽"。可能经历过一个漫长的演进过程,分配行为演化为稳定的分配关系和等级关系,在等级关系的线条中,自上而下的分配过程以制度化的方式运行,这颗"胚芽"也就成长为统治行政模式了。

等级关系是农业社会的静态结构,而分配关系则是这个等级结构中的流动性因素。所以,在农业社会中,我们不仅要看到它的等级关系和等级结构,还要看到它的分配关系,统治行政首先是出于维护分配关系的需要,而保证等级秩序不受破坏则在其次。农业社会是分配关系占主导地位的社会,在这个社会中,基本的生产资料和生活资料都是通过分配的方式来加以配置的。而且,在这个社会中,几乎没有什么因素是不可分配的,人的身份地位等,都可以通过分配的途径获得。当分配关系凝结为等级关系的时候,所意味着的是分配关系的制度化,等级关系同时也是一种制度模式,分配关系在这一制度框架下展开,一切分配行为都能够得到等级制度及其意识形态的保障和支持。当然,在这个社会中也存在着交换行为,但是,交换行为总是偶然发生的,还没有凝结成稳定的交换关系。亚里士多德注意到交换行为存在的事实,所以,在阐述等级正义的思想时,把分配正义视作这个社会的基本正义,把交换正义看作补充正义或纠正正义。根据亚里士多德的这一思想，还原到分配行为与交换行为的价值关系上，也就是说，分配行为是这个社会中的基本的社会行为，而交换行为则是对分配行为的补充，当分配行为偏离了人的需求或制造出与人的需求不一致的后果时，可以通过交换行为去加以调节。在此意义上，交换行为是得不到等级制度的支持的，甚至是与等级制度相冲突的，一旦交换行为变得普遍化了，就会受到统治力量的抑制。统治行政所发挥的就是抑制交换行为和维护分配行为的功能。

在农业社会的后期，交换行为的经常性发生对分配关系构成了挑战，出现了交换关系的生成并冲击分配关系的态势。在某种意义上，可以说，从农业社会向工业社会的转变，也是分配关系逐渐去势和交换关系逐渐占据社会主导地位的运动。交换关系赖以发生的舞台不再是等级关系结构和等级制度了，而是迅速延伸开来的市场。所以，交换行为培育了市场经济，而市场经济无非是交换关系得以生成、蔓延并遍布整个社会的温床。工业社会是交换关系占主导地位的社会，在这里，原先农业社会的立体性等级结构则被交换关系的重力压扁了，形成了一种平面铺开的中心—边缘结构。因而，在工业社会中，人与人之间的平等和自由被作为一种神圣的理念确立了起来，同时也成为交换行为赖以展开的必要条件。这使统治行政失去了继续存在下去的历史根据，丧失了功能实现的前提和目标，人的平等以及在平等基础上的自由交换不再是统治行政能够驾驭得了的，也不是统治行政能够加以调节的对象，所以，必须让位于管理行政。

在工业社会中，管理行政担负起了维护和调节交换关系的功能，它的合理性和合法性都取决于它在维护和健全交换关系方面所发挥的作用。从纯粹形式的意义上看，管理行政的体系在社会结构中的地位依然是高高在上的，显现给我们的是政府凌驾于社会之上的状况。但是，从实质的意义上看，政府是属于社会和处于社会之中的，它的地位不是在"金字塔"的顶端，而是处于圆心。也就是说，政府与社会的关系是中心与边缘的关系，政府处于中心，而社会则是围绕着政府的边缘，并形成了稳定的中心—边缘结构。在工业社会的每一个领域、每一个部分和每一种形态中，所拥有的都是这种中心—边缘结构。所以，严格说来，现代政府不再是过去那种凌驾于社会之上的统治者和支配者，管理行政也不再是统治性的和支配性的社会治理活动。此时，政府是处于社会之中的，是对社会实施管理的行为主体，管理行政也不再服务于少数人的利益，而是在多元化的利益诉求之间寻找平衡点，所要实现的是公共利益。

然而，不同于统治行政与其社会之间的那种一体性，管理行政与其社会环境和政治生态之间有着非同质性。管理行政的社会环境是由交换关系编织起来的，管理行政处于这种环境之中却又置身于交换关系之外。虽然一些学者在政府与纳税人之间看到了交换关系，但那只是一种牵强附会的说法，实际上，政府是不被允许以交换主体的形式出现的，即便政府只是介入交换过程，也会对交换关系造成破坏性的影响。管理行政的功能应当被定义为：独立于交换关系之外看守着交换关系。也就是说，当交换行为遇到了障碍的时候，管理行政去加以调节。总之，管理行政是非交换性的，如果管理行政涉入交换过程，哪怕是以极其隐蔽的方式出现，都会使公平正义的原则受到致命的冲击。就此而言，20世纪后期出现的一场用"企业家精神"改造政府的运动是非常可疑的。

同样，在工业社会这样一个交换关系占主导地位的社会中，分配关系只是在交换失灵的地方才具有积极意义。这决定了管理行政会有限度地主持分配，即用分配行为去为交换关系提供支持和作出补充，其目的是为了维护交换关系和医治交换关系的疾患，而不是去用分配关系取代交换关系。所以，管理行政应当恪守的原则是：任何时候都不去刻意地强化分配关系。然而，20世纪后期出现了福利国家，在这里，分配关系与交换关系平分秋色。管理行政为什么会在此时突破其行为准则呢？显然是交换关系出现了大面积失灵的问题，从而迫使政府不得不通过强化分配关系而去补充交换关系的空场。自从福利国家产生之日起，对它的批评就一直不绝于耳，然而，它对于分配关系的强化，却鲜有学者去进行分析。如果说在人类历史上分配关系的产生经历了几千年甚至几万年的历程，那么，20世纪后期开始的强化分配关系的运动在经历百年的演进后将会把人类引入一个什么样的境地呢？这显然是一个需要加以设问的问题。

交换关系在20世纪后期表现出的不畅，实际上是人类社会又一次历史转型的前奏，它意味着人类社会将进入另一种类型的社会关系占主导地位的历史阶段。也就是说，在工业社会走到了其巅峰状态的同时，也积聚起了足够否定自己的力量，特别是在人类把一切都纳入交换过程中的时候，也使交换变得无法再持续地开展下去了。这是因为，在近代几百年的发展历程中，交换关系的展开是需要不断地得到自然资源、人力资源和智力资源的补充的。现在，自然资源临近枯竭的状态，环境危机不断地向人的生存发出警告。虽然人力资源和智力资源得到了迅速的发展，但是，人力资源和智力资源的迅速发展也同时使社会关系复杂化了，不仅不能够对交换关系提供支持，而且表现出对交换关系的挑战和冲击。特别是人力资源和智力资源在社会层面上的畸形发展，使人的生存境遇的差异迅速扩大，财富与贫困迅速地在两极积聚，原先通过把人的劳动力纳入交换关系中去解决受雇佣者的生存问题的道路，已经走不通了。

我们发现，在整个工业社会，资本都是与一些实体性的存在物联系在一起的，是自然资源和人力资源的表现形式。现在，资本已经可以脱离这些资源，完全成了智力资源自我生产出的产品，可以脱离经济实体的任何一种形式，从而成为一个具有独立运行机制的领域。结果，金融危机出现了。这说明，在工业化过程中生成的交换关系也遇到了障碍，尽管股票以及各种各样的金融衍生品都是可以交换的，却不再从属于近代以来的交换关系，或者说，是交换关系的恶性发展，正如细胞可以癌变一样。如果金融危机持续发酵的话，那么，分配关系的复辟肯定会成为管理行政解决问题的方案。其实，正如在资产阶级革命的过程中经常出现旧王朝复辟的情况一样，分配关系的复辟并不是解决当前问题的积极方案，不是一项正确的选择，反而是与历史发展的总趋势相背离的做法，即使分配关系的重整在特定的国家或地区表现出了积极的性状，那也是一种饮鸩止渴的做法。

在交换关系呈现出去势的情况下，或者说，在交换关系出现了异化的情况下，将会有什么关系取代它并成为一种主导性的社会关系呢？这是我们需要探讨的问题。只有当我们发现了这一社会关系，才能对其加以自觉的建构，才能使人类社会的发展告别"自然历史进程"。在思考这一问题的时候，如下几个因素是需要首先加以考虑的：其一，全球化冲破了一切地域界限，也正在冲击着民族国家的界限，将把各色人种置于一个共有的生活空间之中；其二，人类社会已经呈现出高度复杂性和高度不确定性的性状，在这种条件下，无论是基于分配关系的精英统治，还是出于维护交换关系的精英管理，都无法担负起社会治理的职责；其三，"全球风险社会"已经是一个确定无疑的现实，是人类必须接受的境遇，正如一切应对微观的、局部性风险的行为都不从属于科学规划和科学安排一样，走出"全球风险社会"的行动也不可能在科学追求中做出正确的行为选择；其四，人类社会虚拟化的特征正在变得越来越显著，本来，在政府与社会的关系中，我们就已经看到，近代以来的所谓社会实际上原本就是一个虚拟性的存在,与之相对的政府则是一个实体性的官僚制组织体系。在社会的虚拟特征尚未充分显现出来的时候,官僚制组织还能够在假定社会是一个实体性存在的前提下实施社会治理,而在社会的虚拟特征越来越明显的情况下,我们还能够接受这种以"实"对"虚"的治理关系吗?其五,科学技术的发展已经为我们准备了许多新的世界观,但是,其思想尚未在制度安排中得到体现,比如,相对论已经提出将近百年,而我们的制度安排都依然是建立在近代早期的机械观的基础上的,并没有根据人的动态相对性去进行制度设计和制度安排……所有这些,都对人的合作关系发出了强烈的呼唤。

正如分配行为在历史演进中凝结成了分配关系,亦如交换行为在社会发展中孕育出了交换关系,当前日益频繁出现的合作行为也有着走向确立合作关系的前景。虽然人类亘古以来就有着对合作的追求,但是,在农业社会和工业社会的历史条件下,稳定的和制度化的合作关系都不可能建立起来。其实,直到20世纪后期,人们才意识到合作之于人类的生存与发展而言是那样的重要,所以,也正是从20世纪后期开始,对合作的呼唤和倡导才真正进入了话语体系的中心。然而,工业社会的行为模式是一种竞争的行为模式,工业社会的意识形态是鼓励竞争的意识形态,工业社会的制度是作为规范竞争的框架而存在的,工业社会的管理行政把保障竞争行为有序展开作为最为基本的目标之一,至于工业社会的分工—协作体系所要求的,也只是协作而不是合作。在工业社会的既有语境和思维方式、行为模式面前,20世纪后期以来对合作的渴求受到了严重的压制,处处存在着倡导合作的声音,也处处存在着破坏合作的行为。这就是合作关系生成过程中的呈现给我们的一种拉锯战。

历史经验表明,凡是基于人类社会生存与发展的客观性需求,都会在人类不断追寻的努力中而最终得以满足。全球化、后工业化进程把人类带入了一个渴望建构合作关系的时代,尽管工业社会的基础性结构倾向于生成阻碍合作、压制合作和破坏合作的行为,但是,合作行为的普遍化将是一个不可阻遏的趋势,合作关系的建立也将为期不远。在某种程度上,合作关系正在生成,并将实现对交换关系的置换,而且最终会成为后工业化进程中的一种主导性的社会关系。当合作关系成为一种主导性社会关系的时候,整个社会治理方式也都将在此基础上得以重塑,管理行政的历史使命从而走向终结,同时,服务行政将担负起社会治理的日常职责。服务行政反映了合作关系的实质,从属于合作的要求,为

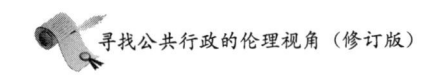

合作行为的发生提供保障，把维护合作关系和促进合作关系的健全作为全部行政活动的基本目标。

这样一来，我们看到，与农业社会、工业社会和后工业社会三个历史阶段相对应的是三种行政模式，即统治行政、管理行政和服务行政。在农业社会，没有政府却有行政，那种行政是统治行政；政府产生于工业社会，专属于这个政府的行政是管理行政。在人类的未来，也许如马克思主义者所断言的，国家会消亡，政府也不复存在了，但是，作为一种行政模式的服务行政将葆有其不竭的生命力。

四

虽然行政管理的科学化历程在近代社会的早期阶段就已经启动了，但是，在一个很长的时期内，理论思考一直未能走出传统的统治视角。特别是政治学的探讨，一直徘徊在选择少数人统治还是多数人统治的问题上，行政一直被定位在统治工具的位置上。从近代早期思想家们的作品来看，"统治"一词是他们经常用来定义政府及其行政职能的概念。即使在资产阶级政权得到巩固之后，甚至到了20世纪公共行政定型之后，学者们还一直在统治的视角中认识行政管理。我们已经指出，管理行政的生成是政府的统治职能与管理职能此消彼长的过程，到了20世纪，公共行政的生成则意味着政府的统治职能已经退居到了极其次要的地位，而管理职能则被突出到了非常显眼的位置。但是，理论探讨一涉及政府的问题，总是持有或潜在地持有着统治的理念，直到20世纪后期"治理"一词被重新定义并被推广应用，才标志着行政管理理论中统治视角的消解。

可见，管理行政的发展在很大程度上还是行政管理演进的"自然历史进程"，行政管理理论所持有的统治视角在管理行政生成的过程中所发挥的是一种消极作用。相同的情况也必然会反映到服务行政的生成过程中来，从管理到服务的转变，也必然会受到旧观念的阻挠。也就是说，在20世纪后期，随着管理行政的典型化，在行政管理理论的统治视角消解的同时，管理行政的意识形态也开始为人们广泛接受，人们开始在管理的视角中认识行政和用管理的理念建构行政，在建构服务行政的实践运动开启的时候，学者们往往将其强行纳入管理行政的意识形态之中去，用管理行政的理论去曲解现实中建构服务行政的要求，试图在服务行政建构的名义下复制和改良管理行政。这种存在于学术和理论中的思想倾向已经成了服务行政建构过程中的最大拦路虎。虽然在总的历史进程中看它是不可能阻断建构服务行政的道路的，但是，在服务行政建构的起步阶段，它的消极作用是不能低估的。

　　人类社会的发展往往呈现出这样一种状况：在现实中已经产生出和积聚起了强大的造就新模式的力量，但是，由于从属于旧模式的观念展现出了巨大的维护旧模式的功能，阻挠变革。在管理行政的生成过程中，我们也看到了这种状况，那就是突破统治观念是非常困难的，即使在资产阶级革命已经重塑了社会的情况下，社会治理的过程也依然从属于统治的观念。在某种意义上，可以说，直到威尔逊提出了政治—行政二分原则，才让行政管理从统治的视野中突围而出，走上科学建构的方向。可是，就20世纪的社会治理来看，由于旧的观念是那样的根深蒂固，威尔逊的这一愿望并没有得到人们的充分理解，很多学者依然是在统治的观念下去认识行政管理的。所以，管理行政即使是在发展到了其典型形态的时候，也明显地受到了统治观念的污染，拥有一些与统治行政相类似的特征，表现出与统治行政相近的主题关注。比如，管理行政与统治行政都有着控制导向的追求，都会通过营建强制力的方式而实现对其对象的有效控制；再如，管理行政与统治行政都表现出对权力的高度关注，都程度不同地表现出权力拜物教的状况。鉴于这种情况，服务行政是否会受到管理行政观念的污染，如果受到了这种污染会导致什么样的结果，就是一些必须考虑的问题。

　　管理行政的发展史也是行政与政治相分离的过程，是行政逐渐获得相对于政治的独立性的过程，管理行政的典型形态是把政治作为它的生态和环境来加以接受的。近代政治虽然是以民主政治的形式出现的，却经历了从早期的阶级统治的政治到利益集团的利益诉求政治的转型。在近代早期，政治斗争是资本主义突破其封建母体的革命力量，在资产阶级革命取得了胜利之后，既要防止旧的封建势力复辟，又要防止新生的任何力量对它形成挑战，所以，必须复制着旧的统治观念。但是，资产阶级的革命理论凝聚在了用民主反对君主和替代君主的口号之中，围绕着民主而进行的全部理论证明已经实现了对农业社会中各种意识形态的颠覆。这样一来，在资产阶级革命后，民主的追求与统治的需要之间就出现了逻辑上的矛盾。不过，资产阶级的思想家们找到了有效解决这一矛盾的途径，那就是设计出了代议制政府及其代表性结构，政治与行政的分工也滥觞于此。政治拥有统治的观念，却开展着民主生活；行政是根据民主的理念和原则建立起来的，却肩负着统治的职责。

就政治而言，统治观念是如何合理地存在于民主政治之中的呢？我们看到，资产阶级的思想体系是按照这样一个简单的逻辑展开的：第一，用民主反对君主和代替君主，原先是君主的统治，现在颠倒了过来，变成人民的统治。第二，人民统治的依据是什么？原先，君主的统治是基于传统、基于君权神授等缘由，而人民基于什么理由去建立自己的统治呢？因而，有了"天赋人权"的设定。第三，人民的统治会陷入众声喧哗、莫衷一是的境地，如何使人民的统治成为可能呢？因而，作出了代议制政府及其代表性结构的设置，把人民的意志集结了起来，交由政府去付诸实施。第四，当人民的意志集结起来之后并交由政府实施的时候，也使政府获得了执行人民意志（公意）的权力，这种权力的运行会不会偏离人民的意志呢？因而，出现了分权制衡的方案。总的说来，由于持有一种统治的观念，近代早期的思想家们在进行民主制度的设计时，都是把这样一种判断作为思考的前提的，那就是认为权力掌握在少数人手中的结果必然是暴政。所以，他们表现出了对一种客观化、形式化的民主制度的追求，试图用以保障权力的运行从属于多数人的统治。在19世纪后期，虽然政治出现了转型，但早期思想家们对民主的追求被继承了下来，并成功地转化为了利益集团进行利益诉求的制度框架和平台，此时的政府也基本上完成了从统治到管理的转型。

到了20世纪后期，政治再一次进入了新的转型期，一方面，国际政治与国内政治的相关性增强了，或者说，国际政治与国内政治的界限变得越来越模糊；另一方面，人类的共同命运更加密切地纠结在了一起，不仅每一个地域性的社会，而且全球都面对着一些共同问题，人类的生存与发展都需要在合作的理念下去谋求行动方案。这说明，政治发挥平衡不同利益诉求作用的历史走向终结，转而去适应人类共同谋求生存和发展机遇的需要，而且，需要在全球视野中去开展政治活动，即使对于一些传统的社会问题，也需要在全球化的背景下去加以认识和谋求解决方案。

在全球化、后工业化的背景下，社会的复杂性和不确定性迅速增长，不仅政治统治的观念失去了现实基础，而且，管理的观念也遇到了空前的挑战。既有的管理制度和管理方式都是在工业社会低度复杂性和低度不确定性条件下建立起来的，在今天这样一个高度复杂性和高度不确定性的条件下，都显现出了适应性弱化的状况。因而，提出了建构新型行政模式的要求，而服务行政就是因应这种要求提出来的。所以，服务行政模式的建构是需要在新的政治生态下去作出路径选择的，如果在传统的政治生态下去思考和规划服务行政的建构路径，显然是不可能取得积极成果的。也就是说，在我们的理论探讨中，不仅需要祛除统治的观念，而且要积极地对管理的观念进行解构，把立足点放在新型的政治生态之中去确立服务的观念，并根据服务的观念去建构服务行政模式。

政治生态的变化也包含着社会治理主体的多元化。从形式上看，20世纪的利益集团政治是利益诉求多元化的反映，20世纪后期的"全球结社运动"似乎是利益集团政治发展的逻辑性展开。而在实质上，它们之间是存在着结构性断裂的，20世纪后期的"全球结社运动"与国家框架下的利益集团政治之间并没有逻辑联系。在某种意义上，20世纪后期的"全球结社运动"是由两个方面的原因引发的：第一，近代以来的社会分化走到了其极端化的境地，使社会构成要素复杂化、多样化和分散化，统一的、形式化的制度及其规则体系无法实现对差异化程度极高的每一个社会构成部分的规范与调整，使它们普遍陷入一种受压抑的状态，为了寻求和发现一种属于自己的生活状态，为了使自己的利益诉求之声得以放大，人们开展了结社活动，而且扩大化为一场全球性的结社运动；第二，政府的社会治理因社会的复杂化而出现了不周延和大量覆盖空白点的问题，在社会的每一个领域、每一个部分和每一个方面，都出现了政府社会治理空场这样一种局面，在政府高度关注普遍性的公共利益的情况下，一些特殊的利益无法在政府的社会治理过程中得到实现，结果，一些特殊的社会构成部分开始通过结社而开展自助、自治，并扩大化为全球性的结社运动。虽然这种结社与利益集团有着形式上的相似，但在性质上是不同于利益集团的。事实证明，这种结社运动的发展结果是非政府组织的迅速成长，而非政府组织已经是以社会治理主体的形式出现了，不仅参与到政府的社会治理过程中来，而且在与政府的社会治理不冲突的条件下独自开展社会治理活动。正是这种不同，促进了政治的变化，使政治进入一个转型的过程中。

政治是政府的生态和环境，政治的变化也引起了政府的改革，在改革过程中，管理行政模式受到了冲击。但是，由于理论研究往往停留在旧的思维框架内，总是把新的社会变动和政治发展成果纳入旧的解释框架中去，从而削弱了行政改革的创新能力。就此而言，我们认为，不仅近代早期的启蒙思想家，而且在近代以来每一次政治转型和行政改革中发挥过思想引导作用的思想家们，都是令人尊重的，他们用自己的思想为人类社会的进步开辟了道路。然而，当代的理论研究者在追随启蒙思想和近代一切伟大思想家的时候，更多地采取了教条主义的立场，在他们捍卫既有思想的思维框架时，变得渺小。特别是在全球化、后工业化的历史条件下，所需要的是18世纪启蒙思想家那样的创新勇气和理论探索精神，而这一点，恰恰是当代的理论研究工作者所不具备的。

虽然20世纪后期的全球性行政改革走过了30多年的历程，但是，我们并没有突破管理行政模式。中国的行政改革提出了建立服务型政府的目标，但是，理论研究工作者往往错误地到西方去寻求建立服务型政府的经验，提出了许多荒唐的意见和建议。所以，关于服务行政模式的理论探索和实践建构都还没有真正起步，我们现在所拥有的依然是管理行政，它是工业社会的产物，是适应工业社会的运行和工业社会治理需要而建立起来的。在中国，管理行政模式远没有达到其典型形态，也正是由于这个原因，健全管理行政模式的思想获得了滋生的土壤，一些学者要求建立健全官僚制，另一些学者则在服务型政府建设的名义下偷运官僚制。唯有全球化、后工业化的历史背景及其高度复杂性和高度不确定性的社会现实对社会治理的新要求，被完全忽视了。

历史经验告诉我们，中国在农业社会的历史阶段创造出了典型的统治行政模式。在那个时候，西方国家相比中国而言是极其落后的，假如西方国家在那个时候通过向中国学习和借鉴而去在健全和完善统治行政模式的道路上前进的话，也许直到今天也无法赶上中国社会。但是，那个时候，由于中西交通尚未启动，使西方国家有了独立空间，从而另辟蹊径而走上了建构管理行政模式的道路。而且，因为有了管理行政模式，而使建构工业社会的道路更加顺畅。毫无疑问，西方国家之所以能够建立起发达的工业文明，之所以在工业化的过程取得如此伟大的成就，是应归功于管理行政模式的出现的。全球化、后工业化是人类历史上的又一次伟大的历史性社会转型，在这种情况下，如果我们今天以管理行政模式尚未健全为由而满足于向西方国家学习和借鉴的话，显然是不可取的。

与这一历史经验共存的是历史教训，中国的农业社会由于创造出了典型化的统治行政这一社会文明形式，因而，在农业社会的历史合理性已经丧失的条件下还依赖这一统治行政继续维护农业社会的苟延残喘，阻碍了历史的进步。所以，中国的工业化道路是极其艰难的。可以相信，在西方国家，由于在近代创造了发达的管理行政这一社会治理文明形态，在后工业化的过程中，也会因为背负着这一包袱而步履维艰。历史上的教训喻示于我们的是我们可以走两条道路：一条道路是向西方国家学习和借鉴，根据中国实际的需要而把管理行政移植到中国来，使其与中国国情相结合，并适应中国建构发达工业社会的要求。由于我们将管理行政与中国实际结合起来并作出了一定的改造，我们甚至可以用"服务型政府"为它命名。但是，在根本上，我们是在工业化的意义上去进行行政模式建构的，与人类社会后工业化的历史趋势是相左的。所以，这是一条走不通的道路。这是因为，我们这样做也许在客观上达到的结果是：把西方国家所背负的那个妨碍其走向后工业社会的包袱抢过来背负到自己的身上。在我们的社会发展尚未形成与西方国家相同能力的情况下，如果我们背负着同样的包袱，步伐也就会比西方国家更加迟缓，我们不仅无法追赶西方发达国家，反而会在下一个里程中被撇得更远。再者说来，我们已经进入一个全球化的时代，国家间的交往和竞争已经是一个无法回避的现实，我们即使建立起了健全的管理行政模式，它也只是一种次生形态，而不是西方国家所拥有的那样一种原生形态的管理行政。这种次生形态的管理行政能否领导中国在国家间的竞争中长期保持优势？或者说，当中国的经济、社会发展不能再继续对资源进行竭泽而渔式应用的时候，当中国建立起了与西方国家同样的经济结构和社会结构的时候，这个次生形态的管理行政还能够继续领导中国保持国家间的竞争优势吗？对此，可能需要画上一个大大的问号。

对中国来说，另一条道路需要根据一种客观判断而作出选择，那就是把后工业化看作是我们的机遇。由于我们所背负的管理行政模式之包袱尚不沉重，恰是轻装上阵之时。中国政府所提出的服务型政府建设是一个具有现实性和科学性的伟大历史目标，如果我们能够在服务型政府建构的道路上取得积极进展，也就会在下一阶段走向一个更高的目标，那就是确立起建构服务行政模式的目标。在某种意义上，中国政府是用马克思主义科学理论武装起来的社会治理主体，往往善于在历史发展的大趋势中去进行战略性规划。提出服务型政府建设的目标，就是这一战略规划的具体体现。这一点可能正是应当令许多中国理论研究工作者汗颜的地方，更让那些简单搬弄西方理论和思想并牵强附会地剪裁中国社

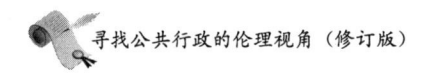

会现实的学者显得滑稽可笑。

马克思主义的科学理论对我们提出的基本要求是，在总的历史进程中去发现具有趋势性的社会进步方向，在具体的历史背景下去选择行动方案，而每一项行动又都是走向推动人类社会发展和历史进步的步骤。当然，在意志专断的条件下，马克思主义的这一科学原则往往会因为得不到正确的应用而犯错误。但是，既往曾经产生过的错误并不能够对马克思主义的科学原理造成损害，只要消除了意志专断的环境，让行动方案在充分的民主讨论的氛围中确立，马克思主义科学原理的方法论价值就会得到充分的体现。在全球化、后工业化的历史背景下，科学的理论研究态度就是基于这一现实去作出面向未来的创造性思考，在社会治理变革的意义上，就是去积极探索一种不同于代表了工业社会治理文明的管理行政模式的新型行政模式，在与管理行政模式的比较中，我们将其称作为服务行政。当前，理论研究工作者的使命就在于，去创造性地思考和探索服务行政模式及其建构路径。

五

科学是有历史的，作为科学的马克思主义的基本要义就是从不允许产生对科学的迷信。农业社会有没有科学？在今天狭隘的科学概念中，农业社会也许会被认为没有科学，然而，以科学的态度看，农业社会却是有科学的，只不过它不从属于今天的科学范式。从中国农业社会的情况看，农作的技术肯定是有着科学理论依据的，但是，在今天的（诸如温室的利用）农作技术面前，科学依据发生了变化。牡丹可以不畏武氏之权贵，却向今天的科学家们低头；中国农业社会的经络学说在数千年的医疗实践中被证明是科学的，但是，在解剖学面前，它的科学性荡然无存。这说明，每一个时代都有属于其时代的科学，有些科学理论及其技术被人类继承了下来，有些科学理论及其技术遭受了否定，被抛弃了。因而，我们不应生成对工业社会这个历史阶段的科学及其技术的迷信，我们应当相信，后工业社会的科学及其技术会从工业社会的科学及其技术中继承一些有用的因素，但在总体上，将实现对工业社会的科学及其技术的扬弃。

从思维特征来看，工业社会的科学是分析的科学，而分析的科学是以对客体的分解为前提的。一般说来，当事物是可以分解的，就可以对它进行科学分析，就能够成为科学研究的对象。反之，任何一个事物如果是不可以分解的总体性存在的话，都会被排斥在科学认识的对象之外，往往会被视作一种神秘的存在物，人们甚至会对其存在的真实性表示怀疑。假如有人为这些事物存在的真实性提供证明的话，就必然会有某种力量对这些人进行隐蔽的压制或公开的挞伐。正是由于这种原因，近代以来的人们往往并不认为农业社会有科学，因为农业社会的科学不从属于工业社会的科学思维范式。比如，在很长一个时期中，中医在一些对科学产生了迷信的地区受到否定就是这一原因造成的。根据我们的看法，在农业社会和工业社会这两个不同的历史阶段中，是有着不同的科学的，同样，当后工业化取得了积极进展时，即把人类领入了后工业社会之后，工业社会的科学会不会被认为是不科学的呢？

工业社会的科学之所以具有分析的特征，是出于摹仿的需要。因为，当我们对一个事物进行分析分解而把握了其构成要素和构成方式的时候，我们就可以对其加以复制。在某种意义上，我们可以说工业社会就是人类社会发展中的一个摹仿的阶段，在这个历史阶段中，科学活动的目的就是出于摹仿的需要，表现出求真的愿望，即要求真实地反映和认识世界。当然，人类在总体上认识世界是不可能的，只有首先在观念中对世界进行分解，然后才能确定认识对象的范围。在人类这样做的时候，实际上是通过对世界的所有局部性的认识来重构关于世界的总体性观念的。当这种反映和认识的科学思维成为科学发展的思维定势之后，就出现了科学的学科分化，试图通过急速的学科分化而去由不同的学科实现对那些可以纳入认识对象的世界的每一个局部的科学探究，去追求"真理"。

在工业社会的科学面前，世界是支离破碎的，也就是说，世界的整体已经被割裂成不同的部分，从而使每一门具体的学科都有了自己特定的认识对象。工业社会所面对的这个世界，甚至这个社会中的人们想象空间中的世界，只要能够被分解成一个相对独立的部分，就会产生一门专门的学科来对它进行进一步的分析和分解，并在这种分析分解中去获取真理。当然，工业社会也有一门学科要求从整体上把握世界，那就是哲学。但是，由于受到科学思维的熏染，哲学也逐渐地放弃了这种企望，堕落成一门具体的学科。尽管如此，工业社会的科学作出了巨大贡献，人类在这个历史阶段中所取得的一切进步成就都是与科学的贡献分不开的。或者说,在工业社会这个历史阶段中,科学是社会进步的有力杠杆,而且,在世界被不断地分解开来的情况下,在对每一个相对独立的认识对象的分析中,也实现了对世界的重构。比如,工业社会对社会进行分解之后找到了一个单一性的终极存在,那就是原子化的个人,然后,在此基础上建构起了法制系统,重新把原子化的个人结构到了社会整体之中,使每一个原子化的个人都能够在这个系统之中找到一个合适的位子,安置了自己,也建构了社会。但是,工业社会及其科学呈现给我们的总体特征却是无穷无尽的分化,工业社会每一个方面的新的分化,都意味着新的社会构成要素的产生,都意味着这个社会获得了新的发展动力。对于工业社会的科学而言,每一个新的认识对象的发现,都意味着一场新的科学和技术革命机遇到来了,都会产生新的科学研究成就。同时,工业社会的科学是把每一个新的学科的出现都作为科学发展的新标志来看待的,工业社会的科学家们也是把开拓新学科作为科学追求的无上境界来看待的。

面对工业社会的科学,我们不禁要问,这个世界(特别是我们的社会)的分化果真是无尽的吗?科学的分化果真未有穷期?马克思曾经设想关于自然的科学与关于社会的科学将成为一门科学,这一点在今天看来可能已经无法实现了。但是,一些相邻的学科会不会走上融合之路呢?这可能是一个需要认真思考的问题。比如,社会学、政治学和公共管理学等学科能否合并成为统一的关于社会治理的科学呢?我们认为是可能的。其实,有一点是可以相信的,那就是人类走向后工业社会后,工业社会科学的科学性将会受到怀疑,特别是工业社会的这样一种以分析分解为特征的科学思维方式,将失去合理性。后工业社会的科学将会有着根本不同的特征。我们可以作出这样一种臆测,工业社会的科学已经发展到了这样一个地步,那就是,在分析分解方面已经走到了尽头,反而在分析分解过程中所取得的各个方面的知识都需要加以综合了。

如果说工业社会是一个分析的时代的话,那么,后工业社会可能是一个综合的时代。在走向后工业社会的过程中,科学的综合色彩将会变得越来越浓。现在,我们已经产生了一种朦胧的感觉,从20世纪60年代开始,科学的发展一方面还求助于学科的分化,而且作为科学认识对象的世界也还处在继续分化的过程中。另一方面,科学家们也表现出了对提出新学科的谨慎态度,在科学研究中更加注重理论导向,往往是根据既有的多学科的知识去进行理论创新,而不是动辄创立新的学科。如果对当代中西方的科学研究进行比较的话,我们朦胧地感觉到中国学者更乐意于持有一种学科取向的研究态度,而西方学者则更钟情于理论取向的研究态度,这也许是中西方学者在一些国际学术会议上感受到对话困难的原因。因为话语取向上有着较大差别,才存在着相互理解的困难。

工业社会的历史阶段是人类历史上的一个摹仿的时代,尽管我们在这个时代无处不使用"创造"一词,但在实质上,我们通常所说的创造仅仅是摹仿意义上的创造,而不是真正的创造。拿试管婴儿与克隆技术相比,我们可以说,试管婴儿只能看作是对自然生育技术的摹仿,而克隆技术则是完全创造性的技术,它在科学范式的意义上可能并不属于工业社会,而是属于后工业社会的科学技术。从20世纪后期以来的情况看,在科学技术的领域中,我们看到了一些纯粹的创造性技术,克隆技术就是其中之一。除了克隆技术之外,以互联网为代表的网络技术也应当属于这种创造性的技术,纳米技术在进一步的发展中也可能展现出其纯粹的创造性特征。正是这些技术,可能预示着后工业社会的到来。

从工业社会向后工业社会的过渡可能意味着从分析的科学向综合的科学的转变,而且,就分析的科学所取得的成就而言,已经包含着自我否定的可能性了。那就是,需要朝着对既有的科学成就加以综合的方向前进。事实上,就工业社会这个摹仿时代中的科学活动的逻辑来看,出于摹仿之需要的科学认识过程所展现出来的是分析的特征,而在实施摹仿的时候,则表现为综合的过程。这说明,一个完整的摹仿过程包含着认识和实践两个环节,认识的环节是分析的,而作为实践的重构或再造过程则是综合的。一旦摹仿时代被超越了,作为摹仿过程的认识环节就会得到扬弃,尽管在一些特定的领域中依然是必要的。这样一来,从属于摹仿需要的那个综合过程,就会得到充分的张扬,从而把科学的发展引入综合的历史阶段。科学发展史上的综合阶段是与人类发展史上的创造阶段相对应的。创造的阶段需要创造性的科学,这种创造性的科学不仅从属于求真的愿望,而且要求以美学的和伦理的价值为起点。认识最好是没有框框,求真就在于祛除虚妄,而创造则应有前提,根据什么样的价值创造我们的世界、我们的生活,就是一个极其重要的问题了。这就是后工业社会不同于工业社会的科学活动原则。

在工业社会,我们根据科学认识去重构世界和重建我们的生活时,我们无法做出实质性的思考,一切摹仿都是形式的摹仿,是质的丧失。

因为，摹仿是以科学认识为切入点的，是根据科学认识的结果而进行的摹仿，摹仿的成功有益于满足人们形式化了的实用需要，并且反过来促使人们的生活进一步形式化。所以，工业社会的生活是形式化的，在一切社会生活领域中，都造就了形式化的世界。生活的形式化也就是生活的片面化，它使人的本性受到压抑，使人的生活变得单调乏味，使人际关系变得冷漠，使社会整体丧失了质的向度，即表现为一个"单向度的社会"。所有这些，都会引发一些具有独立思考能力的人的批评，这也就是工业社会为什么总有浪漫的乌托邦主义批判家与之相伴而行的缘故。

　　创造与摹仿有着根本性的不同，创造首先是质的创造，是先创造出质的因素，再赋予形式。这也许是与上帝造人的程序相反的。因为，上帝在造人时也是先造出了人的形式，然后才给予了他作为人的质的因素。但是，就人的创造活动而言，则从属于由质到形式的程序，在我们所见到的一切能够展现人的创造性的活动中（如艺术），往往是首先确定了质，然后才寻求能够表达和表现这种质的形式。据此，我们认为，后工业社会作为人类历史的一个创造性的阶段，将是工业社会形式化进程的终结。无论是对于科学来说，还是就我们的生活和社会模式而言，后工业社会都将是形式合理性的衰亡和实质合理性的勃兴。

　　在人类历史上，创造活动一直都有，即使在摹仿的阶段中，也处处存在着创造活动。而且，创造在任何时候也都是不能等同于摹仿的，即使是在创造与摹仿相互渗透的领域中，创造也与摹仿有着明晰的区别。一切可以被认定为创造的行为，都遵从着道德价值，至少在起点上遵从道德价值；一俟创造取得成功，就必然具有美学价值。在很大程度上，创造行为中愈是包含了和体现了道德价值，作为创造行为结果的创造物就愈是具有美学价值。我们可以断言，创造的时代将是创造精神激荡的时代，创造活动将成为社会生活的基本内容。创造之于人，必然是自主的活动，每一个创造活动的主体，都是与他的创造活动相关联在一起的那个世界的中心，而不是被现有的世界中心—边缘结构所结构到某个固定位置上的点。创造活动本身就是现有的世界"中心—边缘"所无法容纳的，必将提出打破既有的世界中心—边缘结构的要求。

　　在工业社会的发展过程中所形成的这个世界中心—边缘结构一直是以两种形式出现的：一种是集权模式；另一种是民主模式。集权模式是在权力的基线上辅之以法律等规则体系而建立起来的治理模式；民主模式则是在法律等规则体系的框架中寻求权力支持的运行模式。尽管在对这两种模式的选择方面长期存在着争论，但就它们都无非是要造就和维护世界的中心—边缘结构而言，都会对人提出遵从既有秩序的要求，让人们去在既有的中心—边缘结构中发现自己确定的位置。对于创造活动的主体而言，这是不可能的。因为，创造活动的主体将会在广阔的社会空间中处于不断流动的过程之中，他随时都会出于创造的需要和因为创造的结果而改变自己在社会中的位置，从而对世界的中心—边缘结构提出挑战，并必将打破世界的中心—边缘结构。

就行政来看，管理行政本身就是工业社会中心—边缘结构中的一个特定的构成部分，它的功能集中表现在对世界中心—边缘结构的维护上，通过行政管理活动不断地强化工业社会的中心—边缘结构。在后工业化的过程中，当创造活动倾向于冲破既有的中心—边缘结构时，并用一种可能是"多元平衡"的新的结构取而代之时，政府将开始其从管理行政向服务行政转变的进程。因为，在创造活动普遍化和社会化的条件下，会呈现出整个社会的"中心"无限多样化的状况，而且这些中心将处在急速的流动过程中，从而意味着不再有社会结构意义上的中心性的存在物了。随着世界中心—边缘结构的解构，随着世界中心的消失，政府也就不再可能作为一个社会的中心性存在物而存在下去了，政府也就不再能够按照中心—边缘结构赋予它的思维方式以及给予它的习惯和规范来实施对社会的管理了。这样一来，政府必须在多元的、无中心的世界中去发现自己的位置。服务定位就是保证政府能够继续存在下去的必然选择。因而，政府的行政将发生根本性质的改变，将从管理行政转变为服务行政。

应当说，服务行政的社会基础正在生成，特别是在政治生活的领域中，正在悄悄地发生变化，特别是权威的去势，预示着服务行政产生的必然性。我们知道，近代以来，政府的行政管理以及运用行政的手段而实施的社会管理，都是建立在知识垄断的基础上的。政府的这种知识垄断地位是在按照科学技术的原则重建世界和社会生活时取得的，首先是有了知识垄断，然后才获得了权威。如果说管理行政是发生在法制框架下的，那么，法制恰恰是确认和保障政府知识垄断地位的设置。由于政府拥有在知识垄断基础上的权威，所以，这种权威具有合理性和合法性的色彩，而这种合理性和合法性更加强化了政府对社会的控制，使政府可以在控制知识、控制信息以及控制有知识的人的条件下进一步地强化其权威。事实上，当管理行政发展到了其典型形态的时候，政府的权力体系也就完全成了专业化的知识权威体系，是一种可以实现对其他所有类型的知识进行控制的知识，是一种可以驾驭一切知识的知识体系。然而，随着信息技术、网络技术的广泛应用，政府的知识垄断正在受到挑战，特别是近些年来的政府"信息公开"运动，意味着政府垄断知识的时代即将终结。在一个人人都可以方便地获得自己所需知识的时代到来时，政府失去了通过垄断知识而获取权威的地位，它对社会的控制也必将走向终结。当政府在控制方面不再能够有所作为的时候，以服务替代控制也就是必然的了。

20世纪后期，"知识经济"一词流行了起来，人们用这个词语来表达人类社会呈现出来的新特征。不过，我们从中看到的是，知识将不再是我们这个社会的一种稀缺资源，当知识不再是稀缺资源的时候，也就不会产生对知识的垄断了，即使产生了知识垄断的愿望，也无法付诸实施。这就是政府必须面对的命运。我们认为，知识迅速膨胀这一新的社会现象也与其他新时期独有的社会现象一样，预示着后工业社会的来临。后工业社会将是人类社会发展中正在迎来的一个创造时代，在这个时代，知识依然是一切创造活动必需的资源，但是，由于创造活动突出了善与美的原则和信念，知识资源的权威地位将不复存在，进而驾驭知识的知识权威也将不再存在。政府失去了知识垄断地位，失去了驾驭知识的权威，其权力体系也就必然会发生根本性的变革，从而使政府完全转化为专门提供服务的组织。此时，政府的管理职能只是作为服务的部分内容而被保留在政府职能之中，或者说，政府中的管理活动只是作为它为社会提供服务的保障因素而存在的。

科学发展的现实也证明，从摹仿时代向创造时代的转变已经是一个显性化的历史趋势。在20世纪末，随着工业社会向后工业社会的转变，科学的总体模式开始出现了结构性松动，人们越来越意识到，许多原有的科学思维方式、原则和理念都与新的时代要求相去甚远。新的时代会有新的科学，新的时代需要有新的科学思维方式，新的时代必然会突出新的科学原则和新的科学理念。所以，那种规范化的形式合理性的管理行政模式，必然要由一种新的替代模式来宣布其终结。这就是已经可以被认为是一个历史趋势而加以把握的行政演进方向，即管理行政的终结和服务行政的滥觞。

六

　　管理行政是在法制的框架下展开的，其典型特征就是依法治理，所实现的是法治。这也可以说是管理行政与统治行政的根本区别。

　　我们知道，统治行政是依靠权力进行社会治理的。这是因为，在社会的等级结构中，不可能产生出要求一切社会成员共同遵守的普遍性法律，也不可能有对每一个人都平等适用的规则，所以，行政过程的展开必须建立在权力的基础上。在农业社会的历史阶段中，一个人如果希望一展抱负的话，就必须跻身于统治行政的系统之中，就必须攫取权力。只有掌握了权力，才能使自己的意志转化为行动，才能在作用于他人和作用于世界的过程中实现自己的抱负。正是由于这个原因，统治行政时时处处都展现出权力的无限力量。

　　当管理行政取代了统治行政的时候，法制的框架基本确立了起来，权力的获取以及行使都受到法律的规范，而且，权力自身也无非是一种对法治提供支持的因素。尽管权力在日常管理活动中也显示出其巨大的力量，但是，在法律的规范面前，这种力量就逊色得多了。所以，在工业社会的历史阶段中，人们对法治寄予了极高的期望，把法治得以实行的法制框架看作是一切制度中最基本的和最完善的制度，甚至形成了对法制的神化，以至于在法制之外再也看不到其他任何制度的存在。当然，20世纪后期出现的一种"新制度主义"学说对制度作出了更为宽泛的定义，认为在法制的基本制度下还存在着一些非正式制度。但是，新制度主义对法制作为人类社会中的一项基本制度的性质并未表示任何怀疑，它只不过提醒人们去关注和消除那些会影响法制功能发挥的因素而已。所以，工业社会制造了法制的"神话"，管理行政就是建立在法制迷信的前提下的，它用自己的法治行动去维护这个迷信，使这个迷信能够永远驻足于每一个人的心灵。

　　由于产生了对法制的迷信，因而，在管理行政中也就出现了文森特·奥斯特罗姆所描述的一个"粗俗的事实"。奥斯特罗姆认为，在现代政府过程中存在着一个随处可见的"粗俗的事实"，那就是倾向于永无止境地制定规则和条例。制定规则和条例的活动又往往是由官僚体制中的政府官员承担的，并且越来越倾向于由官僚体制中的下级官员来承担。

结果就出现了一种"立法"泛滥的情景,"规则和条例到处出现。任何维持法律规则的理由均能被抛弃。当贿赂变成铺平自己道路的代价时,法律就会变成临时性索钱器。每个人最终都会向每个人行贿。当强制性的匮乏来临时,悲剧就发生了。许多人处于被他人的压迫和剥削之中;除了生活所迫切需要的最低限度的必需品,很少有人有积极性生产得更多"①。奥斯特罗姆的这一描述可谓是非常准确的刻画,特别是在后发展国家法制化的过程中,"立法"的泛滥随处可见,不仅是官僚体制中的官员,而且,从饭店老板到垃圾清运工,人人都在制定规则和条例。一个农民可能一时兴起,就在门前的马路上拉上一根绳子,对过往车辆实施收费。这时,这位农民既是关于对他门前马路进行收费的"法律"的制定者,又是执行者。一个饭店老板可以发行某种代金券,并在说明中宣布自己拥有最终解释权。这无疑是把自己置于绝对性"立法者"的地位上了。

人人都在"立法",必然会导致一种要求获得"立法"权威的角逐。因为,每一个"立法者"都希望自己的"立法"有着更大的权威性,并有可能会不择手段地去谋求这种权威。社会中的个人到政府官员那里去争取支持,政府官员从政府机构那里寻求依靠,政府机构到一些基本法中寻找根据……反过来,一切为"立法者"提供权威"认可"和"支持"的行为,又都期望得到相应的回报,从而把整个社会引入到全面腐败的境地中去了。人们所看到的腐败往往是与权力联系在一起的,认为一切有权力而又未建立起完整的权力制约机制的地方,都会出现权力腐败。其实,在等级制的条件下,在特权得到普遍认同的社会中,是不存在我们今天所说的权力腐败问题的。也许人们会把农业社会统治体系中的权力滥用看作为一种腐败现象,但那只是过度张扬了权力意志,在本质上是合乎权力运行逻辑的,而且,我们可以推测,对其腐败定性还更多的是从现代视角中作出的。当然,农业社会中的贪官也把皇家的权力用于谋取私利了,但是,这与把人民所赋予的权力用来谋取私利的行为相比,在根本性质上是不同的。就腐败作为社会治理过程中的一种受到普遍诟病的现象而言,本身就意味着人类社会治理体系的文明化。我们认为,只有在法制社会中才有所谓腐败的问题。换言之,法制社会总是与腐败相联系的,而且法制社会中最基本的腐败是"立法"腐败。

---

① [美]文森特·奥斯特罗姆:《复合共和制的政治理论》,210~211页,上海,上海三联书店,1999。

"立法"腐败的影响力和破坏力都是极大的。然而，在法制迷信的背景下，人们也许对官员个人在权力行使中的腐败行为义愤填膺，而对立法腐败往往置若罔闻。这是因为，法的精神已经深入人心，只要是立法行为，人们就根据法的精神而加以接受，就会认为是合理的行为。比如，一个草地管理员立下一块"禁踏草坪"的标示牌，这就意味着这个草地管理员为这块草坪以及可能与这块草坪相关的人的行为进行了"立法"。法制社会的成员却会视这种"立法"为法的精神的体现，并乐于接收这一立法的约束。立法泛滥是法制社会的一个显著特征，尽管早期资产阶级思想家们努力用普遍性、开放性等等来定义正在生成的法制社会，但是，随着立法的泛滥，一个又一个篱笆被竖立了起来，一个完整的社会被"法"隔离成了零零碎碎的片断。记得上大学的时候，听了一位学者的一个"铁丝网与资本主义"的讲座，大致意思是，铁丝网的发明使产权的边界变得清楚了，因而，铁丝网成了资本主义萌芽的标志。在立法泛滥的条件下，每一个立法者都在生产着"铁丝网"，从而使这个社会纵横交错地布满了"铁丝网"，人们的一切交往和言论活动都必须隔着"铁丝网"进行，一个人的生活也被无数"铁丝网"隔离成了碎片。人们的思虑所及，人们的视线所至，只要想到和看到了法律，也就看到了"铁丝网"。在这种情况下，所谓法治，无非是用"铁丝网"把人们成功地隔离开来的治理方式。这就是立法泛滥的直接后果。

　　奥斯特罗姆看到了立法泛滥的问题，而且希望解决这一问题，他的建议是恢复宪法的权威。对于消除"粗俗的事实"同时又维护法制的权威性而言，这无疑是最佳选择。但是，既然这类问题是在法制社会自身的发展逻辑中产生的，那么，恢复宪法权威本身就具有两重性：一方面，法制社会要求在形式上有着宪法的终极权威；另一方面，法制社会实际上鼓励"立法"扩大化和普遍化的行为，这又是同对宪法权威的维护相矛盾。从根本上说，宪法权威与法制理念之间存在着实质性的冲突，任何解决这种冲突的努力，都只是暂时性的权宜之计，只能起到缓和冲突的作用，而不能最终消除冲突。至多，人们只能要求立法行为基于宪法的精神，却不能制止立法行为的泛滥。一旦出现了立法行为泛滥的问题，人们就忘却了宪法这一根本。虽然在对每一项立法的审查中都可以看到它与宪法精神并不冲突，但是，由于这些立法已经把宪法的精神形式化为具体的规定和要求，从而在充分地诠释了法制理念时否定了宪法权威。当每一个组织、每一个人都可以立法时，宪法权威就仅仅是一种理论上的权威了,而在实际的法治过程中,则是没有意义的。在这种情况下,恢复宪法权威已经是不可能的了。最为根本的是,否定宪法权威的力量恰恰来自于宪法精神得以贯彻的要求,是在宪法精神逻辑延伸的过程中产生的自我否定力量。所以,面对现代政府过程中的这一"粗俗的事实",其解决方案不是如奥斯特罗姆所设想的恢复宪法权威,而是要实现对法制理念的超越,需要去寻求全新的制度设计方案。

其实,法制的逻辑悖论是不可避免的。奥斯特罗姆在对霍布斯的主权理论的分析中揭示了这一逻辑悖论。奥斯特罗姆指出:"主权者,作为法律的终极渊源,高于法律,可以不向法律负责。行使最高权力并拥有最终决策权的人,在法律上和政治上不向其他人负责。对社会中其他人来说,他们在根本上就是不法分子(在法律范围之外)。占据这些位置的人是涉及他人利益的自身利益的终极法官。"[①] 关于宪政权威的要求与主权论的观点在归宿上是一样的,只不过,主权论是把最终的权威归于人,而宪政论者是把最终权威归于宪法,在宪法之下有一个执行和解释宪法的权力实体。可见,在法制社会中,总是难以避免一个凌驾于法律之上的最高权力实体的存在,他(们)不受法律的约束,反而拥有法律的解释权和裁判权,即使存在着一些形式上的权力制衡机制,也缺乏实质性的意义。所以,完善法制的追求只要还停留在法制理念之下,就只能是一个空想。只有当人类超越和扬弃了法制的理念,用一种比法制理念更加文明和更加进步的理念取代它,才能真正实现法治。

从现实来看,对法制以及法治造成挑战的还不是它自身存在着的这种逻辑自反,而是各种各样的后工业化迹象正在突破法制的框架。我们知道,与工业社会一道成长起来的自由市场理念已经是一个不可怀疑的法则,在某种意义上,早期启蒙思想家们关于自由、平等的天赋人权设定就是来源于市场经济发展的要求,正是这些人权设定,为市场经济的发展提供了基础性的原则。也就是说,市场中的一切行为都应当是自由的和平等的,不能受到任何一种力量的破坏,有限政府的设定是为了保证政府中的权力不干涉和破坏市场的自由和平等,而政府的责任则在于保障市场中的自由和平等不受破坏。在 19 世纪后期,当市场自身出现了垄断这一破坏自由平等原则的现象时,政府通过反垄断去保障市场自由

---

① [美]文森特·奥斯特罗姆:《复合共和制的政治理论》,220 页,上海,上海三联书店,1999。

平等原则的责任也就浮现了出来。到了20世纪后期，当一个叫"微软"的软件公司走上了垄断地位并破坏了软件市场的自由、平等竞争原则时，反垄断诉讼便鹤鸣鹊起。然而，全世界数以亿计的个人电脑用户都默默地使用着它的操作平台系统，以"用脚投票"的方式支持着它，迫使反垄断的法律低头，进而也使法制陷入一种尴尬的境地。在软件行业中，"苹果公司"、"谷歌公司"也同样在自己的专长领域中处于垄断地位，事实上破坏了自由、平等的市场竞争原则，在它们面前，反垄断的法律和行动都显现出了无能为力的状况。这说明管理行政的法治在这些新兴的领域中已经失灵，如果没有实质性的制度创新去应对这种状况，日益扩大的逸出法制框架的新的社会现象，就会把人类带入一个全面失序的状态。

一些新的科学技术成就正在冲击着既有的法制框架。比如，在互联网这个新生事物面前，我们提出了"以法治网"的设想，互联网上的各种各样的"乱象"也的确让人无法容忍，呼吁着对它的治理。但是，"以法治网"以及各种各样的网络管理措施得以施行，是建立在个人用户知识和技术低能的前提下的，在逻辑上，它必然会倾向于造就知识和技术的控制，使个人用户变得更加低能。一旦个人用户在知识和技术上的能力得到提高的话，就会出现网络上的"农民起义"，就会使网络法制陷入瓦解的境地。

历史经验证明，一项新的科学技术革命必然会对既有的社会生活方式以及社会构成方式提出挑战，会要求以社会变革来适应它的要求，如果社会不能实现相应的变革，就会阻碍科学技术的发展，就会阻碍人类社会的进步。当一切试图阻碍科学技术发展和人类社会进步的措施都失灵的时候，就会迎来一场革命。今天，我们的"以法治网"以及各种各样的网络管理措施，在逻辑上所包含的这种阻碍科学技术发展的内涵，如果反映在现实的历史进程中的话，那将是一种什么样的结局呢？所以，面对正在涌现出来的各种各样新的科学技术成就和新的社会现象，我们不能够固守近代以来的社会治理传统理念和既定模式，我们需要以制度创新以及社会治理方式的创新去适应正在呈现出来的新的社会要求。

七

在人类社会发展的每一个阶段，都是把秩序放在首位的，而政府的首要任务就是秩序供给。可以说，自从人类有了社会秩序的要求以来，政府总是扮演着秩序的供给和代表者的角色，政府的存在本身就是某种社会秩序的保证。但是，政府无论是通过统治的方式还是管理的手段去供给秩序，都表现出了对既有秩序的强化。虽然我们常常见到所谓恢复和重建秩序的提法，但实际上，则是对某种已经存在的秩序的恢复和重建，而不是对秩序的创新。政府往往希望把已有的秩序确定下来，只有当一种秩序包含着严重的危机因素，甚至危机已露端倪的时候，才会以改革的方式谋求对秩序的重建，很少有政府会做出主动建立全新社会秩序的努力。在人类社会的自然演进过程中，社会秩序最为集中地表现为一个自然演进的过程。虽然人类历史上经常出现失序的问题，但一般说来，对失序状态的消除并不意味着秩序性质的根本性改变，在很多情况下，秩序的恢复和重建都表现为在原已存在的秩序的基础上的稍加改进。当然，人类社会从某个历史阶段向另一个阶段的转变会提出建立一种全新秩序的要求，而从现实来看，往往是通过首先恢复旧秩序然后再加以改进的方式推动秩序性质的改变的。所以，秩序的演进总是表现为一种渐进的过程，与社会革命相比，它有着较强的被动性的跟进特征。从近代史的早期情况看，从统治秩序向管理秩序的过渡并不是通过资产阶级革命一蹴而就的，管理秩序是在资产阶级革命成功后的一个较长的历史发展期中建立起来的，经历了一个从统治秩序向管理秩序转变的几个世纪的渐进过程。

　　总的说来，对一种新的社会秩序的憧憬和描述往往是充满浪漫情怀的思想家们乐意为之的事情，而从事社会治理实践的人更倾向于在既有秩序的基础上去开展社会治理活动，即使既有的秩序已经是他们无力维护的了，他们也总是满足于提出一些修修补补的方案。在某种意义上，可能就是因为社会治理的实践者们倾向于对既有秩序的维护，才使试图打破既有秩序的力量积聚了起来，并导致了社会革命，从而突破了秩序的框架，使社会进入失序状态。但是，革命发生了，打破了既有的社会秩序，并着手恢复和重建秩序，而恢复和重建的秩序往往又成了旧秩序的复制品。这就是社会发展的怪圈。尽管通过社会革命和进入一个新的历史阶段后会对恢复和重建的秩序加以改进，使其适应新的社会生活的要求，而在这一过程中，社会为之所承受的损失也是巨大的。这往往被看作是革命的成本。在人类社会的发展已经走到今天这样一个条件下，在从工业社会向后工业社会转变的过程中，我们是否还应付出巨大的革命成本呢？对这个问题的回答应当是：我们建构全新秩序的自觉性程度决定了我们是否会为革命付出巨大成本。

后工业化显然是一场深刻的社会革命，这场革命的意义可以与人类社会从农业社会向工业社会的转变相提并论，也就是说，后工业化进程将意味着人类进入一个全新的历史阶段。如果说农业社会的统治秩序在工业化完成后不再适应工业社会的生产、生活和社会治理的话，那么，工业社会的管理秩序在后工业化过程中也将面临遭受扬弃的命运。后工业社会必然会提出一种全新的社会秩序要求，这种社会秩序可能是一种既不同于统治的也不同于管理的合作秩序。今天，我们还处在后工业化的起点上，然而，各种各样的新生社会构成要素迅速涌现，许多新的社会现象都在展示着一种完全不同于以往的社会发展前景。比如，在社会治理体系自身中，我们已经看到多元社会治理主体正在生成，正在一点一滴地打破政府垄断社会治理的局面。可以相信，在不远的将来，不仅政府垄断社会治理的历史将走向终结，而且政府独大的局面也将失去合理性，除了政府之外，还会有许许多多社会组织承担着社会治理的责任。当然，在一个相当长的历史时期中，政府都会继续存在下去，并能够在社会治理过程中去证明自身存在的价值。但是，政府的性质将发生根本性的改变；它与社会的关系、与其他社会治理主体间的关系，都会发生根本性的改变；政府的职能定位以及行为模式，也将发生根本性的改变……所以，此时的政府将不再是管理型政府，更不是统治型政府，在此意义上，我们将其定义为服务型政府。

现在的问题是，我们怎样去建构服务型政府？我们如何去保证后工业化的路径不是工业化路径的复制？从秩序供给的角度去思考问题，可能是无可回避的。

首先，对于既存的政府而言，是一个秩序选择自觉性的问题。是极力维护工业社会确立起来的既有秩序模式还是自觉地用一种新的秩序模式去取代既有秩序？如果政府以维护既有秩序为其社会治理的主要内容的话，虽然可以在一段时间内获得一个稳定的经济和社会发展环境，并创造一个安定祥和的局面，但是，新的社会构成要素以及新的社会现象所包含着的对既有秩序形成挑战的因素就会被积聚起来，直到有一天突然爆发，以至于让社会付出巨大的社会失序成本。所以，政府必须在维护既有秩序的前提下自觉地根据社会发展中包含着的新秩序要求而去作出安排，逐步实现对既有秩序的更新。总之，政府必须在秩序的供给方面有着一定的自觉性,应当意识到经济、社会的发展必然会提出新的秩序要求,应当去自觉地发现所应建立的新的秩序的性质和特征,并对实现新秩序的路径加以自觉的设计。显然,政府在社会治理实践中极易受到现实问题的引导,会把政府工作的重心放在对每一个具体问题的解决方面。一般说来,这种工作思路往往会把政府领入强化控制的方向上去,会在每一个具体的问题出现的时候去研究加以控制的方式和方法。这样做,可能在对每一个问题的解决上都有着优异的表现,而在总的社会发展进程中,则是一个压抑矛盾和积聚否定性能量的过程,总会有一天走到一个全面失控的境地。这说明,政府走出让问题领着走的局面并确立起秩序建构的自觉规划意识,是非常重要的。

其次,在后工业化进程这样一个社会急剧变革的时代,政府在秩序供给方面的表现也反映在政府自我维持或自我否定的过程中。如果政府出于自我维持的需要而坚守既有的秩序的话,就会在强化秩序的过程中逐渐地在社会控制方面层层加码,同时也会使自己在规模上不断地膨胀,在控制手段上不断升级。这样的话,在不断发展着的现实要求面前,政府就会逐渐地显现出保守的一面,就会成为阻碍社会发展的保守势力,直至站到社会的对立面上去,被社会发展的前进动力所摧毁。当然,在这个过程中,一些所谓开明的政府会时时表现出面对不断增长的社会新生因素的妥协,希望在满足那些不对其既有模式提出实质性挑战的要求的同时,去夯实自身继续存在下去的基础,而其基本取向则是服务于自我维持的需要的。这样做可以使其生命得到延长,却不能避免最终受到抛弃的命运。与之相反,一个自觉地进行自我否定的政府则会主动地去认识社会发展中所呈现出来的那些具有必然性的历史趋势,并自觉地对自我加以改造,把一切对自我存在形成挑战的因素都看作是激发自我变革的动力,不是试图扼杀那些相对于自我的异质性因素,而是努力根据对那些异质性因素的认识和理解去谋求改造自我的方案。

从人类的知识积累和理性进化的角度看,现在的政府应当说能够作出自我否定的路径选择。如果说历史呈现给我们的是情感改变社会而理性重塑世界的特征的话,那么,后工业化将是一个理性进程,改变现实和塑造未来的行动都应当纳入理性的范畴之中,首先应当表现为政府对理性的运用。面对后工业化进程中所呈现出的新的要求,政府的理性选择就是自觉地实现从管理型政府向服务型政府的变革。当政府自身走上了从管理型政府向服务型政府变革的征程时,就会认真地体察社会秩序要求的性质和内容,就会创建出全新的秩序供给方式。

在后工业化的进程中,我们时时处处都能感受到一种对既有秩序形成挑战的力量,所以,在如何供给秩序的问题上,会产生争议。在历史上,儒家思想的滥觞和18世纪启蒙思想的发萌,都展现出了构建新秩序的成功范例。我们需要从中去发现这两个伟大时代中的伟大思想家建构新秩序的思维路径并加以学习,而不是把他们所建构起来的任何一个秩序搬到今天来。从近些年来的情况看,有的人试图在恢复中国传统文化的名义下寻求社会治理方案,并期冀以此提供社会秩序。这是荒唐的。因为,作为中国文化典型形态的儒家思想是有着既定的生成背景的,也有着特定的适应性。也就是说,它是适应农业社会治理需要的一种文化,根据这种文化而建构起来的治理方式也仅仅适应等级身份制的社会。我们今天处处竖立孔子像,仅仅是表达了我们对古圣先贤的尊重,而不是用他的思想来设计今天的社会治理模式,除非把人类重新拉回到等级身份制的状态中去,否则,试图用儒家思想来设计治理方案的做法就会显得滑稽可笑,哪怕是作为一个意识形态控制工具来加以利用,也是荒唐和愚蠢的。打个比方,你可以把孔子像建成一座世界上最高的摩天大楼,当你在设计成孔子发髻的顶层旋转餐厅中对外环视一周后,相信在孔子像中就会发出一种感叹:"世界是平的"。面对一个"平的世界","礼治"如何可能?

也有一些人要求承认近代早期启蒙思想中的一些基本原则的普世价值地位,就这种做法而言,如果不是出于依附工业社会某种话语霸权的愿望,那就是非常幼稚的。在人类历史的不同阶段,都会出现某种主导性的价值,尽管资产阶级思想家们极力到古希腊那里去寻求某些素材来证明启蒙思想某些原则的普世价值,但是,希腊后期以及整个中世纪的历史状况却不予支持。如果工业社会只是人类社会发展中的一个必经阶段的话,那么,启蒙思想中的那些原则又如何具有普世价值呢?基于启蒙思想的那些原则建立起来的社会秩序又怎么会具有永恒意义呢?事实上,工业社会已经走到了自己的顶峰,正在受到澎湃激荡的后工业化浪潮的冲刷,启蒙思想的历史使命正在走向终结。在这种情况下,我们承认启蒙思想中的那些原则的普世价值将意味着什么呢?工业社会的秩序模式正在失去其价值,所谓"普世价值"的幻影正在破灭,后工业化必将意味着一种新的价值登上人类历史舞台,必将在新的价值的基础上建构全新的世界。在社会治理的领域中,则要求政府率先去发现这种新的

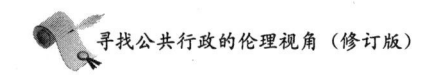

价值，并根据这种价值去实现对自我的重建。一旦政府成功地完成了自我重建的任务，它所供给的社会秩序也就是一种全新的秩序。

在后工业化的进程中，政府的自我否定不仅是一个自我重建的问题，而且也是一个对社会加以重建的问题，政府的秩序供给所包含着的恰恰是一个塑造什么样的社会的内涵。从 20 世纪 80 年代以来的全球性行政改革来看，从属于效率目标的管理行政正处于一个解构的过程中，但是，基于近代传统的观念却成了政府改革的限制性因素，严重地束缚了改革中的创新举动。因而，人类的生活境遇不仅没有在改革中看到优化的迹象，反而在风险社会的泥淖中越陷越深。我们知道，管理行政模式被设计出来的时候，所遵从的是合理性原则，在制度安排、组织结构和运行程序上，都是可以实现科学化的，而且总是朝着理想的技术标准努力，即使由于社会现实的发展而使管理行政出现了不适应的问题，也总是可以在技术追求中得到解决的。

20 世纪后期以来，技术进步确实提振了管理行政的信心，一股新的技术迷信风潮正在蔓延。但是，技术进步无益于行政人员道德水平的提升，不仅不能够使政府在社会道德文明的进步中发挥主导作用，反而在政府内部无法避免掌握行政权力的那些行政人员的腐败和堕落。管理行政表现出行政行为主体的道德品格与他们的行政行为的分离，他们的行政行为总是以其行为体系的制度、组织结构、权力作用方式等等而定。应当说，管理行政的官僚制设计本身就留下了道德空场，它让那些秉公苦干、朴实无华的人得不到重视，却让那些吹牛拍马、圆滑投机者屡屡升迁，它的组织结构的层级制日益助长瞒上压下，它的组织机构的部门化使擅长于争功诿过的人总是站在功绩制的浪尖上。由此，社会则在管理行政的技术追求中一步步地走向了风险状态。

管理行政所丧失的，恰恰是人类社会中的一些最为根本性的内容，在从管理行政向服务行政的转变中，应当是管理行政中所丧失的一切伦理精神的复归。统治行政中的礼法治理显然已经成为一种历史陈迹，任何对它加以复活的努力都是不可能取得积极成效的，而且任何这类行为都是错误的，甚至会显得极其荒诞、滑稽。但是，统治行政的伦理精神却是一笔宝贵的财富，是可以在新的时代潮流中加以洗涤和再利用的。管理行政的式微和服务行政的兴起，将是伦理精神再度张扬的起点，人类因此而进入一个新的历史阶段，不仅社会治理将奠基在伦理精神的基础上，而且全部社会生活都将在伦理精神的普照之光下展开。

上 篇

>>> 反 思

第一章
政治—行政二分原则与官僚制理论

第一节 政治—行政二分原则

一、公共行政的起点

从理论上说，有了人类社会也就有了社会治理的问题，一旦社会治理成为一种制度化的过程，也就必然有了稳定的和系统化的社会治理主体。在人类社会的不同历史阶段，社会治理主体的性质和存在状况是不同的。在农业社会，朝廷及其派出机构构成了系统化的社会治理主体；近代以来，政府成了直接的和日常性的社会治理主体。政府是一个现代性概念，在近代早期，由于政治与行政尚未出现分化，政府是指国家机构的总体，到了19世纪后期，则专门用来指称行政部门，是通过行政管理活动去承担日常性的社会治理职责的部门。也就是说，在农业社会的漫长历史阶段中，其实并没有政府，也没有专门性的行政部门，政府是在工业化的过程中产生的，行政管理作为一项专门性的政府职能，也是在现代社会分工的条件下才出现的。但是，我们所处的是现代语境，因而，我们对于近代社会出现之前的社会治理主体也往往使用"政府"一词来加以标示。这是一种用现代词语指称古代社会现象的做法，是出于表述和理解上的方便之需要。

不过，我们应当承认，在人类社会很早的历史阶段，就已经产生了行政管理活动，尽管这个时候还未出现专门性的行政管理部门。也就是说，在整个农业社会的历史阶段中，社会治理主体是混沌一体的，有了行政管理活动，却尚未产生专门的行政管理机构或部门。行政管理由专门的机构和部门来加以承担是在近代社会的门扉开启后才出现的一种新的社会治理现象。特别是到了19世纪后期，社会治理体系也按照科学的分工—协作精神来加以建构了，从而出现了政治与行政的分化。对于近代以来的社会治理体系的演进，我们可以作出这样的历史性区分，在18世纪，当启蒙思想家提出三权分立并由三个部门来执掌的规划时，其实已经包含了社会治理体系分化的内涵。但是，这种分化还仅仅属于社会治理体系自身平衡的需要，所要实现的是权力间的相互制衡，即不使一种权力坐大而回复到农业社会的集权状态。然而，在19世纪后期，则出现了政治与行政的分化，而且，这种分化是一种结构性的分化，所体现的是社会治理上的分工与协作。

政治与行政的分化不仅是三权分立理论的历史延伸，而且也是整个启蒙思想逻辑演进中的必然。因为，在孟德斯鸠成熟的三权分立理论所确认的三种权力之中，就有了"行政权"这一项。不过，与资产阶级革命同行的启蒙思想还没有精力去关注社会治理的问题，而是优先考虑如何建立起一种不同于农业社会的权力体系的问题，为了避免出现暴君，提出了三权分立并相互制衡，以保证每一种权力都从属于人民主权的原则并服务于人民主权。然而，当资产阶级政权得以巩固后，社会治理的问题就提上了议事日程，关于行政权的地位和作用，就需要得到结构性的保障，从而启动了政治与行政分化的进程。

其实，近代社会在一切方面都呈现出不断分化的特征，政治与行政的分化也无非是近代社会分化这一总的进程中的一个方面。但是，在《彭德尔顿法案》通过之前，也就是在现代文官制度产生之前，政治与行政还处于一种混沌一体的状态，美国当时的"政党分肥制"实际上既是一种政治制度也是一种行政体制，只是在现代文官制度建立起来之后，政治与行政才进入了分化的进程。也正是在此条件下，威尔逊才总结了《彭德尔顿法案》通过后的实践经验并提出把行政管理作为一个相对独立的专门化领域来加以认识的要求。任何一项实践创新都具有暂时性，只有当它获得了理论确认的时候，才会成为模式化的社会或历史现象。行政管理作为一个相对独立的领域而得到承认，是与威尔逊的贡献联系在一起的。正是因为威尔逊发表了他的名篇《行政之研究》，唤起了人们关于行政管理一百多年来的不懈探索，使行政管理的每一个方面都得以完善，并造就了公共行政这一适应民主政治生态的行政模式。

工业化与市场经济的发展是一个共同进步的过程，它们共同塑造了近代社会，提出了不同于农业社会的治理要求。但是，即便是在工业革命后的两百多年的时间内，作为社会治理活动基本内容的行政管理依然具有农业社会统治行政的色彩，并没有成为一个相对独立的领域。虽然在人民主权的框架内把立法、司法和行政权区分开来了，但是，民主运行过程中的行政权在获取和行使时都无不受到政治的影响，特别是启蒙思想家没有考虑到的政党因素，在整个政治和行政过程中都发挥着重要作用，使行政过程从属于政治过程。事实上，这个时期的行政过程也就是政治过程，在它们之间是没有实质性的区别的。

所以说，尽管市场经济的运行和发展对行政管理提出了大量非政治性的要求，特别是在市场主体的自由、平等地位得到了法律确认后，行政管理应当在非政治的意义上为市场经济的运行和发展提供管理上的支持。但是，当时的政府并没有做到这一点，特别是在政党政治的条件下，政府往往必须站在某个政党的一边，或者说，在这一时期，人们并没有把行政管理作为一个独立的领域来加以认识和加以建构，而是在政府的行政管理之中保留了突出的政治统治特征，它的管理内容还没有凸显到使它可以与政治相分离的地步。因而，也不存在专业化的关于行政问题的科学研究。

由此可见，并不是在工业革命或资产阶级革命取得成功后就建立起了公共行政这一行政管理模式，虽然这一时期的行政在职能上体现出统治职能与管理职能此消彼长的状况。也就是说，虽然这一时期的行政发展已经朝着管理行政的方向前进了，但是，作为管理行政典型形态的公共行政尚未出现。只是到了19世纪后期，行政发展才进入了公共行政建构的历史阶段，它在实践上的标志就是《彭德尔顿法案》的通过，而在理论上的起点，则是威尔逊《行政之研究》一文的发表。

进入20世纪，对公共行政的建构进入了一个凯歌行进的时期。就20世纪公共行政的发展史来看，尽管在每一项行政课题上都存在着广泛的争议，尽管出现了多场自我否定和自我扬弃的学术运动，尽管在各个国家都有着被法默尔称作"方言"的特殊的行政建构，但是，20世纪毕竟是人类行政发展史上的一个新的时期，是公共行政得以自觉建构的时期。这个时期之所以成为行政发展史上的一个值得人们记忆的重要阶段，其科学依据首先是因为政治—行政二分原则的提出而使行政管理成为一个相对独立的科学探讨对象；其次是马克斯·韦伯的官僚制组织理论使行政管理获得了形式合理性建构的空间；再次是科学管理理论使行政过程中的每一个环节、每一个事项甚至每一个人的每一个动作都可以成为进行分析分解并加以控制的系统。其中，政治—行政二分原则的提出，可

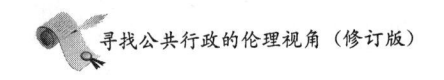

以看作是公共行政滥觞的逻辑起点。

在整个20世纪中，政治与行政的二分，不仅是行政学理论的叙述原则，而且也是一种既定的研究方法，更是行政体系的建构原则。处于主流状态的行政学理论是在政治与行政二分的前提下进行理论体系建构和进行实践方案设计的。到了70年代，虽然"新公共行政运动"对政治—行政二分原则表达了怀疑，提出了在公共行政中引入价值因素的要求，但就其结果而言，并没有实现对政治—行政二分原则的突破，至多只能看作是对官僚制组织理论作出了一些修正，即要求更为现实地来对待公共行政中的程序和行为，不要过分地把它们理想化，至于政治与行政的区分，已经成为既定的事实而不可动摇。所以，对于行政学研究来说，政治与行政二分的问题在一个相当长的时期内都会成为一个必须加以接受的实践原则。

应当看到，政治—行政二分原则的提出，是近代社会治理体系演进的必然结果。在某种意义上，近代以来的政治发展一直朝着政治与行政分离的方向运行，威尔逊只是把握住了这一趋势而明确地把政治与行政的分离作为一个现实原则提了出来。尽管如此，威尔逊的贡献还是巨大的。因为，这一原则的提出和确立，不仅使对行政管理的专门研究成为可能，而且使对行政的专业化建构走上了科学化、技术化的道路。从20世纪以来的情况看，正是由于政治—行政二分原则的提出，关于公共行政的研究才成为一门科学，并取得了惊人的进步。特别是20世纪以来的社会现实，迅速地朝着复杂化的方向运动，如果不是在政治—行政二分原则的前提下而对政府作出科学建构，是很难设想它能够在这个社会中发挥领导作用的。

二、政治与行政二分的理论

学术界一般把威尔逊看作倡导对行政管理进行专门研究的发起者，认为他的《行政之研究》是行政学的开山之作。的确，在政治学的发展史上，威尔逊可以说是第一个明确提出了对行政管理问题进行专门研究的人。1887年，刚刚完成博士论文《议会制政府：对美国政治的研究》(Congressional Government：A Study in American Politics)[①] 并获得约

---

① 威尔逊的这篇学位论文的中文版1986年由商务印书馆出版，题为《国会政体——美国政治研究》。

翰·霍普金斯大学博士学位的威尔逊把视线投向了议会外的国家行政部门,写作并发表了《行政之研究》一文,从而奠定了"行政学"这门学科的基础。在政治学史上,威尔逊的博士论文也是一部学术名篇。后来,威尔逊做过大学教授,当过大学校长和州长,并成为美国第28任总统。这表明,《行政之研究》并不是一篇即兴之作,不是记载他偶有所悟之学术见解的文章,而是经过仔细观察和认真思考的科学成果。

在《行政之研究》中,威尔逊要求把对行政管理的研究从政治学中分离出来,使关于行政管理的研究成为一门独立的学科和专门的学问。为了支持这一观点,威尔逊设定了一个"政治—行政二分原则",认为这一原则应当成为政治活动和行政管理活动都遵守的一项基本原则。事实上,威尔逊提出的这一原则成了20世纪行政体系建构的基本指导思想,也是公共行政学科及其理论发展的指路明灯。

在《行政之研究》中,威尔逊是这样表述他的见解的:行政与政治不同,"行政管理的领域是一种事务性的领域,它与政治的领域的那种混乱和冲突相距甚远。在大多数问题上,它甚至与宪法研究方面那种争议甚多的场面也迥然不同";"行政管理是置身于'政治'所特有的范围之外的。行政管理的问题并不是政治问题。虽然行政管理的任务是由政治加以确定的,但政治却无需自找麻烦地去操纵行政管理机构"[①]。"政治是'在重大而且带普遍性的'方面的国家活动,而'在另一方面','行政管理'则是'国家在个别和细微事项方面的活动。因此,政治是政治家的特殊活动范围,而行政管理则是技术性职员的事情'、'政策如果没有行政管理的帮助就将一事无成',但行政管理并不因此就是政治。"[②] 尽管在《彭德尔顿法案》已经付诸实施的条件下显现出了政治与行政的不同,但是,果若提出把政治与行政区分开来加以认识和研究,不仅需要一种对现实的敏锐观察力,而且也还是需要理论勇气的。因为,它意味着分割政治学的地盘,要求在政治学的研究范围之外建立起一个专门的研究领域。所以,把公共行政学这样一门学科的创制权归功于威尔逊是一点也不为过的。

在古德诺那里,威尔逊在《行政之研究》中提出的政治—行政二分原则得到了系统的理论阐发。从古德诺的理论活动来看,他是一个行政

[①] 彭和平等编译:《国外公共行政理论精选》,14页,北京,中共中央党校出版社,1997。

[②] 同上书,15页。

集权主义者，特别是在他关于我国民国时期政府修宪的意见中可以看出，他对集权的行政首脑情有独钟。所以，在袁世凯与议会发生争执的时候，他坚决地站在了袁世凯的一边。

我们知道，虽然《彭德尔顿法案》在1883年得以通过，但"政党分肥制"的观念并未得以完全消除。在这种背景下，古德诺表达出对作为民主政治怪胎的"政党分肥制"的激烈批判也就是不难理解的了。古德诺主要是在对"政党分肥制"的激烈批判中去进行理论建构的。也就是说，在民主政治的神圣性不可怀疑的情况下，唯一的办法就是把行政从民主政治的领域中剥离出来。正是出于这种目的，他对政治—行政二分原则作出了系统的论证。所以，政治—行政二分原则虽然是威尔逊在《行政之研究》中提出来的，古德诺则是对这一原则作出了系统论证的人。在1900年出版的《政治与行政》一书中，古德诺极力证明政治与行政是完全可以区分开来的，认为政治是国家意志的表达，而行政则是这种意志的执行。他说："在所有的政府体制中都存在着两种主要的或基本的政府功能，即国家意志的表达功能和国家意志的执行功能。在所有的国家中也都存在着分立的机关，每个分立的机关都用它们的大部分时间行使着两种功能中的一种。这两种功能分别就是：政治与行政。"[①] 而行政的职能无疑是需要由专门的行政机关来执行的。

在古德诺看来，关于政府及其行政的传统研究思路是一种"由宪法开始又以宪法结束"的政治学方法，这种方法由于过分地关注从政治的视角上看问题，抹杀了政府及其行政运行的特殊性，因而，不可能通过这种研究去建立起高效率的行政体制。所以，行政研究应当从政治与行政的分开开始，应当走一条独立于政治学的研究思路。具体地说，就是尽可能地排除政治对行政的干扰，建立起以效率为目标的行政体制。如果说威尔逊所强调的是行政运行的技术特殊性的话，那么古德诺则对行政的功能作出了明确的定位，即把行政定位在国家意志的执行上。所以，古德诺的论证实际上为政治—行政二分原则找到了功能依据，使政治—行政二分原则成为全面性的行政建构原则。也正是由于古德诺对政治—行政的二分原则作出了补充性的论证，从而使这一原则得到了人们的广泛接受。

虽然政治—行政二分原则只是关于政治与行政关系的基本原则，但

---

① [美]古德诺：《政治与行政》，12~13页，北京，华夏出版社，1987。

是，这个原则的提出可以使人们更加专心地集中于行政体制及其运行问题的研究。这样一来，我们也就可以把它与马克斯·韦伯的官僚制理论联系起来考虑了。也就是说，在政治与行政二分的前提下来思考韦伯的工具理性化的官僚制组织，就不难理解为什么韦伯对官僚制组织的形式合理性建构给予高度评价了。因为，既然行政已经是一个独立于政治的领域，那么，它从属于技术性设计就是理所当然的了。同样的理解也适用于泰勒的科学管理理论。可见，正是因为有了威尔逊、古德诺对行政作为一个相对独立领域的确认，才为韦伯的官僚制组织理论以及泰勒的科学管理理论在公共部门的应用搭建起了一个平台，这个平台是拥有了相对于政治的独立性的，是不受政治上的不同利益集团纷扰的领域。因而，是可以进行科学化、技术化建构的领域。20世纪的公共行政正是走上了这样一条道路，所以，威尔逊提出的和由古德诺加以充分证明的政治—行政二分原则成了全部行政建构的前提，而韦伯的官僚制组织理论以及泰勒的科学管理理论则在这一前提下展开，形成了一个完整的公共行政理论范式，并对整个20世纪的行政管理实践产生了决定性的影响。

三、政治与行政二分的历史背景

在为什么要提出政治—行政二分原则的问题上，古德诺所作的解释是：政治以及政府的发展提出了政治与行政分化的要求。也就是说，近代政治的发展走到了要求把政治与行政分开的阶段，行政的发展已经出现了诸多与政治不同的特征。古德诺认为，在政治与行政的发展已经表现出分化特征的情况下，如果还沿袭传统的政治学、法学的研究方法，就无法适应政治国家对行政管理所提出的要求。所以，古德诺认为，把行政从政治中分离出来并作为一个相对独立的领域来认识，是时代的客观要求。由此可见，在威尔逊和古德诺的认识中，并不是出于理论上的追求而提出政治—行政二分原则的，而是在对现实的观察中所获得的感受，是要求用理论的形式对现实加以确认的理论活动。

威尔逊和古德诺都是政治学家，就威尔逊把研究主题集中在国家政体方面而言，就古德诺表现出对宪法研究的兴趣而言，他们的研究重点基本上是一致的，由他们提出和论证政治—行政二分原则，肯定是从现实的政治发展中看到了不可忽视的客观事实，那就是政治与行政之间已经呈现出了分离的态势，而且，如果不正视这种分离而持有一种混沌的政治观念，就会产生许多不良后果，就会对政府的社会治理造成危害。

的确，政治—行政二分原则是西方社会政治发展的必然结果，之所以这个原则由美国学者率先提出来，那是因为美国在19世纪后期渐入西方政治文明发展的典型形态。实际上，在几乎同一时期的英国，政治与行政二分也在实践中得以实现，只不过，英国的学者和思想家们更多地恪守强大议会传统的政治原则，没有把关注点集中到政治与行政二分的现实上来。

不过，对于政治—行政二分原则，是需要在西方政治文明的范式中来加以认识的。如果脱离开西方社会的政治文化形态和制度基础，就很难对政治与行政二分的意义作出准确的把握。进一步地说，如果不是把政治—行政二分原则放在具体的历史背景中来认识，而是脱离开这一原则的提出和适用的历史背景，抽象地谈论政治—行政二分原则；或赋予政治—行政二分原则普适性的意义，要求每一个国家都按照政治—行政二分原则去安排自己的政体、去塑造自己的政府；或把政治—行政二分原则作为未来政治发展和行政发展过程中不可移易的原则而加以遵守，就有可能引致一些消极的后果。总的说来，政治—行政二分原则提出的历史背景是"政党分肥制"，是针对政党分肥制条件下的腐败、滥权、效率不彰和政府工作不具有连续性等问题而寻求到的一种特定的解决方案。同样，政治—行政二分原则的适应性也只有在多党制的条件下才能显现出来，或者说，在多党制的条件下，是无法让政党与行政保持稳定的一体性或一致性的，只有让行政独立于政党政治，才能使行政的社会治理功能不受政党间政治争议的影响。

只有在多党制政治条件下，我们才能理解政治—行政二分原则的意义，或者说，多党制是政治与行政二分的政治前提。因为，在多党制的条件下，如果政治与行政处于一体化的状态中，必然会对行政的运行造成极大的消极影响。就西方国家的政治来看，一般都是属于多党政治的范畴，往往是由两个或两个以上的政党在法律和选举制度的框架下进行政治资源的争夺和占有。多党政治也就是竞争性的政治，政党是在竞争性的选举中获得掌权的机会的。如果说竞争在经济领域中趋向于利益分配的合理化的话，那么，在政治领域中的表现则有所不同。在更多的情况下，政治领域中的竞争会促使社会分化为对立的集团，会促进不同政治性的社会群体对立情绪的滋长。在这种情况下，如果政治与行政处于一体化的状态，一旦政治上的竞争煽动起了社会的对立情绪，行政就会因为政治价值的影响而成为某个政党甚至某个利益集团的工具，就会使公共利益成为无人守卫的空门，从而受到侵害。结果是，社会走向非理性化，甚至出现动荡的局面。

如何才能使政治领域中的党派竞争不对社会造成伤害呢？这就是西方近代政治发展过程中不断探索的课题，其答案就是把政治与行政分开来，把政党之间的竞争仅仅限制在纯粹的政治领域之中，让不同的意见在政治领域中得到表达，特别是让不同的意见在议会中"抵净"，然后，形成一种基于不同意见平均值的决策，并转移到行政部门中去而让行政部门加以执行。这样一来，行政就成了隶属于政治又与政治相分离的专业性领域，它因为自己执行政策的专业性而成为相对独立的领域。政治与行政领域的分离，使近代以来的民主政治获得了新的形式，那就是把民主看作纯粹的政治内容，在政治领域中促进民主，而在行政领域中建构集权，让政治风云变幻于行政领域之外，不影响行政的运行。

由于政治与行政的分离，从而使行政在各种各样对立的政治价值之间保持了中立，并能够专注于公共利益的实现。这样一来，政治也由于无需去考虑行政管理的具体情况而超然于管理行为之外，从而专注于竞争性的利益表达，以求在各种各样的利益诉求之间去发现那些具有普遍性的公共意志，并将所发现的公共意志凝注到具体的法案和政策之中。所以说，在多党制的条件下，政治与行政二分是一种不得已而为之的选择。没有政治与行政的分离，多党竞争如果渗入行政过程中来，就会使行政管理活动莫衷一是，就会在社会管理中造成极大的混乱。本来，政府是通过自身的行政管理而形成一个整体的，是以整体的形式作用于社会和实现对社会的管理的。然而，在政治的意见纷争对行政形成干扰的情况下，政府是无法以一个整体的面目出现的。因而，在社会治理的过程中，也就无法实现统一行动，不仅不能发挥供给社会秩序的目的，反而会破坏社会秩序；在各种利益诉求面前，就会因为受到特殊利益的左右而丧失对普遍性的公共利益的关注，甚至会成为破坏公共利益的始作俑者。

在政治与行政二分的条件下，不同党派的政治主张，不同利益集团的利益诉求，不同公民群体的意见表达，都通过民主的方式而在政治领域中展开，只有在形成统一意见和统一意志的情况下，才转交到行政部门这里。这个时候，也就不会在政府的行政管理过程中造成混乱局面了。另一方面，在政治与行政二分的条件下，政治主体还可以以独立于行政之外的身份而对行政管理活动以及整个行政过程进行监督，以保证政府行使权力的公正性，防止政府受到某个特定党派或利益集团的"绑架"。最为重要的是，政治与行政二分使法律和科学的精神都得到了张扬。首先，在政治领域中活动的各个党派、利益集团以及不同公民群体的代表，会因为失去了对行政权力的直接影响力而无法将其意志原封不动地贯彻到社会治理过程中去，从而处于民主机制的约束和限制之中，在开展政治活动的时候，也就不得不在法律制度的框架下去与其他政治力量开展竞争；其次，就行政而言，在不受政治干扰的情况下，可以按照科学的原则去开展行政管理活动，去积极探索有效执行政治部门决策的途径和方式。所以，政治与行政二分也是行政管理走上科学化、技术化道路的起点。

19世纪中期，首先在英国出现了所谓"文官制度"，然后在美国，由于《彭德尔顿法案》的通过，也进入了现代文官制度建构的过程之中。这是现代公务员制度的早期形式。到20世纪中期，世界上主要的发达国家基本上都建立起了公务员制度。公务员制度的出现，使韦伯所说的那种形式合理性得到了充分的体现。在近代以来的行政发展史上，正是公务员制度的发明，使政治与行政二分有了专业化的文官队伍作支撑，使作为行政部门的政府可以在价值中立的名义下进行技术性建构，通过科学化、技术化的路径去不断刷新行政效率。所以，就政治—行政二分原则而言，公务员制度的意义在于：一方面，它使政治—行政二分原则得到了完全贯彻；另一方面，公务员制度的不断完善，又为政治与行政二分条件下的治理格局提供了保障，使政治与行政二分作为一种社会治理的结构而被确定下来。

从西方国家20世纪的实践来看，公务员制度的发明确实把社会治理引领到一个政治民主与行政效率共同进步的时代，如果说传统的政党政治关注民主却牺牲了效率的话，那么，公务员制度的出现，则造就了一个在政治上中立、受过专业技术训练、拥有职业生涯的文官集团，他们可以以自己的专业化职业活动去不断地提高行政效率。同时，在政治的领域中，不同的政治力量在撇开了行政管理的事务性包袱之后，更加轻松地活跃于民主话语的论辩场域之中。所以，公务员制度的产生从根本上改变了民主和效率不可兼得的局面。

如果对19世纪后期和20世纪前期的政治发展进程进行考察的话，我们还会发现，公务员制度不仅使政治民主与行政效率的悖论得到了解决，而且促进了政治主体的变动。因为，直到19世纪后期，西方各国的政治基本上属于政党政治的范畴，而在20世纪前期，政党政治开始逐渐地为利益集团政治所取代。尽管基本的政治框架没有发生改变，但政治主体的这些变动却促使20世纪的政治呈现出不同于19世纪政治的特征。如果没有公务员制度这一发明，相信利益集团是不可能成长到对政党政治产生压力的地步的，更不可能成为各政党在开展政治活动的过程中纷纷争取的对象。根据我们的看法，由于公务员制度为政治与行政的结构性分化提供了支持，使政治空间因行政被剥离出来而获得了更大的腾挪空隙，在两个或多个政党不足以填充政治空间的情况下，使利益集团获得了迅速生长的机会。所以，我们认为，20世纪利益集团政治的出现与公务员制度的发明也是有着一定联系的。

不过，我们也需要指出，政治与行政二分是多党政治条件下的一种无可奈何的选择。在一党政治的条件下，一般说来，政治与行政总是表现出一体性的特征，是不可能实现政治与行政的分离的。如果强制性地对政治与行政加以区分，或者说把政治—行政二分原则贯彻到一党政治的条件下去的话，我们立即就会发现，这种分离会使执政党变得不那么重要了，执政党的控制能力就会从根本上受到削弱。结果，就会随着执政党控制能力的削弱而迅速地产生出各种各样的政治实体。这些政治实体就会以利益集团的形式出现，甚至一些政治实体会迅速地政党化或谋求作为政党的政治地位。在现实中是不缺乏这种例子的，那就是，一些国家或地区在建立公务员制度的过程中，在让行政脱离原先那个唯一性的或处在领导地位上的政党时，很快就进入了一个多党化的时代。此时，如果在政党制度上还坚持一党制的话，整个社会就会陷入纷争和动乱的境地，甚至会出现流血事件；如果政党制度也作出了相应改变，往往会顺利地过渡到"多党政治"的时代，再经历若干年的政党竞争和一系列"兼并重组"的事变，形成所谓"两党制"。

从理论上说，也会出现另一种情况，长期处于执政地位的执政党在没有作好充分的理论和思想准备的情况下进入了政治与行政分离的进程。比如，可以以"党政分开"的名义而把威尔逊的政治—行政二分原则引进来，并按照这一原则所必然引发的逻辑思路去进行公务员制度建设。如果这样的话，很快就会发现，迅速成长起来的各种各样的政治实体或明或暗地对执政党提出挑衅性的要求，并形成一种压力，迫使执政党不断地收缩自己的防线。在这种情况下，如果再有自由民主的声音来助威，执政党的执政根基很快就会受到根本性的动摇。到了这个时候，执政党

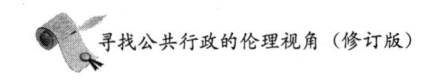

要么坚守自己对政府的控制,但必须面对整个社会的动荡和失序;要么举手投降并转战到与新生成的政党进行竞选的战场上去。

四、政治—行政二分原则受到批评

虽然政治—行政二分原则是在多党制的条件下直接针对"政党分肥制"的弊端提出的,但是,在20世纪的公共行政建构中,这一原则却成了最为基本的前提。特别是在多元化的利益集团政治出现之后,更加突出了这一原则的重要意义。就20世纪的行政管理而言,作为行政主体的政府之所以能够在其规模迅速扩张的情况下依然以一个整体的面目出现,行政行为以及过程之所以能够担负起凯恩斯主义的干预角色,新的科学技术手段之所以能够畅行无碍地被引入到政府中来并转化为行政方法和技术……都只有在政治与行政二分前提下才能得以进行。假如没有这样一项原则,20世纪的公共行政就无法走上科学化、技术化的道路,就不可能展现出如此巨大的效率优势。

然而,在政治与行政二分的条件下,由于行政获得了独立发展的空间,也带来了一些新的问题。首先,行政的"价值中立"使它可以在管理的名义下去扩张自己的社会职能,深深地侵入社会生活的每一个领域,造就了一种"行政国家"的状态;其次,行政集权与民主政治渐行渐远,经常性地出现脱离民主政治控制的事件;再次,在技术化的建构过程中和执行政策的角色定位中,产生了官僚主义的问题,从而将行政意志滥用于社会治理过程,而作为社会治理对象的公民的意见,只能通过政治的途径去加以表达,却不能直接地对行政过程发生影响;最后,行政权力得到了畸形化的发展,致使腐败问题层出不穷。所以,在20世纪稍后的岁月中,政治—行政二分原则受到了各种各样的怀疑和批评。

到了20世纪60年代,一些政治学家对政治—行政二分原则提出了批评意见,特别是对政府的价值中立表示了怀疑的态度。很多学者认为,现代社会已经是政治泛化了的社会,在政府的行政程序和行政行为中,不可能不贯穿着政治精神,甚至在具体的活动中,都体现了政党政治的影响。对现代社会的理解,是需要从政治与经济相对应的角度来理解政治领域的边界,而不是要对政治与行政进行区分。这些批评意见主要是基于凯恩斯主义的实践经验而提出的。凯恩斯主义以及罗斯福"新政"基本上是把政府活动与政党活动看作为一个统一的领域,是与经济领域相对应的。这是因为,在经济萧条时代,为了应对经济危机,采取政治

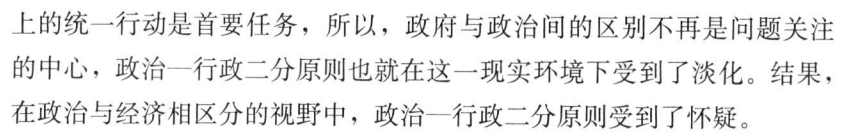

上的统一行动是首要任务，所以，政府与政治间的区别不再是问题关注的中心，政治—行政二分原则也就在这一现实环境下受到了淡化。结果，在政治与经济相区分的视野中，政治—行政二分原则受到了怀疑。

对政治—行政二分原则的更多批评来自于公共政策科学的研究。从行政学的发展史来看，20世纪60年代是公共政策科学走向繁荣的时代。在公共政策研究中，人们发现根据政治—行政二分原则而把政策的制定与政策的执行严格区分开来是与现实不相符合的。事实上，政府在执行公共政策方面有着很大的主动性，存在着行政人员在执行某些较为含糊的或一般性的法律时普遍使用行政裁量权的行为。而且，在政策制定过程中，也常常需要对文官加以咨询，听取他们的建议。有些学者甚至断定，官僚处于政策之中，并且主要在政策中活动。事实上，官僚往往成为政策问题的建构者，而且用自己的行动诠释政策和制定政策，成为政策形成的主要来源。

自凯恩斯主义的政府干预模式产生后，政府就在公共政策的制定中发挥着重要作用，古德诺关于政策制定与政策执行的区分已经受到了现实的否定。在这种情况下，20世纪60年代的公共政策运动提出了与威尔逊、古德诺针锋相对的观点，认为政府最重要的活动就是公共政策的产出，政府运作的过程也就是公共政策的制定与评估过程。甚至一些公共政策学家指出，行政活动的全过程可以表明：一定社会的行政虽然是从属于一定社会的政治和服务于政治的，但它并不是消极地、完全被动地服从，行政本身就是构成政治的一个重要组成部分，它要求在执行政治任务的过程中不断地作出因地制宜的政治性决策，这些决策同样也是国家意志的体现。同时，在政治活动中，任何体现国家意志的政治决策，也都要经过一系列咨询、监督、反馈等行政环节。可见，在公共政策学家的眼中，政治概念的外延得以扩展，行政的政治色彩是无法抹去的。因而，政治—行政二分原则也就成了缺乏现实根据的规定了。

继公共政策运动之后，70年代兴起的"新公共行政运动"直接地对威尔逊、古德诺的政治—行政二分原则提出了批评。根据新公共行政运动的看法，政治—行政二分原则的提出完全是为了改革当时美国极度腐败的吏治，是为了推行公务员新政策而做出的必要的理论或舆论准备，是出于一种策略上的需要而提出了政治—行政二分原则。这样一来，实际上是否认了政治—行政二分原则的科学性。学术界一般认为，"明诺布鲁克会议"是新公共行政运动出现的标志，这次会议的会议论文在1971

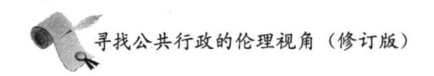

年结集出版，题为《走向一种新公共行政学：明诺布鲁克观点》，表达了对政治与行政二分的激烈不满，试图在对政治—行政二分原则的全面反思中去建构一种新的公共行政理念和思想体系。

根据新公共行政运动的认识，传统的行政研究由于是在政治与行政二分观念的指导下进行的，从而使行政研究局限在一个非常狭窄的领域内，把研究焦点放在了行政机关的预算、人事、组织以及大量其他中性问题上，很少重视与社会、政治密切相关的政策制定与政策分析等研究，使公共行政远离于社会危机处理的需要。由于奉行价值中立的准则，避免了对所研究的行政问题作出"好"与"坏"、"应该"与"不应该"的价值判断，普遍使用了"逻辑实证论"的研究方法。因而，作为一种逻辑体系，更多地将研究局限于资料汇集和统计分析上了，试图通过这种方式来表现其客观性。事实上，纯粹的价值中立不仅在学术研究中不存在，反而误导了行政学的研究，使行政研究者高居象牙塔，远离社会生活，使研究不能影响或参与到决策过程中去。基于这种认识，新公共行政运动要求，在行政研究中，社会科学家应以其专业的知识和才能从事价值判断，将价值理论放在优先考虑的地位，在实证分析方法与实质性价值两者不可兼得的情况下，宁可重视对价值判断的追求。惟其如此，行政研究者才能深入到社会以及政治之中去关注那些与行政相关的问题，并积极地宣传自己对现实问题的认识与批判。总之，在新公共行政运动这里，行政学者不仅应当是学术研究者，而且应当成为改革社会和推进社会发展的倡导者。

新公共行政运动的观点是，在现实的政治与行政运行中，行政体系游离于政策制定之外的状况根本不存在。事实是，国会、总统或其他政治机构对于政策问题往往仅提供原则性目标，而具体的政策方案则是由行政机构及其行政人员加以制定的，并通过行政机关的人力、物力和财力规划而加以落实和实施。这个过程无疑是各种权力、价值、利益的交换或分配过程，换句话说，是政治决策的过程。所以，新公共行政运动强调从政治到行政的连续性，强调行政管理与政治价值的关联性，并认为需要建立起具有灵活性的行政组织结构，以保证行政价值能够贯彻到行政管理活动之中。同时，新公共行政运动还要求，在对行政人员决策地位的认识方面，需要采取积极的态度，应致力于提高行政机关及其人员的自觉意识，不仅让行政人员在执行政策的过程中尽职尽责，而且还能让其以主动的态度设计政策议程，并善于用其所拥有的裁量权去发展公共政策，使政策工具能够更加有效地被用来解决社会问题。

在对政治—行政二分原则的批评中，新公共行政运动发展出了一整套在肯定行政人员的政治价值的基础上去对文官进行政治控制的观点。根据新公共行政运动的看法，传统公共行政强调政治与行政的分离、公务员保持政治中立和不参与党派斗争、行政人员不得以党派偏见影响决策等，都是没有意义的理论假设。实际情况恰恰与之相反，行政任何时候都会具有浓厚的政治色彩，公务员与政务官员之间的相互影响是不可避免的。与其回避他们之间的这种相互影响，倒不如正视这种关系的存在。所以，新公共行政运动主张对部分高级公务员实行政治任命，让他们参与政策的制定过程并承担相应的责任，以保持他们的政治敏锐性。

新公共行政运动的这些主张对实践产生了重要影响，1978年卡特总统的文官制度改革事实上吸收了新公共行政运动的主张，通过加强政治任命和建立文官责任机制而保证了高层公务员对政治家负责。学术界一般是将这次改革看作美国高级文官制度建立和完善的标志，它实现了对高层公务员的政治控制，增强他们对政治的回应性。就此而言，新公共行政运动在对政治—行政二分原则的否定中确立了行政发展的另一个方向。尽管20世纪80年代"新公共管理运动"的出现使人们暂时忘却了新公共行政运动的基本主张，但是，到了90年代，新公共行政运动的声音又开始变得越来越洪亮。

虽然政治—行政二分原则在20世纪60年代以来不断地受到各种各样的怀疑和批评，但是，由于这一原则的提出而使行政实践及其研究成为一个独立的领域却是不争的事实，从而使行政管理体系能够被作为一个相对明确的研究对象来加以考察，并建构起了专门的学科——公共行政学。随着这一专门研究行政管理的学科的出现，行政体系的运行规律也就得到了把握。这对于行政自身的发展和行政学的科学化，都是有益的。不过，在其后的研究中，我们也将发现，政治—行政二分原则能否成为一个普适性的原则，的确是一个值得怀疑的问题。而且，到了20世纪后期，行政实践及其理论研究在政治—行政二分原则的前提下所进行的科学化、技术化追求，也暴露出了越来越多的缺陷。总的说来，政治—行政二分原则的提出是具有积极意义的，这种积极意义就在于：第一，最终使行政管理以公共行政的面目出现，确立起了公共行政的边界；第二，使关于公共行政的研究成为一门科学。但是，这一原则也使关于行政管理的研究变得眼界狭隘，使行政体系成为一个孤立自为的系统，

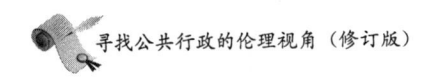

放弃了对行政管理的作用对象以及政治的自觉关照。到了 20 世纪后期,其消极影响也就逐渐地得到了放大,并成为人们无法容忍的问题。

第二节 官僚制理论

一、从威尔逊到韦伯

如果说威尔逊等人的政治—行政二分原则为现代公共行政及其科学研究确立了逻辑前提的话,那么,公共行政科学化、技术化的道路则是由马克斯·韦伯开拓出来的。正是韦伯对官僚制问题的研究,才在官僚制的历史发展中抽象出了公共行政的工具理性原则,并对公共行政的体系进行了明确的形式合理性设计和建构。在某种意义上,韦伯的工作可以看作是对现代公共行政范式的确立。根据韦伯学说来把握和理解现代公共行政,那就是一个不断地追求科学化、技术化的进程。虽然学界普遍认为泰勒的科学管理理论赋予了公共行政科学色彩,实际上却是韦伯的官僚制组织理论,为泰勒的科学管理理论在公共行政实践中的广泛应用提供了坚实的基础。对于公共行政理论体系的建立和实践模式的建构来说,韦伯的官僚制组织理论有着基础性的地位。从韦伯的理论追求看,他也恰恰是在用其理论来诠释自己的志向的,那就是确立起公共行政赖以成立的组织基础及其全部运行原则,韦伯对官僚制组织所进行的全部历史考察和理论分析,也都是为了证明行政管理科学化、技术化的必然性。

毫无疑问,在现代政治学、社会学和管理学等学科的研究中,"官僚制"的概念是与马克斯·韦伯的名字联系在一起的,这主要是指基于工具理性而建立起现代组织形式这样一项伟大贡献是由韦伯作出的。然而,各学科的研究又都把官僚制的问题集中到了公共行政的体制和行为方式上,努力在其形式合理性问题上进行考察和提出改进方案。所以,对于公共行政的研究来说,是无法回避对官僚制问题发表意见的,或者接受官僚制理论并为这一理论体系的建构、改造和发展提供进一步的建言;或者对官僚制理论体系提出批评,尽可能地寻求替代性的理论框架,并对公共行政的实践发挥影响作用。在 20 世纪的关于官僚制理论的研究和探讨中,这两个方面的努力一直是科学探讨的主线。大致说来,在 20 世纪前期,从政治学和社会学等学科视角出发对官僚制加以阐释的学者较多，而在20世纪后半期，从管理学的角度提出超越官僚制的要求则表现得较为积极。就公共行政学而言，自20世纪60年代以来，批评官僚制理论的呼声一浪高过一浪。

官僚制与官僚制理论是既有联系又有区别的两个范畴。官僚制作为实践中的一种国家政治统治与社会管理方式有着很长的历史发展过程，只不过人们长期以来并没有对这种制度作出定义。官僚制理论是由马克斯·韦伯建立起来的，也就是说，韦伯通过自己的官僚制理论而实现了对官僚制的科学建构，并展示给了人们一种典型化的官僚制。韦伯在建构官僚制的理想模式时，通过其一系列著作对官僚制进行了历史考察，认为官僚制的发生和成长有着悠久的历史，以证明他所提出的官僚制理论是有着深厚的历史基础的，他自己仅仅是基于历史经验而作出了系统规划。也就是说，马克斯·韦伯为这种组织形式进行了命名，并提出了加以典型化的系统方案。由于韦伯的贡献，官僚制在20世纪进入了自觉建构的阶段，不仅在公共行政的领域，而且在广泛的社会生产和生活领域中，都成为一种基础性的组织类型。

其实，官僚制理论的产生是可以从其时代背景中来加以认识的，韦伯在其著作中也通过系统的社会史考察指出了这一点，那就是近代社会的发展是一个合理化的进程，在每一个具体的社会生活领域中，这种合理化都表现为工具理性的凸显和社会生活形式合理化的过程。在工具理性已经成为工业时代最为典型的特征的条件下，在每一个社会生活领域都追求形式合理性的条件下，这种合理性也必然会反映在组织形式的建构之中，必然会让建立在工具理性基础上并拥有形式合理性的组织来承担开展社会生活的功能。正是在这种情况下，官僚制得以迅速地成长和发展起来。因此，当韦伯对现实社会生活中的组织现象进行观察和思考时，也就提出了官僚制理论。韦伯的科学研究应当说是感知到了现实的要求和敏锐地观察到了官僚制组织，并对这类组织进行了理论提升，构建起了理想的官僚制模型。

韦伯之所以能够建立起影响了整整一个世纪社会生活一切方面的官僚制理论，是与他渊博的学识和丰富的想象力联系在一起的，特别是他在经济史和社会史方面的知识和专业素养，可以说是历史上无人能及的。最为重要的是，与历史上一切伟大思想家都专注于社会宏观建构方面的问题不同，韦伯尽管对宗教、政治、经济、社会等多个领域都表现出了浓厚的兴趣，也都作出了非凡的思想和理论贡献，但是，他在组织这一

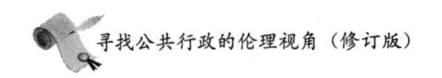

微观领域所实现的理论建构，则是一座伟大的丰碑。韦伯无疑是抓住了近代以来社会运行和发展中的一个最为重要的主题，那就是一切社会生活的开展都必须通过组织来进行，组织是近代以来这个社会的最为基本的构成要素，是构成社会有机体的"细胞"，离开了组织，我们无法想象近代社会是什么样子。韦伯的伟大贡献不仅在于发现了组织对于近代以来全部社会生活的意义，而且还在于确立起了一种与近代追求理性的文化相一致的组织类型——官僚制。

在前近代的农业社会中，等级化的社会结构决定了这个社会的治理是以统治的形式出现的，自上而下的等级统治是在权力的支撑下展开的，是以暴力为后盾而确立起来的统治体系。近代以来，在政府与社会的关系上，社会治理的统治色彩逐渐淡薄，而管理色彩则日益浓厚。管理与统治不同，它需要讲究理性，需要追求合理性，需要在合理性的获得中去谋求合法性。所以，政府自身作为一个组织体系，更需要根据理性的原则来加以建构。韦伯正是抓住了这一时代主题，对官僚制作出了研究，并建立起了系统化的官僚制理论。至于韦伯的官僚制理论与威尔逊的政治—行政二分原则间的关系，在科学研究的意义上是一种偶然的契合，而在历史发展中，则表现出一种具有必然性的一致。这是因为，当威尔逊提出政治—行政二分原则后，政府面临着如何进行自身建构的问题，而韦伯的官僚制理论恰恰解决了这个问题，那就是按照工具理性原则进行建构，以求成为政治意志执行的有力工具。

当然，与韦伯的官僚制理论相对照，威尔逊的政治—行政二分还只是一个极其模糊的原则。因为，政治—行政二分原则仅仅要求政府及其行政在政治价值之间保持中立，然而，到了韦伯这里，价值的内涵得到了扩充，不仅是政治价值，也包括文化上、道德上、情感上的等一切价值因素。官僚制要求组织及其成员祛除任何一种价值对行政过程和行政行为的影响，严格地在工具理性的原则下去开展活动，并认为这是效率的保证。反过来说，韦伯的官僚制理论一方面充分补充和完善了威尔逊的政治—行政二分原则，使作为政治工具的行政在价值中立的意义上有了全面性；另一方面，官僚制理论实际上提出了更加彻底的价值中立原则，那就是不仅相对于政治价值，而且相对于每一种价值，都恪守中立。同时，不仅是在组织整体的意义上价值中立，而且是贯彻到每一个组织成员这里和在每一项活动、每一个行政行为中的价值中立。由于价值中立，行政不再受到任何一种价值因素的干扰，因而是最有效率的了。所以，韦伯的官僚制理论可以看作是对现代公务员制度的充分肯定，也可以看作是对近代西方政治发展走向现代公务员制度的整个历程的描述。或者说，韦伯的这一思想揭示了现代公务员制度发生及其存在的基本内涵，使公务员制度之于现代社会治理的意义得到了充分诠释。

二、官僚及其官僚制

韦伯所研究的官僚制是一种组织现象，近代以来，人类社会中各种各样的社会活动都是通过组织进行的。由于社会生活的内容不同，在开展这些社会生活的过程中，所运用的组织也就不同。或者说，有着各种各样的组织形式。就官僚制组织突出了"官僚"一词而言，是指一种特定类型的组织。在原初的含义中，官僚制是指国家用来治理社会的组织形式。也就是说，只有在国家体系中，才有所谓官僚，而官僚制组织无非是由官僚所构成的组织，反过来说，这种组织中的成员都是官僚。不仅在组织的构成上是这样，在组织行为以及功能表现上，这类组织也弥漫着官僚气息。所以，用"官僚制"来指称这类组织是比较贴切的。

在人类历史上，农业社会的历史阶段呈现给我们的是分散化的生产和生活状态，其共同体生活并没有被严格地组织起来，分散的小农经济是以自给自足的形式出现的，不需要通过经济组织进行。在这一社会中，得以组织起来的主要是社会治理活动，表现为基于国家统治结构的组织。但是，在农业社会的一个很漫长的历史时期中，职业化的官僚并没有出现。因而，也很难说出现了韦伯所探讨的官僚制组织。严格说来，官僚制组织只有在工业化进程中的社会大分工条件下才会成为一种值得研究的组织现象。虽然农业社会中也存在着组织，但其官僚制的特征并不突出，不属于官僚制组织的范畴，在很大程度上，只是一种外在表现形式较为混沌和模糊的组织现象。

韦伯在探讨官僚制的时候，将这种组织现象追溯到人类社会较早的历史阶段，认为在古代埃及和中国就广泛地存在着官僚制组织，这与历史是不甚符合的。当然，在中国，人们很早就注意到"官僚"这一政治生活中的特殊现象，因而在中国古籍中很早就出现了"官僚"一词，《国语·鲁语（下）》中就有所谓"今吾子之教官僚……"如果不是在现代意义上使用"官僚"一词，而是把那些在社会治理体系中承担治民之事的人都称作为官僚的话，未尝不可。需要指出的是，与现代社会分工条件下的职业化官僚不同，那个时候的官僚是非职业化的，特别是在农业社会较为早期的阶段,为官大都属于今天所说的"兼职"。"国家出现后相当长的时期内,所谓官僚,一直保持着'非官非民'、'亦官亦民'的状态","一般都难以摆脱那种'亦君亦臣'、'非君非臣'的性质"[①]。

当然,在进入农业社会的发达状态后,也出现了政治与经济领域的分化。在生产领域中,也出现了一定程度的分工,尽管这种分工是以身份的形式出现的,是通过身份制来加以巩固的。也就是说,这是一种无法与现代社会分工相类比的一种简单的分工状态。然而,对于组织的产生而言,即使是农业社会的简单分工,也为韦伯视作官僚制原初形态的那种组织的出现提供了前提,特别是在社会治理的领域中,有足够的事实可以证明官僚制的出现是社会分工的结果。可以推测,随着国家范围的扩大,随着国家政治和经济职能的增加,出现了国家职能分化的趋势。在这种情况下,出于保证统治权力有效运作的目的,也因应国家职能的分化而对统治以及服务于统治的管理进行了一定的职能划分。这就是社会治理领域中的初步分工,它要求一些人相对固定地司掌国家某一方面的统治或管理职能,并掌握保证这种职能实现的权力。这种相对固定地司掌某一方面职能及其权力的分工,又被作为职位而固定了下来,这些职位同时又成了组织一个庞大国家的统治和管理体系的纽结。分工本身就是社会职业化的运动,正是国家的统治和管理领域中的这种分工,才使做官呈现出职业化的趋势,才为从社会中选拔从事这一职业活动的"人才"提供了合理的思维路向。比如,中国社会隋唐开始的通过科举考试选拔专门从事统治和管理人才的做法,就是这种思维路向的明确反映。

根据韦伯的判断,在古代中国、埃及以及晚期罗马帝国,都曾存在过官僚制的组织形式,而且,这些国家和地区官僚制组织的存在,也是这些历史上的伟大帝国强盛的标志。在韦伯的研究活动中,专门对中国古代的官僚制和欧洲官僚制的形成和发展进行了比较。在韦伯看来,在中国古代,很早就已经存在了官僚制组织形式,早在战国时期,就出现了一个专门的食禄阶层,它标志着官僚开始成为国家政治生活中的一个重要组成部分。同马克思以及早先许多研究东方社会的学者一样,韦伯也把官僚制产生的原因归结为"公共工程"建设的需要,认为中国古代和埃及一样,治水、建筑等"公共需要"促使古老的官僚制在皇家保护

---

① 参见楼劲、刘光华:《中国古代文官制度》,3~7页,兰州,甘肃人民出版社,1992。

下发展起来了。正是这样一个以"公共需要"等经济活动为基础的官僚制的出现,"从一开始就控制着战国时代的封建性质,并将儒士阶层的思维一再纳入管理技术与功利主义的科层官僚制的轨道"①。

应当说,战国诸侯的竞争也是促进行政管理官僚化的一个重要因素,因为,这种竞争促使了文人们去积极探寻一种有效的行政管理方式,而这种方式就是向官僚制的靠近。在秦始皇统一六国并建立起帝国统治后,用郡县制代替了封建制,使官僚制一度衰落,但隋唐科举制的兴起,又造就了一批游离于身份等级之外的官僚,从而使中国古代的官僚制成为一种比较典型的前现代官僚制形式,成了"特别现代的、和平的和官僚体制化的社会最完美的代表,一来是这种社会的垄断,另外它的特殊的等级的分层化,处处都是建立在获得证书的教育的威望之上的……只有在中国,一种官僚体制的生活智慧即儒学才得到系统的完善和原则的统一"②。

现代官僚体系的出现,首先是同欧洲中央集权国家联系在一起的。其实,在更早的时期,王室为了削弱领主的力量,开始运用了一种"宫廷管家制度",用一些出身低微的人做宫廷管家,他们事实上是一些没有贵族身份的国家官僚。到了绝对国家时期,这支非贵族出身的官僚队伍迅速地成长起来,成了一支重要的政治力量,无论是对他们的管理还是由他们从事的对国家事务的管理,都包含着造就官僚制的倾向。到了近代,随着市民社会的产生,国家与社会的分离很快就成为必须接受的政治格局,同时,国家自身也分化为不同的部门,走上了专业化的发展道路。在这种背景下,官僚作为政治体系中的一个行动者阶层也逐渐浮现出来,并用他们的行动改造和型塑着国家及其政府,使它们走上了官僚制组织的方向。也就是说,官僚制作为国家政治体系中的一个相对独立的组成部分,是近代社会发展的产物,正是在资本主义政治、经济二元化的过程中,逐渐地生成了官僚制组织。在西方,大致在 18 世纪中期,大陆国家就开始了对官僚体系的认识;到了 19 世纪后期,英国文官制度的出现,则标志着现代意义上的官僚制作为一种行政体制而正式进入政治生活的领域。

在《法哲学原理》中,黑格尔对官僚体系作出了一定程度的专门性

---

① [德] 马克斯·韦伯:《儒教与道教》,87 页,北京,商务印书馆,1995。
② [德] 马克斯·韦伯:《经济与社会》,下卷,374 页,北京,商务印书馆,1997。

研究，这可以看作是近代社会早期思想家们关于官僚体系认识的一个结论性的意见。在这里，黑格尔试图证明普鲁士官僚体系的合理性，并以哲学家所不常有的热情高度赞扬了这种官僚体制。根据黑格尔的逻辑，国家是与社会分立的，国家所代表的是人类活动的理性与普遍性原则，官僚体系以及构成官僚体系的官僚，则是国家与市民社会的中介物。黑格尔认为，只有通过官僚和官僚体系，国家与社会才能达到统一。我们知道，辩证法经由"正题"、"反题"到"合题"，是通过中介而得以实现的，中介的概念才是辩证思维得以成立的基本要素，把社会现实中的某一事物称为"中介因素"，其实就是对这个要素的社会地位作出的极高评价。所以说，根据黑格尔的观点，国家与社会的整体性是根源于官僚体系及其官僚的，正是因为官僚体系和官僚的存在，才赋予了分裂状态中的国家与社会以整体性甚至有机性。

黑格尔是一位伟大的哲学家，与18世纪的英法启蒙思想家相比，在黑格尔开始著述的时候，欧洲社会发展呈现出了更多的近代特征，从而使他拥有了更多的观察现实并进行理论建构的优势。但是，黑格尔也过多地让对现实的思考和认识从属于他的辩证法叙述，他关于官僚体系是国家与市民社会间的中介的定义，正是出于证明他的辩证法的需要。应当说，这个定位是正确的，也能够说明官僚体系存在的必要性和合理性。不过，官僚体系应当如何加以组织和运行则是黑格尔哲学的宏观叙事所无法解决的问题。这就给韦伯的理论活动提供了一个巨大的空间，让韦伯有机会去展现他的学识和科学创新能力。

三、官僚制及其权威基础

德国有着历史主义的思维传统，德国的思想家大都善于从历史发展的视角出发去观察他们所关心的社会问题，并善于在历史发展的脉络中去揭示研究对象的本质，从而在历史发展趋势中去寻求解决问题的方案。在韦伯身上，体现了德国科学研究的传统，所以，他对官僚制的研究是从属于历史主义的叙述方式的。也就是说，韦伯是在非常仔细和严谨的历史考察的基础上对组织进行分类的，因而，能够让人一目了然地看到不同类型组织的性质和历史地位，同时，也能够让人了悟官僚制的发展方向。

当韦伯开展学术研究活动的时候，正是行为主义思潮方兴未艾之时，虽然没有证据去证明韦伯与行为主义之间有什么关系，但是，从行为分析入手去展开系统化的理论叙述却具有那个时代的科学特征。作为一个社会学家，韦伯对社会结构以及制度的理解是从人的社会行为入手的，要想了解韦伯官僚制理论的全部内容，就需要从他对人的社会行为方式的分类出发。韦伯集中探讨的是人的支配行为，他认为存在着三种形式的支配行为，分别是理性及法理型支配、传统型支配和个人魅力型支配。① 对于社会学家来说，他所探讨的社会行为不同于心理学家所探讨的个人行为。也就是说，在讨论个人的行为时，可以沿着从需求、动机到行为的路线去进行研究，也可以从环境到回应的路线去进行研究，而在讨论人的社会行为的时候，就必须把人的行为放在其赖以发生的组织之中去进行研究。一旦谈及组织，又必然会涉及组织得以成立和得以存在的基础等问题。所以，韦伯在考察三种支配行为方式时，也就包含着对这三种支配行为得以发生或得以存在的基础和前提的探讨，并沿着这一思路走向了对官僚制的研究。

根据韦伯的看法，任何组织都必定会以某种形式的权威作基础。适当的权威能消除混乱并带来秩序，没有权威的组织就无法实现组织目标。所以，与历史上的三种支配行为方式相对应，也存在着三种类型的权威。

其一，"合理—合法型权威"（rational-legal authority）。这种权威是建立在组织内部各种规则基础上的，组织的政策、规章等必须合乎法律，分享了法律的合理性。拥有权威的人则依据法律和在法律等规则的规范下发布命令，谓之为依法行使权力。依据合理—合法型权威而实现的支配行为，其实是以对组织规则的服从和对法律的遵守为特征的。因为，在这种支配行为中，人们服从领导者的命令是出于对组织规则和法律的信守，法律与规则代表了一种大家都遵守的普遍秩序。因此，领导者与被领导者之间在法律地位上是平等的，都要受到组织规则的约束。当组织领导者依法用权的时候，他是有权威的，实际上所拥有的是法律等规则的权威；当组织领导者的指挥和控制行为与法律等规则相悖的时候，他的权威就会受到怀疑，甚至会丧失权威。

其二，"传统型权威"（traditional authority）。与合理—合法型权威基础上的支配行为不同，建立在传统型权威基础上的支配行为是以对传统文化的信仰与尊重为基础的。这种权威因传统的源远流长而神圣不可

---

① 参见［德］马克斯·韦伯：《经济与社会》，下卷，238～274 页，北京，商务印书馆，1997。

侵犯，相信权力拥有者按照传统实施统治是具有合法性（legitimacy）的。传统型权威一般表现为三种情况或来源于三个方面：第一，世袭性的权威，是对先辈所拥有的权威的继承，在身份制的条件下，"王之子恒为王，公之子恒为公"决定了权威的代代相传；第二，来自于封建等级结构的权威，存在于主人与臣仆之间的关系中，由于等级结构是一种制度化的结构，支配者与被支配者的关系也具有恒定的特征，一般说来，这种权威会表现为家长制；第三，绝对性的权威，因其不受任何限制的绝对性权力而获得的权威，在支配者特别是在最高支配者那里，言即法，权力不受限制。

其三，"卡里斯玛型权威"（Charisatic authority）。这种权威往往产生于对个人超凡能力、英雄主义精神、典范品格的崇拜和迷信。在韦伯这里，卡里斯玛是被作为一种人格品质或超人能力看待的，认为拥有这种品质和能力的人往往会把其他人吸引在自己的周围并成为追随者和信徒，当拥有了这些忠诚追随自己的人的时候，也就获得了一种可以支配追随者的权威。卡里斯玛型权威是一种更具感性色彩的权威，而在历史上却是普遍存在的，不仅宗教领袖都是具有卡里斯玛型权威的人物，而且，在世俗生活中，这种权威也是随处可见的。比如，当一个特定人群处于危难的时候，可能就会出现某个人成为领导这个人群走出危难处境的领导者。这时，这个自然产生的领导者就会获得卡里斯玛型权威。而且，当他的领导行为取得了切实成效时，他的这种权威就会得到进一步增强。一般说来，在历史上，创建某个王朝的开国君主都是拥有卡里斯玛型权威的人物，他是因为个人魅力而把人们聚集到自己的周围，并在权威的正确应用中建立起千秋功业。

支配是一种行为，在支配行为构成一种模式的时候，是可以加以分类的，那就是用支配类型来标示一些有着共同基础和行为特征的支配行为的总和。考虑到支配行为总是发生和存在于统治过程中的，所以，所谓支配类型也代表着统治类型。在这里，支配类型是与统治类型同义的。韦伯所区分的三种支配类型其实是指三种不同的统治类型，它们的不同在于，发生的基础以及表现方式有着很大的差别。就韦伯的思路来看，首先区分出三种不同的权威形态，由这三种不同的权威形态推导出三种不同的支配类型，然后，就可以合乎逻辑地去考察三种不同的支配类型是如何加以组织的，从而走上了研究官僚制的方向。这就是理论叙述的逻辑。

比较上述三种类型的权威，可以发现，以传统型权威为基础的支配是为了维系传统。因而，对支配者的挑选不是按能力进行的，而是由既定的传统所决定的。支配者的支配行为不取决于自己的能力，而是对传统型权威资源的应用。如果他具有一定的支配能力的话，也许会在行使支配权的时候增强权威；如果他缺乏支配能力的话，就会在行使支配权的时候破坏权威。在历史上，一些王朝之所以会成为"短命王朝"（如秦王朝），可能就是传统型权威遭到破坏的结果。建立在卡里斯玛型权威基础上的支配是由支配者的个人魅力所决定的，个人的历史功绩、非凡的领导才能和遇事决断能力等，都是个人魅力的来源。但是，个人魅力也受到追随者的信赖、崇拜等因素的影响。拥有卡里斯玛型权威的人能否长期维系自己的个人魅力，就需要在行使支配权的时候营建增强个人魅力的环境，制造个人迷信，为个人所拥有的权威打上一种神秘色彩。但是，出于增强权威神秘性的需要，支配者必然会在自己与受支配者之间划上一道清晰的界限，进而使支配行为变得具有更多的主观随意性。所以，这两种权威以及建立在这两种权威基础上的支配行为，都具有非理性的色彩，都不宜于作为现代官僚制组织及其行为的基础，只有合理—合法的权威才能作为现代官僚制组织及其行为的基础。

一般说来，建立在卡里斯玛型权威基础上的个人魅力型支配行为只是一种短暂的、不稳定的支配形式，经过一段时间后，这种权威必然会例行化（routinized），或者转变为传统型权威，或者转变为合理—合法型权威。所以，稳定的或制度化的支配形式其实只有两种：一种是传统的、家长制的支配形式，其具体表现是封建制与家产制；另一种则是现代理性的和基于法理的支配形式。根据韦伯的意见，在古代中国和欧洲，都存在过个人魅力型的支配，并构成了以个人魅力型支配为基础的统治时期。韦伯认为，这种作为支配基础的个人魅力或者是来源于个人的品质，或者是由氏族、宗族赋予个人的某种神性。但是，一般说来，个人魅力型的支配往往是在共同体遭遇某种危难的时候发生的。在这种情况下，由于个人创造出了奇迹而使追求和信赖他的民众转危为安，也就形成了个人魅力并确立起基于个人魅力的支配。

韦伯也看到，这种基于个人魅力的支配以及由这种支配所构成的统治是不稳定的，只是一种临时的和随机性的支配方式，它或者通过不断出现的危难来加以证明，或者转化为另一种支配类型。的确，从历史上的一些基于个人魅力的统治来看，往往都是通过不断地去发现甚至制造共同体生存的危机状态来增强卡里斯玛型权威的，即使在共同体没有遇到任何危机的情况下,也会通过宣传等方式向共同体成员灌输危机意识,通过对危机境遇的宣示而把共同体成员维系在一起,让他们接受这种支配。不过,长期地依靠发现、制造或宣示危机的方式去维护个人魅力型支配是很困难的,所以,历史事实往往表现为个人魅力型支配向另一种支配类型的转变。一般说来,个人魅力型支配会由于接班人的出现而转化为血统继承的世袭制。世袭制虽然在最初的形态上表现为宗族家长制,但很快就会演化为家长制条件下的官僚制形式。这种官僚制也就是韦伯所考察的传统型的官僚制,是一种没有专业管理技术的官僚制,是不具有合理的法律制度的官僚制。韦伯在古代埃及、中国以及罗马所看到的就是这种官僚制。

中国古代的官僚制更多的是以家长制的形式出现的,但是,家长制又倾向于演化为家产制。韦伯认为,在家长制条件下,出现了古代的官僚制。但是,家长制条件下的支配行为总是以个人的恭顺为前提的,权威的行使者并不只是工作中的"上级",而且还是被支配者的"主人";行政职员并不是官吏,而是作为支配者的随从而存在;行政职员与主人的关系取决于个人的忠诚,而不是官吏无私的职责观念。这样一来,家长制也就演化为家产制,即官吏无非是家长的家产。韦伯在家长制和家产制之间作出了严格的区分,认为家产制并不是官僚制。所以,家长制有两种主要形式:其一是家产制,其二是封建制。家产制是家长制的典型形式,而封建制则是家长制的非典型形式。在中国的春秋战国时期,由于诸侯纷争,官僚虽然依附于某个家长却与家长之间保持一种工作上的关系,而且,这种工作关系是可以改变的,官僚可以在不同的诸侯之间作出选择。因而,在中国的春秋战国时期,出现了典型的古代官僚制,到了秦统一中国后,家长制逐渐演化为家产制,官僚制也就不复存在了。西欧的情况有所不同,它一直是以封建制的形式出现的,虽然这种封建制是家长制的非典型形式,却使官僚制有着存在和发展的空间。

韦伯认为,在传统型和个人魅力型这些前现代的统治形式中,官僚化曾经在一些个案中得到了明显的表现。例如,中世纪哥特式建筑虽然有着结构应力的考虑,但无疑是官僚制机构的象征。而且,在这些建筑物的建筑过程中,也必然需要成立科层化的机构来处理建筑中的具体问题。此外,古代地中海和近东地区以及中国和印度的簿记的合理化形式,也是类似的事实。即使从国家政治看,许多前现代的社会形态也已经建立起了发达而庞大的官僚制组织,拥有了层级化的官僚制机构。如新帝国时期的埃及、隋唐以来的中国等等，都属于这种情况。

在对这些曾经产生了古代官僚制的地区进行考察之后，韦伯立即指出，所有这些前现代的官僚制存在形式，都是非理性的统治形式，而不是真正程序化的官僚制。比如古代的中国，通过科举取士的方法实现了知识分子向官僚体制的流动，官员升降擢免也反映出官僚体制的内部流动。然而，对官员的评价却主要基于儒教伦理的标准，视其对皇帝的忠诚程度而定。在这里，谙熟儒家典籍并具有人文教养是最为重要的，官员几乎完全放弃了对自身职位与职权的科学化、技术化追求，从而极端缺乏行政管理专业知识。在这种状况下，对官员行为的评价也不是看其能力，事实上，评价依据往往是模糊的，官员在体制中的地位基本上取决于上司个人的态度。这些做法所导致的结果，就是不断地促进和增强了人身依附关系。

我们知道，一切历史研究都是指向现代和未来的，韦伯关于支配行为类型的历史考察亦如此。虽然韦伯区分了三种支配类型，其实只是要在历史上去发现与这种三种支配类型相对应的历史时期。比如，中国古代的"三皇五帝"时期，可能就是个人魅力型支配的时期，而夏启的夺位，则开启了传统型的支配历史。尽管历史会呈现出起伏不定的状况，会在前进的道路上出现反复，但是，在历史发展的总趋势中去对三种支配类型进行定位，就可以发现三种支配类型逐一替代的规律。显然，韦伯通过这一研究所要说明的是，个人魅力型的支配类型在历史上尽管经常性地出现，却不是一种常态现象，它必然会演变成传统型的支配类型；传统型的支配可能会以官僚制的统治形式出现，也可能会以家产制的形式出现。但是，家产制只是特定历史条件以及特定文化背景下的产物，不具有普遍性，而以官僚制统治形式出现的传统支配类型，却包含着向现代官僚制演进的可能性，只要剔除其非理性的内容，使它成为一种理性的形态，就可以造就出合理—合法的支配类型，即建立起现代官僚制。所以，韦伯所要揭示的是现代官僚制产生的必然性。

四、追求合理性的官僚制

韦伯认为，现代资本主义的出现是与官僚制联系在一起的。在资本主义的条件下，企业家占有了生产手段、市场自由、理性的技术、可预测的法律、自由劳动力和经济生活的商业化等资本主义存在和发展的必要条件，但是，在所有这些条件中，官僚制是最为重要的。正是官僚制，才使经济过程得以收获可以得到预期的成果。韦伯认为，作为资本主义基本形式的工业组织如能得到合理运用，就必须依靠可预测的判断和管理。无论在希腊城邦时代，或者在亚洲的宗法制国家以及直到斯图亚特王朝的西方各国，这种可预测的判断和管理都是不具备的。皇家"虚伪的公正"连同它的加恩减免，给经济生活的测算带来了无穷的麻烦。[①]官僚制不同，它的目的合理性使资本主义的工业组织得以合理运行。

韦伯对传统的官僚制是持否定态度的，他要求建构的，是具有合理性的现代官僚制。不过，正是在对传统官僚制的比较研究中，韦伯找到了具有合理性的现代官僚制。在韦伯著名的官僚制比较研究著作《儒教与道教》中，我们可以看到，韦伯对中国古代的官僚制作出了批评，认为它始终没有发展起现代官僚制的专业管理技术，更没有建立起作为现代官僚制合法性基础的合理性的法律制度。韦伯的这些批评并不是为了否定中国古代的官僚制，而是为了说明现代官僚制应当奉行技术优先的原则，应当奠立在法律制度的基础上，从而获得合理性。

当然，韦伯的比较研究并不是这么简单的，他是要把中国古代官僚制作为前车之鉴而加以分析的，目的是要找到中国官僚制中没有发展出合理性的原因。这样一来，韦伯就深入到了心理文化的层面去进行探讨。韦伯认为，中国的官僚制之所以没有发展出合理性，是因为作为中国官僚的士人阶层在家长制的条件下往往以效忠主子为己任。这种对世俗主子的效忠，如果是在诸侯纷争的情况下，官僚们会以自己的合理化的管理技术及业绩来证明君侯身上的"神性"，而一旦诸侯间的争霸战争结束了，天下大定之时，士人追求管理技术的努力也就随着统一帝国的出现而消失。因为，官僚的管理技术和业绩在这个时候已经不再是他争取权力和收入的最佳途径了。与中国的情况不同，在欧洲，由于新教的原因，新教徒们为了证明自己是上帝的选民，是以入世禁欲的方式而从自身中发展出了合理的生活方式。也就是说，对"唯一绝对的上帝"的信仰，促使他们不断地以自己的努力来证明上帝的神圣性。这是中国所不具有的。

尽管如此，韦伯还是努力去探察中国古代可能包含着的"合理化"因素。在他看来，中国古代的官僚与他们为之服务的君侯不同，他们具

---

① 参见［德］维贝尔：《世界经济通史》，234～235页，上海，上海译文出版社，1981。（维贝尔即韦伯。——编注）

有彻底的世俗理性主义精神。早在宗族家长制统治时代，世袭制官僚的主要活动就已经是围绕着王室经济和治水筑路等事务展开的，父权家长制的世袭制度有一种特殊的教育制度，它表现为为了官员的那种勤务目的而进行"培训"的形式。这种教育同时也具有文学教育的性质，并且随着理性化的日益增强，它导致并发展成为现代官僚制的专门人才和"职业"理想的培养方式。[1] 整个封建时代的列国争战，实际上是一种实力较量，官僚在政治结构中的地位取决于合理的治理手段和管理技术，以及他们对礼仪的掌握。除此之外，他们既没有真正意义上的宗教背景，也没有封建意义上的血统背景。所以，他们只有期待从服务中得到利益和地位的提升。

由于士人强调以个人在治理国家问题上的能力和功绩作为取得官职的必备条件，从而使得封建时代的知识分子阶层形成了一种影响深远的世俗理性主义，韦伯称其为"实践政治的理性主义"[2]。这种理性主义的特征所反映出的是一种世俗取向，也就是说，士人追求知识是为了谋求官职。如果说在封建诸侯时代的诸侯竞相争夺霸主地位为士人自身对权力和收入的追求创造了条件，那么，一旦天下归于一统，推进合理化的世俗动力（诸侯争霸天下）随即消失了，出仕为官的目标也就直接是为了俸禄。因而，官吏就是一群掌握专门知识、为俸禄而工作的人了，他们的目标也就不会超越世俗利益，他们根本就不会相信任何"彼岸"的力量，他们不是为政治而活，而是"靠"政治谋生的人。对于这些情况，韦伯都给予了充分的肯定。

韦伯并没有根据中国古代士人的世俗利益追求而认定这个时代已经发展出了合理性的官僚制。在韦伯看来，合理性的官僚制只能发生在选择了法理型统治的理性国家之中，只有拥有了理性的法律，建立起了普遍的法制观念，有着货币经济、通讯和运输手段以及先进的科学技术，特别是拥有了专门的文职阶层，才能建立起合理性的官僚制。事实上，所有这些条件都只是在发展到了资本主义时代才真正出现。所以，韦伯认为，只是近代成长起来的西方资本主义国家，才成了合理性官僚制的发源地。这样一来，韦伯是把合理性与西方的资本主义时代联系在一起的。

---

[1] 参见［德］马克斯·韦伯：《经济与社会》，下卷，442～443页，北京，商务印书馆，1997。

[2] ［德］马克斯·韦伯：《儒教与道教》，162页，北京，商务印书馆，1995。

在韦伯对官僚制的历史叙述中，我们看到，建立在"新教伦理精神"基础上的传统官僚制包含着孕育资本主义的因素，而资本主义的发展又进一步提供了建立合理性官僚制的空间。这就是官僚制走向合理化的历史进程。这样一来，我们也就清晰地看到，韦伯所进行的历史考察实际上是服务于解读现实的目的的，他关于中国古代和欧洲官僚制的比较研究，都只不过是为了描述官僚制在历史上怎样一步步地走向了合理化的方向，并最终以现代官僚制的形式出现。所以，韦伯是把合理性认定为现代官僚制的一个最为基本的特征的。他认为现代官僚制是因为明确的技术化、理性化和非人格化而表现出了合理性。

合理性既是一种观念也是一个标准，这个标准既把现代官僚制与古代任何一个国家或地区的官僚制区别了开来，也是现代官僚制建构的原则。正是根据合理性的标准，韦伯认为理想的官僚制模式应当满足以下几个方面的要求：

（1）在职能专业化的基础上进行劳动分工，按权力自上而下排列成有着严格规定的等级层次结构体系。每一个下级机关都在上一级机关的控制和监督之下，同时，由下到上又有着申诉和表示不满的权利。

（2）有明确划分责权的规章制度。按系统的劳动分工确定机构和人员的职责领域。为了履行这些职责，提供必要的权力，与权力相伴随的是有明确规定的必要的强制性手段，应用权力的条件也予以详细规定。

（3）指导一个机关行为的规则包括技术性规则和行为准则两个方面。为了合理地应用这些规则，必须对有关人员进行专门的训练和培训。

（4）系统化的工作程序与公私分明的界限。管理行为都依据一套严格、系统而明确的规则，管理当局的成员与组织的财产要明确分离，办公场所与居住场所也要分开。

（5）严格的公事公办。非个性化的机构被赋予了特殊的权利与义务，它们是组织而不是职位占有者的财产。任何任职者都不能滥用其正式的职权，必须接受有关准则的指导，但合法权力能以各种不同的方式来行使。

（6）对官员，注重知识和能力。每个机构都通过竞争性选择来招聘人员，根据技术以及非个性的标准确定职位候选人，基于资历、成就或两者兼而有之进行晋升。

根据这些规定，理性官僚制中的管理行为是属于目的合理性的行动，从效率和功能上看，是远远胜过非理性行动的。应当肯定，这种根据合理性原则而建构起来的官僚制是具有科学和客观的行为保障的，能够在行使权力的过程中做到对事不对人，能够坚守价值中立的原则，能够有稳定的效率保障。但是，从 20 世纪后期的情况来看，正是这一理想化的和按照科学原则设计出的官僚制成了政府失灵的根源。可见，历史是无情的，在韦伯博大的学述体系中，正是关于官僚制的理论设计而使他成为著名的思想家，而他的官僚制理论却是在人们对它的批判中才广为人知。应当说，韦伯的官僚制理论影响了整个 20 世纪，如果没有它，不仅政府，而且整个社会运行赖以展开的组织形式，都不可能进入一个自觉建构的阶段。但是，官僚制也带来了许多问题，从而把社会治理理论探索的视线以及政府行政改革的注意力，都引向了对它的批判和改造上来了。

第二章
反思官僚制

第一节 官僚制理论的统治视角

一、官僚制的定位问题

在社会科学发展史上，是马克斯·韦伯建构起了官僚制理论，虽然在韦伯之前也有人对官僚体系作出了研究，但只是在韦伯这里，关于官僚体系的研究才第一次作为一个系统的理论出现。自韦伯提出了官僚制理论之后，对官僚制的研究成了20世纪学术思想中最为引人注目的问题，在社会学、管理学，特别是行政学领域中，几乎所有20世纪著名的思想家都对这一问题发表过意见，甚至经济学、政治学的研究，也表现出对官僚制理论的广泛兴趣。不过，所有谈到这个问题的人，无论是持肯定的态度还是采取批判的立场，基本上都是把官僚制作为一种统治工具来加以认识的。韦伯关于官僚制理论前提的设定，成了一个挥之不去的幽灵，纠缠着所有希望对这一问题发表意见的学者。支持韦伯的人看到了合理性带来的科学管理框架及其效率；反对韦伯的人认为对合理性前提应当作出另一种解读，需要进一步增强合理性。但是，几乎没有人去思考这样一个问题，那就是，官僚制是作为统治工具而存在的还是应当成为管理活动赖以开展的基础？也就是说，缺乏一种"质性"的认识，所有的研究基本上都是在合理性原则所造就的形式层面进行思考的。韦伯探讨官僚制问题时是到历史中去寻求其源头的，就此而言，本身就是一个撇开其"质"而只论其"形式"的做法，其后的所有研究者，实际上都陷入了韦伯的圈套。

历史往往表现出十分矛盾的状况，自从政治—行政二分原则提出后，行政管理就进入了工具理性化发展进程，行政与政治的分离本身，就意味着行政逃逸出政治统治目的的阈限。在政治与行政二分的前提下，韦伯是在组织的视角中对行政管理进行形式合理性建构的，其基本精神是告别了统治的目标定位，从而走上了科学化、技术化建构的方向。这实际上意味着行政管理不再直接地去考量统治的问题。此时，假如政治还有着统治的要求，那么，应当仅仅体现在政治部门的决策之中，一旦这种决策被转移到行政部门这里来之后，则可以对政治统治的内涵不加考虑，仅仅通过行政管理的科学化、技术化而使这种由政治部门所作出的决策执行起来更有效率就已足矣。

应当看到，威尔逊、古德诺等人当初提出和论证政治—行政二分原则的时候，是包含着对行政进行意识形态的和政治统治的"去蔽"要求的，但行政管理的实践以及理论发展都没有完成这种"去蔽"的任务，特别是在观念上，并没有去自觉地理解管理与统治间的区别。当然，韦伯在建构官僚制理论的时候，可能并不知道威尔逊已经提出政治—行政二分原则，或者，他知道威尔逊提出了这一原则，却没有去认真理解这一原则，不知道这一原则对于告别行政的统治职能的意义。因而，从韦伯对支配类型的考察中可以看出，他是在统治的意义上去思考官僚制的合理性问题的，他没有公共利益意识，没有形成让官僚制服务于公共利益的理念，依然是把官僚制作为一种统治制度来看待的，认为官僚制依然是政治统治的工具。韦伯的学识是渊博的，只是由于他在统治与管理之间没有形成正确的观念，才在合理性追求中遇到无法解决的矛盾，才出于捍卫形式合理性的目的而武断地要求"非人格化"和"祛除价值巫魅"。在这方面，韦伯仅仅提出了一些规定，至于进行合理论证，则是谈不上的。这在一定程度上也是韦伯科学研究与信念的矛盾，他在进行官僚制理论建构的时候，是把合理性作为理论的出发点的，而在自己的理论叙述的过程中，却处处作出武断的规定，从来也没有打算进行合理性的论证。

不过，对于确立官僚制的工具理性原则以及维护官僚制的形式合理性特征而言，韦伯在理论叙述中所作出的诸多武断的规定确实发挥了作用，从而掩盖了他所持有的统治视角。所以，在韦伯之后，无论是在理论上还是在实践上，官僚制建构都走上了科学化、技术化的轨道，完成了与古代中国、印度、埃及以及中古欧洲的官僚制之间的划界任务，证明了韦伯关于现代官僚制是与理性国家联系在一起的判断。的确，现代官僚制是在新教伦理的自我否定中产生的，是作为近代社会工业化进程和科学技术进步的结果出现的。对于近代社会的发展而言，科学技术的进步、工业化和官僚制的出现，是一个整体性的运动过程，这三个方面是互相联系在一起并相互促进的。但是，与人们对科学技术发展的关注以及对工业化的研究相比，关于官僚制问题的研究，在一个相当长的时期内是相对薄弱的。所以，韦伯关于这一问题的研究，对于近代以来的思想史和学术史来说，是有着开拓性的贡献。然而，就理论的深刻性以及对官僚制的定位而言，韦伯要比黑格尔逊色得多了。

如前所述，黑格尔在《法哲学原理》中对官僚体系进行了探讨，当然，这是出于他的哲学建构的需要而进行的探讨，是为了说明绝对理性在地上行进时（即国家构成中）的表现。在这一点上，黑格尔与18世纪英法的启蒙思想家们有着很大不同，英法的启蒙思想家们往往把注意力放在为正在成长的近代社会提供一般性原则方面，而黑格尔所要描绘的则是绝对精神在现象界中的各种反映。所以，官僚体系作为绝对精神在现象界（国家）中的一个构成部分，是需要在国家的结构中来加以认识和作出规定的。尽管黑格尔关于官僚体系的规定被马克思解读为是替普鲁士官僚体系进行辩护，但是，就黑格尔的哲学体系建构而言，应当更多地看作是从属于哲学叙述的需要，是在逻辑推演中走到了需要对官僚体系发表意见的地步。然而，这种逻辑推演，却在对官僚体系作出规定的时候，显示出了一种理论上的圆融，而不是像韦伯那样，表现出理论叙述与其前提的不一致性。

我们已经指出，根据黑格尔的逻辑，国家与社会是分立的①，社会被看作感性的领域，而国家所代表的，则是人类活动的理性和普遍性原则，至于官僚体系以及构成官僚体系的官僚，在黑格尔看来，则是国家与社会的"中介"。通过官僚和官僚体系，国家与社会才能达致统一。我们已经指出，在辩证法的哲学思辨中，中介的概念有着极其特殊的地位，因为，辩证法的正题、反题是通过中介而构成合题的，中介的概念是完整的辩证思维得以成立的最为基本的要素。如果把社会现实中的某一存在物或某种存在形态称作中介因素的话，那无疑是对这一要素的社会地

---

① 威尔逊在约翰·霍普金斯大学的老师理查德·T·伊利（Richard T. Ely）曾经留学德国并师从政治学家布隆赤里，学术界也有观点认为，布隆赤里是最早提出政治—行政二分原则的学者。如果存在着这样一条思想线索的话，那么，对于政治—行政二分原则的提出而言，黑格尔在国家与社会之间所作出的区分应当是有着启发意义的。至少，可以说政治—行政二分原则反映了黑格尔的思维特征。

位所作出的最高意义上的评价。也就是说，黑格尔把官僚体系以及构成这个体系的官僚看作国家与社会的中介，所要说明的是，国家与社会之所以是一个整体而不是分裂开来的完全对立的存在，是由官僚体系及其官僚决定的。正是官僚体系及其官僚，把国家与社会连为一个整体，使国家与社会没有呈现出分裂的状态。黑格尔关于官僚体系及其官僚的认识，可以归结为两点：其一，官僚体系及其官僚在性质上属于国家与市民社会的中介；其二，官僚体系及其官僚的作用在于赋予了国家与社会相统一的整体性。可见，这是对官僚体系及其官僚所作出的一种极高评价。

鉴于黑格尔赋予了官僚体系及其官僚如此重要的地位，马克思在《黑格尔法哲学批判》中就不能不对这个问题发表意见。马克思的观点大致包括以下两个方面：

其一，马克思认为，官僚构成了国家中的一个特殊的闭关自守的集团，公共事务与官职之间之所以能发生关系，官僚之所以能够成为一个相对独立的集团，是因为国家脱离了社会。就国家、官僚、市民社会之间的关系来看，只在两种意义上是有关联关系的，一方面，官僚不是市民社会本身赖以捍卫自己固有的普遍利益的代表，而是国家用以管理自己、反对市民社会的全权代表；另一方面，每个市民都有可能成为国家的官吏（官僚），只要他拥有了关于国家的必要知识。也就是说，在市民能否成为官僚的问题上，是需要具备一定条件的。

其二，马克思指出，官僚在行为特征上的表现是，依照形式主义的千篇一律的精神行事，总是而且总能在观念形态上创造出一种幻想的普遍利益。尽管官僚只是一个社会中的特定的阶层，是有着自身特殊利益的群体，但是，他们总是把自己当作普遍利益的化身，宣布为全社会的普遍利益服务。在官僚体系中，虽然等级身份制度不存在了，但是，却在实际上拥有一种知识等级制度，在这个知识等级制度中，等级地位的高低决定了其对知识的控制权，而官僚体系在整体上，又总是要把知识转变为神话和秘密，将官员们束缚在追逐升迁的职业中，保证他们在工作、收入以及生活等各个方面，都比其他社会成员更加稳定和安全。

可见，与黑格尔有所不同，马克思基本上是不同意黑格尔关于官僚体系及其官僚是国家与社会的中介的看法的。尽管马克思这时尚未具有明确的阶级分析理论，但他却深刻地看到，普鲁士国家的官僚体系及其官僚，其实是这个国家的组成部分。与这个国家一样，官僚体系及其官僚也是与社会、与人民对立的。从此出发,显然是走上了得出革命结论的方向,那就是,国家与社会对立的状态不可能通过官僚体系及其官僚这一虚构出来的"中介"而被中和。相反的情况是,官僚体系及其官僚会进一步地推动国家与社会的分离乃至对立。所以,否定国家的行动也理所应当地包含着对官僚体系及其官僚的否定。只有这样,才能在废除官僚体系的知识等级制度的条件下彻底告别等级制度,实现整个社会普遍的公平正义。当然,马克思的这一观点是在那个特定时期形成的一种对客观现实的认识。也就是说,他是根据普鲁士的现状而提出了与黑格尔完全不同的结论,应当看作是对普鲁士官僚体系及其官僚的一种客观描述。其实,在文官制度正式出现之前的整个历史阶段中,官僚都是马克思所描述的那类存在物。

黑格尔和马克思是从不同的角度对官僚体系以及官僚进行探讨的,因而,形成了不同的认识和结论。劳伦斯·冯·斯坦因等人稍后也从黑格尔的研究角度出发对官僚以及官僚体系进行了研究,这些都可以看作是韦伯建构官僚制理论的准备时期。最起码,他们的贡献为韦伯的研究工作制定了一个可以进行研究的主题。当然,在韦伯开始研究官僚制问题的时候,现实已经发生了变化,研究对象已经不再是黑格尔、马克思以及斯坦因所看到的那种普鲁士官僚制度了。但是,行政管理新的进展却在一定程度上证明了黑格尔的逻辑推断,那就是,公共领域与私人领域的分离呈现出了加速化的态势,政府中从事行政管理的人员虽然属于在公共领域中开展活动的主体,但也是联系公共领域与私人领域的桥梁。正是在这种情况下,关于官僚体系及其官僚的研究,才能够作为一个相对独立的课题而被提出来。

到了此时,官僚体系以及官僚的相对独立性已经成为一个显而易见的事实,不需要再对它是"国家的构成部分"还是"国家与社会的中介"这样一个问题进行探讨了,不再需要将其放置在国家与社会的坐标中去确定它的位置,而是需要直接地对它进行专门性的研究。所以,韦伯是用自己的官僚制研究以及他所建立的整个官僚制理论去为官僚制进行定位的。这也说明,对官僚体系以及官僚的研究,既不属于政治学的范畴,也不属于社会学的范畴,而是介于它们中间的。也就是说,无论是对于国家还是对于社会,官僚制都是作为一种组织工具而存在的,从属于工具理性的规定,需要摒弃任何价值方面的考量。或者说,只在形式合理性的意义上去对官僚制加以建构。

但是，亦如我们已经指出的，韦伯在这方面表现出了不彻底性，他受到了旧有的统治观念的束缚，没有把握住人类社会治理已经从统治向管理转变的趋势。所以，韦伯还是从统治的视角出发来进行官僚制的理论建构的。虽然韦伯有着价值中立的思想，虽然韦伯的官僚制理论在 20 世纪的管理实践中被解读为组织理论，虽然因为威尔逊等人的行政管理理论使人们可以从管理的视角出发来理解韦伯，但实际上，韦伯的官僚制理论与威尔逊的思考是不同的。威尔逊的政治—行政二分原则真正地使官僚体系定位在管理的位阶上，而韦伯的官僚制理论所采取的则是统治的视角。尽管韦伯对形式合理性问题作了充分的强调，但自始至终都没能忘却与统治行政的"调情"。也就是说，韦伯的官僚制在官僚体系内部，是一个管理控制体系，而在官僚体系外部，则从属于合理性和合法性的等级统治结构。

二、统治视角中的官僚制

"官僚体系"与"官僚制"是两个概念，它们之间既有区别又有联系。官僚体系是一个实体性指称，特指行政管理体系，其中的官僚也就是现在人们习惯上所称的行政人员，由行政人员所构成的体系则是官僚体系。相比之下，官僚制的概念在内涵上却要复杂得多，在某些情况下，它是指政府组织的制度模式和行为模式；在另一些情况下，它是指一种特殊的组织类型，是广泛地存在于社会生活的每一个领域之中。通过阅读韦伯，我们对官僚制形成了这样三点认识：第一，它是指具有合理—合法性结构的官僚体系，是在人类社会发展的一个特定时期出现的，也就是说，是随着资本主义工商业的发展和社会化大生产的出现而出现的；第二，它是指官僚体系的体制，主要是指一种组织形态，是在古代和现代都普遍存在的一种治理形态或治理结构；第三，它是指整个社会的构成方式，主要指一种剔除了意识形态因素后而呈现出来（韦伯所称）的"形式合理性的"社会制度。在韦伯对官僚制的社会史比较考察中，我们不难看出，韦伯关于官僚制的社会学解读应当是指一种统治方式。

我们一再指出，韦伯是通过自己的社会史考察而概括出了三种统治类型，即"卡里斯玛型统治"、"传统型统治"和"合理—合法型统治"。卡里斯玛型统治也称个人魅力型统治，它是依靠统治者的个人魅力而进行的直接统治，这种统治类型实际上并不属于官僚制的统治类型。但是，卡里斯玛型统治类型在世界各个国家的历史上虽然经常性地重复出现，却都属于相对短命的、暂时的统治类型。因为这种类型在根本上是一种过渡性质的统治，一旦拥有个人魅力的统治者在无法抗拒的自然规律面前结束了自己的生命之后，这种统治就会演化为传统型统治。根据韦伯的观点，传统型统治是通过职位的世袭而得以延续的统治，这种统治更多地依赖于制度化的合法性，它拥有一个稳定的官僚集团、比较确定的层级化权力和分层结构，并有着一定程度的职能分类。所以，这种统治被韦伯称作官僚制统治。

在社会史的研究中，韦伯对传统型的官僚制给出了很高的评价，但这是就其在历史上的价值而作出的评价，并不等于韦伯是肯定这种官僚制的。因为，在韦伯看来，传统型的官僚制统治虽然拥有它得以维系的那些必要的合法性，但这种统治中依然具有较多的情感型的和随意性的行为，在制度以及组织结构方面，也没有什么科学性可言，官僚的统治方式只是在极少的特定时期有追求某些技术化的表现。总的说来，对于整个前近代历史时期中的传统官僚制来说，并没有表现出在统治方式上对技术化的持续追求。所以，传统型统治并不具有合理性，只是到了近代社会，才成长起了具有合理—合法性的官僚制，并通过这种官僚制而进行统治。

在对官僚制的进一步阐释中，韦伯从组织类型、权力结构、运行规则等方面对官僚制作出了更为具体的规定，努力从合理性和合法性的角度去对官僚制进行现代建构，或者说，他在理论上基本建构起了作为理想类型的官僚制。但是，当韦伯在制度的意义上阐释官僚制的时候，却是将官僚制作为一种统治方式来加以建构的。所以，在韦伯那里，官僚制首先是作为一种统治工具而存在的，然后才被作为一种管理组织来加以探讨。这就是官僚制的统治视角。

统治视角其实也就是政治视角。在这一点上，熊彼特的表述要比韦伯更加直接一些。虽然熊彼特并没有使用官僚制的概念，而是直接地把官僚制理解为"官僚政治"，但是，熊彼特的"官僚政治"一词可能更为准确地表达了韦伯理论的潜在内容。在《资本主义、社会主义和民主》一书中，熊彼特对官僚政治作了比较详尽的阐述，他预言，由于领取薪金的职员的增加，将会在一个世纪内发生"官僚政治"取代资本主义文明的状况，或者说，资本主义文明将完全通过官僚政治来加以表现。根据熊彼特的判断，官僚政治追求效率最大化、决策最优化和管理合理化等等。这些恰恰是资本主义社会的基本精神。特别是对合理化的追求，必将导致对行政管理的强化，并会使整个社会体制科层化。官僚政治是"法理型统治"的典型形式，官僚政治希望获得慎重公正的特点，要求其官员不带偏见或情感地履行义务，不考虑人的社会等级和身份差别，而是对一切人实行同样的法规。① 也就是说，官僚政治将造就出这样一种状况，那就是整个社会中的一切人与人的一切关系的体制化。所以，官僚政治既是工业部门中的那些掌握了技术知识的经理的统治，也是政府中的官员所实行的统治。

在统治视角中，社会秩序的保证往往是与政治强制性联系在一起的。围绕这个问题，自韦伯以来，形成了一个关于国家强制性政治统治职能的"官僚制精英主义"理论思潮，他们把国家看作是维持合法性暴力和对强制性加以垄断的机构，而官僚制就是实现这种合法性暴力的工具。正是官僚体系及其官僚，构成了一个完整的运用统治权的组织，成为实行强制性统治的机构。警察、军队、司法部门等一切强制性的机构，都无非是官僚制的具体表现形式。主张精英主义的理论家们认为，政治的本质就是进行统治，这是一种具有高度自觉性的人类活动，不需要去用经济的或物质的原因进行解释。政治活动是其他一切活动的源泉，它支配和影响着人类其他各项活动。

我们知道，在近代以来的传统民主政治语境下，国家的政治统治被描述为两种面相：其一，是公民的民主生活方式，在民主的原则下尽可能地实现社会自治，让国家的政治职能社会化；其二，是保障民主生活不被破坏的暴力强制性统治。精英主义者不同，他们反对任何把国家政治职能社会化的倾向。在他们看来，任何把国家政治职能社会化的倾向都会把国家贬低为那些强有力的利益集团的小伙计，从而使国家变得软弱无力，因而，他们主张建立起一个强大的"完美国家"，而这个国家就是以官僚制的形式出现的。② 也正是由于这个原因，官僚制理论是不愿意谈论诸如民主等问题的。实际上，官僚制理论就是一种反民主的理论。

阿尔都塞在对当代西方国家官僚制条件下的政治统治进行分析时指出，镇压性国家机器是一个有组织的整体，它的不同部分接受一个统一体的集中指挥，"这个统一体就是拥有国家权力的统治阶级的政治代表所推行的阶级斗争政治"③，其组织保证来自于统治阶级的政治代表所领导

---

① 参见［美］贝尔：《后工业社会的来临》，76页，北京，商务印书馆，1984。
② 参见［德］柏伊姆：《当代政治理论》，129页，北京，商务印书馆，1990。
③ ［法］阿尔都塞：《列宁和哲学》，169页，台北，台湾远流出版公司，1990。

的中央集权机构。当然，阿尔都塞对当代社会的描述与韦伯的描述有着不同的基点，韦伯的目的是要在官僚制统治形式中发现合理性的一面，而阿尔都塞则希望发现批判的切入点。但是，他们的共同点都是对分析对象采用了形式化的镜像。更为重要的是，他们都认为，对于国家来说，官僚制所执行的是政治统治的职能。而且，由于官僚制的原因，使这个统治工具在组织上具有自主性和相对独立性，在运行上，既不取决于其领导成员的阶级性质，也不取决于经济上占统治地位的阶级所施加的压力和影响，而是通过行政命令、禁令以及公开的和暗中的检查制度等手段来实现统治。

福柯的《性史》在更为普遍的意义上探讨了权力支配关系，并从权力支配关系的角度探讨了不同统治类型之间的延续性。福柯认为，现代社会的权力存在于各种社会关系之中，它通常以纪律和规范的形式出现。这种权力体制是在18世纪末以法律和道德的名义开展的社会运动中产生的，是从封建专制主义的"君权"过渡而来的，它的特点在于保证它们起作用的不是权力而是技术，不是法律而是正常化，不是惩罚而是控制和适用于一切等级、超乎于国家及其机构之上的若干方法。在福柯看来，这种新的、以纪律形式出现的权力，在不同的机构中有着各自发展起来的不同的管理机制；表现为一种由某种社会的中央权威或某个统治阶级辐射而来的效应，它渗透在整个社会之中，转化并表现为众多的结构和体制。

这种纪律权力一方面要求人们遵纪守法，并把人们分门别类地按适当层次安置在一个严密的等级制度之中；另一方面，这种纪律权力又具有积极的创造性功能，它能对人进行改造，使人的行为符合规范的和法定的标准。福柯认为，纪律的创造性功能最集中地体现在现代监狱之中。也就是说，在福柯这里，以纪律的形式出现的现代权力是一种巧妙而又精致的镇压技术，它决定并监视着人们生活的各个方面，从身体外貌到道德信仰，从工作习惯到日常行为，无一遗漏。在现代社会，纪律权力已经成为社会控制的主要手段，这种权力通过各种组织而遍布整个社会，把所有社会领域都置于一张巨大的监视网之中。

可见，一切从制度的层面审视官僚制的人们，基本上都看到了官僚制的统治意蕴，即使那些致力于微观的组织研究的人，在进行技术性探索的时候，也往往是把官僚制的统治功能作为一个默认前提来加以认识的。所以说，在官僚制的研究中，韦伯将其列入一种统治类型的理论设定已经成为学者们公认的前提,他们都把官僚制看作是一种与现代社会联系在一起的统治类型。无论是对官僚制持肯定态度的人,还是对官僚制持否定态度的人,在官僚制是一种统治类型的问题上,是没有什么异议的。他们所做的工作都只不过是对这种统治类型的合理性去作出证明或表达怀疑,即使谈论合法性,也仅仅表达出一种对合法性的追求,而不是对官僚制本身的合法性作出否定。

总之,自从韦伯建立起官僚制理论后,围绕着官僚制而展开的所有证明和怀疑都是要朝着一个方向前进的,那就是如何去进一步地增强官僚制作为一种统治类型的合理性和合法性。在20世纪后期,出现了"摒弃官僚制"的要求,其实,在这一夸大其词的口号中,所表达的只是一种改善官僚制统治方式的要求,目的还是要对官僚制作出进一步的修缮,并没有彻底抛弃官僚制的统治视角。

三、官僚制统治的合法性

思考统治的问题,首先面对的就是合法性的问题。因为,统治本身是否合乎人类的自然本性,是一个一直受到怀疑的问题。所以,任何一种统治类型都会谋求合法性,只不过卡里斯玛型统治和传统型统治缺乏自觉谋求合法性的理论追求,而现代官僚制的合理—合法统治已经实现了统治正当性和合法性的自觉。关于合法性的理论建构,实际上可以表现为一种意识形态意义上的追求,也可以反映在技术性的设计之中。就意识形态意义上的合法性追求来看,从古代剥削者的"君权神授"论,到近代前期的"国家主权"论,直至现代的"人民主权"论,都不过是强调或谋求其统治的合法性。即使最野蛮、最专制的政府也不例外,也往往要通过理论证明或意识形态宣示,让被统治者相信他们的统治是天经地义和理所当然的事情。与之不同的是,现代统治是把合法性与技术合理性联系到了一起,试图通过技术合理性程度的提高来为现代官僚制的统治注入合法性。

韦伯把官僚制的合法性寄托在形式合理性和工具理性的技术设计上,努力通过形式化的法律制度以及可操作性的程序去把理论上、意识形态上和技术上的合法性追求整合为一个完整的方案,从而编织起一个完整的如何获得合法性的系统。由此可见,韦伯的官僚制理论在整体上并没有祛除价值"巫魅",技术合理性必然是服务于某种价值的,即使韦伯可以争辩说这种技术合理性并不服务于任何一个独立的社会构成要素的价值，却无法避免服务于统治的设定。然而，统治者与被统治者作为一个社会的不同构成部分，肯定是有着价值上的差异甚至是对立的，官僚制的技术理性服务于统治者的价值追求也就是顺理成章的了。所以，技术合理性不仅无法在价值中立的意义上得到实现，反而是必然要受到价值问题的纠缠的，韦伯的官僚制理论无非是在用科学的名义和技术的彩带去装扮陈旧的统治观念。

韦伯在对卡里斯玛型统治和传统型统治进行比较分析所得出的结论是，任何成功稳定的统治都必然是取得了人们的承认和服从的，这种承认和服从就是统治的合法性。相反，得不到承认和服从的统治就是不具有合法性的统治。也就是说，在韦伯的理解中，"合法性就是人们对享有权威地位的人的地位的承认和对其命令的服从"[①]。也就是说，一种统治的合法性取决于公众的认同、支持和信任，否则，这种统治就会失去人民的支持，并最终被历史淘汰。由于韦伯在社会史的比较研究中对东西方各种类型的统治形式作了系统的考察，所以，韦伯对合法性问题的意见也就成了当代思想史上的经典文献。韦伯在试图理解官僚制统治的合法性的时候，不惜笔墨地对历史上的各种统治类型进行了前无古人的研究，从而直接地从统治的视角中走向了对合法性问题的探讨。他的这个思路实际上揭示了统治与合法性问题之间的逻辑联系。也正是这一点，才引起了当代理论界对合法性问题的广泛关注。

不过，我们需要指出，韦伯在谈论合法性问题时，表现出了与他的整个思想体系的不一致。首先，在韦伯进行官僚制理论建构时，所表现出的是一种对客观性的强调，即突出强调官僚制的科学性、技术性等形式合理性特征。然而，在合法性的问题上，韦伯则是到被统治者的主观承认和服从中去发现根据的。其次，在官僚制赖以成立的形式合理性与工具理性两项原则中，是存在着悖论的，因为，形式合理性所导向的是对官僚制的结构的重视，而工具理性则必然要求去更多地关注目的，去追求合法性，从而使合理性与合法性从属于两种不同的思维建构。再次，在形式合理性以及科学性、技术性建构中，韦伯作出祛除价值"巫魅"的规定，而在对统治合法性的研究中，则走上了纯粹功能主义的道路，呼唤着价值"巫魅"的介入。这是因为，失去了价值的坐标，肯定无法找到凝聚合法性的标准。所以，官僚制在思维路向上是科学建构的成果，

[①] 转引自于海：《西方社会思想史》，333页，上海，复旦大学出版社，1993。

而其统治视角则要求得到价值判断的支持。这就是韦伯的官僚制理论与作为这一理论之前提的统治视角之间在逻辑上所存在着的矛盾。

韦伯认为,任何一个统治系统的确立与存在,都是以合法性为基础的,而一个统治系统之所以是合法的,恰恰是取决于它的存在以及公众的承认和服从,是公众的承认和服从反过来证明了统治系统的合法性。这样一来,韦伯就在逻辑上为自己设定了一个互证的陷阱,成了一个先有鸡还是先有蛋的争论。再者,如果是先有了合法性才能使一个统治系统得以确立和存在的话,那么,这个合法性是在什么样的坐标中出现的?是谁的合法性和谁赋予的合法性?这就是在对韦伯的合法性理论进行追问时所暴露出来的逻辑悖论。由此可见,合法性理论是有着适应阈限的,它只适用于对一个既存统治系统的理解,而不适用于对统治系统生成的解释。也就是说,对于一个统治系统的生成问题,是不能够运用合法性理论去加以理解的。

从20世纪的思想或学术发展史看,韦伯的合法性理论是有着广泛影响的,在韦伯之后,许多学者都表达了对合法性理论的一往情深。特别是哈贝马斯,对合法性的研究作出了突出贡献。应当看到,关于合法性理论的发展,韦伯仅仅是提出了合法性的问题,对于这一问题的深入探讨,韦伯所留下的是一个可供广泛拓展的空间。也正是由于这个原因,才使合法性问题成为20世纪政治学以及社会学研究中的一个重要的课题,而且,对20世纪的政治实践建构产生了巨大的影响。谈到合法性问题,人们往往将其与哈贝马斯的名字联系在一起。的确,哈贝马斯对合法性问题作出了比较深入的探讨,他不仅接过了韦伯的话题,而且也指出了韦伯关于合法性的定义方面的不足。在哈贝马斯看来,"合法性意味着某种政治秩序被认可的价值……这个定义强调了合法性乃是某种可争论的有效性要求,统治秩序的稳定性也依赖于自身(至少)在事实上的被承认"[①]。显然,在哈贝马斯这里,合法性理论已经不再被应用于去理解统治系统的生成,而是被用来解释一个统治系统得以存在下去的原因。根据哈贝马斯的定义,现实的政治实践也就找到了营建合法性的方案,那就是尽可能地去倾听、理解和满足公众对统治者的期待。

作为法兰克福学派的代表人物之一,哈贝马斯在其理论活动中虽然极力避免马尔库塞等人那样的激进理论色彩,尽量采取一种温和的、比

---

① [德]哈贝马斯:《交往与社会进化》,184页,重庆,重庆出版社,1989。

较客观的态度,但是,他对异化为官僚统治和金钱统治的社会现状,仍作出了坚决的批判。哈贝马斯认为,在生活世界中,政治、法律调节是必要的,尤其是在存在着社会冲突的情况下,会表现出对政治和法律调节方式的强烈要求。然而,在资本主义社会中,不仅是政治和法律调节的问题,而且是把人的关系变成了官僚制借以发挥作用的对象,导致了生活世界核心部分的官僚化和金钱化。也就是说,公众的生活越来越被打上了金钱化和官僚体制化的色彩,官僚制实现了对整个公共领域的支配,使原本诞生了自由的公共生活成了官僚制展示其力量的场所。

哈贝马斯所表达的这个意见,是对官僚制统治合法性不足的忧虑,他甚至认为,这种合法性不足将会导致革命。因为,"生活世界并不只听凭经济和行政上所采取的措施的摆布。在极端情况下,则会出现被压制的生活世界的反抗,出现社会运动、革命"①。为了避免这种极端情况的出现,哈贝马斯倡导用交往理性来弥补现代社会统治的合法性不足。他坚信,金钱循环过程和权力循环过程必然会受到个人生活的行为领域和自发性公众社会交往结构化行为领域的限制,从而使生活世界的边界和生活世界的绝对命令即实际的价值定向要求得到捍卫。所以,在哈贝马斯看来,现代社会的统治仅仅具有形式的合法性是不够的,还需要具有实质的合法性,即需要得到价值方面的肯定。哈贝马斯的具体解决方案是,极力推荐一种公共领域与私人领域的区别对待,让公共领域除了遵从法理的命令之外,还自发地遵守道德的绝对命令。一旦公共领域中拥有了交往合理性的道德价值,那么现代社会的纯粹形式化和客观化的统治也就会因这种道德价值而发生改变。这是哈贝马斯与韦伯的根本性不同。对此,我们是赞赏的。

哈贝马斯是一个理论家,所以,他对官僚制条件下的现代统治合法性的反思以及所提出的救治方案,都是通过一系列理论证明作出的。与哈贝马斯不同,亨廷顿没有什么理论可言,因为他更具有画家的气质,他的作品更多地表现为对现代社会的素描。然而,正是这种素描式的叙述,却标示出现代官僚制以及由官僚制所引发的官僚主义与腐败间的密切联系。亨廷顿看到,现代化意味着政府权威的扩张和政府管理活动的增多,即使国家制定了众多的法律,腐败的可能性也会增加。这取决于法律受公众普遍支持的程度、违法行为本身不易被察觉的程度、官员受

---

① [德]哈贝马斯:《生产力与交往》,载《哲学译丛》,1992 (6)。

获利欲望驱动的程度等等因素。此外，当某些个人和某些集团感到法律对之不利时，这些人和集团就会成为制造腐败的潜在根源。因此，即使有了各方面的法律，并不等于就能够消除腐败。法律只是提供识别是否腐败的标准，仍然会有人无视法律，铤而走险。

亨廷顿指出，"现代化进程引起的腐化在中央集权的官僚制国家，比在封建国家更广泛"。越是在现代化程度高的国家，腐败的问题越严重，就西方国家而言，拿美国、加拿大和澳大利亚、英国相比，"政治腐化在美国和加拿大似乎更为严重"[1]。关于政治腐败的规模和频率，亨廷顿指出，在现代化程度低的国家，除去一些例外（如共产党领导的社会主义国家），高级行政官员比低级行政官员更为腐败；在现代化程度高的国家，低级行政官员则比高级行政官员更为腐败。至于腐败的影响，亨廷顿指出："腐化很自然会使政府行政体系受到削弱，或使行政体系的软弱无能长期得不到改善。"[2] 可见，亨廷顿用一种极其直白的语言揭示出现代官僚制统治存在着合法性危机的问题。

问题究竟出在哪里？为什么在官僚制的问题上有了这么多的理论探索，却依然存在着许许多多无法解决的问题？特别是在哈贝马斯之后，几乎在所有的问题上都采取二元分立的视角，从而把理论变得越来越繁琐，而在实际上，却什么问题也没有解决。同样，在实践上，官僚制更带来了不计其数的令人困惑的问题，以至于20世纪80年代以来各国的行政改革运动纷纷提出"摒弃官僚制"的口号。我们认为，关键的问题是谁也没有走出韦伯在官僚制的社会史比较研究中为官僚制所确定的性质，那就是把官僚制作为统治工具来看待。无论是站在统治的角度来认识官僚制，还是对官僚制进行实践建构和不断修缮，都不会取得真正有历史价值的结果。所以，无论在理论上还是实践上，要想告别官僚制，就必须走出统治的视角，不能把官僚制看作统治的工具。

走出统治的视角又会通向何方呢？我们认为，人类的文明史可以分为这样三个阶段，那就是国家及其政府实行统治的阶段、实行管理的阶段和从事服务的阶段。在一个很长的历史时期里，国家与人民、政府与社会的关系主要是一种统治关系。近代以来，特别是进入20世纪后，统治关系因管理关系的成长而逐渐地退出了历史舞台。但是，正如上

---

[1] ［美］亨廷顿：《变革社会中的政治秩序》，65页，北京，华夏出版社，1988。
[2] 同上书，69页。

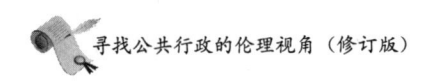

面所考察的那样，社会科学的研究和各种理论的建构都没有实现根本性的视角转换，才在官僚制的理论建构和实践应用中陷入了当前的困境。

应当说，官僚制理论是 20 世纪科学发展所取得的一项值得人们骄傲的成果，因为这一理论的提出，为人们认识自古以来的官僚体系打开了一扇视窗；通过这种认识和研究，人类可以建立起超越人类统治关系的管理关系。但是，现实的表现却不尽然，由于官僚制理论自一开始就被放置在统治工具的地位上，由于人们从统治的视角出发去建构官僚制，以至于它没有在人类管理关系的淬化中使科学化、技术化追求对社会治理作出应有的积极贡献，反而导致了根本性的行政目标的丧失。无论是理论家还是实践者，都在无休止的行政改革中陷入了迷惘，摒弃官僚制会陷入无路可走的境地，而完善官僚制却使人们丧失行政目标。改革曾经给予人们无限的希望，让人发现行政目标之所在，然而，现实却告诉我们，行政目标每每出现在人伸手可及的地方，却又消失了。

第二节 官僚制的合理性设计

一、从合法性到合理性

如果说官僚制果真如韦伯所说的那样已经经历了几千年的发展的话，那么，以往的发展历程都只能说是没有实现自觉的自然过程，只是到了 20 世纪，当韦伯对官僚制组织作出了系统化的研究之后，这个发展历程才成为一个自觉的进程。也就是说，由于韦伯对官僚制作出了理想类型的设计，才使官僚制组织的发展从不自觉走向自觉。可见，韦伯作为一个思想家、学者，对人类作出的贡献是很了不起的。但是，正如历史上的所有思想和理论都只具有历史性的价值一样，韦伯的官僚制理论也是有着历史局限的。20 世纪 70 年代以来，在公共行政实践中出现的对韦伯理论的反叛，就证明了这一点，这也意味着官僚制应当得到超越。

从 20 世纪 70 年代开始，西方国家根据韦伯的官僚制理论而建构起来的官僚体制出现了结构性危机，虽然也在不断的修缮和调整中使官僚制得到完善，却无法避免"政府失灵"局面的出现，反而使行政管理变得越来越被动。因而，人们开始对韦伯的官僚制理论产生了怀疑，甚至进行了批判性的反思，试图通过对韦伯理论的清算去寻找解决公共行政实践中的诸如政府财政危机、社会福利政策难以为继、政府机构日趋庞大臃肿、效率低下、官僚主义盛行、公众对政府能力失去信心等问题的方案。当然，理论反思是不能代替实践探索的，但理论的梳理却可以启发人们的思路。正是基于这种认识，我们希望在理论上揭示韦伯官僚制设计中所存在的"合理性"悖论。

在韦伯的官僚制理论中，"合法性"（legitimacy）与"合理性"（rationality）是两个最为基本的概念，一切关于官僚制的研究，都只有从这两个概念出发，才能把握官僚制理论的真谛。在某种意义上，韦伯的整个学术思想体系都是在这两个概念的基础上展开的，他在政治学和社会学领域中所发表的意见，也都是基于合法性和合理性的概念而作出的进一步引申与发挥。合理性范畴是韦伯建构官僚制理论时所作出的一项重要学理预设，也是他进行现代官僚制组织模式设计时所遵循的一个基本原则；至于合法性概念，则是韦伯用以理解古代官僚制的锁钥。也就是说，与现代官僚制相比，古代的各种类型的官僚制是不具有合理性的。但是，这种不具有合理性的官僚制为什么会在古代中国、埃及、印度和中古的欧洲等地普遍存在？那是因为，这些地区的官僚制虽然不具有合理性，却具有合法性。对于现代官僚制而言，不仅需要具有合法性，而且也需要具有合理性，或者说，需要通过合理性去营建合法性。

我们知道，韦伯在其《世界经济通史》、《儒教与道教》、《经济与社会》等一系列著作中对官僚制发生与发展的历史作了比较研究，他的研究结论是，任何一种类型的统治都应有着合法性基础。既然官僚制能够在人类历史上长期存在和发展，它就是以其合法性作为前提的。韦伯认为，官僚制是特定权力的施用和服从关系的体现，具有特殊内容的命令或全部命令得到特定人群服从的可能性可以称作"统治"，这种统治主要是基于一种自愿的服从。自愿的服从又是以形成个人价值氛围的"信仰体系"为基础的，作为个人，他只有接受这种信仰体系，才能有着行动的一致性、连续性，而且不会导致内心的紧张。韦伯把这种个人自愿服从的体系视为合法性体系。反过来，这种合法性体系的存在，则使每一个人都能够遵从来自权威的命令，不管这些命令是来自统治者个人，还是来自通过契约、协议产生的抽象法律条文、规章等命令形式。从权力关系的角度看，这是一个以"命令—服从"行为模式为特征的权力关系，这种命令与服从的关系如果得到了维系并顺畅地运行，也就意味着统治

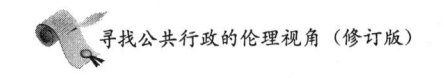

具有了合法性基础。

进一步地说,合法性是来源于一种正当性的信念。韦伯认为,正当性的信念可以分为两大类别:一类是主观的正当性,包括情感的正当性、价值合理性的正当性、宗教的正当性;第二类是所谓客观的正当性,包括习惯的正当性、法律的正当性。在这两类正当性信念的支持下,由内心向行动的发展方向又可判明为四种不同的行动类型:(1)情感行动;(2)价值合理性行动;(3)传统行动;(4)目的合理性行动。在这四种类型的行动中,前三种都仅仅是由情感的、价值合理性的、宗教的和习惯的正当性的原因而得到的合法性,唯有最后一种类型的行动才是得到了法律正当性支持的行动,因而,不仅具有合法性,同时也具有合理性。

韦伯关于统治的三种支配类型的分类在理论上不是出于灵感,而是从人的行动类型推演而来的。也就是说,与上述四种行动类型相对应的是三种类型的支配行为或者三种统治类型,即个人魅力型的、传统型的和法理型的统治。我们已经知道,个人魅力型统治,是建立在某个具有非凡气质的领袖人物的人格魅力之上的,在这种类型的统治过程中,行政职务不是一种稳固的职业,也没有按正常途径的升迁,全凭领袖个人意志的直接指定,其行政体制的特点表现为行为的随机性和偶然性,甚至让人感到是反复无常的。传统型统治是建立在对于习惯和古老传统的神圣不可侵犯性的要求之上的,行政官员不过是君王的臣子,他对君王的忠诚胜过其才能,所注重的是听命行事,为官者可以世袭,行政管理体制表现在营造官员的依附性方面,是作为附属而去开展行政管理活动的。法理型统治是建立在对于正式制定的规则与法令所确认的正当行为之上的,当这种统治以支配关系的形式出现的时候,是有着规则和法律的规范的,支配行为虽然也是借助于权力而施行的,但权力的应用却不是随意的,而是有着制度和规则的规范和保障的,故而称作法理型统治。

在这三种体制中,个人魅力型统治并没有采用官僚制的形式,只有传统型和法理型统治才采用了官僚制的形式。但是,在这两种官僚制形式中,传统型统治所采用的官僚制虽然具有合法性却不具有合理性,如果说具有合理性的话,那也只能算作是一种主观化了的价值合理性。韦伯关于现代官僚制的构想是与之不同的,他要求现代官僚制具有一种客观的合理性,是实现了合理性与合法性相统一的官僚制。所以,韦伯把理论工作的重点放在了设计这种既合法又合理的官僚制方案方面了。

应当说，韦伯是一个理想主义者，在他的官僚制理论中，是首先确立起了合理性的概念，然后再去进行合理性官僚制模型设计的。所以，他对历史上的官僚制所作的描述是以合理性为标准的，分析的结果是历史上的官僚制都缺乏合理性。既然如此，那就需要自己动手去设计一种具有合理性的官僚制。当然，官僚制作为一种社会实践和历史进步的产物，是不可能单纯由学者去作出理论设计就可以建立起来的，但是，学者是可以对官僚制的理想形态加以描述的。韦伯所做的工作就属于描述理想官僚制模式的理论活动。所以说，韦伯是合理性官僚制模式的设计师。

根据韦伯的看法，官僚制首先是作为一种组织形式而存在的，或者说，是指组织存在的一种理想的体制和制度。这种组织形式无论是在过去还是在现在，都表现为一种上级对下级的领导、监控和下级对上级的报批、服从的层级制度。这是一切官僚制的基本特征。但是，现代官僚制的新特点在于，官僚制组织中的官员是根据契约关系雇用和经过培训并领取薪金的人员。虽然组织成员在官僚制的层级结构中有着高级与低级的差别，从而使官僚分为上级和下级，但是，他们依照法律以及规则的规定而开展工作。在官僚之间，并不存在着依附关系，下级官僚并不是上级官僚的附庸。由于具有这些特点，与传统的官僚制相比，现代官僚制就有着更大的优越性，它能够在处理行政事务的过程中获得良好的决策并使决策得以贯彻和执行，能够在明确的目标导向下使行政行为具有精确、严格和统一化的特点。

在统治的视角中，从合法性到合法性与合理性的统一，显然是人对人的统治的文明化。韦伯所持有的是统治的视角，所以，他的理论目标只是为了改善统治，是希望把人对人的统治变得更加文明。所以，韦伯对历史上的各种统治类型的考察既是出于扬弃以往的统治类型并建立起更加文明的统治类型的需要，也是为了从以往的统治类型中汲取一些有益于现代官僚制建构的因素。总的说来，韦伯在刷新统治类型方面找到了合理性的原则，是基于合理性的要求而去对理想的官僚制作出设计的。总结韦伯的观点，可以看到，基于合理性的官僚制具有这样几个方面的特征：

第一，现代官僚制是有着法律和规则依据的等级制度，组织成员依组织的层级结构而被放置在一定的位置上，组织的运行表现为一整套明确的和持续一致的程序化的过程，上下级之间的关系反映在命令与服从的行为模式之中，每一个官员的行动方向都由处在更高一级的官员确定，支配关系以及支配行为都不受政治观点和政治立场的影响，在更宽泛的意义上，不受任何价值因素的干扰。

第二，现代官僚制的等级体系是由职位和岗位构成的层级系统，官员间的从属关系是由严格的职务或任务等级序列决定的，权力关系并不具有行使权力的官员的个性特点，而是基于职务本身的需要的职位权力，只能服务于组织目标的实现。官员在行使权力和开展公务活动的时候，必须排除个人的情感纠葛。由于官僚制组织是一个分工—协作体系，每一职位和岗位上都被赋予了明确而具体的权力，每一职位和岗位上的官员掌握和行使的都是本职位和岗位上的权力，不能越位行使权力。也就是说，官僚制组织中的每一成员都必须照章办事，不具有越出其职位和岗位的权力。

第三，现代官僚制中人与人的关系是基于工作的需要而建立起来的，虽然作为官员的人有着职务、职级上的不同，却拥有着平等的身份，基于工作需要的命令与服从是不能被转化为人身依附关系的。这一点也是与传统官僚制完全不同的。传统官僚制是产生于等级身份制的条件下的，官僚制自身的层级结构与等级社会的身份等级是同构的，完全或者部分反映了"血统"或"世袭"的社会特征，而现代官僚制则是建立在法学理念下的，官员的工作和利益不是由他的上司的个人好恶决定的，而是取决于制度的规定，官员的年资、工作经验、责任心和敬业精神等等，都可以在形式上加以量化，官员个人利益的实现有着客观化的标准和程序化的操作方式。所以，在现代官僚制条件下，官员个人所服从的不再是拥有特定职务的人，而是对特定职务的服从。只是在人与职务结合在一起的情况下，才表现为对某个职务上的人的服从。如果这个人与某个职务相分离的话，他就失去了下命令、作指示的权力。

第四，现代官僚制是一个拥有极为完美的科学化程序和技术化手段的组织体系，而且，这个体系也是一个分工—协作系统，每一组织成员都应当是某一方面组织职能的专家，例行的和日常性的工作都有着相应的技术标准和明确的程序；作为日常工作基本内容的信息收集、整理、归纳等，也有着相应的技术支持；在提出可行性决策方案时，需要听取组织内部和外部专家的咨询意见，力求做到科学决策。总之，在组织运行的每一个环节中,都努力做到对专业知识的运用;在关涉组织目标以及组织目标实现的每一项行动中,都注重对技术手段的应用。

二、合理性的客观性

近代以来,科学技术的发展经常表现出设定理想条件和追求理想目标的特征,比如,牛顿力学的基本定律都是理想条件下的科学定律。现代官僚制理论也反映了近代以来的科学特征,是在合理性前提下所作出的一种理想型设计,所以,与自然科学中的理想模式具有很大的相似性。那么,这种具有充分合理性的官僚制在现实中是否存在以及能否存在?如果它仅仅是一个理想模型,在现实中存在的可能性就会大打折扣。所以,韦伯也不得不承认:官僚制作为一种理想类型的思维结构,也许像只是在假定的绝对空间中计算出来的物理反应一样,在现实中是极少见的。但是,韦伯又认为,这种理想类型并不是凭空构造的,而是来自于现实本身,是通过对现实中那些典型因素的发现并运用这些典型因素而进行的理论重构。

对于这个问题,韦伯是这样看的:"理想类型是通过单方面地突出一个或更多的观点,通过综合许多弥漫的、无联系的,或多或少存在、偶尔又不存在的具体的个别的现象而成的,这些现象根据那些被单方面地强调的观点而被整理成一个统一的分析结构。"[1] 所以说,韦伯所建构的官僚制理想类型其实是一项理论成果,韦伯是将历史上的以及现实中的那些具体的、个别的官僚制组织的某些突出的特征抽取了出来,并通过思维的综合和整理,构想出了现代官僚制。在现实的实践中,是不可能发现完全具备了官僚制理想类型全部特点的组织形态的,尽管在韦伯的官僚制理论产生了广泛影响之后人们努力按照这个理论去塑造现实实践中的组织,但是,如果说某个具体的组织已经达到了韦伯的官僚制标准的话,那是夸大其词了。

韦伯试图说明他构想理想型的合理性官僚制的理由,他指出,在历史学的研究中,作为历史认识论的方法,"理想型"是认识的手段而非认识的目的。然而,对于社会学来说,理想类型是由社会学的任务所决定的,因为社会学需要建立关于事件的一般法则,不管这些事件的时空意义如何。所以,韦伯自认为自己是以一个社会学家的身份来建立理想的

---

[1] [德]韦伯:《社会科学方法论》,85页,北京,中国人民大学出版社,1992。

官僚制模式的。的确，对于科学研究来说，韦伯的这一看法是合乎科学发展的一般原则的，是没有问题的。因而，对于韦伯建立合理性官僚制的理想类型这一点是无可厚非的。但是，科学无论是在建构理想类型方面有着多么高度的纯粹性，都应当以科学自身逻辑上的完整性为前提，如果科学自身存在着逻辑上的悖论的话，那么，在逻辑断裂带上去建立理想类型，就不能被视为明智的选择。即使对于社会学来说，也是这样。社会学以及所有社会科学门类的研究，可以从社会现实中抽象出典型因素，却必须在这些典型因素中包含着现实的完整性，如果理论不能够反映现实的完整性，也就意味着科学自身是一个畸形化的体系。韦伯的官僚制理论正是这样，它作为其理论基础的合理性概念，恰恰是一个不具有完整性的片面的合理性。片面的合理性又怎么能够被称为合理性呢？无论是在日常用语还是在科学思维中，片面的合理性都恰恰是不合理性。所以，对于韦伯的理想官僚制模式来说，根本性的问题是，作为官僚制设计基础的合理性概念自身，就存在着逻辑断裂带。

我们已经指出，韦伯建构理想的官僚制模式的努力是在历史叙述中进行的，所以，他也把官僚制的形成过程看作是社会的合理化进程，是在社会关系客观化和物化过程中的合理化。当然，韦伯并不认为这个合理化进程是一个必然的历史方向，而是在特殊的历史条件下以市民社会的理性思考和行动为前提的。根据韦伯的意见，就行动而言，在传统社会中，行动的手段、目的、价值和结果等各种组成要素的自律控制力都是很弱的，只是到了近代社会，市民行动的自律控制力才得到增强，才可能增加行动的合理性。所以，在整个宗教社会学和社会史研究中，韦伯把合理性的出现（合理化运动）与西方社会的具体历史条件联系在了一起，认为仅仅在西方社会，才出现了这种合理化的运动。

在对合理化的进程进行历史叙述时，韦伯从行动要素的、价值领域的和社会结构的三个方面去描述合理化运动的过程。韦伯认为，从行动的方面看，在传统社会，对行动的诸组成要素（即手段、目的、价值及结果）的自律控制力是极其有限的，而到了近代社会，其自律控制力得到了显著提高，这就意味着行动的合理性也得到了提高。正是基于对行动诸要素合理化状况的认识，韦伯区分出四种行动类型，即目的合理行动、价值合理行动、情感行动以及传统行动。[1] 情感行动以及传统行动都显然是

---

[1] ［德］马克斯·韦伯：《经济与社会》，上卷，56页，北京，商务印书馆，1997。

不具有合理性的，但是，在从情感行动向传统行动演进的过程中，却包含着合理化的内涵。与情感行动相比较，传统行动已经开始拥有一定的合理性了，尽管这种条件下的合理性是极低的。合理性只是在现代化的过程中产生的，只是当传统的行动在历史发展中日渐式微时，手段、目的与价值才开始分化，并出现了目的合理性和价值合理性的问题，才可以在这些要素的意义上去考察行动的合理性。

在传统社会，诸价值领域尚未分化，是互相融合在一起的。到了近代社会，诸价值领域分化为具有相对自为的体系，因而，出现了认知—技术领域、审美—表现领域以及道德—实践领域。同时，各价值领域处于持续的合理化—自律化过程中。价值诸领域的出现本身，就是社会合理化的表现，使每一个领域都能够获得或发展出属于这个领域的合理性原则和标准，使价值合理性在不同的领域以不同的形式出现。如果说康德对审美—表现领域、道德—实践领域的合理性状况作出了细致的考察的话，那么，韦伯所钟情的是认知—技术领域的合理性，并认为这一领域典型地反映了现代社会的合理性状况，是完全实现了形式化的合理性领域，可以在形式合理性的原则下去加以建构。

从社会结构方面来看，从传统官僚制向现代官僚制的转换就是社会合理化的集中体现。就官僚制的产生本身而言，从卡里斯玛型支配到传统型支配标志着统治类型的合理化。因为，传统型支配已经求助于官僚制了，已经表现出了合理化追求。尽管传统型支配还不具有合理性，但是，支配行为的制度化必然包含着追求合理性的动力。所以，传统型统治所赖以成立的官僚制意味着社会结构合理化的滥觞。也正是因为传统官僚制中已经包含了追求合理性的动力，才会在历史演进中走向自我否定的方向去，才为现代官僚制的产生提供了历史准备。对社会结构的合理化可以作出这样的理解：社会合理化进程最终凝结为官僚制，而官僚制则代表了社会合理性的程度，并且，反过来维护社会的合理性，甚至向社会提供合理性。

出于理想型官僚制设计的需要，韦伯在论述官僚制的合理性时，要求对不同类型的合理性进行客观描述，也就是从因果关系上去判明合理性的类别。韦伯区分出两种合理性，即"实质合理性"和"形式合理性"。实质合理性是价值判断的基础，它对行动的目的和后果作出价值评价，这些评价包括：是否合乎宗教信仰或宗教教义；是否符合习惯；是否表现出某种社会美德或善行；等等。由于实质合理性是一种关乎伦理或道德理想的合理性，因而，它极力强调行动的社会关注，忽视行动效率。所以，它是一种主观合理性。形式合理性不同，它在统治关系和支配过程中更加强调对手段和程序的关注，行动方式所倚重的手段、行动所欲达成的目标等，都是可以进行量化的，从而使行动本身可以事先作出规划，也可以对行动所欲实现的目标以及目标能够得到实现的程度进行预测。也就是说，形式合理性不仅把行动过程看作是可计算的，而且把行动的目的也看作是可计算的。韦伯认为，目的其实就是社会秩序的理性化，当目的可以计算时，也就使社会秩序表现出了最大程度的可计算性。因此，形式合理性是"工具—目的"的，是一种纯粹客观的合理性。与之相反，实质合理性则是一种伦理道德理想。

韦伯认为，实质合理性仅存在于传统社会，是传统社会秩序的基础和内容，在现代社会，实质合理性已经基本丧失了赖以存在的社会条件。现代社会日趋繁复的生产与生活必然要求把行动的效率提高到一个十分重要的位置，社会管理也必然要求通过方法与技术的提升去达成目标，面对纷繁复杂的现实，伦理道德理想几乎没有发挥作用的地方。在经济生活中，受到资本主义市场经济法则的支配，公司不得不连续地、精确地并尽可能以更大的成本效益和更快的速度处理它的业务；在民族国家意义上，现代国家统治越来越依靠科层化的管理方式，使它的军事、司法和行政管理人员日益脱离它自身具备的物质条件，领取工资和薪金的官僚彻底摆脱了过去曾经被先赋的任职条件，官僚已经广泛地和普遍地实现了雇员化；在公共生活领域中，报刊等社会舆论不仅在内部形成了分工明确、运作有序的机制，而且在外部也越来越与科层化的国家之间取得相互信赖，并受着受过专业训练的各类活动家或党派官员的指导。

同时，社会的公共空间也日益官僚体制化。在政党政治中，实现了官僚体制化的政党总是想方设法地从技术上强化其控制能力，总是希望实现对人民大众的那种冷漠的"同意"能力的操纵，总是试图精确地事先计算出自己行动的过程以及所能达到的结果。所以，在现代社会，形式合理性已经与"合理性"一词完全重合了，在现代理想型官僚制设计中，突出强调官僚制的形式合理性和客观性也就是顺理成章的事了。正是在此意义上，韦伯说："从目的的合乎理性的立场出发，价值合乎理性总是非理性的，而且它越是把行为以之为取向的价值上升为绝对的价值，它就越是非理性的，因为对它来说，越是无条件地仅仅考虑行为的固有价值（纯粹的思想意识、美、绝对的善、绝对的义务），它就越不顾行为的后果。"①

韦伯的合理性概念是用来分析和理解现代官僚制的理论框架的，也适用于对现代社会的理解。但是，韦伯所讲的合理性仅仅是一种形式合理性，他用这种形式合理性完全替代了其他所有的合理性。这样一来，韦伯用形式合理性的材料建构起来的官僚制，其实是排斥了对任何价值因素的关照，消除了任何来源于人的主观愿望和内在要求的合理性，只允许合理性从属于客观的规定。所以，在这种客观的形式合理性的基础上建构起来的官僚制，就只能被看作是一种工具。就像我们使用的一切工具一样，本身有着自己技术上的优劣高下问题，至于谁使用它，那是另一回事。然而，在阅读所谓武侠小说的时候，我们会看到同一把剑在不同人手中是不一样的，甚至手中无剑还是剑侠的一种境界。即使官僚制是"统治"的工具，又怎能与其主体完全分开来加以认识和建构呢？

三、客观性的不可能性

韦伯在阐述工具理性和形式合理性的时候提出了"价值中立"的原则。这是因为，既然官僚制是建立在工具理性的基础上的，既然官僚制所拥有的是一种形式合理性，那么，它就必须在价值上是中立的。正如任何一种工具一样，可以为不同的人所用和用于干不同的事。所以，就韦伯的理想型官僚制来看，在整体上具有作为工具的价值，而就它作为工具本身而言，则从属于结构上的科学性规定和运行上的技术化追求。至于官僚制中的人，则必须与官僚制整体上的工具性相一致，个人的价值主张和价值偏好都应受到排除，以避免作为工具的官僚制因人的主观因素而受到扭曲。根据韦伯的看法，官僚制中的人的个人价值观念是不具有合理性的，这种不具有合理性的主观因素必然会对形式合理性造成冲击，从而使官僚制偏离工具理性。为了捍卫官僚制的工具理性和维护官僚制的形式合理性，就必须要求活跃于官僚体系中的人保持价值中立。进而，对于"统治"体系来说，官僚体系在整体上也应保持价值中立。

韦伯认为，拥有形式合理性的理想型官僚制具有分工明确、职责和权限清晰、层级结构合理、专业化程度高和组织成员的"非人格化"等特点，同时，还拥有严格的规章制度，从而具有超过任何其他形式的技术优势。在组织的意义上来认识官僚制，就可以看到，其他任何一种组

---

① ［德］马克斯·韦伯：《经济与社会》，上卷，57页，北京，商务印书馆，1997。

织形式都无法在技术方面与它相比，就如使用了机械的生产方式与不使用机械的生产方式相比较一样。韦伯说："官僚体制的组织广泛传播的决定性的原因，向来是由于它的纯技术的优势超过任何其他的形式。一种充分发达的官僚体制机制与其他形式的关系，恰恰如同一台机器与货物生产的非机械方式的关系一样。精确、迅速、明确、精通档案、持续性、保密、统一性、严格的服从、减少摩擦、节约物资费用和人力，在由训练有素的具体官员进行严格官僚体制的、特别是集权体制的行政管理时，比起所有合议的或者名誉职务的和兼任职务的形式来，能达到最佳的效果。只要是涉及复杂的任务，那么有偿的官僚体制的工作不仅更加精确，而且结果往往甚至比形式上无偿的名誉职务的工作更加便宜。"①

拥有形式合理性的官僚制组织具有科学、高效的优点。但是，韦伯也看到，这种官僚制依然包含着权力被滥用的可能性，也会存在着违法行为、低效率、官僚主义等问题。更为重要的是，官僚制的麻烦在于，官员们并不总是以他们应当遵循的方式行事，而是具有一种人类本能的趋向，总是试图增大自己的权力，并扩充自己的权利。韦伯认为，官僚制组织的成员往往不是作为一个忠实的仆人去行事，而是力求成为他们所管辖部分的主人，对文件的垄断常常是他们手中极为便利的武器。他们往往凭借从官方情报到保密资料的转换，凭借仔细的证据处理和有选择性的事实描述，并在行政管理公正无私的幌子下去支配或强烈地影响政策，使政府的部长俨如他们自己部门的雇员或成为傀儡人物。对于这些问题的解决，韦伯的方案是：其一，实行行政职能部门内部的合议制，扩大决策参与范围；其二，改变行政首长的非专业现象，避免非专业的官员依赖专业人员的帮助，以保证开展行动的决定总是由自己作出；其三，实行直接民主制，保证政府官员直接受到议会监督。由此看来，韦伯在思考解决官僚制所带来的问题的方案时，并不是求助于官僚体系自身解决问题的能力，而是到官僚体系的外部去寻找解决官僚病的锁钥。

可见，韦伯的思想中是存在着诸多矛盾的。作为一个深受启蒙思想和近代哲学熏染的思想家，他有着自由主义的信念，并崇尚个人价值。但是，他的理论又表现出压抑个性、祛除价值的思想。在韦伯的官僚制组织理论中，这种矛盾被单向度的客观追求完全取代了，他关于自由主义的和个人价值的信念完全被官僚制组织的客观性所湮没。所以，拥有

---

① ［德］马克斯·韦伯：《经济与社会》，上卷，296页，北京，商务印书馆，1997。

形式合理性的官僚制在很大程度上只是一种理想化或纯理论性的组织制度，在现实中有着很多难以跨越的障碍。最为关键的问题是，韦伯的官僚制实际上是一个道地的权力本位的体制。在这种体制下，对官僚起支配作用的是强烈的权力拜物教，官僚们总是把对权力的追逐作为其行政行为的主要目标。这样一来，就必然会在官员之间造成非道德的猎取权力的行为，官员会把通过自己的行政行为为社会提供良好的服务看作一个十分困难的途径，总是会选取投机钻营等等途径去获取权力。这样一来，不仅无法在行政官员这里真正祛除价值"巫魅"，反而会在官员之间形成一个相互倾轧、尔虞我诈的氛围，从而造成整个官僚体系的内耗增加。

在韦伯官僚制理论对客观化、形式化的合理性追求的背后，显然包含着对人的否定。我们知道，从文艺复兴开始到启蒙运动，所有的思想运动都一直致力于在理性追求中踢开上帝，整个近代思想的发展都是在这一主题下进行的，每前进一步都是这一主题的进一步深化。但是，在非理性的领域中如何排除上帝的干扰和肯定人的价值，是在尼采宣布"上帝死了"之后才开始的。所以，从文艺复兴到尼采的主流哲思，可以看作是从肯定人的理性价值到肯定人的非理性价值的进步历程。然而，韦伯的官僚制理论是与这一主流哲学倾向背道而驰的。因为，韦伯的官僚制理论在科学化、技术化追求中片面地强调客观性意义上的形式合理性，从而在根本上否定了人，这无异于在官僚制中宣布了人的死亡。在韦伯看来，现代官僚制所意味着的是整个现代生活的科层化，而现代生活的彻底科层化则意味着工具—目的理性完全控制了社会心理。在资本主义的合理化过程中，工具理性消灭和取代了其他形式的理性，使全部社会生活都从属于形式合理性的规划。工具—目的理性是与现代社会的效率追求一致的，它或许是社会进步的表现，抑或是社会发展进程中压倒性的世界潮流。因此，形式合理性追求使日常生活领域中的一切都被纪律严明的等级制度、合理的专业化、个人本身及其活动的条理化和工具化所结构化，生活有了合理性的形式，却失去了自己应有的质。

历史进步的趋势是人的发展，任何一项制度建设都必须将目标指向人的全面发展，人是社会的最高价值，也是社会发展的动力，更是社会发展的目的。这就是一种社会本位的价值取向。因为，社会本位实际上也就是人本位，即突出强调人的地位、人的权利、人的尊严，突出强调人的个性发展和价值实现。对于公共行政的制度建设来说，尤其需要坚持这一价值取向。具体而言，基于这一价值取向的制度建设在体系内部必须是以提高行政人员的道德为目标的，要求行政人员个人的发展与社会一般成员的人的发展走不同的道路。如果说社会的一般成员在人的发展这个方面是通过个人权利、个人尊严和个性的张扬而得到实现的话，那么，行政人员恰恰是在尊重他人的权利、维护他人的尊严和为他人的个性发展提供保障的过程中来获得自己人格的升华和完善自己的道德修养，从而走向个人的全面发展。所以说，对于行政人员来说，他在社会总体意义上的人的发展中所要追求的就是个人人格的实现，而个人的人格是通过道德的自觉才能得到实现的。

从行政法律的角度来看，现代公共行政的权力体系也被称作为一种行政授权体系。在行政授权中，行政人员拥有很大一部分自由裁量权，这个自由裁量权能否在行政人员的行政行为中与公共行政的总体目标相一致，主要是依靠行政人员的道德觉识为其提供保证的。当然，行政法律以及行政体系的制度设计表现为谋求程序控制，大陆国家也通过设置行政自由裁量权的事后审查机制而去保证它不被滥用，然而，程序控制与自由裁量之间是存在着理论上或逻辑上的悖论的，往往在实践上会遇到选择的困难。所以，一切关于自由裁量权的程序控制，都不可能取得成功的效果。只有走出程序控制的思路，或者说把程序控制放在一个强程序弱控制的地位上，通过给行政人员的道德提供发挥作用的空间，才能使行政自由裁量权发挥应有的作用。一旦行政人员实现了对行政程序的道德自觉，他就会在行政程序的基线上去灵活地运用自由裁量权。一切控制都会引发受控制者的抵触，如果行政程序是出于控制的目的而建立起来的，行政人员必然会因为这种控制而消极地使用自由裁量权，或者会破坏性地使用自由裁量权。所以，我们认为，行政程序是必要的，但是，行政程序的订立，必须包含着道德方面的考量，不是出于对行政人员进行控制的需要，而是服务于为行政人员的道德行为提供依据的目的。

总之，官僚制不应是一个回避人、压抑人甚至消灭人的管理体制，而应是一个以人为中心的体制。一旦确立了以人为中心的理念，就必然会突出人的主体性，从而肯定人的价值以及人的价值观念的作用。这样一来，官僚制的客观性和合理性就转换为了人的主体性和道德优先性。所以，我们对于因制度的兴旺而致使"人的死亡"的官僚制形式合理性设计，是不能持赞成态度的。我们希望看到的是，制度成为人的自主活动的空间，为人的自由、自主行为提供支持，而不是成为专门用来限制和控制行政人员的工具。

第三节 官僚制的实践困境

一、实践中的现代官僚制

总的说来,从科学建构或学术研究的角度看,应当肯定韦伯的合理性设计,因为他也是在总结历史上官僚制发展经验的基础上提出现代官僚制的合理性设计的。但是,这个合理性的官僚制却仅仅从属于片面的形式合理性,因而,存在着理论上的悖论。既然在理论上存在着悖论,那么,这种形式合理性的设计也就不可避免地会导致官僚制在公共行政实践上的困境。也正是由于这个原因,在20世纪官僚制的实践中,集权与授权、效率与责任、科学与价值的冲突,都达到了空前的地步。特别是官僚主义的问题,引致了政府结构及其运行中的诸多问题,以至于政府及其公共行政经常性地陷入困境。

正如上述所言,韦伯的官僚制理论其实是从属于近代科学的理性范式的,从林耐的分类学,到牛顿的经典物理学,再到韦伯的社会学,都属于同一个思维范式,所走的是一条抽象化的道路。近代科学,在理论以及学科发展上的表现,就是无尽的分化,这种"分"的逻辑使所有的理论以及所有的学科,都失去了科学的总体性。所以,也就不能不在实践中陷入困境。如果说在20世纪自然科学领域中已经实现了科学结构的革命,那么在社会科学的领域中,这种革命尚未发生,无论学者们对20世纪社会科学的发展作出了多么夸大其词的报道,也只能视为一种自我陶醉的表现。虽然在20世纪的后半期出现了许多创意不凡的理论,在实践上也不断出现要求变革的呼声,特别是在公共行政领域,行政改革已经成为一个持续不断的过程。但是,社会科学在何种程度上告别了抽象化、片面性的发展进程,依然未见晨曦展露。所以,揭示韦伯官僚制理论的实践困境,可以把我们引向去发现理论与实践在总体性上的一致性和科学与价值的统一性等科学研究和公共行政体系建构的方向上来。

正如我们上面所作的语词解读,官僚制(bureaucracy)的概念具有几重含义:在政治学中,"官僚制"一词往往是指现代国家条件下以相对专业化的行政人员为主体的政府中的一系列制度、体制、组织结构和原则的总和;在一般社会学中,特别是在社会史的学术研究中,"官僚制"

一词是指作为统治阶级统治工具而存在的官僚集团,他们是一个特定的贯彻统治阶级意志的食禄阶层;在管理学上,"官僚制"的概念有着更为宽泛的内涵,泛指以授权—分层、集权—统一、命令—服从等为特征的当代组织形态,无论是公共组织还是私人组织,都可能会以这种组织形态出现。而且,当代社会中的各类组织主要是以这种形态出现的。

我们也指出,在人类历史上,官僚体系早已存在,并引起过学者们的关注。黑格尔在其《法哲学原理》中就曾对官僚体系作了较为准确的定性分析。在近代社会,官僚体系曾经在产业革命时期被用来组织和指导企业的生产经营活动,在资本主义的形成和发展中起到过重要作用。但是,官僚制的概念是由韦伯提出并作出了深入论证后才为人们所广泛知晓。所以,韦伯往往被看作是系统化的官僚制理论的提出者。确实,韦伯在其社会史的研究中,对官僚制的历史演进作出了非常系统的探讨,而且试图在这一系列探讨的基础上建立起拥有形式合理性的官僚制。韦伯的合理性官僚制设计是建立在其整个社会"合理化"(rationalization)的历史演进的假设的基础上的。他认为,人类社会的发展就是从神秘阶段不断演化而到了理性复杂阶段的过程,人类的希望正在于社会的不断合理化,直至走向这样一个历史阶段:"重要的是制度、法规和正式职务,而不是个性;是公事公办,而不是个人关系;是技术专长,而不是心血来潮,一时聪明。"[①]

在20世纪,无论是在理论探讨还是实践探索中,韦伯的官僚制理论都得到了充分的响应,在某种意义上,西方20世纪的各类组织实践都无法回避官僚制理论的影响。正是韦伯的官僚制理论,通过了政治学的、社会学的和管理学的进一步发挥而被贯彻到了各类组织实践之中。如果从人类组织形态的发展史来看的话,20世纪是可以被命名为官僚制的世纪。但是,韦伯所追求的合理性官僚制作为一种理论,却是对一种片面的形式合理性的诠释,韦伯自己也把这种合理性称作工具—目的合理性。韦伯认为,以往的传统官僚制是从属于价值合理性的,而现代官僚制则需要摒除价值合理性,代之以目的合理性。

根据韦伯的看法,从目的合理性的角度看,价值合理性总是不理性的。然而,我们不能同意这一看法。这是因为,政府作为一个组织体系,虽然是将其职能的发挥寄托于组织的结构和运行机制上的,但是,这个

[①] 转引自孙耀君:《西方管理学名著提要》,279页,南昌,江西人民出版社,1987。

体系中的最为基本的因素还是活生生的人，是作为行政人员的人或作为官僚的人赋予了组织运行以动力。当我们说行政人员或官僚是人的时候，其实是指他们不可避免地会有着自己的思想意识和价值观念，如果在官僚制的设计中完全排除了人的思想意识和价值观念的因素，那么，这个设计无论在理论上具有多么大的合理性，而在实践中都是不合理的。所以，韦伯的官僚制理论也像近代经典物理学一样，是一个理想型的设计。尽管这个设计在"粗放型"的社会统治或管理中具有一定的适用性，但是，随着社会的发展、科学技术的进步以及人的社会心理活动越来越细腻，随着政府所面对的对象变得越来越复杂，随着社会的虚拟化和个性化因素的增长，这种理想型的合理性设计就会日益暴露出其缺陷。

二、官僚制在实践中的二律背反

自官僚制理论提出之后，整个20世纪的公共领域、私人领域中的组织建构都进入了自觉行动的阶段。特别是在公共行政的领域中，政府组织的每一次重大的变革都会根据官僚制组织理论而对现实进行评估。尽管70年代以来，官僚制理论受到了来自各个方面的批评，但是，迄今为止，由韦伯设计而随后得到充分修缮的官僚制模式一直占据主导地位。西方国家70年代末开始的行政改革运动虽然提出了告别官僚制的口号，也采取了一些行动，但是，要真正实现告别官僚制的目标，可能还有很长一段路要走。

虽然官僚制理论在20世纪的各类组织实践中都得到了广泛运用，但是，这个理论毕竟采取的是统治视角，是把官僚制作为一种统治模式来加以建构的。韦伯在进行官僚制模式设计时，也主要是针对政府组织进行的，官僚制的设计原旨是服务于政府的统治与管理的。也正是由于这个原因，官僚制的缺陷在政府的运行中暴露得最为明显。在20世纪的公共行政实践中，韦伯的官僚制模式确实在政府的运行过程中表现出了权力高度集中、规章制度过于严格和官吏非人格化等等问题，而且，所建立起来的也只是一种过程取向的控制机制。

韦伯之所以会认为自己对官僚制所作出的是一种合理性的设计，那是因为，这种设计对于责任和效率的实现来说是最佳工具。但是，20世纪的公共行政实践却从来没有真正实现责任与效率的完美结合，反而越来越表现出它在责任与效率问题上陷入极大的混乱。因为，过分的集权和死板的规章制度压抑了人的积极性和首创精神，致使官僚主义泛滥，最终导致了效率低下的后果。更为重要的是，传统的责任保障机制即对行政的政治控制由于官僚制的建构而失灵了。

从理论上说，任何环节出了问题都可能导致责任保障机制运作失灵，现实情况则是两个环节都出了问题。首先，由于现代化的影响以及操纵民意技术的出现和广泛应用，公众很难再用投票的方式实施对政治家的控制（尽管这种方法一直被使用）。同时，现代行政管理活动的极端复杂化、行政组织规模的巨型化、管理技术和分工的高度专门化等等，使政务官失去了对公务员的有效控制。结果是，公共组织失去了对公众的责任感，表现出严重的自我中心、自我服务、曲解民意、漠视公共需求等等。在出现了这些问题的时候，也许可以发展出一条政治路径去加以解决，但是，官僚制理论的提出使人们放弃了对政治路径的追求，使行政的独立性获得了官僚制的支持，从而丧失了对公众、对社会的责任意识。

官僚制在实践上是与官僚集团联系在一起的，没有一个强大的官僚集团作为支柱，也就不可能存在实质意义上的官僚制。所以，无论是古代的传统官僚制还是现代的合理性官僚制，都必然要拥有一个强大的官僚集团。所不同的是，与传统官僚制条件下的官僚集团相比，现代官僚集团是一个专业化程度和拥有专门知识的程度都更高的集团。实践证明，官僚集团越是占有了专门性的知识，其独占欲就越强，也就越是能够成为自足的利益集团。因为，专业知识能够赋予官僚权力和威望。除此之外，还有另一类更为一般的知识，即所谓"官场知识"，这才是真正"唯一适用于官吏利用行政"的知识。在某种意义上，专业知识之所以能被官僚集团用来维护自身的权力和利益，也是因为有这种作为"官方机密"的官场知识。对于官吏来说，"最重要的权力手段是通过'公务机密'的概念，把公务知识变为保密知识；最终仅仅是保障行政抗拒监督的手段"[1]。更为重要的是，当官僚成为拥有一定专业知识的人，无论官僚制作出了什么样的要求他们咨询和征辟专家意见的体制规定，官僚们总会自以为大，表面上也走了过场，而在内心中还是认为专家什么也不是。

韦伯在《儒教与道教》等著作中，通过对历史的比较研究，揭示了这种官场知识是如何被用来为官僚利益服务的。无论是在古代还是在现

---

[1] ［德］马克斯·韦伯：《经济与社会》，下卷，789页，北京，商务印书馆，1997。

代，这种官场知识都能够让官僚集团僭越咨询和执行职能，并成为其控制决策、实现官僚统治的重要因素。因此，在官僚统治下，皇帝或政治领袖实际上只能是一个靠专家顾问"一勺一勺喂"给他主意的白痴，当他想行使权力时，要么得不到官僚机构的理会，要么就是不得要领，一塌糊涂。表面上他炫示权力的虚荣心得到了满足，事实上则是大权旁落于官僚组织。"当他所行使的权力呈现出来时，君主以为是自己在发号施令，而在这背后，科层部门却能毫无控制、不负责任地享用特权。"[①]

我们知道，现代官僚制组织中的各部门、各层次之间的关系是一种功能关系，而这种关系又是根据效率或技术的原则建立起来的，它要求官僚在履行其职责时排除个人偏见和偏好，保持一种客观的、中立的立场。黑格尔对普鲁士文官制的推崇，韦伯对合理性官僚制所作出的设计，都是因为现代官僚体系拥有形式上的合理性。简言之，现代官僚体系是现代社会精细分工和密切协作不断深化的结果，是日趋复杂的组织活动和日趋庞大的组织规模所提出的管理要求。从理论上看，官僚制的形式合理性是可以保证官僚体系中的相关权力都得到规范和正确使用的，是可以在岗位和职位的科学设置中使责任体系变得非常完善的，是可以在外部职能实现的过程中严格地按照规则和法律而行动的。而在实际上，我们所看到的却是权力经常性地受到滥用，责任经常性地遭受逃避，规则和法律经常性地成为行政不作为的借口。

官僚体系中严格的权威分层使得组织内部等级森严，权力实际上操纵在极少数人手中，而且，这种权力又往往缺乏来自平级或下级的监督。一旦权力缺乏制衡，就会表现为自我膨胀的状况，以至于出现上层专断和下层逢迎的实际权力运行状况。官僚体系会因其合理性而获得自主性，会因自主性而使权力服务于自利追求。当官僚制实现了合理性建构时，它的相对独立性和自主性使它变成了有着利益追求的组织实体。虽然在这个组织中也有着个人与集体的关系问题，而相对于政治部门，相对于社会，则是一个有着特定利益要求的组织实体。这样一来，在组织内部，个人或少数人就可以借集体的权威而对其他成员进行压制；在面对社会和政治部门的时候，所有成员都可以借助集体之名而逃避自己应当承担的责任。

---

① ［英］比瑟姆：《马克斯·韦伯与现代政治理论》，76～77页，杭州，浙江人民出版社，1989。

政府及其行政历来都是作为权力体系而存在的，官僚制的核心问题也是一个如何设计权力结构的问题，基于官僚制的公共行政实践，实际上又是一个授权体系。一方面，官僚制组织是一个集权体系，另一方面，又存在着逐级授权，正是在集权与授权之间，存在着许多永远无法解决的问题。仅就授权而言，根据官僚制理论，从组织的高层到基层，应实行较多的授权。授权所追求的是这样一种结果：增加得到了专业能力训练的成员数量，通过授权，上级可以将注意力集中在相对少量的问题上，从而使有限范围内的经验得到丰富，并可以提高下级处理本职范围内的问题的能力。而且，这种授权可以削弱组织目标与组织成员之间的差别，并起到进一步激励授权行为的效果。但是，我们看到的实际情况则是另外一种效应，那就是授权导致了分散主义和下级单位间的协调障碍。在很多情况下，会出现同一层级上的机构间各种各样的推诿扯皮甚至利益冲突。在更多情况下，是由于授权的原因而造成了职责权限不清的现实，并在不同的部门间出现职能交叉重叠或权力飞地。这就与官僚制的基本宗旨出现了背离。最为突出的问题是，所有根据官僚制原则建立起来的行政组织，都有着机构膨胀的趋势，而且，无论怎样作出精简机构的努力，也不能扭转这个趋势。究其原因，也是由于授权造成的。

从官僚制的功能来看，官僚制组织的管理是以控制为导向的。但是，当组织的高层加强控制时，组织群体内部就会出现紧张关系，因而必须依靠对非人格化的规则的调整来实现平衡。这类规则的实施，又进一步降低了群体内部权力关系的可见度，从而影响管理职位的合法性。为了保持组织的平衡状态，在官僚制组织的运行中，上层总是倾向于不断地强化工作规则。然而，工作规则又总是仅仅提供给权力核心执掌者之外的组织成员一定的线索，使他们获得关于可接受行为的最低界限的知识，从而将管理行为抑制到了最低限度。结果，使组织的功效降低到很低的限度，造成组织成员的行为与组织目标之间的不一致。

总之，无论在理论上还是在实践上，官僚制都是一个矛盾体。法律要求人的平等，但建立在法制基础上的官僚制却是一个科层结构；官僚制是建立在合理性原则之上的，但它所鼓励的却是盲目服从和随大流；官僚制首先是被作为一种组织理论而提出的，但在对组织系统的合理性设计过程中，却忽视了非正式组织的存在；现代官僚制是在批判性地考察了历史上的官僚制后提出的，所要强调的是它自身的现代性，而在实际上，却要求其成员墨守成规，不考虑突发事件；官僚制极力通过体制结构去实现系统的合理协调，却往往使内部交流、沟通受到压制、阻隔，创新思想被埋没，甚至无法有效地解决上下级之间和部门之间的矛盾。最为致命的是，官僚制使人的个性受到扭曲，使官僚制条件下的每一个人都变成阴郁、灰暗、屈从于规章制度的"组织人"。

三、官僚制与官僚主义

官僚制导致官僚主义是一个不争的事实。虽然官僚制并不能与官僚主义相等同，但在官僚制中不断地滋生出官僚主义却是无疑的，或者说，官僚制总是与官僚主义联系在一起的。韦伯在进行官僚制设计的时候就已经意识到了这个问题。韦伯认为，由于现代官僚制消除了通过私人关系和依靠世袭制、指派制获得的官职，因而使形式化的和非个人关系的因素上升到支配地位，结果是，造成了官僚们缺乏精神情感的支持。官僚制把每个人变成这架庞大机器上的一个齿轮或螺丝钉，他们情绪抑郁、态度冷漠，只想如何从一个小齿轮变成一个更大的齿轮，产生追逐权力和向上攀爬的发迹思想。所以说，现代官僚制天然地有着产生官僚主义的倾向。

当然，韦伯是现代官僚制的设计者，在对待官僚制的问题上，他自己也不可能像他要求官僚制中的官僚那样，放弃个人的情感因素，他是不愿意或不乐意承认合理性官僚制本身就包含着官僚主义的致命缺陷的，他要在官僚制的外部去寻找官僚主义得以产生的根源。所以，韦伯认为，现代官僚制会受到指向人类本身的许多因素的限制。韦伯指出，现代社会，包括现代官僚制，是新教改革运动的结果。从16世纪开始，新教就用其自身的纪律逐渐切入信徒的个人生活和社会生活。在这里，为世俗生产和生活而辛苦劳作不是为了世俗的享受，也不是出于一种刻意去追求某种行动的条理化，而是教徒们普遍感到自己有义务履行为了上帝的荣誉而尽的责任。这种天职感，驱使他们深深投入日常生活，要求个人通过那些平常的有时近乎琐细的行动去检验自身，并获得自我救赎。

的确，新教运动拥有一种通过求助于得到认可的劳动来具体验证天职的内容，按照新教徒的理解，"无休止的、不间断的和有组织的劳动本身变成了世俗生活的首要目的、来世得到超度的禁欲主义手段、复活和虔信是可靠的标志"①。这种以伦理和宗教信仰为世俗生活精神取向的运动，也被韦伯看作是一场合理化运动。但是，韦伯并没有对这种"合理化"进行定义，没有指出它究竟是一种形式合理化的运动还是实质合理化的运动。在我们看来，新教运动所体现出来的是一种实质合理性。韦伯之所以不愿对它的实质合理性作出确认，是因为他希望从中发现现代官僚制赖以成立的形式合理性源流。

当然，对于新教，是应当将其前期与后期加以区别的。在前期，新教徒在用他世俗生活中的成就去证明上帝伟大的时候，所包含的是实质合理性的内涵。然而，新教运动对当代社会产生影响却是在这一运动的实质合理性消解之后。也就是说，新教伦理在演进中逐渐地发生了变化，到了后来，通过禁欲寻找天国的强烈愿望逐渐迷失了，代之以反映了形式合理性的功利主义、技术主义和实证主义，对于伦理价值的热情也逐渐让位于缺乏人性的冷冰冰的整理、归纳、演绎、推理、计算和论证之中了。结果，为了追求效率，人们日益把价值、信仰、理想弃之不顾，在几乎社会生活的每一个领域中的每一个层面，都努力用被认为能够最大限度地提高效率的机制——现代官僚制组织起来。也就是说，在新教的沦落中，全部现代生活都被官僚制所结构化，形式合理性与实质合理性之间出现了一道无法逾越的鸿沟，并且，前者仍在不断蚕食着实质合理性的地盘。此时，作为社会主体的个人，在庞大而且全能的官僚机器面前，变得完全无能为力，他们已被彻底地物化了。

韦伯认为，形式合理性与实质合理性之间所存在着的历史的和现实的悖论反映了官僚化过程中的不平衡，这种形式合理性与实质合理性的不平衡，既是现代文明独特成就的主要根源，也是现代文明的局限性的主要根源。这样一来，韦伯就把官僚主义（官僚病）的问题归结给了历史发展，认为是历史发展走到了这个地步。既然如此，也就消除了人们可能对官僚制自身所提出的各种各样的怀疑。也就是说，韦伯并不认为官僚制自身会产生官僚病的问题，拒绝从官僚制自身出发去发现官僚病的根源。这就像是说，一棵树之所以不成材，那是由于它生长的地方决定了它无法成材。韦伯通过这种方式对官僚制作出了巧妙的回护。

其实，韦伯所辩解的只是一个现象层面的事实，更为深刻的原因马

---

① ［英］约翰·基恩：《公共生活与晚期资本主义》，58页，北京，社会科学文献出版社，1992。

克思早在《黑格尔法哲学批判》中就已经揭示了出来。这也就是我们前面已经指出的，根据马克思的观点，官僚是特殊的闭关自守的集团，公共事务与官职之间之所以能够发生关系，恰恰是由于国家脱离了社会。官僚从来就不是市民社会本身赖以捍卫自己固有的普遍利益的代表，反而恰恰是国家用以管理自己、反对市民社会的全权代表。在马克思看来，官僚所创造出的是一种幻想意义上的普遍利益。因为，本来官僚阶层是属于特殊利益集团的，却硬把自己当作普遍利益的化身。可见，正是这种根源于官僚制自身的矛盾，才是官僚主义的症结所在。

当然，形式合理性与实质合理性的分离也是产生官僚主义的根源之一。可是，韦伯为什么不去寻找解决这两种合理性分离的方案，而是着力描绘基于形式合理性而建立起来的现代官僚制呢？这可能是由韦伯所处的时代决定的。韦伯所处的时代还在机械主义思维笼罩之下，辩证法尚未成为人们的思维习惯，甚至相对论等科学成就中所包含的思维方式直到今天也没有被社会科学的研究所运用。在这种条件下，基于工具理性的原则，出于形式合理性建构的需要，排斥实质合理性，也就是必然的了。

今天看来，官僚主义的主要原因存在于官僚制自身，即使在传统官僚制之中，也可以明显地看到官僚主义问题的存在。在一切有官僚制的地方，都会出现官僚主义的问题。对于现代官僚制而言，正是它赖以建立的原则，正是官僚制的结构，决定了官僚总会染上官僚主义。如果在官僚制的设计中不是优先突出效率目标，而是突出服务于社会的价值；不是突出体制的客观性，而是突出官僚们的个人能动性；不是突出权力结构的合理性，而是强调权力行使的道德自觉性，那么，公共行政就会拥有一个并不必然走向官僚主义的体制。可惜的是，这一点虽然时常被人提及，却总是作为一种思想火花而一闪即逝，很少被吸纳到对官僚制组织的改造方案之中，即使在20世纪70年代以来的行政改革运动中，也依然是这样一种状况。

第三章
官僚病的人文救治

第一节　对官僚制的文化反思

一、在官僚制的合理性背后

在人类社会工业化的进程中，是以科学技术的发展为社会进步的驱动力的。我们看到，一方面，社会化大生产以及市场经济向科学技术提出了无尽的要求，赋予科学技术发展不竭的动力；另一方面，科学技术的发展又推动了社会的发展，并促进了生产和生活的每一个方面都发生了改变。在政治生活领域，官僚体系的形成和发展就是工业化和科学技术进步的成果。反过来，工业社会之所以能够进入加速发展的阶段，科学技术的发展之所以能够得到制度的支持，又是与这个官僚体系的贡献联系在一起的。在韦伯建构起官僚制理论之后，官僚体系因为有了官僚制理论的指导而得到迅速的发展，成为最具合理性的组织形式，而且被广泛地应用于社会生产和生活的每一个领域之中。在韦伯看来，科学、工业和官僚制是人类社会走向合理化的整体进程中的三个重要方面。科学代表了人类认知行为的合理化，工业反映了经济及其生产的合理化，官僚制则是人的社会活动的合理化，三者共同构成了工业文明的体系。基于这种认识，韦伯试图让官僚制体现出科学和技术进步的成就，努力在官僚制模式的设计中反映科学和技术的特征，希望证明官僚制是工业文明不可或缺的一个组成部分。总之，官僚制适应工业文明的需要而产生，反过来，又增益于工业文明。

在整个20世纪中，如果就一种理论对社会实践产生的影响来看，可能任何理论都没有像官僚制理论那样，得到了广泛的实际应用。这不仅是因为韦伯所概括的合理化进程客观地反映了历史发展的趋势，而且也是由于合理化和合法化的概念得到了政治学、社会学和管理学等学科的广泛认同，从而使官僚制成为科学研究和实践发展之路径依赖的必然指向。在某种意义上，韦伯所提出的合理性、合法性的概念已经成为西方现代政治学等学科的公理。一种理论能够拥有这样广泛的社会影响绝不是偶然的，这与这一理论的提出者渊博深广的学识和学术努力是分不开的。也就是说，韦伯的合理性、合法性概念之所以得到了广泛的认同并成为常识意义上的思维坐标，是与韦伯综合地运用哲学、历史学、社会学、政治学的知识去全方位地、动态地对东西方社会史的发展进行比较研究分不开的。正是通过这些研究工作，韦伯向人们证明了现代官僚制的出现是合理化进程的结果。同样，也正是有了这样的学理分析做基础，他关于现代官僚制的合理性设计才能够被人们广泛接受。

所谓合理性，也就是指一个东西合乎理性。然而，如果我们说一个东西合乎实质理性即具有实质合理性，那么，全部判断都是无法得到科学证明的，只有让位于伦理的叙述和宗教的启示。与之不同，如果说一个东西合乎形式理性即具有形式合理性，那么，就是可以作为科学认识的对象来看待的，就可以对这个东西作出科学规定并制作成科学化的模式，从而成为一个技术性的体系。最为重要的是，它因技术化而具有可操作性。因此，建立在形式合理性基础上的统治也就是最具技术含量的支配类型。形式合理性的获得无疑是科学对神学的胜利，然而，在官僚制的纯粹功能主义和技术主义的工具理性追求中，却回避了价值理性。既然回避了价值理性，也就是在官僚制的设计中放弃了对人的作用的肯定。这样一来，正像马克思批判资本主义制度时所讲的把人淹没在冷冰冰的金钱关系的冰水之中一样，在官僚制的形式合理性设计中，也把人淹没在冷冰冰的技术主义的冰水之中了。官僚制成了一个纯粹的技术体系，人在其中成了无关紧要的因素，近代以来哲人们所有关于人的主体性的人文思考，都被消解殆尽。

从实践的角度看，官僚制导致了普遍的官僚主义和腐败问题。因为，在官僚制得到实施的国家中，一方面，证明了官僚制的必要性，即通过官僚制的建立而促进了现代化的进程，实现了政府对社会的充分管理，并提供了可靠的公共秩序；另一方面，又反映出官僚制与官僚主义是相伴而生的，官僚制越是得到充分的发展，官僚主义的问题也就越严重，即使建立起了再完善的法律制度，也无法扭转官僚主义恶化的局面。特别是在对官僚制所作出的严密的合理性设计背后，普遍存在着公共权力的滥用和以权谋私问题,以至于世界各国都在官僚制的实践中承受着官僚主义和腐败问题的困扰。也许有人不愿承认腐败、权力滥用或权力不作为等问题与官僚制之间的必然联系,而且,实践中的一个主导倾向也是通过对官僚制的进一步完善来寻求治理这些问题的方案的。事实上,上述问题与官僚制之间的逻辑联系是不容怀疑的。

首先,官僚制是一个形式化的集权体系,这种集权在剔除了价值理性的作用之后,又使政府行为渗入社会生活的每一个方面,除了部分的经济资源是通过市场来加以配置的之外,其他(诸如政治的、文化的等等)各种社会资源的配置都是由政府来进行的,政府实现了对各种资源的直接垄断。即便是经济资源的市场配置,也是在政府的强力干预下进行的。由于政府可以通过公共政策和直接的行政行为垄断社会资源的配置权,所以,对于官僚制中的具体执行公共权力的官僚(行政人员)来说,就有着巨大的以权谋私的机会。

其次,由于形式合理性取代了实质合理性,由于价值理性的缺位,使官僚制无论是在整个体系上还是在官僚个人方面,都有着自我膨胀甚至随心所欲地行使公共权力的可能性。因而,一旦在"公共的"与"私人的"问题上失去了价值标准,就会把一切不利于本部门或个人的东西都变成"公共的",而把一切有利于本部门或个人的东西都变成"私人的"。"公"与"私"本身就是从属于价值判断的,如果祛除了价值理性,仅仅从形式上来看问题的话,其实是搞不清"公"与"私"的区别的,即使来自于政治部门的政策以及既定的法律对"公"与"私"作出了严格的区分,到了行政人员这里,也是需要作出二级判断的。他个人以及他所在部门的理解和判断,都会不断地移动"公"与"私"的边界,甚至会把"公"与"私"倒置过来。即使"公"与"私"的区分不发生改变,行政人员在"公"与"私"的问题上也会因其行为的主动性和积极性不同,使"公"与"私"的实现表现出极大的差异。

再次,形式合理性的设计在实践上极易走上自己的反面,即非理性。那就是,在官僚制的整个体系上拥有了形式合理性的同时,却在具体的部门或个人那里为非理性行为的发生和蔓延提供了广阔的空间,致使官僚们追逐个人利益的非理性行为泛滥。不是说官僚们实际上拥有影响法律和政策制定的能力,因为,这种影响能力在发挥作用的时候还可以被纳入理性过程中去,而是说官僚们完全可以在合理性的名义下作出非理性的行为选择。比如,官僚组织各部门间的职能分工设计是具有合理性的，它要求任何一个部门都不能僭越权力，然而，在一个正处于萌发中的危机事件还处于本部门职能范围之外的时候，完全可以以理性的名义而置身事外，直到危机蔓延到本部门的职能范围之内再去采取行动。如果作出了这样的行为选择，可以说是理性的，而在实际上恰恰是非理性的。所以说，官僚制意味着行政集权，而行政集权如果缺失了价值理性的话，单纯依靠外在的形式化设置，就不可能保证权力总在正确的道路上发挥作用。

二、官僚病的人文救治

应当说，韦伯也意识到了官僚制的缺陷，也试图探寻弥补这一缺陷的出路。但是，由于近代以来一切关于社会科学的思考都是建立在科学与价值的不可融合的认识之上的，韦伯也就无法超越这一近代以来所有思想家共有的思想局限。因而，韦伯对于自己所构建的官僚制技术合理性体系的要求，也就是不允许价值因素的涉入。所以，在如何救治官僚制的缺陷的问题上，韦伯的出路是在官僚制的外部寻求人文回护。具体地说，韦伯医治官僚制弊端的主要措施可以概括如下：

首先，通过进一步的权力集中来克服现代官僚制中依然存在着的非理性。在韦伯看来，既然官僚制的主要弊端在于它的形式合理性与非人性，那么，只要在进一步的权力集中中强化社会对人格化了的政治心理的认同，就可以让政治在弥补官僚制的缺陷中发挥作用。官僚制本身是技术主义的，但是，当一个国家能够不断提高其实力以及在世界上的地位，即通过经济发展、军事强化、政治建设等等历史的和现实的努力，就可以凝聚起人们深层意识和感情上的共同体情结。如果国家的政治领导人能够在这种集权的基础上运用行政的手段自觉地塑造共同体新的话语体系、风俗习惯以及政治记忆，并借助于民族荣誉去恢复已经失落的价值合理性传统，就能够重新建立起理想的道德信念，从而实现用国家价值目标整合社会公众的目标。官僚制本身就是一个集权体系，这种集权在近代社会一直受到种种政治理论的挑战和怀疑。在韦伯建构官僚制理论的时候，是不考虑社会以及政治的集权还是分权问题的，仅仅要求官僚体系自身集权。事实上，官僚体系也确实是民主政治生态中的集权系统。然而，当韦伯看到官僚制的形式合理性和技术主义会带来各种各样的弊端的时候，开始把视线推移到了官僚体系之外，希望把这种集权扩大到政治的以及社会生活的一切领域，并通过这种集权来弥补或冲淡官僚制弊端所造成的消极影响。就此而言，官僚制理论是反民主的。虽然韦伯在建构官僚制理论的过程中做了一系列关于政治中的价值中立演讲，并围绕价值中立的问题与他人展开辩论，但是，在官僚制之外是否能够采取集权的问题上，并没有因为官僚制渗入社会以及政治生活的领域中而被人们所接受。

其次，通过政治领袖个人独立的政治人格的形成来弥补官僚制的缺陷。韦伯认为，官僚制使得几乎每一个政治领袖都湮没在技术绝对主义的情景之中了，这种工具主义的正当性甚至已经成为集体无意识，并得到人们的尊崇。在当代，培育有个性、意志坚定、目标明确、对自身行动充满信心和具有高度责任感的领导人，已成为十分迫切的任务。这种领导人应当是：对从事的事业保持充沛的热情；对从事的事业怀有持续的信仰；行动目标明确，意志坚定，具有高度的责任感及献身精神。也就是说，通过对"卡里斯玛"精神的呼唤去弥补官僚制的技术主义所带来的各种各样的问题。这样一来，韦伯开始了向历史上的一些特定阶段的回复。

同样的道理，韦伯在根据工具理性的原则而对官僚制进行形式合理性建构的时候，对卡里斯玛精神作出了激烈的否定。韦伯不厌其烦地证明卡里斯玛精神的偶然性和过渡性，认为它仅仅能够为一种非官僚制的支配类型提供支持。一旦支配类型以传统官僚制的形式出现，卡里斯玛就将退出历史舞台。对于拥有形式合理性的现代官僚制而言，更不可能为卡里斯玛精神留下一丝一毫的空间。但是，在认识到了官僚制的技术主义局限性后，韦伯又开始呼吁卡里斯玛精神的出现，要求用政治领袖个人的那种独特的个性魅力和强烈的责任感来填充官僚制形式合理性中的价值空白。也就是说，韦伯在官僚体系之中，剔除了卡里斯玛精神。然而，当他走出官僚体系而进入政治系统后，又热情地呼唤卡里斯玛精神，并认为官僚制的缺陷可以由政治系统中的卡里斯玛精神来弥补。

可见，韦伯建构起了官僚制理论，也认识到了这一具有形式合理性的官僚制存在着一些根本性的缺陷，但是，他却无法找到医治这些缺陷的方法和途径。这个问题的解决，实际上留给了哈贝马斯。哈贝马斯是直接基于社会生活现实的"蓝本"进行思考的，从而在合理性的问题上提出了自己的解决方案。如上所说，20世纪处于官僚制的支配过程之中，在这个世纪的社会生活现实中的任何一个方面，都可以看到官僚制的影响。应当说，在20世纪社会生活的所有问题中，也都能够找到需要借助于官僚制来加以解决的根据。所以，哈贝马斯对现实的反思使他不自觉地走向了解决韦伯官僚制缺陷的途径上了。也正是这一点,表明了哈贝马斯的哲学思考与韦伯的社会学研究之间的联系。

韦伯所追求的形式合理性带来了整个社会生活的客观化、形式化,面对这一问题,哈贝马斯所持的却是一种乐观的态度。哈贝马斯认为,生活世界在当代尽管受到系统入侵的严重威胁,但我们并不能由此就对人类文明失去信心,更不应陷入悲观绝望的境地。在他看来,虽说生活世界受到如此严重的威胁,但在生活世界中仍有某些储备,使得历史进程可以得到控制,"功效标准"即"目的合理性"不可能无限地扩展到每一个角落。就政治实践而言,人们不可能通过系统整合而在每个方面都将个体束缚于社会上;从社会角度来看,生活世界不可能完全被客观化、对象化。换言之,在面对系统威胁的生活世界中,在系统和生活世界的冲突和危机中,也并存着同时改变生活世界及其控制媒介的希望,这种希望在当今西方的现实抗议潜力中显露了出来。哈贝马斯在对韦伯的批判中维护一种被他称为基于交往理性的现代社会的道德价值,并试图以此为条件,完成批判理论的社会构想。

哈贝马斯意识到,由于官僚制及其形式合理性的原因,在我们生活于其中的理性的社会里,存在着某些偏离、丑恶、病态的东西。一方面,我们的社会系统是相对稳定的,有着相对无冲突的共同生活方式;另一方面,这个社会又产生了很多令人惊惧的病症,这个社会在某些方面已深深陷入泥潭之中。所以,哈贝马斯要求在文化与理解方面建立联系,认为人们在文化和理解方面如果能够建立起联系的话,也许可以抗拒社会系统对人构成的理性压抑。哈贝马斯承认官僚化、法律化、中介化等等是社会合理化的一个方面,但是,他认为这种合理化进程不应当以削弱交往的合理性基础为代价。因为,片面的形式合理化由于削弱了公众话语,引起了社会的系统障碍,从而使技术问题与道德脱节、伦理要求与表达要求分离、个人进程与社会进程相冲突。一旦走到了这个地步,即使像韦伯所设想的那样去进一步集权,也不可能达致社会在公共事务上的共识,反而会使分歧越来越大。所以,在哈贝马斯看来,要走出困境,就必须打破使各个价值领域分离的片面技术理性,即努力使价值理性与科学理性交融为一体。也就是说,应当"证明道德批判和审美批判的观点而又不威胁到真理问题的首要地位"[①]。

[①] [德]哈贝马斯:《交往行动理论》,第2卷,398页,重庆,重庆出版社,1994。

为了避免官僚制对人们的生活世界造成控制和侵犯，为了避免形式合理性建构引发生活世界中可能出现的非理性互动，哈贝马斯认为，在官僚制及其形式合理性已经成为社会现实的条件下，需要通过建构"商谈伦理"来抵御其消极影响。根据哈贝马斯的意见，技术理性使公共生活中的意义感丧失了，要改变这种状况，就需要重新回复到通过交谈而组织起来的世界中去。具体的做法就是，通过改变话语和言谈途径，让所有处在既定情境中又对这一情境不满的人自由地进入讨论这个问题的言谈之中，以便得出一致的结论。这就是哈贝马斯与韦伯的不同之处，韦伯是要通过集权来建立共识，哈贝马斯则是要通过自由的交谈来达成共识。由于有了不同于韦伯的这个基点，哈贝马斯也就产生了建立形式合理性与实质合理性统一的构想，试图去发现使这两种合理性相融合的道路。

我们已经看到，韦伯在历史考察中发现了合理化进程如何一步步地走向了形式合理性得以确立的历史轨迹，然而，哈贝马斯在对韦伯理论的批判中分离出三种最基本的价值形式，认为这些价值也是在历史的合理化进程中逐渐分离开来的。而且，正是由于这种分离而派生了不同的领域，它们是理论领域—科学领域、道德领域—实践领域、表现领域—审美领域。在这三个领域中，交往都围绕着一个特定的有效性要求运转，有着不同的功能表现：理论话语涉及我们命题的真实性；实践话语与我们行动的公正性相关；审美话语则着重于使我们能真诚地表达我们的情感。

哈贝马斯认为，虽然从分析的角度可以把人类的交往形式归结为这三种话语，但是，在现实的人类交往活动中，这三种话语是交织在一起的。真实性要求虽然是在科学话语中起决定作用的要求，但在道德、审美的领域中，也是存在的。其他两个领域亦如此。在日常生活中，我们按常规断言事实，**诉诸规范，表达真挚**。也就是说，我们提出并一再确定我们关于真理、正义和坦诚的有效性要求。通过这样做，我们不断地复制、延续着我们的规范的、文化的、私人的世界。这三个世界是我们的意义的根源，也是科学、道德、法律、艺术的母体。总之，现实世界中包含着可以对形式合理化的片面性进行纠正的因素，只要我们把视角**转换到商谈伦理上来**，官僚制的各种缺陷就可以得到救治。不过，我们在哈贝马斯这里看到的依然是一种信心，而不是能够真正现实地解决问题的行动。所以，与韦伯在官僚制之外寻求人文回护一样，哈贝马斯在整个社会系统的普世意义上提出的三种价值的统一和融合,都是在官僚制组织外部寻求救治方案的做法,都是无法得到落实的。因为,对于哈贝马斯而言,其实是需要去找到科学与价值得以统一和融合的基点的,然而哈贝马斯并没有找到这个基点。

总之,韦伯的官僚制理论是存在着一些根本性缺陷的,而且,在实践中造成了官僚主义和腐败等诸多社会问题。面对官僚制及其形式合理性的各种缺陷,韦伯和哈贝马斯都作了思考,并提出了人文救治的方案。但是,韦伯的方案只不过是在官僚制外部寻求补救,而哈贝马斯提出了交往合理性,但交往合理性如何内在地包含着整合形式合理性与实质合理性、目的合理性与价值合理性的动力,却是不清楚的。所以,他们都没有从根本上解决这些问题。其实,科学的发展已经展现出了其走向与文化重合的客观趋势,即使是在过往的科学发展和社会理性建构中,如果进行哲学追问的话,也可以看到文化与价值(特别是信仰)的意义。

三、科学精神的文化底蕴

科学是与技术联系在一起的,或者说,科学自身就包含着直接转化为技术的内驱力,必然要通过技术去作用于世界,通过技术去推动人类社会的进步。整个科学发展史甚至人类社会史都证明了这一点:科学总是不断地转化为技术。官僚制作为一种基于工具理性原则的技术主义体系就是近代科学发展的结果,是科学思维在社会生活领域中的直接体现。但是,科学又总是与人联系在一起的,任何时候,一旦在科学和技术体系的建构中放弃了对人的关注,就必然会脱离人类进步的正轨。应当说哈贝马斯深深地意识到了这一点。在他看来,在科学发展的进程中不应忽视人类社会这个大背景,不应否定人的主体性。具体地说,官僚制作为现代社会的技术体系是"发生在文化上根深蒂固的预先理解之背景中的。这一背景毫无疑问是作为整体延续的;知识储备中只有行为参与者在特定时间里使用和陈述的那一部分才被检验。在由参与者自己所作的环境定义内,这个生活世界中的(被检验的)陈述部分是由参与者们以对自我更新的环境定义的协调来处理的"[1]。这样一来,在官僚体系中,首先应当看到的是人的主体地位,如果没有人这个参与者,官僚体系可能连一台休闲中的机器都不如。

---

[1] [德]哈贝马斯:《交往行动理论》,第1卷,141页,重庆,重庆出版社,1994。

既然把视线转向了人，那么，就有可能逻辑地走向价值合理性。但是，作为韦伯难题的价值合理性与目的合理性的分立，在哈贝马斯这里其实也没有得到解决。虽然哈贝马斯试图整合出交往理性并通过交往理性来使形式合理性与实质合理性、目的合理性与价值合理性融合到一起，但是，如果没有一种普遍的理性认同的话，仅仅在交往理性中又如何能够实现这种融合呢？所谓自由交谈，也只不过是一种幻想而已。我们知道，人类的一切矛盾和冲突，都恰恰是在交往过程中发生的，即使我们把人类社会中的战争等称为非理性的，但战争的安排、有计划的殖民等等，哪一件不是在理性的支配下进行的呢？所以说，仅仅提出交往理性，并不能够从理论上解决分立着的合理性的交融问题，更不用说能够指望在实践上有什么收益了。所以，还需要有进一步的形而上学追寻，才能使这个问题变得清晰起来。

我们并不否认官僚制理论是科学发展进程中的一项伟大成果，但是，对官僚制科学特征的认识，恰恰在于指出它只是人类社会发展过程中的一个特定阶段中的组织形式，它的科学的和技术主义的合理性，只能满足特定历史阶段的社会生产和生活的需要。事实上，官僚制是建立在近代物理学的思维范式上的，是一种机械模式在社会领域中的反映，随着信息科学的出现，这种机械模式显然已不再具有适应性。就人类发展史来看，大致会经历这样三个阶段：第一个阶段是觉识的阶段；第二个阶段是摹仿的阶段；第三个阶段将是创造的阶段。

觉识的阶段是人类从混沌的世界中开始觉醒的阶段。在这个阶段中，人类惊羡于世界的伟大和崇高，朦胧地感知世界，虽然它的一切认识都是初步的，但是，在它的认识中，是把自然与社会作为一个整体来把握的，是把自己融入这个世界的，或者是把自己作为这个世界的一个部分来看待的。总的说来，人类在这个阶段中并没有把自己与世界区分开来。作为对世界的一种整体性的把握，这种认识使人的观念形态更加接近于实在，即使是在关于世界的神话描述中，也包含着比近代科学更多的科学真理。

在摹仿的阶段中，认识的对象化特征被突出了出来，人们把认识对象不断地进行区分和加以抽象，试图从中发现客观性的规律，形成科学知识。然而，所形成的知识是从属于摹仿自然的目的的，从实际来看，也确实运用了关于世界的知识实现了对自然的摹仿。近代以来，人类充分展现了对世界加以重建的能力，在所有可以摹仿自然的地方，都进行了惟妙惟肖的摹仿，在一切可以对摹仿加以再摹仿的地方，也都取得了成功。我们看到，在人类认识和实践史的摹仿阶段，首先是自然科学的研究方法和原则得到了人们的普遍承认。根据这种方法和原则，人们必须尊重研究对象的客观性，科学的研究也就意味着排除人的价值观念的影响。越是这样做了，人们就越能够深入自然内部而发现自然的深层奥秘，并作出有益于人类的贡献。

随着自然科学取得巨大成功，自然科学的研究方法和原则不断地渗透到人们的人文思考中，从而使人文体系分裂为人文的和科学的两个部分。人文学的范围被不断压缩，与此成比例的，是社会科学范围的不断扩展。几乎所有关于人的和人类社会的思考，都开始被纳入社会科学的范畴中。在社会科学的研究中，极力模仿自然科学的特征，极力去按照自然科学的原则进行理论建构，让社会科学也从属于摹仿的目的。

现在，人类的科学技术发展已经进入了一个全新的阶段，我们把它称为一个全新的创造阶段，这个阶段要求有新的社会生活模式与之相适应。人们可能会提出这样的疑问，有什么理由能够证明科学已经进入一个新的时代呢？我们认为，如果说在以往的觉识与摹仿的阶段中，科学表现为认识世界，同时，科学在社会生活中的功能是征服世界，那么，当代的科学则表现为建立新的世界。比如，信息科学就在创立一个与我们一直生活着的世界相对应的另一个在今天尚被称为"虚拟世界"的世界。在今天，虽然这个被创造出来的世界还是一个虚拟性的世界，但它却表现出向真实世界转化的因子。再比如，克隆技术的出现就改变了人类关于生物繁衍问题上的科学态度，由认识而转为创造。如果说试管婴儿反映了对自然生育技术的摹仿，那么，克隆技术则完全是对生命的创造。

进一步的提问可能是，如果科学进入一个全面创造的时代，人类的社会生活应当是怎样的呢？毋庸置疑，当科学处于认识世界的时代时，无非是以发现自然秩序为基本要义的，这种关于自然秩序或者说自然规律的观念在社会生活中的意义表现为对社会运行规律性的强调，即参照自然秩序来确立社会秩序；当科学进入创造世界的时代时，社会的秩序要求将会降到一个次要的地位，代之而来的应当是对人类生活的一切美好形态的积极创造，突出人在一切社会活动中的主体地位，更加重视人的思想、意志、道德和信仰等一切价值因素。

网络技术、克隆技术以及纳米技术的出现，正在向我们展示一个创

119

造时代来临的前景，它将意味着人类重科学、轻价值的时代的终结，以往关于科学与价值的对立都将成为历史，科学在其发展中将走向与文化的重合。因为，人在觉识的过程中尚不懂得把人的价值观念与世界分开。人在摹仿自然的时候需要排斥人的价值乃至文化的介入，否则，这种摹仿就会失真，从而背离追求真理的原则。但是，创造世界则完全不同，创造的过程如果没有价值和文化的介入，无异于胡闹，属于瞎折腾。综观人类今天对克隆技术的恐惧，不正是由于对人的价值和文化的介入的可能性的怀疑而造成的吗？所以，在人类即将走进创造时代的过程中，科学与价值和文化不仅不应当是对立的，而且恰恰应当是融为一体的。这样一来，人类社会在自我建构中所存在的形式合理性与实质合理性、目的合理性与价值合理性的一切对立，都将失去发生的前提。

即使根据过往现实来进行理论思考，也能够发现，根据科学的原理构建起来的社会生活并没有被完全科学化。因为，科学原理一旦被用于社会生活中的具体方面的建构时，就必然会受到这一方面中的其他精神文化因素的影响，而且，只有在与其他精神文化的相互作用中，才能磨合成一种有现实意义的社会生活要素。所以说，韦伯笔下的具有目的合理性的官僚制从来也没有在实践中达到其纯粹的地步。从科学的发展史来看，植根于某种源远流长的文化传统的信仰和信念往往会对科学发展产生深刻而持久的影响。在近代科学中，可以看到它与希伯来甚至古希腊的西方文明之间的某种"基本"的联系，记得怀特海在《科学与近代世界》一书中曾揭示过这种联系。怀特海认为，现今科学思想的始祖是古希腊的伟大悲剧家埃斯库罗斯、欧里庇得斯等人。他们认为命运是冷酷无情的，驱使着悲剧性事件不可避免地发生。悲剧的本质并不是不幸，而是事物无情活动的严肃性，这种无情的必然性充满了科学的思想。希腊悲剧中的命运成了现代科学思想中的自然秩序，物理的定律等同于人生命运的律令，这不能不说是对某些偏执的科学追求的嘲弄。

怀特海强调，他的意思是指那不可动摇的信仰，即所发生的每一事件的细节都可以按照给一般原理作出例证的完全确定的方式而同它的先导联系起来，没有这个信仰，科学家的难以置信的劳动就没有希望。正是这种类似于本能的信念，活生生地悬在想象之前，成为研究的动力。怀特海认为，相信这里有一个秘密，一个可以被揭露的秘密，从而对这个信念是怎样被活生生地植入欧洲思想之中这样一个问题给予合理的解释。根据怀特海的看法，今天人们所拥有的科学信念与历史上曾经存在过的各种信念相比较没有原则性的区别，科学信念一定是来源于中世纪对于上帝理性的坚持，这个上帝被想象为具有耶和华的个人能力以及某位古希腊哲学家的理性。所有的信念在社会生活实践中的表现都是，每个细节都被监督着和命令着，对自然进行探索的结果只能证明忠于理性的正确性。怀特海还进一步申明，他所谈的并不是几个人的明确信仰，而是指从几个世纪的坚信不疑中产生的欧洲思想上的印记，是本能的思想状态而不仅是字面上的教义。

在现代社会，科学技术对人的生活以及社会发展的意义已经得到了普遍承认。但是，迄今为止，科学技术给我们提供的是生活方式的改变，或者说，科学技术在改造和重建着我们的生活方式。然而，在各种生活方式的背后并作为各种生活方式共同基础的因素，却是由信仰提供的。比如，在资本主义社会中，政治、经济秩序和运行方式以及由它们所造就的人的生活方式等等，都是根据科学的原理来加以建构的。但是，在资本主义社会中还有一个重要的因素，那就是资本主义精神，如对私人领域中人的天赋权利的信念，对公共领域中权力公共性质的信念，对自由、平等、公正的信念，等等，才是这个社会中最为基本的方面。所以，离开了对资本主义精神的理解而去谈论资本主义，就会有不得要领之感。

资本主义精神属于意识形态的范畴，是一种信仰而不是科学真理，但对于这个社会来说，却是必需的，甚至是最为基本的和最实质性的因素。在整个资本主义社会中，科学技术还只能被确认为这个社会中处于从属地位的组成部分。可是，就科学而言，科学真理的发现和技术在现实社会生活中的应用是一个问题，而人们在科学活动中有没有科学精神，则属于另一个范畴的东西。科学精神在本质上是一个信仰的问题，按照怀特海的意见，它与对宗教的信仰是相通的。正是由于这个原因，一些伟大的科学家能够终生保留着某种信仰，就是一个不难理解的问题了。对于这些伟大的科学家来说，他们对科学真理的追求并不妨碍他的信仰，在科学真理与信仰之间，恰恰是科学精神起到了桥梁的作用，是由于他们拥有了科学精神，而且是坚定的科学精神，从而把他们引向了信仰。

其实，我们也可以断言，一个没有信仰的科学工作者，无论多么努力，也不可能成为取得重大科学成就的科学家。在成为科学家的各项前提条件中，信仰是最为重要的一项条件。对于一位伟大的科学家而言，科学真理与信仰是可以实现完美交融的。但是，科学成就在走出科学家

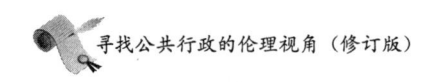

的著述后，往往受到了误解和歪曲。所以，当科学家们的成就流落到现实世界并作为实践的工具而出现的时候，信仰消失了，人的价值也被排除了。

第二节 超越工具理性

一、现代化中的工具理性

虽然近代社会的理性化进程推动了科学技术的发展、工业文明的进步和经济的繁荣，但是，当理性在前进中走上了形式化和工具化的歧路时，出现了工具理性对价值理性的排斥。进而，工具理性征服了社会生活的一切领域。现代官僚制就是工具理性的典型形式。官僚制不仅把官僚体系中的人变成了官僚机器中的齿轮，而且进一步推动了社会的工具理性化，把官僚制作用范围中的人都变成了片面发展的人。具有讽刺意味的是，正是由于官僚制的工具理性造成了整个社会的宗教化、行政官员的腐败等等。

在当代的政治学家、行政学家们对官僚制所作出的批评中，包含着对在当代环境下应当建立一个什么样的政府的问题的思考。由于韦伯在其社会史的考察中揭示了政治统治类型的合理化进程，并对近代以来的形式合理性的政府行政类型——官僚制给以充分的肯定，以至于官僚制的自然发展变成了自觉建构的过程。威尔逊是在政治—行政二分原则中植入了彻底地把公共行政的价值因素剔除出去的基因，从而使行政变成了纯粹的管理行为系统。也就是说，把公共行政变成了一个纯粹的技术领域。一方面，这是科学化的总体进程所使然；另一方面，也正是由于韦伯和威尔逊对现代政府的形式作了明晰的描述和规定，使 20 世纪的政府建构把科学化、技术化的进程推向了极致，以至于让工具理性中所内蕴的一切缺陷都暴露了出来。结果，人们开始对这种政府类型表示出怀疑，甚至不再能够加以容忍，因而，提出了希望改善公共行政和建构新的政府模式的方案。这样一来，政治学和行政学研究就不能不对韦伯的设计和威尔逊的思想进行认真细致的分析，以便从中发现现有政府类型的一切缺陷的理论根源，并尽可能地去捕捉启动建构新型政府的灵感。

近代科学的数值化、定量化、规范化、精确化不仅是作为一种方法论原则而被广泛接受的，而且是作为一种理性精神存在的，并贯穿于社会生活的一切方面的,从而被结构成为一种理性的社会模式。所以,无论从社会的组织、社会的结构以及这个社会的每一个领域中和每一个构成部分中的制度来看,还是从具体的每一种社会关系层面去观察,处处都可以看到工具理性原则是如何深入地渗透到了这个社会的每一个毛孔之中的。当理性在畸形化的发展中演化成了工具理性的时候,就必然会把关注的重心放置到理性的形式方面,要求在对一切事物的审视中都去考察其形式合理性的状况,并按照形式合理性的标准去对社会进行重建。在近代以来的所有社会重建工程中,能够把工具理性应用到极致的,能够把形式合理性标准诠释到最为充分的地步的,能够在每一个事项中都自觉地按照科学化、技术化的追求去确立行动方向的,能够仅凭量化的数据以及表格去制定行动方案的,当数官僚制。

理性工具化是近代社会科学和文化发展进程所表现出来的一个基本特征,根据韦伯的看法,启蒙的历史就是一部工具理性高度张扬和价值理性黯然失色的历史。也就是说,随着科学技术的发展走到了实证主义思潮泛滥的境地,工具理性也取得了压倒一切的胜利,及至20世纪,工具理性几乎被等同于理性本身,价值理性被排挤到了社会生活的边缘,被工具理性所遮蔽而黯然失色。当然,理性的工具化进程与科学技术的发展是一个互动的过程,或者干脆说,它们是一个统一进程中的两个方面。一方面,由于科学技术的发展而使近代社会的理性建构走向了工具理性;另一方面,也正是工具理性推动了现代技术与科学的高度发展,带来了现代工业与经济的飞速进步,让上帝的角色也转变为救治心灵的工具。工具理性的基本特征就是要求人的行为必须选择最有效的手段去实现既定目的,或者说,工具理性要求以手段的最优化作为理性的最高追求。诸如工艺的运用、可计算手段的改进、科学方案的严格选择等等,都被用来服务于经济利益和政治生活的需要。所以,韦伯也把理性工具化的过程称为"祛除巫魅"的过程,认为现代化伴随着"祛除巫魅"的过程,它使一切都蜕去其最后的神秘性而落入理性的计算之中。

近代社会是在反对神学和高扬理性中踏上了现代化的征程的,但是,在近代社会的早期,启蒙思想家们是关注着人的价值、人的生存意义的,有着对人类痛苦及其解脱的思考和探索。然而,在合理化进程的后期阶段,启蒙思想家们所向往和追求的理性越来越蜕化为工具理性,包含在理性中的价值关怀被完全抽象掉了。结果,整个社会设置在根本结构上变成了对人进行宰制和支配的工具，人完全成了工具的奴隶而不是主人。工具理性使社会变成了片面发展的所谓"单向度"的社会，使人成为"单面人"，人不仅受到了工具的宰制，而且成了服务于工具理性和为了工具理性而存在的工具。这就是马克思主义理论家卢卡奇所指出的，具有合理性的"数学的和几何学的方法，即从一般对象性前提中设计、构造出对象的方法，及以后的数理方法，就成了哲学，把世界作为总体的认识的指导方针和标准"①。而且，这种量化"哲学的发展是和精密科学的发展不断地相互作用，而精密科学的发展又是和技术、生产劳动的经验的不断合理化相互作用的"②。

在理性退化为工具理性的进程中，它是以科学进步的名义而从理论上对工具理性作出了肯定。马克斯·韦伯在《学术与政治》一书中表达了这一看法，而且这种看法也可以说是贯穿于他整个思想体系的中心观点，那就是认为科学应当是完全形式化了的和工具理性化了的科学，是不应具有任何价值内容的科学。根据韦伯的意见，科学的目的就是引导人们去做出形式合理性的行动，通过理性计算去选取达到目的的有效手段，通过服从理性而控制外在世界，使外在世界接受工具理性的支配。因而，对于科学家来说，就应当是"为科学而科学"，他们"只能要求自己做到知识上的诚实……确定事实、确定逻辑和数学关系"③。韦伯甚至断言"一名科学工作者，在他表明自己的价值判断之时也就是对事实充分理解的终结之时"④。在科学研究中是这样，那么根据科学的原则去建构我们的社会和改造我们的生活时，也同样需要遵从这种工具理性。也正是由于这个原因，我们现在面对的世界，或者说，我们生活于其中的世界，是被刻意地克服了价值理性的社会，是我们按照工具理性的原则去加以建构而祛除了价值理性的社会。

所以说，工具理性得以张扬之时也就是价值理性的衰落之际。随着理性的工具化，早期思想家们所期望的人的自由和解放都成了幻想。用当代哲学家们的话说，那就是价值理性交出了它作为伦理道德和宗教洞见的代理权，正义、平等、幸福等所有先前几个世纪以来被认为是理性所固有的内容，现在都失去了知识根源，学者们甚至根据工具理性的要

---

① [匈] 卢卡奇：《历史与阶级意识》，178页，北京，商务印书馆，1995。
② 同上书，180页。
③ [德] 马克斯·韦伯：《学术与政治》，37页，北京，三联书店，1998。
④ 同上书，38页。

求和思维方式去对正义、平等、幸福等概念进行定义，希望用量化的方式来测定正义、平等和幸福。应当说，近代成长起来的科学技术本身就包含着工具理性的内容，是以支配自然为前提的，而且集中地表现在工具选择的过程之中，特别是当我们的社会进一步突出了工具理性的地位后，人生问题、价值问题、社会目标问题等等，都被排除在外了，以至于整个社会成了一种针对所有人的异己力量，窒息着人的生存价值和意义，造成了人类面临前所未有的发展困境与生存危机。在科学研究中，政府以课题发包的形式扼杀所剩无几的价值理性，学者以定量化的报告服务于政府，向政府证明他们作为工具的有用性。我们之中的每一个人，都在把他人作为工具来看待，同时，也乐于成为他人的工具。因而，这个社会就得到了工具理性的重塑。

二、基于工具理性的官僚制

从资本主义早期追求生产规模、经营手段、财会制度的合理化开始，到追求消费者结构的合理化，再到追求管理体制上的合理化，甚至追求精神文化的生产和消费的合理化，所留下的是一个朝着形式合理性方向不断努力的趋向。今天，整个社会已经被制作成无处不体现出合理性的人的生活和行为空间，在开展每一项行动的时候，我们都可以建立起一整套程序化的合理性作业程序；在选择一切人的欲望得以满足的方式和途径的时候，我们都可以通过合理性契约进行；在调整人的一切社会关系的时候，我们都可以发现和建立起合理性的规则系统。总之，人的需要和目的被默认为我们的行为的绝对主宰和无上君主，而没有什么需要和目的是不可以在理性的合理安排下得到实现的。如果人的需要和目的积聚出一种力量，促进社会朝着某个方面运动了，我们也是可以通过理性的原则来对其作出判断的，是可以运用理性的手段促进其朝着那个方向运动的，也可以运用理性的手段阻止其朝着那个方向运动。理性的安排不断地开拓出光明前景，在给人以自信的同时，也把人的自信纳入理性的范畴之中。

然而，人类陷入一种技术疯狂的境地，人类对形式合理性的追求表现出了偏执狂的倾向。而且，所有这些，都是与工具理性相背离的，是从工具理性出发而对工具理性进行否定的过程。我们发现，工具理性以精密的可计算的方式去激发人的欲望，在激发出人们对一切可消费的物质产品和精神产品的消费欲望的同时，也激发出了对公共产品的无尽欲望，引发出了对政府的非理性要求和批评。此时，理性已经完全成了欲望的奴仆和工具，基于理性设计的工具在人的非理性欲望面前总是显得迟钝。站在工具理性的视角上，一切都是可以合理化的，而且只有合理化才能获得成功，只有合理化才能使一切明明白白；一切都是可以拿到桌面上来谈的，哪怕事先要对它们做些"削足适履"的工作。这就是海德格尔所说的"技术的白昼"。

韦伯常常被人们提起的是他的官僚制理论大师的身份，就是因为他在近代社会的合理化进程中揭示了官僚制作为这个进程的终点及其与工具理性的关系。但是，官僚制在人的非理性的欲望面前陷入困境，在人的非理性渴求中制造出来的复杂的和不确定的世界却让理性显得渺小。比如，人的欲望的满足使全球变暖、灾害频发，而理性又如何在这个问题的解决方案上找到自己的位置呢？再比如，官僚制以其理性的效率优势而推动了社会发展，官僚制通过有效地维护人与人之间的差异让每一个人都能在这个社会中找到自己的位置并赋予整个社会不竭的发展动力。但是，随着差异的扩大化，经济上的不平等演化成了政治上的矛盾和冲突，也让官僚制显得无所适从了。

韦伯是出于让人不至于对合理性概念作出含混理解的目的而区分出形式合理性与实质合理性的，是通过历史描述的方式而告诉我们西方现代化的进程是如何走向形式合理性的，是通过官僚制的形式合理性设计来表明工具理性之于现代社会的必要性的。就"形式合理性"与"价值合理性"两个概念来看，所谓形式合理性，就是指一切由人建构的事物都合乎工具理性的原则，人在根据工具理性的原则去建构这些事物的时候，严格地按照科学态度进行，秉持一种纯形式的、客观的、不包含价值判断的思维方式和立场，主要表现在所运用的手段和程序具有可计算性和形式上的合逻辑性。所谓实质合理性，又叫价值合理性或信仰合理性，是在人的行动中表现为立足于某种信念和理想的合理性。当人基于康德所说的实践理性去开展社会活动的时候，往往关注人的行为的建构或适应过程是否具有实质合理性，从而把合乎人的价值的行为、行动以及结果判断为是具有实质合理性的。形式合理性和价值合理性的主要区别是，形式合理性不包含价值因素，而实质合理性却不可避免地会有着价值的表现形式，也许实质合理性并不把关注的重心放在形式是否具有合理性的问题上，但是，却相信按照价值原则和体现价值追求的行为、行动及其结果是具有形式合理性的。

拿韦伯与康德进行比较，可以发现，韦伯的官僚制理论建构是对康德思想的背离。也许人们会说韦伯忠实地继承了康德《判断力批判》中的形式主义美学主张，其实不是这样的。因为，康德的著述有着明确的解决其时代课题的任务意识。那就是，在康德的时代，审美领域还缺乏科学思维，他需要通过提醒人们对艺术形式的关注去使审美科学化。在《实践理性批判》中，康德表达了完全不同的意见，那是因为，在伦理道德的领域中，功利主义已经用科学思维冲击了道德价值，所以，康德需要通过义务论的建构去维护实践理性，以求把工具理性对道德价值的破坏降低到最低限度。韦伯很少谈到康德，但是，作为一个学术造诣深厚的学者和思想家，韦伯不可能不知道康德的思想。因为，对于一位德国学者来说，除了康德之外，还有什么德文著作是必须阅读的呢？只不过，韦伯为了形式合理性的官僚制设计而回避了康德。根据韦伯的看法，官僚制作为近代社会合理化进程的结果所体现的是形式合理性，官僚制的功能完全是建立在工具理性的原则下的，是根据科学性和技术性的原则而建立起来的。

康德是出于防范工具理性的目的而提出实践理性的概念的，韦伯则是通过对近代社会发展的客观描述而发现了工具理性成长的足迹。康德的思想尽管有着广泛的哲学影响却没有得到实践的响应，而韦伯的思想却支配了整个20世纪。其原因可能正是，韦伯所描述的近代以来的社会演进朝着形式合理化的方向前进的事实决定了其学说的应用状况。就此而言，康德还没有形成关于资本主义精神的认识，而韦伯则准确地把握了他所命名的资本主义精神。所以，韦伯关于官僚制理论的建构因为反映了资本主义精神而得到了实践的响应，因为最集中地体现了工具理性原则而满足了群体性社会活动的要求，因为拥有了形式合理性而与近代以来的科学追求相一致。可见，由于韦伯顺应了近代以来社会的发展，按照资本主义精神去进行社会建构，从而使官僚制理论得到了社会的普遍认同，能够被广泛地应用到社会生活的各个领域的建构中去。不仅在政府部门、国家的政权建设和公共权力的行使中，而且在企业等私人部门的经营活动中，也可以把官僚制理论付诸实践。

具有科学和技术特征的官僚制组织就如一架庞大的机器，官僚（行政人员）成了这架机器中的部件，就如一条汽车生产线，把众多的工人集中在生产线的特定部位，让他们重复着单一化的机械动作，目的就是高效地生产某一产品。根据工具理性的原则，在公共行政活动中也就像在生产线上进行作业一样,所需要的是"科学"态度,即排除价值因素的干扰。所以,在政府这一官僚制组织之中,行政人员虽然被称作行政管理的专家,但实际上,无非是这架庞大的官僚机器上的齿轮,是无意识的"行政人"。官僚制的形式合理性是行政人员行为的客观保证,如果行政人员在自己的行政行为中注入了个人意识,反而会破坏官僚制的顺畅运行,会破坏官僚制的工具理性设计原则,会对行政效率产生消极影响。即使就行政人员的素质要求来看,官僚机器这个技术系统也必须体现形式合理性的原则。打个比方,当一架机器的某个部位所需要的是一个由普通钢材制造的部件时,若用高强度的合金钢材去制作这个部件,它就会对与它直接关联的部件构成威胁。官僚制要求每一个岗位上的行政人员的素质能够满足岗位要求就行了,如果某个行政人员表现出很高的素质,也同样会对与这个岗位相关联的其他岗位上的行政人员构成威胁。

可见,在官僚制的技术系统中,人被要求完全从技术的视角去看待事物,完全受制于技术的视野,自觉或不自觉地按照技术的要求去行动,以至于现代政府中一旦出了任何一种类型的问题,也总是根据技术化的思路去谋求解决的方案。当行政人员滥用权力、腐败时,则寻求可以技术化的法制;当出现官僚主义时,则谋求机构改革和组织重建的技术支持。结果,现代政府陷入了技术追求的怪圈。也就是说,越是谋求科学化、技术化,出现的问题也就越多;出现的问题越多,就会在谋求科学化、技术化的解决方案方面表现得越迫切。根本原因就在于,官僚制在整个公共行政的领域及其权力运行机制中,排除了人的价值和人的行为主体意义,而且,也在整个社会的范围内进一步地推动了道德价值的衰落。

本来,工具理性是在人类支配自然的需求中产生的,当它被贯彻到官僚制的设计之中后,依然是保留了原先那种支配自然的方式,用支配自然的方式来支配社会了。所以,在官僚制的运行中,人们总是把注意力集中在对工具的选择上了,当选择工具成了最基本、最主要的行动目标时,人生问题、价值问题以及全部社会目标都被排除在了视野之外。工具化、技术化在官僚制的运行中的典型化,把整个社会都推向了窒息人的生存价值的方向,排斥了人类的价值追求和道德自觉。人类社会所应有的公平、正义等原则如果能够被纳入量化指标体系中来的话,就可以按照技术的方式进行操作;如果不能被纳入定量分析的范畴中来,那就让它去见鬼吧。

我们知道,公共行政是人类社会的一个构成部分,而人的社会生活之所以是属于人的,那是因为它无处不包含着价值因素,无处不存在着价值评价和价值判断。也就是说,属于人的世界就是一个价值的世界。经济是属于人的,那是因为经济的概念是不同于物质的概念的;政治是属于人的,那是因为政治领域中各种各样的活动与一个猴群中争做猴王的行为有着本质区别。官僚制是人的组织形式和组织人的社会活动的途径,当它用科学技术追求否定了人及人的价值,又怎么能够成为人的工具呢?所以,即使在工具理性的意义上来看官僚制,它也是一个"不称职"的工具。

三、官僚制的逻辑

启蒙前期确实是高扬理性的时代,然而,到了启蒙后期,关于理性的认识就开始出现了分歧,思想家们开始沿着不同的方向去提出社会理性建构的方案。官僚制理论显然是基于工具理性而做出的一项社会建构,而且,它塑造了最为典型的工具理性建构范例。官僚制是工具理性的极端化的表现形式,它不仅使官僚体系中的人被抽象化为没有情感以及其他精神价值的系统构成要素,而且连那些作为官僚制支配对象的人,也同样被看作是可以通过工具理性加以分析和分解的人,看作是可以加以计算的数字。比如,官僚制仅仅承认其作用对象的功利要求,即便是看到了其他方面的要求,也会被还原成功利要求,并被纳入量化的解决方案中。这样一来,似乎政府只要能够满足官僚制作用对象的功利要求,也就可以实现对他们的完全控制。所以,在一些官僚制发展得比较完善的国家,政府基于这种工具理性的认识,总是把人们的注意力引导到片面的功利要求方面来,并不惜通过制造泡沫经济的方式来激励人们的功利要求并使其满足。姑且不说这样做总是致使这个社会陷入周期性的经济危机、环境状况恶化等直接后果,从西方社会 20 世纪 60 年代以来的情况看,还带来了许许多多无法解决的社会问题。

当然,西方国家由于有着完整的宗教信仰基础,使它在弥补官僚制的工具理性缺陷方面发挥了重要作用。如果没有这样的宗教信仰基础,我们简直难以想象工具理性会把西方社会导入到一个什么样的境地。我们知道,对于一个社会来说,宗教信仰是一种纯粹的价值因素,尽管西方所信奉的宗教大都实现了形式化,但其相对于人的精神的价值功能,还是不可小觑的。事实上，在很大程度上，官僚制因其工具理性建构所产生的各种缺陷在西方社会都是通过宗教这一价值因素而得到了一定的弥补。这也说明，工具理性最终还是需要得到价值因素的补充的，也只有得到了价值因素的补充，才不至于酿成对社会的毁灭性破坏。但是，宗教信仰虽然是这个社会构成意义上的价值因素，却不属于理性的范畴，不是以实践理性的形式出现的。所以，对于宗教信仰，如果进行专门性考察的话，人们会把它说成是精神的麻醉剂。康德在提出实践理性的概念时，其参照系也就是宗教，认为宗教是实践中的非理性状态。康德为了将伦理道德的价值与之相区分，提出了实践理性的概念。

就西方社会的状况而言，为什么当科学发展作用于社会建构而走向极端化的境地时需要宗教这样一种麻醉剂来加以补救呢？这是一个一直令人不解的现象。其实，答案再明确不过了，那就是当科学理性被工具理性所置换之后，就走上反科学的方向，尽管它还有着科学的面目，却由于它有了比科学更科学的形式而使它失去了科学的性质。这一点也迫使它必须在宗教价值的支持下才能得以持续存在下去。一个广泛存在的事实是，在一切官僚制比较发达的国家中，都可以看到其拥有比较发达的宗教仪式，而且在一切准备实现官僚制的国家中，宗教也都得到了迅速的传播，或者迅速地成长起一些新的宗教。所以，在改革的过程中谋求政府自身的科学建构时，不应仅仅遵从工具理性的原则，不应把拥有形式合理性作为唯一目标，而是应当恢复作为真正科学精神的价值。也就是说，应当告别官僚制必须在其外部寻求价值因素补充的局面，应当直接地把价值因素引入政府体制及其管理活动中来。而且，这个被引入的价值应当是理性的价值。如果公共行政的体系中缺乏这种价值的话，那么，就不可能遏制其体系之外的宗教发展，甚至有可能形成某些与之相对立的宗教势力。如果出现了这种状况，社会就可能会陷入一片混乱的境地。

就官僚制自身来看，由于它根据工具理性的设计抽象掉了价值的因素，从而用抽象的形式化的框架把人隔离和定位在一个个分立的单元之中。如果说这些人之间还有什么联系的话，那么，这种联系也只表现为由这个抽象的形式化的框架把它们捆绑在一起。这样一来，我们怎么可能想象这种框架下的人还是人呢？如果他们已经不再能够被称为人的话，他们怎样去过他们的社会生活呢？特别是当官僚制组织中的人已经不能够再被当作人来对待的时候，我们又怎么可以期望他们具有与社会的人相一致的人性呢？怎么能够设想他们会对人的社会进行有效的管理呢？怎么能够相信他们会为了人的利益而工作呢？怎么可以放心地把公共利益的实现寄托在他们身上呢？所以说，在那些根据工具理性的原则而建立起来的官僚体系中，已经没有人了，存在着的只是官僚，这些官僚失去了人性，他们的责任只是官僚制组织中的岗位和职位责任，而不是他们作为人的责任。事实上，官僚制的科学设计要求他们只承担岗位和职位上的责任，不允许到岗位和职位之外去觊觎责任，更无需承担对社会的任何责任。当这种设计理念转化成官员个人的意识形态时，他们也就成了失心的、专事钻营的官僚主义者，成了欲求无尽的公共利益"蛀虫"。

如果在政治生态之中去看官僚制，就会发现，对于"一党制"国家的政治来说，官僚制可能是一个极其危险的陷阱。特别是在一些一党制的国家中，当其学者对政治存有异见时，试图推翻一党集权状态时，往往并不直接发表对政治的看法，而是迂回到官僚制这个非政治的话题上来，用对官僚制的赞美去作用于这个国家的政治，让一党制在官僚制的建构中走向毁灭。对于官僚制所赖以建立的工具理性，在威尔逊关于政治—行政的二分原则中得到了较好的注释，那就是，官僚体系属于传统的行政执行的范畴，是相对于政治的工具，作为目的范畴的内容都是由政治提供的，官僚体系本身只是作为达到目的的工具而存在的，它只需要考虑达到目的的有效性，也就是效率，却不关心目的本身的内容。这是一个把目的与工具区分开来的思路，在理论上是具有形而上学的思维合理性的，而在现实中，则会产生完全不同的结果。

其实，政治与行政之间的关系是一种相互作用的关系，政治与行政之间的互动或相互推动，是一切社会关系类型中互动性最强的一对关系。行政意义上的政府的状况如何，政府的行为选择等等，都对政治有着决定性的影响。政治不是存在于政府之外的，政府本身就是政治活动的最主要的实体，甚至政治在某种意义上是存在于政府之中的，不仅是政府行政执行的目标，而且是政府行政执行的基本内容。也就是说，政治与行政是完全融为一体的。在谈到中国的情况时，有些学者认为，中国的经济体制改革和行政体制改革都取得了积极进展，而政治体制改革相对滞后了。这显然是一些不懂得政治是何物的人，或者说，是按照西方的标准来认识政治的。我们认为，中国的改革过程中根本不存在所谓政治体制改革滞后的问题，在中国的现实条件下，行政体制改革本身就是属于政治体制改革范畴的。而且,我国的政治体制是一种议行合一的体制,如果按照西方的标准而把中国的行政看作是独立于政治之外的机构,是完全错误的。

　　西方在20世纪所极力推行的所谓政治与行政的分离,只不过是一定程度上的政党政治与政府行政之间的分离。政党政治其实只是一个国家的政治中的一个极小部分的内容,如果在一党制的国家也盲目地谈论所谓政治与行政的分离,不仅是无的放矢的,而且可能是有害的。因为,一旦谈论政治—行政的二分,就会涉及政党在政府中的位置问题,而西方国家政党的政府外活动又是那么的清晰和明显,所以就会自然而然地提出政党与政府相分离的意见。在一党制的国家中,如果还是根据这个思路去思考问题,那么政党与政府相分离之后,行政与政治的关系又如何确定呢?一般说来,谈论这个问题的人,都必须完整地照搬西方政治与行政二分的做法,那就是在政治与行政二分的前提下要求党政分离。既然党政分离了,那么一党制是不可能构成一个完整的政党政治体系的,所以,就不得不倡导多党制。

　　由此可见,对多党制的鼓吹,可以在对工具理性的赞赏中进行,可以在提出官僚制行政体系的建构方案中达成走向多党制的目标,而在最为日常性的实践中,则可以在纯粹科学化、技术化的促进策略中进行。或者进一步地说,可以在对西方国家的所谓公务员制度的效仿中摧毁一党制国家的政治。我们可以断言,在任何一个一党制的国家,如果模仿和照搬西方的公务员制度,那么,它不需要很长的时间,就会逻辑地走向"两党制"或"多党制"的归途。这是政治思维的逻辑,也是实际行动的必然。所以,如果那些一党制的国家不希望在官僚制的建构中导致自身政治的解体的话,就必须对技术理性的追求保持一种谨慎的态度,就需要时时处处用价值理性塑造公共行政主体。

四、工具理性的非理性

　　基于工具理性的官僚制建构之所以突出了形式合理性,是从属于效率目标的,而效率目标的达成,则取决于权力以及权力运行的有效性。所以,官僚制其实是一个权力本位和效率至上的组织体系。显然,工具理性只关心手段的有效性,它不关心也不愿意去证明目的的正当性,一旦公共行政的体系按照工具理性的原则建立起来,公共行政作为公共利益的维护者的身份也就仅仅是一种可能性而已。特别是在20世纪,随着官僚制的充分发展，官僚制作为工具理性的典型形式，又推动了整个社会的工具理性化进程，并进一步地按照工具理性的原则塑造了人的思维和行为模式。这也就是为什么官僚制会在行政改革中成为改革对象的原因。

也就是说，社会生活中的一切变动，都会向官僚制提出新的要求；任何一项社会变革，都必然要对官僚制提出挑战，要求首先对官僚制本身进行改造，把对官僚制的变革作为一切社会变革能够取得积极成就的前提和保证。不仅一切代表着社会进步方向的变革会对官僚制采取这种态度，而且，像当代西方那种在行政改革名义下所作出的一些小的技术性改动，也是在对官僚制采取了激烈的批判后进行的。总之，韦伯成了众矢之的，否定工具理性并提出从根本上改变政府性质的人批评韦伯，按照工具理性的原则或出于进一步强化工具理性的所谓"重塑"政府的改革者，也在对韦伯说三道四。

当然，工具理性的意义是不能全部抹杀的，问题出在工具理性被绝对化了，成了在社会运行中单独发挥作用的理性，从而使社会治理片面发展，也使整个社会的发展单向度化。社会的健全必须建立在工具理性与价值理性的统一之上，或者说，工具理性是应当从属于价值理性的，需要在价值理性所提供的目标和前提下发挥作用。我们知道，价值活动是一个从价值主体的需要开始的进程，是一个经过价值意识、价值理念、价值创造再到价值物生成和价值实现的过程。所以，在公共行政体系的建构中，必须考虑价值理性的介入。政府不仅担负着有效实现政治目标的功能，而且本身就是政治目标的确立者；政府不仅需要考虑行政行为的效率，而且要考虑行政行为之于公共利益实现的水平；政府不仅需要按照工具理性的原则去增强行政管理的技术性含量，而且需要让一切技术性的操作都体现出价值判断，成为实现某种价值追求的行动及其过程。

对政府提出这样的要求是不是过高了呢？政府有没有能力去满足这样的要求呢？我们认为，当代社会，尽管人们在政治生活中、政府体制上和行政管理方式上受到了工具理性的支配，但是，在经济活动中，自由、平等等价值理念依然是不可移易的。这是因为，市场经济决定了人们必须遵循这些价值理念，需要根据这些价值理念来维护市场秩序。尽管存在公共领域与私人领域、公共生活与私人生活的分离，但是，在近代社会普遍联系的情况下，这种分离并不意味着它们是一些孤立的存在形态，而是处在联系与互动过程中的。私人领域以及私人生活中的价值理性的状况，会反射到公共领域以及公共生活之中，需要让公共领域以及公共生活中有着同样的价值理性与之相对应。如果在公共领域以及公共生活的建构中排除了价值理性的话，那么，作为公共领域核心构成部分的政府就会失去将私人领域作为其治理对象的合法性，至少在理论上是这样的。当然，近代以来所建构起来的公共领域也是一个分工—协作体系，人们可以根据公共领域的结构而指认政治为价值理性的领域，而把行政看作是单纯工具理性的领域。事实上，从西方国家的情况看，就官僚制需要在其体系外部通过民主的强化来弥补其缺陷而言，也恰恰是为了在公共领域的整体上谋求价值理性与工具理性的平衡。与其如此，为什么不去让公共行政自身的建构也包含价值理性呢？

公共领域与私人领域、公共生活与私人生活的分离证明，工具理性在本质上是反普遍理性的。一旦公共领域和公共生活走上了工具理性化的发展道路，就会偏离普遍理性，在呈现出排斥价值理性的特征时，也就走到了反对普遍理性的地步。这样一来，在公共领域的形式合理性背后，就会普遍地包含着从业人员的非理性行为，官僚（行政人员）们就会在反映了工具理性的法律等规则体系所留下的每一个哪怕极小的缝隙间尽情挥洒以权谋私的热情，就会用官僚主义去准确地诠释非人格化的内涵。总之，通过滥用权力和腐败行为去嘲弄系统的形式合理性，从而造成了公共权力的异化。根据官僚制的设计理念，本应是公事公办和处处以合理合法为最高准则，而公共权力的异化，则使处于公共部门某个特殊位置上的个人、机构和部门，更多地出于自身利益最大化的动机去开展公务活动，既能以互给便利、"私事公办"、"公事私办"等合法交易的方式，也能以贪污、贿赂、回扣、走后门等权钱情法间的非合法交易的方式，为自身谋求额外利益。在社会公共资源总量既定的条件下，这些额外利益只能是私化了的公共利益。结果，在社会资源消耗的过程中增进了某些个人利益和特殊利益，维护和促进公共利益的目标却在目的合理性的名义下迷失了。

可见，基于工具理性原则建构起来的官僚制在系统的意义上排斥了价值理性，而在作为这个系统要素的官僚那里，则排斥了他们作为人的道德。但是，官僚制却无法避免非理性价值的纠缠，特别是当官僚被要求根据官僚制的形式合理性设计而去把他们的行为纳入合理合法的框架中时，反而在官僚对个人特殊利益的关切中丧失了合理性。价值理性果真是韦伯所说的"巫魅"，希望用官僚制的形式合理性去祛除它，然而，在从前门将价值理性送出后,却从后门将非理性的价值迎入。所以说,在任何一项社会建构之中,无视价值因素或排斥价值因素都是不可能的。关键问题在于:应当选择什么样的价值因素?如果我们用"道德"一词来转换价值的概念,就会发现,所谓工具理性对价值理性的排斥,所谓基于工具理性建构的官僚制对价值"巫魅"的祛除,实际上就是在系统设计中放弃了对道德的关照,在系统的运行中排斥了作为系统构成要素的人的道德。然而,当在官僚制系统的设计中失去了道德理念和道德原则的时候,在官僚们不再受到道德规范的约束的时候,就会受到不道德行为的侵扰。

价值理性也就是理性的价值,每一个人都是理性和非理性存在的统一体,推广而言,一切在社会建构中生成的社会存在,也都有着理性的方面和非理性的方面。对理性的抑制,就会任由非理性登台表演。官僚制理论把理性拆解成了工具理性和价值理性,用工具理性完全置换了理性,从而造成了价值理性的失落。结果,使官僚制系统中大量的非理性行为得以产生。这不仅会造成权力的异化、腐败的泛滥、公共利益目标的丧失,而且,一旦官僚制的分工体系出现了协作失调的问题后,它作为最高设计目标的效率也荡然无存。面对这一问题,如果说20世纪后期的新公共管理运动所提出的摒弃官僚制的要求并未得以实现的话,那么,要求公共行政体系的重建引入价值理性应当是可行的。具体地说,在行政改革中,自觉地超越工具理性的单向度思维,从道德的视角去思考行政体系的重建问题,就能够找到价值理性回归的切入点。

第四章 合法性问题

第一节 合法性的思维历程

一、韦伯的合法性概念

在学术的意义上,我们可能无法确定是哪一位思想家第一次使用了"合理性"的概念。也许休谟在《人类理解研究》中更多地求助于合理性的概念而去展开他的哲学论证,但是,休谟肯定不是最早关注合理性问题的思想家。就休谟专注于认识论合理性的阐释而言,可以判断,在他的时代,合理性的概念已经得到了广泛的使用,而且,内涵非常宽泛,休谟所做的工作在很大程度上是出于自己的哲学叙述需要而对合理性概念加以限定。到了韦伯这里,对合理性概念的使用显然与休谟有着很大的不同,韦伯不是在认识论的意义上使用合理性概念,而是在社会建构意义上使用这个概念的。把合理性限定为形式合理性本身,就是作为社会建构标准而提出来的。如果说合理性概念的使用有着悠久历史的话(也许可以追溯到古希腊),那么,"合法性"的概念可能是与韦伯的名字联系在一起的,至少,韦伯是第一个对统治的合法性问题作出全面考察的学者。

在韦伯这里,"合理性"与"合法性"是联系在一起的两个概念,或者说,在社会建构的意义上,合理性与合法性是一个问题的两个方面,只有在学术理解上,才能看到这两个概念间的区别。也就是说,在通常的学术理解中,对合理性有着更多的科学化、技术化理解倾向,而合法性的问题,则更多地从属于政治的理解。无论如何,在20世纪的社会学和政治学研究中,合法性的概念也同合理性的概念一样,是一个核心概念。自韦伯以来,社会学和政治学对这个问题的讨论走上了谋求合法性的权术性追求的方向上去了。这是科学的堕落，也是政治的堕落。哈贝马斯在怀疑韦伯以来在合法性问题上的讨论方式和内容方面作出了贡献，以对合法性的价值追问而使他的理论告别了韦伯以来的那种对于合法性问题的权术性谋划。但是，哈贝马斯并没有对韦伯以来合法性问题的讨论以及政治体系建构刻意营造合法性的问题提出怀疑。所以，哈贝马斯在合法性问题的研究上也是有局限性的。也就是说，哈贝马斯并不反对合法性追求，只是对合法性追求的方式方法提出了自己的看法。

应当说，自从人类进入政治社会以来，合法性的问题就一直是一个重要的问题，人类历史上的任何一种政治统治和大规模的社会管理形式，都在谋求合法性方面作出了努力。当然，对合法性问题加以理论研究，则是晚近的事情，而且是由韦伯第一次对合法性问题作出了系统的探讨。所以，对于当代社会学和政治学来说，韦伯的著述就成了合法性研究的经典文献。

韦伯在其社会史的研究中发现，由命令和服从构成的每一个社会活动系统的存在，都取决于它是否有能力建立和培养对其存在意义的普遍信念，并认为这种信念也就是其存在的合法性。有了这种合法性，处在这个社会活动系统中的人们，就会服从来自这个系统上层的命令。韦伯把发出命令的一方看作是统治者，对统治者的命令的服从情况，则取决于统治系统的合法性程度。当统治系统拥有的合法性程度高的时候，统治者的命令得到服从的程度也就高。反过来说，这种对命令的服从情况也就是统治者的合法性要求得到实现的程度，即统治者的要求在何种意义上具有了合法性，它的命令也就会得到相应的服从。所以，合法性的概念就具有了两重含义：对于处在命令—服从关系中的服从者来说，是一个对统治的认同问题；对命令者来说，则是一个统治的正当性问题。统治的正当性与对统治的认同的总和，就构成了统治的合法性。

任何形式的统治，都只有在被人们认为是具有"正当"理由的时候，才能够为人们所服从，从而具有合法性。所谓正当性，实际上就是指对某种合法秩序的信念以及行动受这一信念支配的可能性。与合法性相伴而生的一个概念是"合法化"，它的基本含义就是显示、证明或宣称某种统治是合法的、适当的或正当的，是能够获得承认的，而在现代社会的民主语境下，则是能够获得授权的。韦伯的合法性概念本身就包含着统治的一方对合法性的宣称和被统治的一方对合法性的相信。如果说合法性与合法化的概念有什么区别的话，那就是"合法性"所表示的是与特定规范一致的属性;"合法化"则是表示主动建立与特定规范的联系的过程,可以理解为在合法性可能被否定的情况下而对合法性的维护,也就是在合法性的客观基础受到怀疑的时候为达成关于合法性的某种共识而作出努力的过程。合法化为政治权威提供合法性,所以,"每一种这样的制度都试图建立和培养对合法性的信念"[1]。这样一来,统治就成了一种"建立在一种被要求的、不管一切动机和利益的、无条件顺从的义务之上"、"依仗权威(命令的权力和服从的义务)的统治"[2]。或者说,是基于合法性信念的统治和拥有了自愿服从基础的统治。至于一种统治形式存在的客观基础、历史条件等等,都被一笔抹杀了。这样一来,对于统治者来说,只要努力去为自己营造合法性就足矣。

韦伯的这一思想在他对官僚制的系统研究中可以看得更为清晰。或者说,韦伯为什么会把大量精力用于官僚制的研究上,绝不是出于一般性的学术兴趣,而是要寻找统治合法化的最有效途径。可以说,韦伯对官僚制的科学化研究和技术性设计,并不是出于建立一种新型的组织管理模式的动机,而是希望通过这种组织形式的提出而为统治的合法性提供依据。在此意义上,不仅韦伯的官僚制是从属于工具理性的设计,而且他的研究本身也是从属于工具理性的。所以,韦伯的理论究其根本,并不能够被单纯地看作是一种管理理论或组织理论,而是一种以科学化、技术化面目出现的统治术,所探讨的是如何让统治获得合法性的技术。如果有人把韦伯视作现代组织理论的大师的话,那是对韦伯的误解,因为他的基本学术动机是服务于政治统治的目的的。科学的政治学研究是鄙视权术和权谋的,科学化、技术化了的权术和权谋在性质上依然属于谋求权术和权谋的范畴。这也就是韦伯理论的性质。在某种意义上,科学化、技术化的权术和权谋更具有欺骗性和更具有危害性,是对人性的张扬和人类文明进步的嘲弄。所以,通过对韦伯的合法性概念的分析,我们可以发现,韦伯的官僚制理论应当被看作是一种披上了科学外衣的权术哲学。

二、韦伯之后的合法性概念

我们之所以说合法性概念反映出了韦伯理论的权术和权谋性质,那

---

[1] [美]安东尼·M·奥勒姆:《政治社会学导论》,92页,杭州,浙江人民出版社,1989。

[2] [德]马克斯·韦伯:《经济与社会》,下卷,265页,北京,商务印书馆,1997。

是因为韦伯所理解的合法性是一种形式化的、工具性的合法性，是一种抽去了任何实质性内容的合法性。虽然韦伯比较推崇法理型的合法性，但是，在谋求合法性的问题上，他更多关注的是通过什么样的科学化、技术化手段去获得。在这一点上，启蒙时期关于人民主权的设定被抛弃了，政府与社会以及民众之间的关系不再从属于政治的理解，而是成为一种纯粹形式化了的技术性问题。尽管如此，韦伯所提出的这个合法性问题还是引起了政治学家和社会学家们的广泛关注。比如，李普塞、帕森斯、伊斯顿、阿尔蒙德等一大批社会学家和政治学家都试图对合法性概念作出进一步的拓展，他们从不同的视角对合法性概念作出了自己的理解，并在谋求合法性的问题上出谋划策。这样一来，合法性作为一个不道德的技术性追求，合法性概念作为一个虚假的学术问题，都没有被学者们意识到，反而出现了一场空前的学术炒作。

帕森斯是以评介韦伯学述而著名的，他在对韦伯的研究中，试图补充韦伯学述的不足。我们已经看到，韦伯仅仅指出了合法性对于统治的意义，却没有揭示合法性的来源。对此问题，帕森斯试图加以补足。也就是说，帕森斯希望就合法性的来源问题发表自己的意见。帕森斯认为，合法性来自社会的价值规范系统，他所作出的判断是，社会的"制度模式根据社会系统价值基础被合法化"[1]。在这里，我们也许会认为帕森斯表现出了与韦伯的不同，因为他提到了"价值"问题，表现出从社会价值规范中去理解合法性的理论追求。事实上，帕森斯并没有跳出韦伯的理论视野，并没有脱离韦伯学述的经验主义思路，而是强调合法性因素"在具体情况下始终是个经验问题，而且决不能先验地假定"[2]。显然，帕森斯无非是说合法性的问题是一个实践问题，是统治者在统治实践中应当如何加以构建的问题，而不是一个具有理论探讨价值的问题。这也就是要告诉人们，关于合法性的讨论还是应回到韦伯那里去，即积极地去探讨谋求合法性的技术，而不要纠缠于合法性的概念本身。

在当代的政治学家中，伊斯顿虽然是学究气较重的一位，但他却把握了韦伯合法性概念的真谛，所以，他在谋求合法性的问题上，能够作出更为具体的分析和提供更具体的方案。伊斯顿是从区分不同类型的"支持"着手分析合法性问题的，他认为，系统成员对政治系统的支持可

---

[1] ［美］帕森斯：《现代社会的结构与过程》，161页，北京，光明日报出版社，1988。
[2] 同上书，144页。

区分为"特定支持"和"散布性支持",特定支持是由某种特定诱因所引起的,如利益和需求的满足可以带来这种支持;散布性支持有所不同,它是与特定的政策输出、成员的利益和需求无关的支持。散布性支持主要来自成员对政治系统的合法性信仰,即相信政治系统当局、政治系统的典则是符合他们心目中的"道义原则和是非感"的,因而觉得服从当局、尊奉典则的要求"是正确的和适当的"。因而,散布性支持是基于政治系统合法性的支持,是一种"无条件依附"。同时,由于散布性支持拥有一种对政治系统的"善意"情感,它还会构成一个"支持蓄积",能够持续地增强政治系统的合法性,从而使民众承认或者容忍那些与其利益相悖的政策输出。①

在伊斯顿看来,政治体系的合法性主要是来源于散布性支持而不是来源于特定支持,"如果不得不或主要依靠输出,指望用人们对特定的和可见的利益的回报来生成支持的话,那么,没有任何一个政体或共同体能够获得普遍认同,也没有任何一组当局人物可以把握权力"②。伊斯顿基于自己的系统分析方法提出了通过政治社会化的过程去赢得人民散布性支持的方案,认为"那种不直接与具体的物质报酬、满足或是强制相连接的支持,可以通过下面三种反应产生:第一,努力在成员中灌输对于整个体制及在其中任职者的一种牢固的合法感;第二,乞求共同利益的象征物;第三,培养和加强成员对政治共同体的认同程度"③。透过伊斯顿提出的这三种途径的表面形式,我们可以发现,为了谋求合法性,统治者是可以使用一切不道德的手段的,只要达到了谋求合法性的目的,在"灌输"中可以使用欺骗的手段;在寻找"共同利益的象征物"时,可以进行"广告包装",强行地把代表社会少数人利益的东西装扮成一个社会的共同利益;在培养政治共同体的认同感时,可以在政治共同体的外部制造假想的敌人……总之,一切行动都是为了谋求合法性。

阿尔蒙德是把合法性问题与政治文化、政治发展问题结合起来进行研究的,这使阿尔蒙德可以站在一个较高的理论视角上来看待合法性的问题。也正是由于这个原因,在阿尔蒙德的论述中,合法性追求的本质也就更加直露地宣示了出来。阿尔蒙德说:"如果某一社会中的公民都愿

---

① 参见[美]戴维·伊斯顿:《政治生活的系统分析》,322、329、335 页,北京,华夏出版社,1999。
② [美]伊斯顿:《政治生活的系统分析》,298 页,北京,华夏出版社,1989。
③ 同上书,39 页。

意遵守当权者制定和实施的法规，而且还不仅仅是因为若不遵守就会受到惩处，而是因为他们确信遵守是应该的，那么，这个政治权威就是合法的……正因为当公民和精英人物都相信权威的合法性时要使人们遵守法规就容易得多，所以事实上所有的政府，甚至最野蛮、最专制的政府，都试图让公民相信，他们应当服从政治法规，而且当权者可以合法地运用强制手段来实施这些法规。"① 而且，如果把合法性作为政治活动的中心的话，那么"最野蛮、最专制的政府"也都能够获得合法性。特别是在当今世界，科学技术的高度发展，官僚制组织的有效运作，使强制性的灌输、有效的宣传都成为可能。为了谋求社会公众对政治共同体的普遍认同，甚至为了赢得政治成员的忠诚，什么手段都可以使用，而且所有的手段在使用起来都是那样的方便。但是，果若如此，政治将会变得更加文明吗？社会将变得更加进步吗？它们可能在形式上变得文明和进步了，而在实质上，则更加藏污纳垢。

在合法性的问题上，一些西方马克思主义理论家也发表了他们的看法，但他们更多的是出于揭示当代资本主义社会合法性的虚假性的目的而进行理论分析的，他们希望通过这种理论分析来寻找打碎资本主义虚假合法性的出路。比如，葛兰西认为，当代资本主义国家是通过暴力强制职能和文化意识形态方面的控制与教育职能的有机结合实现其统治的。也就是说，资产阶级统治是以暴力强制为后盾的，所确立的是在文化、道德、知识方面的统治权，同时又借助这种文化统治权而为其暴力强制提供合法性，使之成为被"积极同意的权力"。因此，在葛兰西看来，在发达国家中的革命如果夺取了国家政权，那还只是摧毁了统治阶级的外围堡垒，无产阶级革命的更主要目标是通过长久的"阵地战"，只有取得了对于市民社会意识形态的领导权，才能获得最终胜利。②

阿尔都塞则试图从对"再生产"概念的分析入手来揭示资本主义合法性之中的消极性质，他认为，一个社会为了维持其存在必须再生产出劳动力，而劳动力的再生产不仅意味着是劳动技能的再生产，还意味着劳动者对主流意识形态的"顺从态度"，即意识形态的再生产。后一种再生产是通过宗教、教育、家庭、法律、政治等一系列"意识形态的国家

---

① ［美］阿尔蒙德等：《比较政治学：体系、过程和政策》，35～36页，上海，上海译文出版社，1987。

② 参见邹永贤等：《现代西方国家学说》，第六章第一节，福州，福建人民出版社，1993。

机器"来加以实现的。所以，意识形态是无法选择的，是被强加于人的东西，人在不可避免地成为"意识形态动物"的同时，也就丧失了真正的主体地位。作为一个哲学家，阿尔都塞面对这种资本主义的合法性，表现得一筹莫展，甚至失去了在幻想中摆脱资本主义合法性的勇气。

约翰·基恩只是一位学者，但是，由于他花了很大的精力研究哈贝马斯的著作，这使他能够站在比其他人都高的理论视角上来看待合法性的问题，能够看到在合法性概念的争论中存在着的一些不足的方面。他认为："在最近数十年中，与我们许多早期的现代政治词汇的命运一样，合法性概念已在很大程度上失去其意义。我们的许多政治论述看来也几乎忘记了它的深刻含义……最近出现的关于晚期资本主义'合法性问题'的论述，既没有揭露，也没有抓住早期现代合法性的这种衰退。大多数论述仍然受到马克斯·韦伯的直接影响，韦伯的著名论断对这一概念的黯然失色起了很大的作用。"① 基恩很了不起的一点就是，他看到合法性问题中最为重要的一个因素——被统治群体的信念如果是由统治者所强加在它身上的话，那么这种信念本身就会有着带欺骗性的色彩或意识形态的功能，就会阻滞人们对一个政权的历史偶然性的认识，以至于人们无法对这种历史偶然性提出质疑。由此，当一个政权通过精心策划而产生了和动员了群众的忠诚时，也就能够或多或少地成功维系其权力关系，进而保证政权不会被纳入批评性对象的分析之中。

基恩在对合法性提出质疑之后，引用了哈贝马斯的话说："如果关于合法性的信念被看作是与真理没有内在联系的经验主义现象，那么它的依据显然只有心理上的意义。"② 当然，作为一个学者，基恩是不可能提出超越合法性概念的要求的，他只能对如何恢复合法性的原有性质作一些学说史的考察，然后提出，在非现代世界的情况下，对权力的要求是否有力或是否有效，既不取决于信徒们的"本性态度"，也不取决于那些掌权者的专横和神秘化的要求。相反，人们认为这些要求的有效性是从相对独立的客观秩序中获得的。正是这种独立的秩序，可以作为一种标准，已建立的权力世界能够根据这一标准加以评价或批判，或者可以对其臣民提出生活和义务的要求。例如，在柏拉图、亚里士多德、古罗马时代的思想家以及圣奥古斯丁的有关思想中，统治者的合法性要求是否

---

① [英] 约翰·基恩：《公共生活与晚期资本主义》，284 页，北京，社会科学文献出版社，1999。

② 同上书，286 页。

有效并非取决于群众的忠诚程度或者是这一要求是否符合现存的权力关系,而是取决于一种设定的中性标准或原则,这种原则的客观性被看作是不受现有舆论或命令与服从关系所支配的。在后来契约论的关于合法性的理论中,合法的权力只有在参加订立契约的个体之间达成一致意见后才能产生,于是"个人"便成为了合法性的衡量标准。①

基恩认为,韦伯对合法性概念的理解,既从根本上脱离了上述"合法性"早先的含义,也歪曲了其早先的含义;而这种合法性概念的衰退至少可以追溯到18世纪休谟等人为破除现代契约传统对"合法政府"的影响所作的努力。基恩认为,在合法性的讨论中,最为可行的办法是回到卢梭的理论当中去寻找答案。因为,基恩认为,晚期资本主义制度的合法性问题是近代资产阶级世界早期阶段所建立起来的合法性原则遭到破坏的象征。他说:"维护公众生活,不是强制退回到卢梭的公式里,而是回到他提出的建立制度化权力的合法形式问题上。"② 应当指出,基恩作为一个学者要比一些想当思想家的人更有科学良心,那就是,不为政治统治的合法性去出谋划策,而是希望让政治体系在根本上恢复其合法性的性质。但是,基恩并不明白,所谓合法性的问题,只是对于统治的政治来说才是必要的,对于人类的本性来说,统治的政治恰恰是有着不合法的性质的。

上述的几位学者是具有代表性的,在合法性的问题上,他们从不同的角度作出了探讨,提出了营建合法性的不同路径。的确,从历史上的政治统治来看,可以说,任何一种统治形式都不得不把谋求合法性的问题作为自己存在的前提。但是,当人类社会的政治发展从属于管理的需要并具有了更多的管理特征时,就会把统治的内容放置到政治的边缘地带,此时,对合法性问题的讨论,实际上已经失去了积极意义,而仅仅是一种对传统的统治权术技巧的怀念。现在,我们正处在从工业社会向后工业社会转变的时期,我们面向后工业社会而进行政治建构的时候,显然是需要对工业社会的管理模式进行扬弃的,从属于管理模式的政治也会发生根本性质的改变。一旦人类的政治从属于服务的需要,或者说,一旦我们根据服务型政府建构的需要去重建政治的时候,也就无需再考虑政治的合法性问题了。

---

① [英]约翰·基恩:《公共生活与晚期资本主义》,287~289页,北京,社会科学文献出版社,1999。

② 同上书,329页。

三、哈贝马斯的合法性概念

诚如哈贝马斯所说:"在今天,社会科学家对合法化问题的处理,大多进入了 M. 韦伯的'影响领域'。一种统治规则的合法性乃是那些隶属于该统治的人对其合法性的相信来衡量的。"① 但是,所有受到韦伯影响的社会科学家在认识合法性问题时,基本上都采取了一种经验主义的立场,总是把合法性问题看作是被统治者对一种政治秩序的是否赞同和认可,总是把合法性的观念、信仰视为与利益、与人的社会经济地位无关的孤立因素来看待的,对于合法性自身,却并不加以追问。这样一来,一种统治如何获得合法性,就成了一个技术性的问题。也就是说,合法性主要意味着赢得社会公众的同意或忠诚,至于其他的价值判断和理性标准,则不在考虑之列。所以,在合法性的问题上,就没有什么真理和正义可言,只要公众表现出了对政权的支持和忠诚,统治也就有了合法性,不管这个政权是什么性质的,也不管这个政权为被统治者的生存与发展切实地做了什么,赢得支持和忠诚就是合法性追求的唯一目标。例如,在古代社会,帝王们为了证明自身统治的合法性,往往宣称自己为神的化身或子嗣,也有可能利用宗教来为自己统治的合法性进行论证,是不是这样做就真正使统治具有了"合法性"呢?对于韦伯以来的经验主义理论来说,答案应当是肯定的。其实,如果引入价值判断的话,这种"合法性"恰恰是一种不合法性。

可见,韦伯及其继承人在合法性问题上所持的是一种事实判断,所注重的是人们对于现存政治秩序的认同和信任的事实性问题,判断的结果是有没有合法性以及如何获得合法性。哈贝马斯对合法性问题上的这种理论倾向是持否定态度的。在哈贝马斯看来,合法性不应被单纯理解为大众对于国家政权的忠诚和信仰,合法性不是也不会来源于政治系统为自身的统治所作的论证或证明。哈贝马斯要求对一种政治统治是否具有合法性作出价值提问,把一种政治是否包含着被认可的价值作为有无合法性的证明。这就是哈贝马斯在合法性问题上的一个著名论断:"合法性意味着某种政治秩序被认可的价值。"② 所以,我们在哈贝马斯这里看到的是政治秩序能够得以认同的"价值",而不是得到认同的"事实",

---

① [德] 哈贝马斯:《交往与社会进化》,206 页,重庆,重庆出版社,1989。
② 参见 [德] 哈贝马斯:《交往与社会进化》,184 页,重庆,重庆出版社,1989。

他所强调的是政治合法性赖以存在的价值基础。哈贝马斯指出,在高度专制的社会里,由于统治者集政治权力和合法性解释权于一身,对合法性解释或证明完全是出于统治者的需要而作出的,因而难以赢得大众的忠诚,即使大众对政治权力产生了忠诚和信仰,也并不意味着就一定存在合法性。因为,关于合法性就是赢得大众的忠诚这样一种解释是无法解释这样一种现象的,那就是,在对国家政权的忠诚曾盛极一时的法西斯主义国家来说,其政治秩序的合法性的理智基础究竟是什么?[①]

哈贝马斯是把对合法性危机的分析作为合法性理论研究的切入点的。哈贝马斯认为,合法性危机并不是现代社会所特有的现象,在一切较早的文明,甚至古代社会中,都可以发现合法性冲突的存在。由于过去把合法性等同于政治统治的力量,统治者本身拥有合法性解释权,国家可以自我宣称拥有合法性并迫使人民接受。结果,随着国家机器力量的不断强化,却使合法性受到了流失并丧失了统治赖以进行的群众基础。于是,起义等暴力活动不断发生,使国家陷入混乱的深渊而无法自拔。在人民反抗国家机器的情形下,那些被统治者宣称为"合法"的事物恰恰被民众认为是非法的。因而,民众与种种权威的冲突,实际上也就是合法性冲突。

哈贝马斯认为,这种合法性危机的根源直到资本主义社会的诞生才得以改变。早期资本主义条件下的市民社会是一种独立于国家政治力量的私人自治领域,国家通过允许市民社会的充分发展而确保了自身的合法性基础,而且,市民社会中公共文化领域的空前繁荣反过来自觉地为国家提供了有力的合法性论证。然而,随着资本主义的发展,特别是国家干预主义的兴起,一方面,政治系统和经济系统密切交融,经济危机往往直接诉诸政治形式,民众不是把克服经济萧条的希望寄托于经济系统自身,而是寄托在政府身上。在这种情况下,一旦国家不能在有限的条件下把资本主义经济运行过程中功能失调的负面效应维持在选民所能接受的范围内,合法性危机的出现就不可避免了。这反映了资本主义的经济功能与建立在大众民主之上的社会福利国家之间的基本冲突。另一方面,也是更为重要的,国家权力渗透于市民社会的公共文化生活之中,同时,公共文化也不断地商业化,出现了"文化的贫困",导致了人的精神生活的异化。在这种情况下,那些从前构成政治系统边界的条件以及

[①] 参见[德]哈贝马斯:《交往与社会进化》,186页,重庆,重庆出版社,1989。

能够得到有力保障的文化事务，就落入了行政规划的领域，以至于产生了合法性要求不成比例增长这样一种负面效应。

在哈贝马斯对合法性的描述中，可以看到，他是在努力捕捉合法性概念背后更深一层的内涵的。但是，人们往往没有看到这一点，而是仅仅在表层上理解哈贝马斯关于合法性危机的描述，并认为哈贝马斯解决合法性危机的出路就是他的所谓"交往行为"。其实，哈贝马斯关于合法性危机的描述恰恰是要揭示这种危机背后的价值因素的缺失，而他的"交往行为"理论也只不过是走向确立道德价值这一目标的通路。在他的理论中，最为核心的部分是提供价值判断的标准。所以，我们看到他在思考韦伯以来的理论在合法性问题上的失误时写道："每一种一般的证明理论在与合法性统治的历史形式相联系时，都特殊地保留着某种抽象性。如果人们把哲学推论式的证明标准强加在传统社会上，人们就是在一种历史的'不公正的'方式中行为着。那么，是否有这样一种替代物，它一方面取代了一般理论的历史不公正性，另一方面又取代了仅仅是历史解释的无标准性呢？我所看到的唯一有希望的方案就是这样一种理论：它能结构性地澄清各种不同证明水平的、具有历史可观察性的序列，而且能够把这一序列作为一个发展的、逻辑的联结加以重建。"[①] 也就是说，哈贝马斯所关注的是在合法性的概念中是否掩盖了人类历史上的不公正，以及会不会继续掩盖新生成的不公正。这样一来，哈贝马斯就把社会公正与合法性联系到了一起，从而走出了合法性追求中的技术主义话语系统。

我们认为，到此为止，哈贝马斯学说已经包含着一个理论前景，那就是超越合法性概念所包含的思维陷阱。但是，他没有能够将这一前景变成他的理论阐述。这是因为，他无法超越资本主义的历史条件，他不想从根本上否定合法性概念的理论价值，而是对合法性概念的衰落表现出深深的忧虑。在他看来，自现代科学产生以来，人们学会了更精确地区分理论论证和实践证明，这就使终极性的基础发生了地位上的动摇，特别是类似于古典自然法的因素被加以重建了。由卢梭和康德所重建的新自然法理论的发展所导致的后果是，理性的形式原则在实践询问中替代了诸如自然或上帝一类的实质性原则，实践询问则根据形式原则去求助于规范和行为的证明。既然终极基础不再被认为是合理的，证明的形

---

① ［德］哈贝马斯：《交往与社会进化》，212～213页，重庆，重庆出版社，1989。

式条件自身就获得了合法化力量,理性协议本身的程序和假设前提变成了形式化了的原则。由此看来,无论是新老契约论,还是各种带有超验倾向的理论,都已经是作为形式条件出现的,而不再是作为合法性的终极基础而存在。因此,合法化在后来向其较高阶段的过渡中都会发生"贬值"。这种整个传统的合法化潜能的贬值,在文明时代是伴随着神化思维的萎缩而出现的;在现代,则伴随着宇宙论的、宗教的、本体论的思维方式的萎缩而发生。①

其实,合法性的价值基础的衰落过程恰恰表明,在现代社会,政治体系早先赖以建构"合法性"的那些超验的、神化了的终极价值已经不再有价值了;同样,近代以来发展起来的那种技术化的意识形态奴役技巧也逐渐失去了市场,人类开始朝着全面觉醒的时代迈进,谋求合法性的事实判断将为合法性的事实所取代。这就是从哈贝马斯的理论中应当得出的结论。然而,哈贝马斯本人却是不可能得出这种结论的,他不可能想象出合法性话题受到扬弃后的情况是怎样的。以往,合法性的问题一直都是与统治形态联系在一起的,当人类历史进入了这样一个时代后,那就是一切形式的统治形态都开始受到扬弃,如果还将合法性的话题放置在政治学和社会学的话语中心的话,就是没有道理的了。也就是说,如果人类社会的发展已经实现了合法性和使合法性成为事实,那么,合法性的概念就应当失去讨论的价值,甚至会从人们的话语系统中消失。所以,为了迎接这样一个时代的到来,社会学家和政治学家的责任不应当是如何以自己特有的"小聪明"去为某一政治体系谋求合法性而进行精心的设计,而是应当促进这种政治体系在充分代表人民群众利益的基础上获得合法性并超越合法性。

近些年来,合法性问题也被移植到了我国的社会学和政治学的研究中来,合法性的概念得到了普遍的使用,甚至有的人运用合法性理论来分析我国的政治现实,并提出建构政治合法性的种种建议。存在于学术界的这种倾向表现出了一种理论上的肤浅和幼稚。因为,社会主义国家的政治制度、政府体制和公共权力的性质是与一切剥削阶级国家体系中的这些因素根本不同的,对于社会主义国家的政治活动来说,不是一个谋求合法性的问题,而是一个如何在政治活动和公共行政行为中恢复其自身的根本性质的问题。所以,我们必须指出,合法性的问题仅仅是与

---

① [德]哈贝马斯:《交往与社会进化》,190~191页,重庆,重庆出版社,1989。

剥削阶级的政治联系在一起的。对于社会主义国家的政治而言,任何时候,都不是一个如何谋求合法性的问题,而是应当确立起超越合法性的追求,应当走一条能够反映社会主义国家政治根本性质的道路。也就是说,摆在我们面前的任务不应当是谋求合法性,而应当是超越合法性。其实,这一点不仅是我们的理论向往和政治追求,而且也应当是一切愿意代表人民和愿意为人民服务的政府所必须做到的。如果一个政府仅仅是谋求它自身存在的合法性的话,那么这个政府实际上就已经意识到了自己存在的不合法性,它在谋求合法性方面表现得越是热切,就说明它与人民、与整个社会的矛盾越深刻,就是应当受到抛弃的政治体系和行政模式。

第二节 对合法性的超越

一、工具性的合法性

从韦伯的形式化的合法性理论到哈贝马斯的引入价值因素的合法性探讨,其实都是把合法性建立在谋求社会公众的认同之上的。这对于合法性本身的研究来说,无疑已经找到了合理的归宿。但是,政治以及全部公共部门是否应将谋求合法性作为开展行动的基本内容和目标,则是一个实践问题。如果我们认识到这是一个实践问题的话,那么,我们立即就会发现,一切关于合法性问题的科学研究和技术性设计,都无非是传统社会不甚光明磊落的权术、权谋的"合法化",是在科学的幌子下公开倡导权术和权谋的做法。如果政治体系及其政府是来自于人民的,是以人民的福祉为自身存在之目的的,它为什么要为自己谋求合法性呢?显然,只有与人民的利益之间有着根本对立关系的政治体系及其政府,才需要通过寻求合法性来保证自己的存在不受怀疑。

韦伯是在研究政治统治过程中的人的"服从"行为时,提出了合法性的问题并对合法性的概念作出了定义。韦伯说,"合法性就是人们对享有权威的人的地位的承认和对其命令的服从"[1]。韦伯认为,人们服从某种政治统治的动机可能是多种多样的,比如,人们可能出于习俗,也可能出于对惩罚的畏惧,更可能是出于物质利害关系的考虑等,从而表现

---

[1] 于海:《西方社会思想史》,333页,上海,复旦大学出版社,1993。

出了对某种政治统治的服从。"除了这些因素之外，一般还要加上一个因素：对合法性的信仰"。韦伯强调，没有这种基于合法性信仰的服从，单凭其他动机，"不可能构成一个统治的可靠的基础"，"毋宁说，任何统治都企图唤起并维持对它的'合法性'信仰"①。这就是说，基于合法性信念的服从是与基于其他动机（利益、习俗等）的服从相并列的服从形式。或者说，在人们对某种统治的服从中，合法性是一种可以与其他服从动机相区别的服从动机，是和利益考虑无关的，这种服从"是一种乐于给予的服从"②。韦伯对基于合法性的服从是这样加以描述的："服从者的行为基本上是这样地进行的，即仿佛为了执行命令，把命令的内容变为他的举止的准则。"③不仅如此，根据韦伯的看法，合法性是"构成一个统治的可靠的基础"，在各种服从动机中，合法性是更加重要、更具有最终保障作用的、根本性的动机。不过，无论韦伯给予合法性什么样的重要地位，它归根到底还是一个信念问题，这种信念关系到权威在其中得以运用的制度体系的正义性，关系到运用者在这个制度体系中充任权威角色的正义性，关系到命令本身或命令的颁布方式的正义性。

韦伯认为，现代世界为达到合法化的目的，力图使人们相信已颁布的规则以及掌权者照此规则所发布的命令的正当性，人们不仅要服从而且要从内心尊崇非人格化的、合法建立的社会政治秩序。与早期的合法化模式相比，这种现代的模式已完全变成形式主义的了——合法性的基础已变得仅仅是对合法化程序的信念，掌权者依靠法律的力量而具有合法性。因此，现代的合法统治必然要以法理型的统治为归宿。正是由于这个原因，韦伯的继承者们根据韦伯的这一观点，努力探索通过法律程序而实现合法化的途径。

其实，韦伯本人就一再强调，由于合法性是实现统治的最重要条件，所以，任何统治都试图"唤起并维持"人们对于它的合法性信念。而且，这种合法性信念是与利益、经济因素无关的。由此可见，韦伯所定义的是一种抽象的、形式化的合法性。事实上，韦伯在基本理论倾向上所注重的也是合法性的合理性或合规则性，所强调的总是合法性符合某些规则的属性。也就是说，统治的合法性之所以是得到认同的和被认为或感觉到是正当的，那是因为其具有合法性，而合法性的标准就是符合某些

---

① ［德］马克斯·韦伯：《经济与社会》，上卷，239页，北京，商务印书馆，1997。
② ［英］弗兰克·帕金：《马克斯·韦伯》，110页，成都，四川人民出版社，1987。
③ ［德］马克斯·韦伯：《经济与社会》，上卷，240页，北京，商务印书馆，1997。

规则。虽然韦伯并没有说出合法性就是合乎法律，但是，就法律是一切规则中形式化程度最高的规则而言，合乎法律也许就是韦伯所向往的最高境界的合法性了。一个政治体系、一个组织及其统治或支配过程是否具有合法性，完全取决于它能否经受某种合法秩序所包含的有效规则的检验。如果韦伯直接地这样叙述合法性的原理，可能就无法与历史上的那种依据暴力的统治区分开来了，韦伯为了使自己的合法性概念能够兼容一切类型的统治，才没有说出合法性是合乎法律，而是巧辩说合法性表现为被统治者的自愿服从。所以，在韦伯的叙述逻辑中，所呈现出来的是这样一种情况：合法性是被统治者的自愿服从，而这种自愿服从就是政治统治的依据，只要统治者努力唤起被统治者对其统治的合法性信念，他也就拥有了基础稳固的统治了。

信念是一个具有价值特征的范畴，但是，当信念是可以在谋求合法性的通道中去加以专门性营建的时候，信念也就成了谋求合法性的工具了。所以，我们可以清楚地看到，韦伯的合法性理论也是从属于工具理性的。或者说，韦伯是根据他的工具理性原则来构造他的合法性理论的，他仅仅把合法性看作政治制度和政治秩序存在的工具，却不打算对合法性的性质作任何思考。这一点可能是许多学者没有看到的。因为，当政治学以及社会学讨论合法性的问题时，往往以为所涉及的是一个价值问题，至少是不具有明显的科学色彩的。其实不然，在韦伯这里，谋求合法性的合法化过程完全从属于科学思路，是被作为一个技术性的问题来看待的。正如许许多多对韦伯提出批评的当代学者们所指出的：在韦伯等人谋求合法性的理论设计中，被统治阶级成了可以由统治阶级随意塑造的作品，他们的精神世界被完全充塞进了统治阶级的意识形态，他们总是根据统治阶级强加给自己的、虚假的、于己不利的观念去思考和行动。

在现代社会，理论建构往往会对现实产生很大的影响，甚至会被直接地用于改变现实。韦伯追随者的合法性理论建构在某种意义上可以说是非常成功的，因为，它影响了20世纪的政治以及行政实践，甚至发挥了对政治以及行政进行重塑的功效。由于韦伯合法性理论得到了实践的充分响应，从而出现了这样一种结果，在政治的运行和发展中，大众没有真正属于自己的要求和意识，没有主体性、能动性，完全成了被动的、"失语"了的"意识形态动物"。其实，在韦伯之后，帕森斯、伊斯顿、卢曼等学者都意识到了这一问题，但是，他们却没有表达出解决这一问题的愿望。相反，他们是作为韦伯的追随者的身份出现的，他们把关注点放在了这样一个问题上，那就是，通过什么样的机制去谋求合法性？或者说，如何去促进一种适当的合法化？再者说，通过什么样的功能改造去防止不适当的合法化？至于合法性本身是真实的还是虚假的，他们都没有去加以考虑。出于一种功能主义的需要，只要这种合法性是有用的或普遍适用的，就达到了科学设计的目标。追求合法性的科学设计服从普适性，不仅民主政治及其政府可以按照科学设计去谋求合法性，甚至一个专制政府在维护自己的政治秩序时，也能够运用这种科学设计。至少，在一些专制集权的地方，学者们是将谋求合法性的科学路径当作圭臬而加以推荐的。

通过对韦伯合法性理论的考察，我们可以这样说，韦伯及其理论继承者的工具性探讨只有在那些不合法的政府去寻求合法性时才有意义，他们所要传授的是这样一种技巧，让那些只有依靠欺骗和讹诈才能够获取生存机会的政府去如何营造合法性。如果政治学研究津津乐道于这种合法性的话，那么，只能证明政治学已经堕落成了研究权谋和权术的伪科学。

二、发现合法性的价值内涵

如上所说，哈贝马斯对韦伯以来的经验主义合法性获取方式做了批评，根据哈贝马斯的看法，经验主义只考虑如何获取合法性，而对于获取合法性的规则所应具有的合法性却不加以考虑。哈贝马斯认为这是极其错误的。按照哈贝马斯的意见，如果获取合法性的过程不是按照合法性的规则所要求的去做，而仅仅把规则看作是获取合法性的手段，那么，存在于交往行为中的理性与动机间的联系就会被排除在分析范围之外。至少，任何对理性的独立评价都将在方法论上遭受摒弃，研究者自己就会避开任何理性的系统性判断，从而走上与理性相反的方向。哈贝马斯认为，这样做是不能接受的，因为，一切关于合法性的要求，都恰恰是以理性为基础的。[①] 当然，这并不是说通过一些规则去获取合法性不可能，而是说这样取得的合法性本身就是很难被判断为具有合法性的。因为，如果不对规则的合法性进行审查的话，那么，一些规则就有可能是

---

① 参见［德］哈贝马斯：《交往与社会进化》，206～207页，重庆，重庆出版社，1989。

服务于欺骗性宣传、虚假意识形态和只有短期效应的公共政策的，按照这些规则去获取合法性，虽然会让人感受到取得了合法性，甚至会被作为"法治"的实现，而在实际上，却恰恰是一种虚假的合法性，一旦公众意识到规则的性质，一旦公众从所有的欺骗之中觉醒出来，这种合法性就会立即面临危机。

所以，哈贝马斯希望揭示合法性规则中的价值内涵，认为只有存在于合法性规则中的价值内涵，才是合法性的基础，而不是规则本身所能够为政治统治带来合法性的。根据这样的思路，哈贝马斯把合法性的获得寄托于社会文化建设。哈贝马斯认为，合法性作为一种国家制度或政治秩序赖以存在的基础，存在于一个社会的"社会文化"生活之中，即存在于国家制度系统之外。只有当社会文化生活得到了健全和发展，政治的合法性才会在社会文化领域中得到自觉的证明，从而使政治系统赢得公众的广泛信仰、支持和忠诚。然而，这种信仰和忠诚之所以能够产生，也完全是因为国家允许社会对其合法性进行公开的讨论。也就是说，合法性是作为非政治性的内容而成为一种政治制度或政治秩序存在的基础的，政治制度和政治秩序本身是无所谓合法性的问题的，统治者是不可能通过自己的主观努力而真正获得合法性的。但是，社会的文化生活也不可能自动地产生合法性，而是需要一定的条件，这个条件又有赖于社会生活的民主化。这是因为，正是在民主的生活条件下，公众才有着自由的、公开的讨论，才会形成对现有政治制度和政治秩序的认同，从而使政治制度和政治秩序拥有合法性。

从哈贝马斯的这个见解来看，他是反对韦伯等人把合法性的获得看作统治者主观努力的结果的，是不主张通过强行灌输和推行政治社会化的手段来获得合法性的。哈贝马斯认为，那样做是一种单纯地出于维护某种统治的目的而刻意营造的合法性，是不具有充分的现实基础的合法性，甚至可以说是某种意义上的虚假合法性，是只能存在于一时的，是以被统治者不从受欺骗状态中觉醒为前提的。所以，哈贝马斯希望通过根本性的民主制度的建设和改造来谋求合法性，即在健全的社会文化生活之中去获得合法性。这与韦伯等人相比，无疑是一大进步，表现出了真正的科学态度。

但是，哈贝马斯在这样思考的时候，也没有对社会制度和社会文化生活中人的因素给予充分的注意。哈贝马斯没有想到，一种良好的政治制度和政治秩序并不是抽象地存在着的，而是与人联系在一起的，甚至是与具体的人和作为具体的组织、团体中的人联系在一起的；易言之，是与公共领域中活动着的人、政治体系中的政治人以及行政体系中的行政人员联系在一起的，他们每时每刻都在以他们的活动、行为来促进或抑制着一种政治制度的功能实现。他们的活动、行为对政府的形象有着至关重要的影响，政治制度和政府体制正是通过他们而对公众发生影响的。正是他们的活动、行为，培养着公众对政治制度和政府体制的认同感。同样，健全的社会文化生活也只能被理解成一定社会历史条件下的人的文化生活，这些文化生活中的人以什么样的态度、观念、目标和动机投入到社会文化生活中来，恰恰对任何标准的社会文化生活的健全都有着决定性的影响。因此，合法性问题的关键在于人的建设和人的完善，而不是在抽象的交往主体的认识和主体间关系的改善中就能找到合法性问题的解决方案的。如果一个政治体系及其政府不是把自己的存在建立在为人民服务的基础上，而是把对社会以及对公众的控制作为其社会管理的根本目标，那么，关于协商民主的设计无论多么具有可行性，也不可能从根本上解决政治以及政府的合法性危机问题。

我们同意哈贝马斯的观点，那就是不能为了谋求合法性而谋求合法性，而是应当通过一些根本性问题的解决来获得合法性。也就是说，合法性应当是一种副产品。虽然对于政治制度和政治秩序来说，合法性是一种必要的支持，但是，合法性所提供的不可能是充分的支持，更不是能够通过刻意营建合法性的权谋和权术就能够真正获得的，政治制度的完善和社会文化生活的健全，才是一切政治活动的根本任务。不过，我们也需认识到，哈贝马斯在对合法性的根源作出价值解读的时候，只是淡化了合法性问题的理论意义，在他这里，谋求合法性的情结并没有解开，他还是主张通过公开自由的讨论去获得合法性。也就是说，哈贝马斯还是主张要对合法性的问题给予一定的重视。其原因就是我们上述所说的，他在这个问题上并没有给予人充分的重视，还是过多地看重政治制度的客观性方面，是从政治制度的角度来认识问题的。这样一来，哈贝马斯在理解公共领域和公共生活的时候，就不能够真正地把公共生活建立在道德判断的基础上。

对制度客观性的重视，使哈贝马斯不得不去寻求另一个补充性的理论方案，那就是提出"商谈伦理"，希望在政治制度、政治秩序之外，在社会文化之中，去寻求商谈伦理发挥作用的场所；要求在公共的以及其他的社会生活之间，去寻求商谈伦理的支持。这就使哈贝马斯的理论凭空地增加了一个部分，从而变得复杂化了。其实，问题并没有这么复杂，只要公共领域中的人实现了道德化，一切问题都将得到解决。也就是说，如果在政治领域中实现"以德治国"和在公共行政的领域中实现"以德行政"，那么，合法性就不再是一个值得探讨的问题了。因为，只要做到了以德治国和以德行政，也就完全可以实现对合法性问题的超越了。

　　哈贝马斯进行理论思考的对象是晚期资本主义，他的理论活动的基本目标是试图揭示晚期资本主义合法性危机的根源。哈贝马斯的研究结论是，不是韦伯等人所寄希望的意识形态控制能够获得合法性，反而恰恰是由于资本主义社会的统治阶级利用意识形态宰制被统治阶级的心灵、实行思想统治而造成了合法性危机。所以，哈贝马斯认为，由于资本主义的意识形态控制造成了价值规范的混乱，进而导致了资本主义在整体上的合法性危机。的确如此，对于资本主义社会来说，这个问题是永远不可能得到解决的，因为资本主义社会无法解决公共利益与私人利益的矛盾问题。

　　我们认为，对于社会主义社会来说，情况就不同了。社会主义社会在本质上不存在私人利益与公共利益的根本性矛盾，社会主义国家和政府所代表的是普遍性的公共利益。社会主义国家不应当出现所谓合法性危机的问题，如果出现了类似的问题，那不是由社会主义的性质所造成的，而是由社会主义国家及其政府中的工作人员对社会主义性质的背离所造成的。在这种情况下，一切社会问题和政治问题都不是一个合法性的问题，更不是可以在谋求合法性的过程中能够解决的，或者说，社会主义国家及其政府不应当有着刻意谋求合法性的动议。对于社会主义国家及其政府来说，根本的任务就是要解决好国家和政府工作人员与社会主义基本性质一致性的问题，使他们能够真正地拥有为人民服务的道德素质。有了这种素质，他们就能够做到以德治国和以德行政，就能够处理好社会发展中的利益矛盾，就能够解决好现实中的一切具体问题。

　　然而，从近些年社会主义国家的运行情况来看，由于学者们从西方国家学习了合法性理论，进行研究并提出了实践建言，而且得到了实践部门的接受。这样一来，社会主义国家的政治和行政实践也进入了自觉谋求合法性的进程，按照学者们给出的方案，通过科学化、技术化的方式去谋求合法性，甚至通过公共关系的途径去谋求所谓政府形象。结果，在某种意义上，甚至可以说，使整个政治体系及其政府走向了与人民群众对立的方向。我们经常谈论所谓政府的信任危机，说老百姓不再信任政府，在一定程度上，是因为合法性理论让政府在对合法性的关注中放弃了对人民群众根本利益的关注了。这就是合法性悖论，如果一个政治体系及其政府把关注点放在了谋求合法性方面，就必然会走向失去人民群众支持的方向，也就不得不在谋求合法性的问题上加大行动的力度，从而陷入一种恶性循环。

三、超越合法性追求

哈贝马斯对合法性价值内涵的思考，使他从韦伯的形式主义的工具理性走向了有着实质性内容的价值理性的理论建构。我们知道，韦伯是处处本着科学原则行事的，他的官僚制理论和合法性概念都是严格地按照科学原则去进行建构的。但是，韦伯关于这些问题的抽象形式主义却使他与社会学和政治学的科学理论相去甚远。从这里，我们也可以看到真正的科学研究应持的态度。特别是在我国近年来大量使用合法性的概念并用合法性理论来解释政治现实的情况下，要求我们更需要强调政治学和社会学的科学立场问题——是满足于形式上的科学追求还是在实质上坚持科学的态度？应当说，社会学和政治学需要解决一些迫切的现实问题，需要真实地反映现实社会和政治的实际情况，需要就某些现实问题的解决提出有价值的对策性意见。但是，更为主要的是它与其他的哲学和社会科学一样，都应有着更高的理论追求，需要在关注现实中超越现实，需要给人类社会的发展提供方向性的和终极性的价值。

正如哈贝马斯所说："如果哲学伦理学和政治学理论所领悟的并不比那在不同群体的日常规范意识中获得的东西多，而且，如果它甚至不能通过某种不同方式去领悟，那么哲学伦理学和政治学理论就不可能有根据地区分开合法性统治与不合法性统治。不合法的统治也得到过赞同，否则它就不能持续存在（人们只需要回顾一下这样的情景：许多许多的人聚集在广场和大街上——没有人强迫他们这么做——向一个帝国、一个人、一个领袖欢呼，这是不是一个非理论性的、平均的规范意识的表达呢）。同时，如果哲学伦理学和政治学理论被认为揭示了一般意识的道德内核并作为道德的规范性概念去重建一般意识，那么，它们就必须确定标尺并提供理由，必须创制理论性知识。"[①] 根据哈贝马斯的意见，对于科学的社会学和政治学探讨来说，不应当满足于拥有合法性的事实，

---

① ［德］哈贝马斯：《交往与社会进化》，209～210页，重庆，重庆出版社，1989。

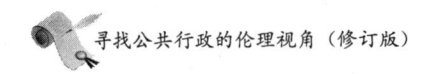

更不应只从这种事实中去归纳出几条抽象的可以付诸实施的可操作性方法，而是应当揭示获得合法性的价值基础。那就是，什么性质的政治和什么性质的政府才能够真正拥有合法性。

根据韦伯的合法性理论，合法性的有无在很大程度上取决于统治者的自我论证，即统治者通过种种解释和说教等论证来赢得社会大众对于政权的认同和忠诚。应当说，当统治者这样做的时候，会起到一定的作用。但是，谋求社会公众认同和忠诚的方式绝不应当通过这种手段进行，而应当由国家及其政府工作人员通过自己对社会公众的忠诚来换取。所以，这不是一个合法性有无的问题，也不是一个如何获得合法性的问题，而是一个国家及其政府工作人员如何为公共利益服务的问题。舍此而去谋求合法性，就必然会把自己的意志打扮成一种普遍意志，并把它们强加于社会公众，就会视公众为不得不加以欺骗的对象，就会把公众的任何自由思考视为洪水猛兽，就会去严格控制舆论，残酷迫害一切异见者。这样一来，政治在道德上走向了没落，就只有依靠专制和集权来加以维系。到了这个时候，确实是需要考虑合法性的问题了。所以，选择了对合法性问题的关注，结果只能是失去合法性。相反，不在谋求合法性的问题上花费精力，而是致力于政治活动和公共行政行为的道德化，那就不仅能够拥有合法性，而且可以超越合法性。

当我们把这个理论扩展到对私人组织或社会性的公共组织的考察时，就会看得更为清楚。在市场经济条件下，存在着大量的私人组织和社会性公共组织，它们是如何获得存在的合法性的呢？是仅仅靠广告宣传和所谓"包装"吗？我们认为不是这样。这些组织存在的合法性以及进一步发展的可能性，是由它们为社会所提供的服务而获得的。当然，自韦伯之后，合法性的概念已经成为一个政治学和社会学的术语，社会学家们和政治学家们是不主张对私人组织甚至社会公共组织的存在使用合法性概念的。但是，道理是一样的。对于一个行政体系、政府以及政治制度，也可以从这个角度来认识，特别是在现代社会，国家与社会、政府与公众的界限越来越模糊，国家的统治职能正在消解，国家与政府的主要职能是通过公共政策的输出以及具体的管理行为去为社会提供服务。在这个意义上，它与私人组织和社会公共组织通过直接的行为提供社会服务是有相近的特征的。所以，它的合法性也主要是在它为社会提供的服务的质量中获得的。

在一切存在着剥削和压迫的阶级社会中，统治者为了维护其统治，都必须强化自己的统治权威，而这种统治权威又是以与被统治阶级的根本利益的对立为前提的。因而，统治者为了维护这种权威不受挑战，总是要运用暴力的和意识形态的两种手段去维护其政治权威。在传统社会中，意识形态的手段表现为替政治权威披上神秘的或神圣的外衣，从而使被统治者确信这种权威的正当性；在近代社会，则是通过对非人格性的法制的神化来达到这个目的的。如果一个社会已经不再是以维护阶级剥削和阶级统治为宗旨，而是把发展社会的整体利益作为政治活动的基本内容的话，那么，这个社会是否还会存在着合法性危机的问题呢？可能在对现实进行考察的时候，人们会得出肯定的结论。但是，我们需要指出，这种合法性危机绝不是在单纯的合法性问题的理论探讨中就可以解决的，而且，也不应通过合法性的理论探讨来加以解决，根本的出路应当是重新理清政治权力和一切政治活动的性质，校正其背离人民主权的状况，使其回复到忠实地代表公共利益的本来性质上来，用国家和政府工作人员对公共利益的信仰来赢得全社会对政治体制、政治权力以及所有政治活动的响应和支持。

从行政发展的历史来看，当行政活动属于统治行政的范畴时，它作为统治的工具是服务于统治者的利益的，行政活动在本质上是与社会及其公众的利益相对立的。所以，这种行政活动需要突出谋求合法性的问题，否则，行政活动的效能就会大大地降低，甚至连行政体系本身的存在都会陷入危机状态。近代社会成长起来的管理行政虽然与统治行政已经有了本质性区别，政府也开始以公共利益的代表者的面目出现。但是，管理行政却无法在行政管理活动中处理好公共利益与私人利益的关系，无法在整个社会的范围内实现充分的公平、公正，而且，从实践中的情况看，管理行政总是使政府的行政活动从属于短期管理目标的实现。这样一来，它在根本上也是与公共利益相矛盾甚至相对立的。因此，作为管理行政主体的政府，也时常受到合法性问题的困扰。

当然，只要政治还是阶级统治的政治，合法性问题的探讨就是有意义的，因为，任何形式的阶级统治所维护的都只是它那个社会中的少数人的利益，是少数人的利益与公众利益对立的"合法形式"，它越是在本质上不具有合法性，它就越是渴求证明自己的合法性。所以，如韦伯所看到的，历史上的各种统治形式都特别注重其统治的合法性问题，而且都不遗余力地刻意营造其统治的合法性，甚至会有着把谎言说上一千遍而使其成为"真理"的追求，极力要公众接受统治者所制造的谎言和认同这种谎言,进而在对这种谎言的认同中忠诚于这种统治。在这一点上,当代社会在欺骗和愚弄社会公众方面是有着无比优越的条件的,以至于它不需要像古代社会那样借助于神话的力量来为自己谋求合法性,而是可以在抛弃"君权神授"的谎言之后用现代化了的意识形态甚至科学理论论证。比如,少数人的利益如何具有普遍性;暴政如何对于"公共秩序"的获得具有不可替代的作用;奴役和剥削如何成了社会发展的支撑力量;尔虞我诈的权力角逐如何是代议民主的象征;等等。唯独那些声称代表公共利益的人的道德品质,却是可以不予考虑的因素,以至于腐败也成了增进经济活力不可缺少的因素。

所以说,合法性的问题实际上是与特定的历史条件联系在一起的,是由于政治的不合法性和政府的不合法性而迫使它提出了谋求合法性的要求。一旦政治成为实现社会普遍利益的行为,一旦政府成为维护和促进公共利益实现的机构,关于合法性问题的思考如果还有意义的话,那就需要检讨专门从事政治活动的人、政府中的行政人员等的道德品行了,甚至需要对制度的性质加以省察,看它是否包含着促进社会公平的内容,看它是否面对全体社会成员时包含着公正的内涵。

第五章
超越官僚制（一）：理论探索

第一节 分析"经济人"假设

一、"经济人"假设与行政改革

官僚制理论所受到的最大冲击还不是来自于对形式合理性等科学化、技术化追求的直接批判，而是来自于一种把经济学的方法推广应用到政治学、行政学中去的理论思潮。我们可以作出这样的断言：对于公共行政来说，如果说在20世纪的前半期官僚制理论是影响最大的理论的话，那么在20世纪的后期，"经济人"的概念则是最为引人注目的概念之一，许多学者都是使用这一概念去对公共领域各种各样的现象作出"科学"解释的，甚至已经成为一种意识形态，在学者们这里，则成了具有一定宗教色彩的信仰。可以说，如果放弃了"经济人"的概念，许多学者可能就不知道怎样去做学问了。

"经济人"假设所代表的不仅是一个得到广泛追捧的理论思潮，而且，对于70年代后期以来的行政改革，也有着巨大的影响，许多行政改革的方案，都是根据这些理论作出的设计。但是，"经济人"假设以及在这一假设基础上建立起来的理论，都不过是近代以来的个人主义方法论原则的极端化发展。而且，当理论走向了这种极端化的一面时，它在近代经典理论中的合理内核也就丧失了，个人的"经济人"属性被突出了出来，而其他属性都被掩盖了。"经济人"概念在理论上实现了建立统一范式的目标，但在实践上则潜藏着用人的自私自利性征服作为人类公平正义最后一点希望的危险。如果说"经济人"的概念对私人领域中的一些行为能够作出较好解释的话，那么，我们是不同意对公共领域进行经济学考察的，不同意用"经济人"的概念来确认政治家和行政人员。我们认为，虽然政治家和行政人员"经济人"化是一个现实，但是，这只是他在一种特定社会环境中所表现出来的一个方面的特征。除此之外，我们还应当看到，在政治家以及行政人员身上，依然包含着可以加以挽救的基质，那就是处在潜在状态的人性和道德。正是政治家以及行政人员这些作为人的基质的存在，使我们看到，公共领域依然是有着可以道德化的可能性的。

在现象界，从经济的角度来理解人和把握人无疑是最为简便易行的科学研究路径，而且能够适应社会科学长期不懈追求的那种用统一性框架来理解世界的要求。"经济人"假设的提出可以说达到了这样的目的。这是因为，"经济人"假设可以把对公共领域和私人领域、政治领域和经济领域的理解统一起来，可以把政府运行中的腐败问题归结为行政人员的"经济人"意识，接下来的对策性考量就是把公共领域私人化，或者按照经济运行的方式来运行，尽可能地减少传统意义上的政治和行政管理中的"公共选择"，在一切可能的领域都用私人选择来取代这种"公共选择"，即使不可以化约为私人选择的部分，也应建立在私人选择的基础上。按照这种思路提出的理论，理解起来是极其方便的，实行起来也是非常容易的，所以，总是得到人们的赞赏。如果这种理论的代表人物能够获得比如"诺贝尔奖"之类的奖项，就更能够让人们津津乐道。比如，被称为"公共选择学派"的理论就受到了这种礼遇。

在20世纪后半期的思想界和学术界，"经济人"假设在政治的和公共行政的领域中的推广应用，都被认为是公共选择学派的发明。布坎南在阐述这种观点时，就首先指出，"从来没有类似的假设，用以分析个人在政治或公共选择任务和位置上的行为，不管这个人是投票过程中的参加者还是政治团体中的代理人。不论是古典经济学家或他们的后继人均未提出过像这样的假设。也从未有过从个人选择行为演绎出'政治的经济理论'"①。所以，公共选择理论在探寻市场经济条件下"政府失灵"的原因并提出对策时，把古典经济学中的"经济人"假设推广到政治领域，用以分析和考察政治家和政府官员的行为动机和行为方式。

公共选择理论认为，政治家和官僚也是追求个人利益或效用最大化的"经济人"，其目标既不是公共利益，也不是机构效率，而是个人效

---

① ［美］布坎南：《自由、市场与国家——20世纪80年代的政治经济学》，24页，北京，北京经济学院出版社，1988。

用。布坎南认为，"简单而直接的观察表明，政治家和官僚……的行动与经济学家研究的其他人的行动并无不同"[①]。根据公共选择学派的理论，当个人由市场中的买者或卖者转变为政治过程的投票者、纳税人、受益者、政治家或官员时，他们的品性不会发生变化，他们都会按照成本—收益原则追求效用或利益的最大化。作为选民个体，他总是趋向选择那些预计能给自己带来更大利益的政治家或政治选择方案；同样，作为政治家或官员个体，他在政治市场上追求着自己的最大效用，如权力、地位、待遇、名誉等等，至于公共利益，他是放在次要地位的。

公共选择学派中研究官僚制度理论的代表人物尼斯卡宁就曾指出，可以进入官僚的效用函数中的因变量有如下几个：薪水、职务、津贴、公共声誉、权力、任免权、机构的产出、易于更迭和易于管理的机构。也就是说，官员的薪水、职务、权力、声誉和工作清闲程度等效用与官僚总效用成正比例关系，而这些效用的获得又和预算拨款、财政节余、所辖下属、在职闲暇等成正相关关系。所以，官僚对官僚总效用的追求，就表现为对预算拨款、财政节余、所辖下属、在职闲暇等因素的追求。也就是说，"政治中的个人参加者并不从事发现的事业，他的地位非常接近市场中商人的作用。他通过可以得到的工具表达自己的利益，他接受从过程中产生的结果。政治是'利益或价值的市场'，很像一般的交换过程。它与市场的不同之处在于它的范围更广"[②]。这样一来，对于政府的机构膨胀、预算的最大化以及腐败等问题，似乎都得到了合理的理解。

"经济人"假设是公共选择学派的理论基点，正是借助于这一假设，公共选择理论构建了政治和行政管理等公共领域的理论模型，勾画出了"经济人"行为是怎样决定和支配集体行为的图式，特别是"经济人"行为对政府整体行为的集体选择所起到的制约作用。所谓"经济人"的假设，就是指：一个人，无论他处于什么地位，其人的本性都是一样的，都以追求个人利益和使个人的满足程度最大化为最基本的动机。也就是说，一切人都有着一个共同的特性，那就是"经济人"的特性。根据这一观点来认识公共领域，就会发现，在国家这样一种组织形式中活动的人，也和其他人没有什么差别，既不更好，也不更坏，这些人一样会犯错误。因而，布坎南宣布，建立在道德神话基础之上的国家政治理论一

---

① ［美］布坎南：《自由、市场与国家——20世纪80年代的政治经济学》，27页，北京，北京经济学院出版社，1988。
② 同上书，52页。

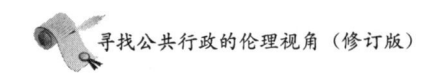

遇上"经济人"这一现实的问题，便陷入难以解决的困境。

近代社会科学的理论叙述基本上都奉行了从抽象到具体的原则，从"经济人"这一抽象概念出发去对政治体系及其过程进行叙述性的阐释，也许能够描绘出一幅真实的图画。同样，我们相信，也是可以找到其他的概念去对政治体系及其过程进行叙述性阐释的。我们看到，早期的功利主义者从"经济人"的概念出发描绘出了资本主义社会的图景，而马克思却从"商品"这个抽象的概念出发描绘出另一幅资本主义社会的图景。对政治体系及其过程的描绘，也会表现出这种情况，只不过，从不同的概念出发所描绘出来的图景是不一样的。概念就像绘画时所使用的颜料一样，使用不同的颜料所画出的图画在颜色上是不一样的，使用不同的概念去解释事实，所得出的结论也不一样。公共选择学派从"经济人"这个概念出发去理解整个政治以及政府过程，从而使人看到，在公共领域中活动的人也与在私人领域中追逐利益的人一样，一旦需要在若干取舍面前进行选择时，他们更愿意选择那种能为自己带来较多好处的方法和路径。

18世纪的启蒙运动大致可以分为两个阶段，在启蒙前期，思想家们基于市民社会的发展要求而集中关注资产阶级国家建构的问题，而在启蒙的后期，思想家们则把思考的重点集中到了社会建构方面的争论中去了。在讨论社会建构方案的时候，基于个人主义、功利主义立场的各种理论占了上风。从社会建构的理论逻辑看，也是从"经济人"概念出发的，由于"经济人"的利己本性，决定了社会治理需要沿着两条途径进行：一条是让"经济人"之间展开竞争，让竞争机制去约束和调节"经济人"的行为；另一条是建立和健全法制，通过普遍性的规则体系去规范"经济人"的行为。启蒙运动之后，经过了几百年的完善，国家建构的问题基本上解决了，公共选择学派又选择了对国家运行加以重新解释的课题。当公共选择学派去进行解释的时候，就把启蒙后期的理论引入到国家及其政府这个领域中来了。所以，它是从"经济人"的概念出发去对政治以及行政进行新的解释的。

公共选择学派根据"经济人"假设而对公共领域进行解释时，发现公共领域中的人都是"经济人"，那么，在如何规范"经济人"的行为这样一个问题上，也就克隆了启蒙后期功利主义思想家们的社会建构方案了。也就是说，公共选择学派所提出的对策性方案就是强化外在控制和引入市场机制。所谓强化外在控制，主要包括两个方面的内容：一是建立和强化税收与预算约束机制。因为，官僚效用在很大程度上取决于预算拨款，而预算拨款又直接来源于税收规模，所以，加强对税收和预算拨款的约束，可以有效遏制公共产品的过量生产和各种浪费现象。二是成立独立的专家委员会对政府机构生产公共产品的情况（如投入、产出、生产方式等）进行评审和监控，使之符合选民的利益和要求。所谓引入市场机制，目的是通过改进政府机构的内在运行方式和组织形式，从而提高公共产品的质量，降低公共产品的成本。例如，引入竞争机制和利润观念，让两个机构提供相同的公共产品和服务，或将一些公共产品的生产承包给私人企业，促进公共产品的生产部门之间、公共的生产部门与私人的生产部门之间展开竞争，打破公共产品生产和供给的垄断，以降低成本，提高效率。

公共选择学派的理论对20世纪后期的行政改革有着巨大的影响，在某种意义上，自70年代后期以来的行政改革，基本上是以公共选择理论为思考解决问题方案的理论指导的，特别是公共选择学派关于运用市场力量改善政府功能的主张，得到了广泛的赞同和运用，以为只要这样做，就可以提高政府效率、克服政府的非市场缺陷和避免政府失灵。也就是说，作为行政改革的一个主导性思潮，它的基本判断就是：以往人们只注意政府改善市场的作用，却忽视了相反的做法——用市场的力量来改善政府。所以，要求把市场力量作为改善政府功能的基本手段，即通过在政府管理中注入一些市场因素，从而缩小政府非市场缺陷的影响范围。以这种理论为指导，在行政改革的过程中，我们看到了所谓"企业家政府"、"政府民营化"等提法，其实质就是要推行政府企业化和公共行政市场化，以求通过这一途径来达到消除公共产品提供不足、官员腐败、行政效率低下等政府缺陷的目的。

的确，政府工作效率不尽如人意的根源在于政府服务具有公共性、垄断性和缺乏竞争性。我们知道，在私人领域中，市场竞争迫使私人企业设法降低成本和提高效益，那些不以提高效率的方式来有效使用资源的企业最终将被淘汰出局。然而，在公共机构中却缺乏这种机制，垄断消除了政府部门的外部竞争压力，与此同时，也就抵消了政府提高效率和服务质量的内在冲动和热情。结果，公众只能被动地接受政府提供的公共产品而没有别的选择，哪怕它们低效运行，照旧可以维持生存。而且，政府还可以利用垄断地位，尽可能降低服务质量，提高服务价格。同时，政府也缺乏降低服务成本的激励机制。这种机制企业有，政府却

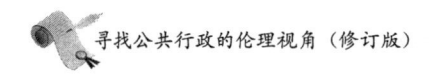

没有，因为政府的钱来源于预算拨款，其目标不是利润最大化而是自身利益最大化，这往往使政府工作人员追求较小的工作负担和较大的经济利益。

基于这一认识，西方行政改革的基本取向就是强调用市场力量改造政府，把推行公共服务社会化作为提高政府效率的重要途径，采取了政府业务合同发包的方式而实现了公共产品供给上的竞争。近些年来，可以采取合同发包的政府业务事项不断地增多，政府将大量的公共服务以合同的形式承包给了私人部门，其内容包括环境保护、公共设施维护、消防和救护、决策咨询等。如果说政府的合同发包是把原先由政府承担的事项转移给了私人部门，那么，鼓励私人部门去从事公共产品的生产，则为政府确立起竞争对手。具体表现为："以私补公"，促进公共服务社区化，让公民自我服务、自我管理，从而打破了政府垄断。通过这两个方面的努力，公共领域与私人领域在"经济人"的意义上实现了均质化。但是，整个社会也在物质主义的泥潭中陷得更深了，似乎人类社会中的一切，都可以在经济学的视野中一览无余，除了人的经济生活和利益追求之外，再无其他。所以，"经济人"概念其实只是一种灰色的颜料，用它描绘出的人类社会，无论是政治的，还是文化的，抑或其他方面的，都是灰色的。按照这一理论所进行的改革，在进一步延伸中，将把人类导向一个什么样的方向呢？可能会让人无法作出乐观的预测。

二、作为方法论的"经济人"假设

从方法论的角度看，"经济人"假设是西方近代以来的个人主义原则的进一步强化。我们已经指出，方法论上的个人主义原则是西方社会科学研究和社会制度设计的基本原则，直到今天，整个西方的社会科学也依然是在这个总的原则下进行研究和讨论的。无论不同的学派提出了什么样的观点，也只不过表现出了贯彻这一方法论原则上的差异。但是，在西方近代社会的制度设置中，还存在着一个特殊的现象，那就是通过对公共领域的加强来保证它对私人领域中的个人利益追求的调节。由于有了这样一个公共领域，有了政府，所以也就存在着公共选择。但是，到了 20 世纪后期，西方的一些理论认为，这都是个人主义原则在实践中的不彻底性的表现，希望把个人主义的原则贯彻到公共选择之中来，根据个人主义的原则重新规划公共选择。具体表现就是上述所说的，要求用市场活动的方式改造政治和公共行政，在政治和公共领域中彻底贯彻个人主义的原则。这样一来,政治的和公共行政的过程也就被看成是一个类似于市场的交换过程,并要求按照市场的活动方式来重新设计政治的和公共行政的体制和程序。

如前所述,从理论上看,"经济人"假设被推广应用到了政治以及政府过程中来了,实现了为整个社会科学建立起一个终极解释框架的要求,即用一个最基本的概念来理解一切人的行为动因。近代早期的思想家们,如亚当·斯密等人的经典理论是有限制地使用了"经济人"的概念,他们把"经济人"看作是市场活动的主体,认为在政治领域中的人是不适宜于用经济人的概念来加以理解的。但是,从20世纪60年代开始,由公共选择学派以及其他许多学派所构成的一股政治学经济学化的思潮,则要求把"经济人"的概念泛化到包容一切从事社会活动或在社会中活动的人,在政治的领域和公共行政的领域中,也运用"经济人"的概念来理解人的行为。布坎南对政治家和官僚行为的认定,是与亚当·斯密对"面包师"或"酿酒师"行为的认定基本一致的。他说:"交易的任何一方可能会突然停止最大地利用他私人的优势,并不是因为他仁慈地关心他交易伙伴的福利,而是出于这样的认识,即所有各方面的互利是稳定文明秩序的绝对必要条件。"[1] 这就把市场制度中的人类行为与政治制度中的政府行为及其行政人员的行为纳入同一分析框架之中。用一些盛赞这一思潮的人的话说,这是一个以"经济人"假设为前提的科学范式,它修正了传统经济学把政治制度置于经济分析之外的理论缺陷。是否修正了传统理论的缺陷是一个可以争论的问题,但这个"经济人"理论却确实达到了为社会各领域建立统一理论分析框架的目标。我们认为,它是近代社会以来个人主义方法论原则的完全化。但是,我们只能说它是"完全化",却不能认为它是"彻底化"。因为,作为理论的探讨,它是具有不彻底性的,而且也根本谈不上是一种新范式的代表。

"经济人"假设是站在经济学的视角上来看世界的,它所使用的是经济学的方法,前提就是,人都是自利的和理性的效用最大化者。在理论分析的过程中,公共选择学派是应用经济学的方法来研究非市场决策或公共决策问题的,其目标是要用经济学的方法来说明市场经济条件下政府干预行为的局限性以及政府失灵的原因。布坎南在《公共选择理论》

---

[1] [美]布坎南:《自由、市场与国家——20世纪80年代的政治经济学》,35页,北京,北京经济学院出版社,1988。

一书中就直言不讳地承认，他们的工作就是，要把几十年来人们用来检查市场经济缺陷和不足的方法完全不变地用来研究国家（政府和公共经济的一切部门）。运用经济学的方法来分析政治乃至整个公共领域，必然会把政治制度的因素看作经济过程的内生变量，会把政府行为和制度因素纳入经济学的分析框架之中。赞成使用经济学方法来分析政治和公共领域的人们，坚持说这样做既能够揭示市场制度的缺陷，又能够深入研究政府干预的逻辑及局限性，对于改革和完善政府干预将会提供一个可行的指导性思路。

在中国，也不乏对此津津乐道的人，这些人认为，按照"经济人"的假设去解释国家及其政府的运行过程，就告别了传统经济学把国家、政府或政治因素当作经济过程的一个外生变量而排斥在经济学体系之外的做法，并被认为是较好地反映了当代社会中政治与经济的密切关系，特别是对于理解现代政治对经济的巨大影响，理解政治过程与经济过程相互交织的现实，会有极大的帮助。我们认为，作出这样的评价实际上只会把人导入到云里雾里去，让人摸不着头脑。把经济学的方法引入到政治过程中来，怎么就能够使人有了关于政治与经济的关系的科学理解呢？

还有一些人评价说，从经济学的方法入手分析政治问题，为政治学的研究提供了一个新的视野、新的研究途径，是对当代政治学研究方法或途径的一种有益的补充。这也是大可怀疑的。如果我们从研究蚂蚁的社会结构所形成的认识入手去理解人类社会，是不是也为人类社会的研究注入了一个新的视野、新的研究途径呢？也会对认识人类行为的方法和途径有了所谓有益的补充呢？我们认为是不会的，如果硬要这样说的话，也是没有什么意义的。因为人类社会在进入父系社会之后，再也不可能像蚂蚁社会那样需要一个蚁后的存在，而在开始了民主的进程之后，对于最高的终极权威也发生了怀疑。所以说，把经济学的方法推广到政治研究中来，是一种值得怀疑的做法。

单就"经济人"这个概念来说，如果把它加以泛化的话，那么，"经济人"的概念在一定的意义上就与"人"的概念相重合了。我们认为，人是社会关系的总和，社会关系的复杂性是包容在"人"的概念之中的，人是具有多重属性的，用"经济人"的概念来取代"人"的概念，显然是片面的。当然，作为一种理论，就它能够为所有的社会现象建立一个统一的解释框架而言，无疑是理论自身的成功。但是，如果理论不愿意满足于"自恋"的话，它就必然要进入实践的领域，就会提出解决社会问题的方案，并作出适应于人的全面发展要求的制度设计。这样看来，"经济人"的概念是无法承担起这样一种理论追求的。因为，"经济人"假设只能导致一种结果：否认公共领域的独特性，否认公共利益的价值内涵，否认人的精神、道德等一切主观追求对于维护公共领域的公共性的意义。

如果说在以往的世纪中，人们还对公共领域中活动的人，诸如政治家、政府官员等，还有着善的期望的话，那么，"经济人"假设的提出，则彻底地毁灭了人们的这种期望，使人们在思想观念甚至文化意识中认同政治家、政府官员对个人利益的追求，并通过制度化的途径对政治家、政府官员追逐个人利益的利己要求加以制度确认。当然，在理论表述中，人们可以说是谋求制度化的途径来对公共领域中活动的人们的个人利益追求加以规范和限制，实际上，任何限制都是与承认同时存在的，是因为承认了才会思考规范和限制的问题。然而，一旦承认了它的存在，而且是承认了它的存在的普遍性和合理性，那么，谋求限制的方案还能发挥多大的作用就是一个可疑的问题了。

从人类社会关系的发展史来看，人类从分配关系占主导的社会走向交换关系占主导的社会是人类文明化以及社会进步的表现。但是，在交换关系占主导的社会中，只有保留一个非交换的领域，才能够自觉地调节交换关系，才能够使交换的领域走向健全，才能够对交换关系造成的不平等、不公正加以纠正。所以，在交换关系占主导的社会中，政治的和公共行政的领域是被视为健全交换关系的调节领域的。但是，"经济人"假设在理论上的"完全性"却要求把政治的和公共行政的领域也理解成交换的领域，将政治活动和政治制度归因于交换、契约和协议，把政治过程看作一种类似于市场的交换过程，并要求用私人领域的交换方式来改造政治的和公共行政的领域。如果这样做的话，那么，人类社会经历一个很漫长的时期才发展起来的交换关系就势必会失去保证它健全的调节力量，政治的活动就会从属于市场上的那种交易策略，公共行政就会把公共产品的供给纳入交换过程之中，权力垄断就会成为追求利益最大化的有力工具。

这样一来，政治上的领袖无疑是最大的"老板"，他不需要考虑自己作为领袖对人类社会的责任，而只需要考虑自己在一个特定的任期内的收益；公共行政中的行政人员不需要用自己的行为去维护公共利益，他只需要精心盘算他的行为能够为自己获得多大的好处就行了。如果自己的行为既能为自己捞取好处又不触犯法律，那是最佳的选择；如果自己的行为即使触犯了法律也能够在与收益的比较中得到正值的话，那也不妨作出"理智"的选择；如果法律制度的规定有漏洞可钻的话，那就绝不会放过。如果说政治家以及政府官员的这些行为和追求在以往的世纪中都是见不得人的行为，那么，公共选择理论则为这些行为作出了合理的解释，使它们浮上了台面。也就是说，政治家以及政府官员的利己追求都是他作为"经济人"所应当具有的，就像活跃于私人领域中的人一样，应当被视作合乎理性的，只要能够对这种合乎理性的行为加以规范和限制就行了。可是，在这种理论解释的基础上去谋求外在性的规范和限制时，在缺乏政治家以及政府官员内在的响应的情况下，能够有多大成效呢？这是一个值得怀疑的问题。

三、"经济人"假设不适用于公共领域

政府发展到了今天，已经进入了一个通过公共行政维护公共利益的时代，或者说，公共行政的基本宗旨就是维护公共利益，并通过对公共利益的维护而增强共同体的公共性内涵。"经济人"的假设却是从公共行政的基本要素入手来否定和怀疑公共行政的公共性质的，即首先把行政人员说成是同私人领域中的、追求经济利益最大化的人们一样的"经济人"，然后再在这个基础上指出行政人员的行为也属于经济人的行为，他在公共行政领域中的活动也是为了追求他自己个人的利益。既然如此，公共行政也就不应当有着自己的运行方式了，而是应当按照私人领域的运行方式进行运作。

自启蒙时期开始，在探讨市场经济及其运行方式的同时，总是希望为共同体保留一块纯净的公共领地，那就是寄希望于政府及其行政行为来为社会的公平正义提供保障。然而，当代的各种各样的新学说却要把这块最后的"领地"也加以征服，即用市场经济的运行方式来取代公共领域维护公平正义的传统责任。一旦公共行政按照私人领域的运行方式运作了，它如何能够维护公共利益呢？如何成为维护共同体公共性的支柱呢？

我们承认，从政府应当服务于公共利益的原则中并不必然得出每个行政人员必定服务于公共利益的结论，事实上，在公共行政的领域中，存在着大量的行政人员追求个人利益的问题，行政人员在执行公务时，存在着公私错位的现象，运用手中的权力为小团体或个人谋取私利不仅是一个经常性的行为，而且是普遍现象。人们也常常对政府中存在的不

负责任、效率低下、推诿扯皮等官僚主义现象提出批评。但是，所有这些，并不能够在找到了一个"经济人"概念之后就得到了终极解释。虽然"经济人"的假设是可以解释这些问题的，但人们却不能满足于在这个解释的基础上来规范公共行政行为和设计公共行政的制度、体制和运行机制，更不应当从"经济人"的假设出发而作出一种片面性的客观化设置，即强化行政人员行使权力的外在约束机制。

即使承认政治家、行政人员是"经济人"，那么，由于他处在公共领域中，也是不能被视同于作为市场经济活动主体的"经济人"的。因为，根据亚当·斯密的逻辑，作为市场经济活动主体的"经济人"，在追求个人利益的活动中，由于受着"看不见的手"的作用，是能够生发出合乎道德的结果的。但是，在公共领域中就完全不同了，公共领域的任何追求个人利益的行为都是不能够自发地走向合乎道德的结果的，即使有着严格的外在性约束机制，也不会有合乎道德的结果。所以，在公共行政的领域中，只有当行政行为发生的前提是道德的时候，才会有着道德的结果。所以，在公共领域中，政治家、行政人员等，是不应当作为"经济人"而存在的。他如果有着"经济人"的行为表现的话，即使是一个事实，也必定是违背了公共领域存在和运行原则的事实，是不具有合理性的事实。所以说，任何时候，一旦出现这种情况，都应当及时地纠正和制止，必须有一整套制度和理念去保证政治家、行政人员"经济人"化的问题不至于出现。也就是说，既不应当对政治家和行政人员的"经济人"化加以承认，更不应当在理论上证明这种政治家、行政人员"经济人"化的现象是合理的。一旦政治家和行政人员选择了"以政治为业"和"以行政管理为业"，就必须与私人领域中的"经济人"区别开来，而不是自我认同为经济人。任何一种理论，也不能够承认他们与一般人一样——都是经济人。

可以争辩说，"经济人"假设是从属于客观描述的，而不是从属于规范的，甚至可以说"经济人"的假设对于理解政府中普遍存在着的腐败问题是一个有效的解释框架。但是，这并不能证明这种理论就是科学的。因为，科学理论的科学性在于它的彻底性，它如果仅仅满足于对现象的客观描述的话，那还不能说是科学的。即使说它是一种客观描述，也是不全面的。我们发现，在每一个国家和每一个民族中，都可以看到见义勇为的人，都可以看到在国家民族危难时为国捐躯的人。如果"经济人"的概念是一个普适性的解释框架的话，那么，这些人是一时的非理性冲动呢？还是天生的傻帽呢？当然，公共选择理论在使用"经济人"的假设来解释政治家、行政人员的行为的时候，确实是看到了他们的一个方面，而且这是支配他们的政治行为和行政行为的一个很重要的方面。但是，政治家、行政人员的另一个方面，那就是作为人和作为一个社会人的人性却被忽视了，更不用说他们作为公共领域中的行动主体而担负着为公共利益服务的天职了。

尽管政治家、行政人员作为人的人性的方面并不总是外显于他们的政治行为和行政行为中的，特别是在近代私有观念的熏陶下，这个方面的本质特征受到了抑制，但是，毕竟他们是作为人而进入政治的、公共行政的领域的，在他们进入公共领域的时候，就已经拥有了作为人的本性，完全忽视了这个方面，又怎能是科学的理解呢？可见，科学的任务不仅是停留在从现象上揭示人的行为的动因，而且需要揭示人作为人的本质性的内容。如果停留在从表面上揭示人的行为动因的话，那么，针对人的行为而提出的各种救治方案虽然可以喧嚣一时，却并不是根本性的解决方案，而且有可能造成更大的误导。

如果真正揭示了人的本质，那么，关于人的行为动因的理解就会清楚多了，解决方案也会是不同的，即不会仅仅从人的行为的现象层面的动因上来提出救治方案，而会针对人的本质提出解决问题的思路。对于政治家、行政人员来说，就是这样。用"经济人"的假设来理解他们的行为动因，针对政治家和行政人员的个体来说，会重复所谓制度和法律的完善；针对政府的整体，就会提出用市场机制来取代政府原有的运行机制。相反，如果相信政治家、行政人员作为人的人性的存在，并相信这种人性可以成为善的潜质，就会呼唤政治家、行政人员的善的信念和道德良知，并通过制度化的行政道德机制的建设，去把政治家、行政人员的行为引导到道德化的方向，让他们在维护公共利益和共同体公共性的方面做出出色的表现。所以说，把公共领域中的政治家和行政人员看作是"经济人"的话，会导向一种规范和限制其"经济人"行为的方案；把公共领域中的政治家和行政人员看作是有道德的"公共人"的话，将会发展出另一套规范和限制其行为的方案。这两种方案在根本性质上会完全不同，在"公共人"的规定中，不合乎道德的行为是不能容许的，而在"经济人"的认识中，一切追求自利的行为，只要没有超出法律及其制度的界限，就是应当得到承认的。问题是，这只是在起点的意义上所看到的不同，而在公共领域运行的实际过程中，政治家和行政人员的行为绝不会仅仅停留在这个起点上。

总之,"经济人"假设是直接针对公共领域的道德信念的挑战,是以反道德的面目出现的。的确,从现实的政治运行和政府功能的实现过程来看,道德的力量在政治家、行政人员的个人利益追求面前显得非常尴尬,公共领域中的现实是,政治家和行政人员都是有着个人利益追求的。但是,我们认为,并不能根据这一点来认定政治家和行政人员就是"经济人"。因为,毕竟在政治家和行政人员的个人利益追求背后,还是隐约可见道德力量的作用的,并不是每一个政治家和每一个行政人员都完全成了个人利益的奴隶,也不是他们中的每一个人都在个人利益追求中表现出一种疯狂至极的状态。更何况,我们还可以作出另一种假设,那就是,政治家和行政人员之所以没有全部堕落成人类的罪犯,那是因为在公共领域中还有着道德价值在起作用。只不过,在近代以来的很长一段时间中,由于人们对道德价值的功能没有给予足够的重视,才致使道德价值以一种隐蔽的形态存在于公共领域中。如果我们不是进一步沿着近代以来特别是20世纪以来轻视道德的道路前进,即进一步把政治家和行政人员抽象化为"经济人"或经济动物,而是大力提倡政治家和行政人员的道德化,并在制度建构中营造道德功能实现的空间,那么,我们就可以在不久的将来迎来一个道德化的公共领域,以至于拥有一种道德化的公共生活。

第二节 政府中可以引入市场机制吗

一、"企业家政府"的实践

在20世纪70年代后期以来西方国家的行政改革运动中,公共选择学派的理论成为一个重要的理论前提。就行政改革的现实来看,无论是以什么面目出现的,基本上都属于通过引进市场竞争机制来对政府进行改造的运动。这场改革运动的一个标志性的名称就叫"企业家政府",即把企业在市场活动中的竞争机制引入到政府的运行中来。就具体的做法而言,一般是建立起由私人公司、独立机构和社会团体参与的公共产品及服务的供给体系,让不同的政府机构为提供相同的公共产品及服务而展开竞争,打破传统的政府或政府的某个部门在供给公共产品和提供服务上的垄断。就改革实践来看,这种做法取得了一定的成效,因而,与这一改革相关的理论也引起了广泛的关注。对新公共管理运动的研究，也一时成为显学，在更深层次的理论追踪中，人们还对50年代开始成长起来的公共选择学派等一些完整地用经济学方法研究政治和公共领域的理论思潮作了回顾。的确，西方的行政改革不是孤立的，它是有着长期理论准备的一场社会运动，用市场机制来改造政府也是经济学家们的长期呼吁。

通过上述考察，可以看出，在第二次世界大战以后，公共选择学派是较早开始关注政府失灵问题的，它在探讨政府预算最大化、效率下降、官僚主义、腐败等问题的原因时，提出了"经济人"的假设。正如我们已经指出的，这一学派的理论认为，个人都是有理性的利己主义者，个人天生地具有追求个人利益和效用最大化的要求，一直到这种追求受到抑制为止。政府中的个人也与市场中活动的人一样，是"经济人"，天生地具有追求自身利益最大化的倾向。公共选择学派把政府及其运行程序理解成政治市场，认为在政治市场上，选民和政府官员都应当被看作是"经济人"。作为选民，其政治选票总是投向那些能给自己带来最大利益的政治家；作为政治家，总是支持那些能为自己带来最大利益的政策方案。因而，"经济人"的行为方式直接影响了政府运行的实际效率以及公共选择的有效性。

根据公共选择学派的看法，由于建立在传统理论基础上的政府机制不能以营利为目的，对政府及其官员的物质激励非常有限，政府官员常常被置于"公仆"的地位而不能明确地追求自身的经济利益，这就使他们的自利动机受到了限制，从而迫使他们采用其他方式实现自己的利益。比如，政府规模的最大化、部门支出的增长等，都是政府官员追求自身利益的扩张行为。在政策领域，政府也是首先选择利益，既选择那些与社会整体利益一致的方面，也选择那些与政府自身最大利益相一致的方面。这种人为的、主观的选择特征，必然使公共政策在分配社会利益时带有明显的倾向性。例如，少数政策制定者偏袒某些利益群体，经常给予这些利益群体"优惠政策"，使得他们从政策中获得更多的利益，而这些官员也会得到相应的好处，最常见的就是"寻租"行为等。即使政府作为"中介人"而存在，它为了解决不同主体对利益的追求所形成的利益矛盾，也会制定出不同的政策，引导有关组织和个人采取不同的行动以综合平衡各种利益关系。在这种政策下，政策制定者正是通过利益与代价的分布不均衡来保护甚至满足一部分人的利益需求的，同时又抑制、削弱甚至打击另一部分人的利益需求。通过政策所发挥的作用去调整利益关系，在原有的利益格局基础上形成新的利益结构。如物价政策，有时会削弱生产者的利益，有时则抑制消费者的利益，以此来寻求生产者和消费者的利益平衡。结果是，一方面，产生了寻租行为，增加了非生产性成本，造成资源的浪费；另一方面，又导致了过快的预算增长以及政府机构的膨胀和功能的恶性化。

基于对政府失灵问题的分析，公共选择学派认为，必须通过对政府进行改革去寻找约束和限制政府权力的有效途径。与以往的寻求强化法律制度和监督制约机制的思路不同，公共选择学派基于它的"经济人"假设，提出了在政府以及整个政治领域中引进市场竞争机制的创见。比如，把成本—收益分析引进政府工作的评价系统，在政府机构内部建立起竞争机制。也就是说，要对政府日常开支项目进行"损益分析"，对每一项目的社会成本与收益进行细致的比较，杜绝政府项目不计成本的习惯做法。公共选择学派还建议把利润分享机制引进政府，允许官僚机构对节省下来的成本形成的财政节余拥有一定的自主处理权，即将生产公共产品节省下来的部分预算成本返还给官员，以促进其主动提高效率，改进服务。为了防止官员制造"虚假的"节省，可能的防范方式有：让官僚机构直接分享成本节余；对表现好的官员给予事后奖励；对预算盈余的官僚机构实行有限度的自主权；等等。总之，这是一种引进企业运营方式的做法，是按照市场竞争机制来设计政府行为模式的方案。所以，这种理论在行政改革的实践中也被直观地称为"引进企业家精神"。

二、对引进竞争机制的怀疑

如果说对那些具体的管理问题采用公共选择理论的所谓"损益分析法"是可行的话，那么，对一项关系到社会发展长期目标实现的项目来说，如何根据这种"损益分析法"进行准确的测算呢？比如，对一些重大的具有政治性的决策，如何进行可计量的考察呢？如果这些政府活动的内容无法适用于"损益分析"的话，那么，是不是要在公共领域的各项活动中完全取消政府的这些职能呢？同样，公共选择学派的所谓利润分享机制，实际上将会把政府引导到对短期目标的关注上来，放弃一切具有长远意义的战略性目标的确立和实施。而且，最为根本的是，这样做无非是一种通过制度化的方式限制政府官员个人作为"经济人"的消极后果，从而把政府在整体上塑造成一个"经济人"，而且是一个有着无

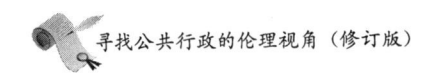

限垄断权的"经济人"。

如果这样的话，公共选择理论建立在个人选择基础上的公共选择就会走向悖论，那就是政府作为一个最大的"经济人"也是最有实力的"经济人"，它在信息、技术等各个方面都拥有绝对的优势，更何况它可以在根本不需要这些优势的条件下凭借所掌握的公共权力的力量为自己攫取超额利润。当政府这样做了，站在政府对面的无数分散的经济人又通过什么方式去控制政府对利润的追求呢？因为，政府即使走上了利润导向的道路上来，也没有改变政府的垄断地位，政府无论怎样去与诸如社会中介组织之间建立竞争关系，政府还是政府，它在任何一个方面对自我垄断性的保留，都会保证自己在整体上处于垄断的地位。即使对于政府自身而言，如果根据经济人的判断而用一系列规则去剥夺政府官员个人的自主性，那么，政府因之而建立起了它在整体上的毫无节制的自主性，所证明的也是政府官员个人自主性的丧失而使政府在整体上获得了自主性。结果，就会出现了这样一个问题：如果说官僚个人的自主性带来了消极结果，加以制止和救治起来还比较容易的话，那么，当这种政府官员个人的自主性被集中为政府整体上的自主性的时候，政府就无疑会成为霍布斯所说的那样一个巨大的怪兽。

其实，在整个近代社会，人们对市场竞争寄托着巨大的期望，所以，对于政府中的机构效率低下等问题，寄望于通过竞争机制的引进来加以解决也就是自然而然的了。但是，当行政改革按照公共选择学派作出的诊断和开出的药方进行的时候，在极力把市场竞争机制引入到政府中来的时候，人们是否想过，近代社会的私人领域中一直是竞争在发挥着主导作用，可是，竞争本身可能引发经济危机，有的时候，也会出现所谓"市场失灵"的问题，每当出现了这些问题的时候，总是需要政府来加以干预的。当然，政府的过度干预也可能导致所谓"政府失灵"，但这个政府失灵只是证明了政府干预的过度，并不意味着政府的存在形式应当与市场的存在形式一致化，政府作为市场的调节领域，它保持自身不同于市场的独特性，这一点在任何时候都是确定无疑的。

既然竞争在市场中曾经引起过经济危机，说明竞争也只有在有着竞争之外的调节力量存在的时候才可能是健康的竞争。现在，却要把竞争引入到政府中来，如果政府的运行机制也被改造为一种竞争机制，那么，这种竞争会不会也像在市场中那样引发危机呢？当市场出现了危机，出现了大萧条，由于有政府的存在，人们可能还会有一些心理的依靠而不致遭遇到毁灭性的恐惧感。如果竞争在政府中也引起了同样的危机的话，那将会是一种什么样的结果呢？而且，公共领域作为公共权力运行领域的独特性，决定了在这个领域中如果也出现了因竞争引发的危机的话，这种危机肯定是极具灾难性的。所以，在公共领域引进竞争机制显然不是一种最佳的选择，尽管在公共领域中的一些部门或一些运作程序中引进竞争机制是可取的，而且也是应当的。但是，有限制地引入竞争机制只是一些局部性的策略选择，是一个技术性的问题，而不是公共领域中的革命性变革。

我们认为，对于政府来说，引进市场竞争机制只是在一些特殊的部门才是适用的，绝不能把引进市场竞争机制作为政府在整体上开展行政改革的出路。可是，从20世纪后期以来的行政改革看，关于政治的和公共行政的热烈讨论却对引进市场竞争机制加以极力夸大，将其作为行政改革的全部内容和唯一出路来看待了。在某种意义上，许多以理论家姿态出现的人以及他们洋洋大观的著述，可能都属于一些哗众取宠之论。所谓"改革政府"、"重塑政府"等提法，可能只是一些爱好夸大其词的人在炫耀他们的显示心理。理论探讨如果缺乏独立思考能力的话，就会被别人牵着鼻子走，而一些致力于把理论变成现实操作方案的人，如果缺乏理论素养的话，就会选择那些经不起推敲的理论并受到其误导，进而，对行政改革也造成误导。20世纪后期以来的以建立"企业家政府"为目标的行政改革，就是受到错误理论误导的行动。

然而，基于公共选择理论而鼓噪的"企业家政府"运动却得到了全球性的响应，反过来又使公共选择理论嚣啸冲天，不仅成为一种占支配地位的理论，而且也成了一种主流意识形态。其实，社会科学的研究中也存在着村妇吵架的情况，谁的声音洪亮，似乎真理就在谁那里，一种理论如果经过包装并高调推出的话，就会迷倒一个时代中无数的受众，如果这些理论家再为实践出谋划策的话，那么影响可能就是极坏的。可见，尽管市场竞争机制对于公共领域是一个陷阱，但一经一个或一些很有影响的人物或学派提出来，就有着无尽的附和，谁也不愿意去考虑它的实践可能性，更不愿意去思考其可能出现的结果，只是为了理论的理由而极力促使理论变成实践的行动。这些年来，为世界各国行政改革出谋划策的人，基本上都是为了这样一个理论的理由。

三、"公共人"及其"公共支付"

近代以来，在市场经济的制度安排中，市场和政府是两个不同的活动领域。一般说来，市场是私人活动和经济生活的领域，市场关系是在个人之间权利的让渡和交换过程中结成的关系，是以个人选择而不是公共选择的形式出现的，在个人向他人让渡或与他人交换自己关于具体物品的权利时，所遵奉的是平等和自由的原则，不允许任何强制性因素的存在。政府则不同，政府的核心职能是提供公共产品与公共服务，是通过公共选择来制定并严格执行法律规则与公共政策的。在以政府为核心的整个公共领域中，如果不加分析地引进市场竞争机制，实际上，就是要混淆公共领域与私人领域的差别。一旦公共领域与私人领域相混同了，政府甚至整个公共领域的公共责任就会受到冲击，甚至无法在理论上加以确认。

公共领域与私人领域的运行机制及其结果都有着根本性的不同。我们知道，作为市场经济活动主体的经济人的利己目的是通过利他手段来实现的，是利己和利他的统一。这是因为，市场活动中的经济人的利己目的的实现必须以利他为途径，必须首先为他人提供优质有效的商品和劳务，满足了他人的需要，利己的动机才能转化为利己的结果。所以说，在市场经济中，在私人领域中，经济人的利己性和利他性是在结果中被统一了起来的。只要在适当的法律与制度的范围内，在市场中活动的个人的利己行为就会在相互作用的过程中产生一种反映了所有参与者利益的秩序。公共领域则完全不同，由于政府机构和官员的工作性质大多具有垄断性，他们在追求个人目标时所受到的制度约束远少于经济市场中的企业和个人，因而，政府机构及其官员可以更自由地追求最大化个人私利，而不管这种行为是否符合公共利益。

在公共领域中，政府机构及其官员追求自身利益的"经济人"行为是不会像在市场中那样产生出反映了所有参与者利益的自发秩序，反而只能导致官僚主义、政府效率下降和腐败的泛滥。这是在承认政府官员是"经济人"这一假设的前提下得出的结论。只要政府官员是"经济人"，他的行为的后果就必然是违背公共意志和侵犯公共利益的。也就是说，在私人领域中，"经济人"追求自身利益最大化是可以导致合理性的道德化结果的，而在公共领域中，任何追求个人利益最大化的行为，都会直接导致不道德的结果。

公共选择学派之所以会把"经济人"假设引入到公共领域中来，是因为这一学派在理论实质上包含着对共同体公共性内容的怀疑，这一学派不仅不相信在共同体中存在着某些公共性的内容，而且表达了一种让私人领域中的"经济人"行为征服公共领域的理论倾向。毫无疑问，如果根据公共选择学派的理论而在行政改革中把市场竞争机制引入到政府中来的话，那就会要求把私人领域中的个人选择行为上升为一种具有普遍意义的法则，迫使公共领域也成为个人选择的乐园。这样做，不仅承认了公共领域中的政治家和行政人员个人利益追求的合理化，而且会从根本上对共同体成员的"公共支付"行为形成冲击。我们看到，在近代以来的社会发展过程中，共同体成员对社会的"公共支付"已经因为长期受到压制而转入潜伏状态。不过，尽管制度等客观性的设置压制着共同体成员的"公共支付"，而公共领域中那些为着公众利益作出了奉献的人却一直是他们的榜样，让他们感到安慰。现在，把公共领域中的所有人都描绘成"经济人"，从而使共同体成员内心的最后一丝安慰也受到了嘲弄。这无异于是对共同体成员的"公共支付"行为所发起的最后一轮攻击。结果会怎样呢？我们认为，如果连那种处于潜伏状态的共同体成员的个人"公共支付"行为都瓦解了的话，整个社会确实就会陷入霍布斯所称的"原始丛林"状态了。

如果我们不囿于政府或公共领域，而是从社会一般的角度看，就会发现，古典经济学说中的"经济人"概念只是在考察经济行为主体的时候才加以使用，现代公共选择学派以及属于这一思潮的各种经济学理论和政治学理论，都不加证明地把这一概念运用于描述所有的人。这样一来，戴上了所谓"经济人"的有色眼镜来看世界，一切人都成了只知追求个人利益的功利性动物。的确，市场经济和市场中的交换行为会形成一种价值观，那就是突出个人对物的所有权意识。因为，在市场经济的社会氛围之中，人们往往是把行为的经济效益放在首位的，有着较强烈的追求个人利益最大化的倾向。如果在这种个人的利益追求之上出现了以政府为代表的所谓公共选择，就会同时出现诸如平等、自由、人的尊严和共同体规范等等，而这些因素与经济人的个人追求的结合，就会为公共生活中"搭便车"现象的出现提供一个生长空间，一些或一部分共同体成员往往可以在不必支付任何费用或付出任何成本的条件下而无偿地享用某些公共产品的供给。从"经济人"的视角出发，公共领域与私人领域的这些不同是不可容忍的，是对产权观念以及其他权利观念的破坏和冲击。因为，在私人领域中，任何人都必须在作出了一定量的"支付"的时候才能够得到相应的产品供给，而在公共领域中，一些人却可以获得无偿供给。可是，对于人类社会来说，公共领域的这种特殊性却是文明的标志，无偿获得某些供给，不仅不是对公平正义的破坏，反而是公平正义的结果，是维持一个共同体存在所必不可少的支柱，是共同体的共同性得以延续的保证。而且，也正是由于公共领域中有着这种无偿供给的行为，私人领域才在一定程度上获得了得以健全的保证，社会成员才拥有了一定程度上的普遍安全感。

所以，我们认为，在公共领域中是不存在所谓"搭便车"的问题的，公共领域的维系虽然也要从社会（特别是私人部门）中获取资源，但是，所获得的资源是没有标识的。比如，税收转化为财政后，就再也不会标注是由哪个企业或哪个人缴纳的这笔钱，更不会考虑把这笔钱用于缴纳者的身上，而是被用来维系和促进公共利益最大化的事项上。这样一来，可能绝大多数社会公众都是搭便车者。所以，"搭便车"这个概念是完全不可以在对公共领域的任何一个方面的理解中加以应用的。也就是说，只有在私人领域中才存在着所谓"搭便车"的问题，而在公共领域中，则根本不存在着这一问题，或者说，每一个人都可能是搭便车者。如果每一个人都是搭便车者，那么，是谁搭了谁的便车？

此外，除了公共领域和私人领域之外，我们的社会还存在着一个以家庭为核心的日常生活领域。在日常生活领域中，父母兄弟亲朋好友之中哪一个是"经济人"呢？或者说，在何种意义上是经济人呢？在这里，并不是每一个作出一定付出的行为都必然要得到相应的回报，没有基于平等自由的原则而进行的交换过程，没有人斤斤计较每一次付出的实际受惠者是应有所得还是搭了便车。这也说明，日常生活领域中同样不存在"经济人"。就此而言，古典经济学理论严格地在私人领域中使用"经济人"的概念是严谨的和科学的，公共选择理论将这个概念泛化到对整个社会的理解是不可取的。

的确，近代社会的发展由于将所有权的观念转化为了意识形态，从而在一定程度上把人塑造成了经济人。但是，人是生存于共同体之中的，共同体框架下的人与人之间的关系包含着许许多多的方面。在某些方面，人表现出了"经济人"的特征，而在其他方面，则不是以"经济人"的面目出现的，特别是在人的公共生活中，拥有"公共人"的特征是他能够参与公共生活的条件。总之，在近代以来公共领域与私人领域分化的条件下，就人追求个人利益而言，他是"经济人"；就人是共同体成员而言，他同时又是"公共人"。一个共同体的存在，并不是因为有了一定的法律制度设置、共同的文化传承和宗教信仰就足够了，而是那种在每一个人那里都存在着的"公共人"的特性决定了一个共同体存在的现实。在公共生活中，每一个人都必然会有着属于"公共支付"范畴的行为，哪怕是一个意见、一个主意、一句微不足道的话，都是他作为共同体成员而作出的"公共支付"。也许一个人一无所有，他却持续地对共同体作出了道德情感的支付；也许一个人身患残疾，他却向共同体其他成员支付着唤起怜悯的那种因素。每一个人在作为共同体成员而存在的时候，都源源不断地向共同体支付着他能够支付的各种各样的有益于共同体存在和发展的因素。这是他作为共同体成员的公共支付，也是共同体赖以存在和发展的必要资源。如果没有这些资源，共同体立马就会陷入濒临解体的危机之中。

"公共人"对于一个共同体存在的意义是以他的"绵延"着的"公共支付"为基础的，也就是说，一个共同体中的人，当他表现为"经济人"的时候，他是在一次性的支付中获得一次性的收益；当他表现为"公共人"的时候，他的收益不是来自于他的一次性支付行为，而是来自于他的持续不断的支付过程，是与他的生命存在共始终的无数次支付行为给予了他相应的收益。在这里，在他的收益中可能包含着他的父兄的支付以及过往一代又一代祖辈的支付，而他的支付又将积累起来并转移给他的子孙后代。同样，他的支付给同一共同体中的其他人带来了收益，而其他成员的支付则使他受惠。总之，这是一种无法——对应的支付行为。在公共领域生成之后，这种支付行为是人能够成为"公共人"的前提和条件。用一句流行的话说，公民有着对国家的义务，这种义务用科学的语言来表述，可以称作"公共支付"。

在公共领域中，非对应性的无偿供给是普遍的，而且是最为基本的供给方式。如果我们不囿于有形意义上的无偿供给的话，就会发现，每一项有形意义上的无偿供给都是以全部有形意义上的和无形意义上的"公共支付"为前提的，不仅纳税人得到了无偿供给，而且没有纳税的人也得到了无偿供给。一个得到这种无偿供给的人，他之所以得到了，是因为他是这个共同体中的一员，他作为这个共同体一员的身份本身，就是一种"绵延"的支付。对于这种支付的性质，是不能用经济学的概念来加以理解和定义的，因为它有着更普遍、更深刻的内涵，是一种属于公共性质的支付，是在公共产品供给之前和之后所进行着的长期性的支付。在某种意义上，公共产品的供给恰恰是对这种支付的补偿。所以，在共同体的生活中，是潜在地存在着一种个人的"公共支付"行为的，这种支付行为既无法从经济学的角度来认识，也无法用政治的和文化的观念来理解，这是在一切共同体中普遍存在着的却又是超出了现有一切科学理解的客观现象，至多只能被抽象地表述为"公共性"，是人作为共同体成员而存在的一种特性，也是人作为"公共人"而存在的方面。这也正是一个共同体在出现了文化歧见、宗教纷争、政治倾斗和经济虞诈的时候还依然能够维持下去的奥秘所在。

四、政府中的"公共人"

从社会一般的角度来看人，我们认为，在公共领域与私人领域分化之后，一个共同体中的每一个成员都具有"公共人"的一面，尽管并不是每一个人都从业于公共部门，但公共生活却是每一个人都无法独立于其外的，每一个人都必然会参与到公共生活之中，成为公共生活的主体。我们说每一个人都有"公共人"的一面，意味着用"经济人"概念去理解人的行为只有在特定的领域或针对人的特定方面的生活才是适用的。

近代社会是一个不断分化的过程，不仅在结构上分化为公共领域、私人领域等，而且，人群也处于分化过程中，由于人的职业与生活相分离，使人可以从业于公共领域，也可以从业于私人领域。这样一来，人的职业对人的行为也有着重要影响，并在一定程度上通过对人的行为的影响而影响到人的属性的获得。从业于公共领域之中，专门在公共领域中开展其社会活动的人，必然会表现出比一般社会成员更多的"公共人"属性。所以，对"公共人"这个概念的狭义理解，往往会指向政府工作人员，政府是公共领域的核心构成部分，政府工作人员也就成了"公共人"的代名词。当然，在职业的意义上把政府工作人员看作"公共人"是没有问题的，不过，在生活的意义上，其实是不能够把政府工作人员完全看作是"公共人"的。因为，正如"经济人"概念一样，"公共人"的概念也是一种抽象，是共同体中每一个人都拥有的一种属性，只不过在公共领域（特别是政府）中活动的人应当让这种属性更多地凸显出来。

如果不是在人的属性的意义上去谈论"经济人"、"公共人"的概念，而是在人的实体意义上去使用这些概念，就会指向人的活动领域，即在私人领域所看到的是"经济人"，而在公共领域中所看到的则是"公共人"。也就是说，"经济人"是由市场主体加以充分诠释的特性，而"公共人"则应当是由行政人员去自觉地加以建构的特性。在私人领域即市场中，人作为"经济人"而存在是合理的，也是必要的。但是，在公共领域中，人如果作为"经济人"而存在的话，那就不再是合理的，而且是对公共利益有害的。公共领域是"公共人"的活动领域，这也就像私人领域是"经济人"的活动领域一样，是同一个道理。行政人员被选择而在公共领域的核心地带（政府）中去开展活动，他就应当在其职业活动中集中体现其作为"公共人"的特性，他的"公共人"的一面愈是突出愈是纯粹，他就愈合乎公共领域的要求，就愈适宜于在公共领域中承担维护公共利益的责任。

当然，由于市场经济的惯性，"经济人"行为会辐射到公共领域和政府中来，使行政人员表现出了一定的"经济人"特性，但这只能被看作是行政人员的"公共人"一面被遮蔽了，处于一种潜伏状态了。面对这种情况，积极的行政改革不是要通过引进市场竞争机制来顺应行政人员乃至政治家们的"经济人"化，而是需要通过有效的制度设置来激发出他们的那些处在潜伏状态的"公共人"特性；不是运用那些规范市场竞争的原则和规则来规范他们的行为，而是需要通过唤醒和张扬他们作为"公共人"的那一属性来实现他们的自我规范。

我们承认，公共选择理论的"经济人"假设所提供的是关于现实的描述性图景，也就是说，在现实中，政府官员把自己"经济人"的特性暴露无遗，而且这是一个普遍性的事实。然而，理论的探讨绝不同于摄影师的工作，理论要根据既有的现实而提出走向未来的选择方案。这样一来，我们就面对这样一个问题，即政府官员普遍地暴露其"经济人"特性的原因何在，他本应张扬其"公共人"的特性，却反而让其"经济人"的特性掩盖了"公共人"的特性，是什么因素促使他作出了与其所扮演的角色完全相反的选择。公共选择理论显然没有对这一问题加以追问，所以，在公共选择理论这里，其实是存在着理论的不彻底性问题的。公共选择理论仅仅满足于表面性的描述，又匆匆地在这种表面性的描述的基础上去寻求对策性的解决方案。这就是我们对公共选择理论以及其后的在政府中引入市场竞争机制表示怀疑的原因。

我们认为，在这个问题上，传统观点的价值是无法突破的。政治的和公共的领域任何时候都是一个非交换性的领域，是不可以市场化的。当前所存在着的政府官员"经济人"化的现象并不是一个具有理论合理性的现象，我们绝不可以根据这一现象而对政治的和公共的领域作出市场化的设计，公共领域与私人领域的区别永远都是是否按照市场原则行事的问题。如果公共领域按照市场的原则行事，那么法律制度的规范无论怎样缜密，都不可能防止政府官员行为的个性化，无论在何种意义上减少了腐败行为的发生，也不是根除腐败的有效证明。事实上，政府官员行为的"经济人"化是一个道德的问题，是由于政府官员的道德意识的缺位和主观动机与公共领域的根本性质相疏离而导致的。对于这个问题，任何寻求外在化的解决途径的做法，都只能实现形式化的规范，而不能够从政府官员的内在行为动机上实现规范。所以，在对政府官员的行为实现法律制度约束的同时，还需要进一步的道德建设来获致对政府官员行为的内在规范。

人的"公共人"的一面在一定程度上表现为人的道德性的一面，人作为一个社会共同体中的一员而进行着的"公共支付"也是一种道德化的支付。如果把行政人员看作是"公共人"而不是"经济人"的话，就会在行政改革中寻求行政道德建设的途径，就会提出"以德行政"的要求。我们之所以不同意对行政人员作出"经济人"的理解，而是要把行政人员看作是人的"公共人"特性的集中体现者，目的就在于提出这样的要求：通过建立起一种行政人员追求个人利益的非正当性的观念，从而把行政人员引导到公共利益至上的道德自觉上来。所以，行政改革的目标是要通过一种全新的制度创新，建立起有利于行政人员"公共人"特性觉醒的机制，而不是简单地引进市场竞争机制。

第六章
超越官僚制（二）：实践努力

第一节 行政改革的追求

一、行政改革的话题

毋庸置疑，在走向现代官僚制的进程中，西方国家因官僚制而增强了政府能力，使政府在社会发展中扮演了一个重要角色。特别是在20世纪，官僚制取得了巨大成功，社会发展也进入了一日千里的运行状态之中。但是，到了70年代后期，随着官僚制的诸多缺陷逐渐暴露了出来，人们开始对官僚制进行反思，提出了各种各样的批评。自70年代后期以来，西方国家的行政改革所表明的是官僚制来自实践方面的批评。西方国家的行政改革是一个试图超越官僚制的公共行政发展运动。表面看来，它在公共选择理论、交易理论等等经济学理论的指导下去努力发现一种可以超越官僚制的公共行政模式，实际上，它并没有实现对官僚制的超越，至多也只是一场对官僚制的大规模的修补工作。

中国自80年代以来也开启了行政改革的进程。对于中国的行政改革来说，有着双重任务：一方面，由于中国的行政改革是在官僚制发展不足的前提下进行的，需要吸收和借鉴官僚制的一切积极成就；另一方面，中国的行政改革所处的历史阶段又决定了它不能够在官僚制充分发展起来之后再实现对它的超越。中国的行政改革必须把学习和超越的双重任务放在一个统一的进程之中，它的出路就在于从公共行政的道德化这个视点入手。也就是说，中国社会由于近代以来处于一种后发展状态，在西方国家工业化运动凯歌行进的时期，中国由于背负着农业社会的沉重包袱而步履维艰，在西方国家已经走上的工业社会的顶峰之时，中国才启动了工业化的进程。这个时候，完成了工业化并走上了工业社会顶峰的国家已经遇到了后工业化的课题，而中国的工业化进程又是在一个全球化的背景下展开的。这决定了中国无法在封闭状态下单纯地去走工业化的道路，必须与发达国家一道去应对后工业化的挑战。这样一来，中国的前进道路就变得复杂了起来，既要解决自身工业化的任务，又要与世界一道去承担后工业化的课题。在这种条件下，中国的行政改革就必须充分考虑来自这两个方面的压力。

20世纪后期以来的行政改革也是一场全球性的运动，现在看来，几乎所有的国家都搭上了行政改革这班列车。而且，可以相信，在今后一个很长的时期内，行政改革都是一个世界性的话题，几乎没有哪一个国家可以游离于行政改革的进程之外。反思这场行政改革运动，原因是多方面的，而且在不同的国家，行政改革的动因也是不同的。黑格尔说国家是理性的，每一个国家在决定自己的行政改革进程是否需要启动或按照什么方式改和朝着什么目标改的问题时，都不会盲目地模仿他人，肯定是由于自身遇到了一些深刻的矛盾和无法解决的问题，才会寻求行政改革这样一条道路。但是，为什么几乎全世界的所有国家都在同一时期内启动了行政改革进程？这可能是一个有趣的问题。至少，可以说全世界所有的国家都遇到了一些共同的问题，都需要通过行政改革去解决这些问题。事实上，我们看到，几乎所有的国家都程度不同地长期面对着机构臃肿、行政效率下降和财政压力加重等方面的问题。

我们应当看到，这些问题的出现绝不是偶然的，而是由公共行政发展的必然性所决定的。我们知道，西方国家在20世纪赖以开展公共行政活动的官僚制曾经给这些国家带来了巨大的成功，然而，同样是这个官僚制，而且是经过不断地修缮和完善了的官僚制，为什么会在70年代开始走向失灵呢？这说明，官僚制作为一种政府模式已经属于另一个时代了，随着它的充分发展而走向了与社会的需要之间不适应的方面了。也就是说，社会的发展已经提出了新的要求，即要求有新的政府类型与之相伴随，这种政府类型应当扬弃官僚制，在吸收官僚制发展中的一切积极成就的基础上实现全面创新。在中国，我们将这种新的政府类型称作服务型政府，而在西方，可能需要较长一个时期才会知道中国已经致力于这一新型政府模式的建构了。那个时候，也许他们会认真地思考重建政府模式的问题，并努力去寻找走出既有政府模式的出路。我们是期待着西方学者在这方面作出贡献的，否则，奴性十足的中国学者实在无法到西方找到服务型政府的理论支点。

第六章　超越官僚制（二）：实践努力

我们也注意到，关于20世纪后期以来的行政改革，西方学者也大都是在"重塑政府"、"政府再造"的标榜中寄予期望的，这在一定程度上也说明西方学者同样希望能够有一种完全新型的政府来取代以现代官僚制为基本内容的政府类型。虽然西方国家20世纪后期以来的行政改革很难称得上是什么政府再造，但是，它所表达的追求是有价值的。如果在不远的未来我们真正启动了政府再造的运动，那将是公共行政发展史上的一场伟大变革，将意味着人类的政治发展史进入了一个根本性的转折点。所以，政府再造将是一项巨大的社会工程，是需要经历一番艰苦的探索才能达致目标的过程，这个过程将会延续一个相当长的时期。从当前的情况看，虽然我们提出了服务型政府建设的课题，但是，当这个概念被赋予内容的时候，也就成了一个巨大的垃圾袋。所以，我们只能说，当前的改革目标尚不明确，各国的做法也有很大的区别，对于什么样的政府才是适应21世纪社会发展要求的政府这样一个问题，谁也无法提供一个明确的答案。但是，有一点是清楚的，那就是需要通过价值因素的引入和政府的道德化来实现对现代官僚制的超越。

通过重温威尔逊和韦伯的理论，我们可以看到，威尔逊所说的："行政学研究的目标在于了解：首先，政府能够适当地和成功地进行什么工作。其次，政府怎样才能以尽可能高的效率及在费用和能源方面用尽可能少的成本完成这些适当的工作。"[1] 威尔逊在这里实际上所提出的是建立一个什么样的政府的问题，或者说，政府应当以什么样的形式出现和怎样根据这种形式来承担起它的职能。对于这个问题，古德诺作出了回答："政治与指导和影响的政策相关，而行政则与政策的执行相关。这就是这里要分开的两种职能。"[2] 根据这里所标示的政治—行政二分原则，所建立起来的政府理所当然地是一种纯粹形式化的和专业化的行政机构，它的职能仅在于执行政治所确定的政策，这种执行政策的活动只有一个目标，就是效率。

概括起来，基于政治—行政二分原则建立起来的政府应当体现出这样几个方面的具体原则：第一，固定的官员管辖权原则。在政府中，每个官员都有固定的职责，在职责和职权范围内有权发布命令。第二，机构等级制和权力层级化原则。在政府中，有一个严格规定的上下等级体

---

[1]　彭和平等编译：《国外公共行政理论精选》，1页，北京，中共中央党校出版社，1997。

[2]　同上书，29页。

制，高一层级的部门对低一层级的部门进行监督和管理。第三，一切管理都建立在书面文件的基础上。政府中的各项活动都有说明书并要按照文件的规定进行。第四，官员因专业化而能够充分地发挥自己的工作能力。第五，各级官员，只要能胜任工作就应得到终身雇用的保证，能领取固定薪金和养老保障金，让官员的收入具有高度的安全性并得到社会的尊重，使担任公职成为人们追求的职业。由于拥有了上述原则，官僚制就可以成为层次结构分明、规章制度严格、职权职责明确、各级官员称职的行政管理体系。这样的政府被认为是能够取得最高效率的，在此意义上，可以说它是已知的对人类进行必要的管理的最合理的方法，有着准确性、稳定性、严格的纪律性和可靠性等诸多优点。

我们已经指出，政治—行政二分原则是公共行政得以确立的前提，而承担起公共行政职责的政府则是以官僚制的形式出现的，是一个以现代官僚制为特征的行政体系，它作为一个纯粹的技术性体系只考虑活动的效率和技术的可能性。官僚制作为一种理性的和有效率的行政体系，一方面，迎合了工业社会大生产和行政管理复杂化的客观需要；另一方面，又以非人格化、制度化的特征而得到了科学理性时代的文化认同。的确，官僚制理论的产生和广泛运用促进了政府技术化水平的提高，并以很高的效率履行了政府的职能。对于推动资本主义经济发展和社会进步来说，它是一个应当加以肯定的有力杠杆。可以说，没有官僚制，西方国家就不可能取得现有的巨大成就。

二、官僚制受到实践的批评

韦伯对官僚制的命运是有所知觉的，他说，"官僚体制统治的顶峰不可避免地有一种至少是不纯粹官僚体制的因素"①。在20世纪中后期，随着官僚制发展走到自己的顶峰，它所拥有的形式合理性和工具理性也暴露出了其固有的弊端。进入70年代，以信息技术为基础的新文明动摇并改变了原有的政治、经济和社会运行模式，世界政治、经济、文化发生了前所未有的变化。政治、经济以及社会所发生的变化使官僚制的一些先天性缺陷以及与时代发展不相适应的方面都开始逐渐地被人们意识到了，因而，韦伯的官僚制理论受到怀疑，使官僚制受到了来自理论和实践两个方面的批评。

---

① [德] 马克斯·韦伯：《经济与社会》，上卷，247页，北京，商务印书馆，1997。

特别是行政改革浪潮涌动后，人们宣布官僚制是一种过了时的政府体制，认为它是一种基于"工业时代"的特征而对政治、经济和社会体制所作出的概括和总结。随着从工业社会向后工业社会或信息社会转变进程的开启，官僚制变得失效或过时了，成了一种僵化了的和无效率的政府体制。的确，作为工业时代的产物，官僚制专注于各种规章制度及其层叠的指挥系统，政府官员总是以法律等规则所限定的权限去承担一定的任务，组织内部层层授权，下级对上级严格负责，"只有处在金字塔顶端的人才能掌握足够的信息而作出熟悉情况的决定"[①]。在变化迅速、信息丰富、知识密集的时代，这一体制已经不能有效地运转了，因而出现了机构臃肿、浪费严重、效率低下的问题。

作为一种具有形式合理性的设计，官僚制过于推崇组织结构的科学性和法律规则等形式的制度化，这使它难以适应政治、经济、社会个性化的发展要求。特别是官僚制对理性和效率的极端推崇，使它以完备的技术性体制设计扼杀了行政人员的个性，结果，官僚制自身也变成了缺乏灵活性的体制，也由于这一体制的约束，行政人员的主动精神、创造精神等丧失殆尽。如果说官僚制所造就的组织运行机制在循规蹈矩、按部就班的大工业生产条件下还能够使得各种控制型管理井然有序、富有效率的话，那么，在进入了追求灵活、崇尚个性的时代后，就成了阻碍社会发展的严重障碍。而且，就官僚制自身来说，也走向了与其设计原则相悖的一面，成为一种效率低下的行政体制。特别是官僚制的专业技术崇拜和固定的专业化分工，使政府功能日益衰退。

官僚制以其为一个分工—协作体系而见长，正是作为一个分工—协作系统而证明了它的科学性。然而，在后工业化的迹象刚刚显露的时候，官僚制体系的总体就暴露出被分割为相互分立的专业部门的缺陷，成了有分工而不协作的系统，一切按照科学理念设计出来的协调机制都显现出失灵的状况。特别是在作为官僚制典型形态的政府这里，陷入了部门林立、职能重叠交叉、机构臃肿庞大、官僚主义猖獗的窘态，进而造成了责任保障机制日渐消解的局面。在这种情况下，各级各类官员大多是不求有功但求无过者，他们得过且过和不负责任地混天了日。[②]

从政治的角度看，现代官僚制一开始就是生成于权力生态民主化氛

[①] [美]戴维·奥斯本等：《改革政府：企业精神如何改革着公营部门》，16页，上海，上海译文出版社，1996。

[②] 参见上书，6页。

围中的集权模式,有着与政治民主和经济自由完全相反的特征,而且是一种极为死板和僵化的集权模式。只不过,在社会处于低速运行的状态下,官僚制的这种死板和僵化没有显现为一个突出的问题;随着社会运行速度的加快,使官僚制的死板和僵化暴露了出来,并成为人们无法承受的一个问题。在官僚体系中,由于各种严密的法律规范的约束,官僚们不得随意按照他们喜欢而又适宜的方式从事管理活动,这实际上是对启蒙运动以来的整个人文精神的背离。与农业社会的集权相比,官僚制把集权的范围从整个社会缩小到了官僚体系之中来了,但是,即便是在这个特定的领域中对近代以来的人文精神加以背叛,也是不应该的。更何况官僚制在20世纪的实践中并不仅仅存在于政府之中,而是作为一种得以普遍应用的管理体制而扩展到了整个社会。这样一来,它对人的平等权利的侵犯和对民主生活的干扰,所带来的是非常广泛的影响。

官僚制所受到的来自实践方面的批评,就是20世纪70年代以来的这场轰轰烈烈的行政改革运动所提出的摒弃官僚制的要求。就这场行政改革运动来看,的确对官僚制作出了挑衅性的行动,具体地说,可以概括为以下几个方面:

第一,为了改变官僚制中的官员严格按章办事和循规蹈矩的传统,为了让政府官员尽可能发挥出潜能和创造力,为了让政府官员以令社会各阶层满意的创造性工作去增进社会的整体利益,各国政府都纷纷解除政府管制模式。这也被称为"缓和规制",甚至被一些学者概括为"解制型改革"。对官僚制这种批评主要表现为,通过废除公共部门众多的束缚公务员及社会公众办事手脚的规章制度而达致提高行政人员办事效率的目标。具体做法是,强化行政人员的决策作用和执行规章制度的灵活性,淡化行政组织结构和强化行政人员的有效行为能力,改革政府内部繁琐的管理规制,等等。总之,就是通过取消政府内部的那些限制行政人员积极性、创造性发挥的规章制度,以期达到充分调动行政人员的积极性和创造性的目标。

第二,为了改变官僚制造成的行政管理过分依赖垄断性的、缺乏外部监督制约的官僚机构,让政府得到来自于外部的监督和指导,提出了在政府部门中引进企业家精神的追求。这在一些国家(如美国、英国等)得到了大胆的尝试,其主要做法是:在结构上把政府中的部分机构市场化,引入竞争机制,下放决策和执行权力,减少政府的机构和结构层次,或者把一些政府的服务职能下放给较低层级的部门和机构,或者干脆把一些职能让渡于民营部门来承担，其目的是迫使公共部门无法进行垄断性控制，从而降低管理成本，减少服务费用，提高服务质量和效率。在政府官员管理上，实行合同聘用制和建立以功绩制为原则的个性化绩效工资制度，仿效企业雇用经理的做法去聘用政府部门主管人员，并在雇用合同中明确官员的绩效标准，从而打破官僚制的终身雇佣制，并且在分配上建立以功绩制为原则的个性化绩效工资制度。

第三，为了解决官僚制由于组织结构和管理方式上的权力集中而致使行政效率下降的问题，各国的行政改革都沿着分权的思路来对官僚制加以改造。主要做法是充分地对基层进行授权，使基层组织及其机构具有适应社会需要而独立决策的权力，改变基层组织长期以来被动的行政执行状态。同时，接受公众的广泛参与，让公众对政府的公共产品输出作出评判，把政府变成一个能够广泛地和有效地吸收基层行政人员、社会团体和公众参与决策的公共行政体系，用分权代替官僚制的集权，以保证低层机构和人员在行政管理中的积极性和创造性能够得到充分发挥，从而提高政府公共产品输出的质量和效率。这样一来，官僚制金字塔式的等级组织结构就被控制宽松、中间层次少、信息传递快、低层组织中的人员决策和执行灵活的政府体制所取代。

在行政改革中出现的所有这些做法，都要求突破官僚制，希望把政府"再造"为一个能够适应社会发展要求的政府。这就是官僚制所受到的来自于实践的批评。虽然韦伯的官僚制理论自产生的那一天起就受到了学者们的怀疑和批评，但是，学者们的批评只是由于理论认识的角度不同而引起的，是从不同的角度出发而展开的逻辑分野。然而，20世纪后期行政改革实践对韦伯官僚制理论所提出的批评则是致命的，构成了对官僚制理论的实质性挑战。然而，正如我们已经指出的，行政改革实践对韦伯官僚制的批评是有力的，而在这种批评中所依据的理论和方法却是错误的。用错误的理论和方法去批评一种不再适宜和过了时的理论，可以造成破坏性的影响，却无法得出积极的结果。

三、行政改革能否超越官僚制

上述可见，无论是在理论上，还是在行政改革的实践上，都是针对官僚制的缺陷进行的。特别是行政改革的实践，确实在改变政府公共产品的输出方面取得了很大的成绩，凡是按照上述做法进行改革的国家，在经济和社会发展方面都取得了巨大成就。但是，如果就行政改革本身提出问题的话，那就是，官僚制在这场行政改革中得到了根本性的扬弃了还是由于官僚制的一些缺陷在进一步的修缮中得到掩盖而使官僚制成为一种更加稳固的行政体制了呢？这个问题很重要，如果是官僚制被从根本上扬弃了的话，那么，意味着一种新型的政府模式建立了起来或将被建立起来，它在吸收了官僚制的一切积极因素的同时而使政府站在了一个新的起点上。也就是说，人类的行政活动将进入一个新的历史阶段。如果说行政改革仅仅是一场对官僚制进行修修补补的活动的话，那么，政府将在不远的将来又会重新陷入官僚制危机的困境。这也就是说，官僚制的形式合理性设计和工具理性的原则只要没有受到触动，当前行政改革中所取得的成绩无论多大，都还会在官僚制的形式合理性和工具理性对人类理性的征服中缴械。

从西方行政改革发展到了目前的情况看，它的所谓"重塑政府"、"政府再造"等是有着夸大其词的性质的。就上述所讲的行政改革的基本情况而言，尽管依据公共选择理论等而引入了企业家精神，建立起了竞争机制，但是，并没有构成对官僚制的全面扬弃。因为，在20世纪，当官僚制成为一种最为基本的组织形式时，不仅政府，而且企业，都普遍地采用了官僚制，企业家精神也是在官僚制的支持下而得以实现的。所以，在把企业家精神引入到政府中来的时候，并不是从根本上否定官僚制的运动，反而是在官僚制的基础上和以官僚制为依托而去实现企业家精神的。可以说迄今为止的这场改革运动在形式上使政府得以改变了，而在实质上，并未触动官僚制。至多，20世纪后期以来的行政改革所做的只是一些按照官僚制的科学化、技术化的思路对官僚制进行修补和校正的工作，是在一些枝节问题上对官僚制的调整，它没有从根本上触及政府应当具有什么性质以及行政人员和政府与社会公众的关系应当是什么样子的问题。

从组织结构看，行政改革对官僚制的层级结构作了调整，扩大了管理幅度，压缩了管理层级。但是，在行政改革过程中取得的这些成就却不是创新成果，而是一种适应性的调整。因为，20世纪后期，科学技术的发展在许多方面都取得了重大进展，提出了把科学技术的新成就运用到政府建构之中来而去对官僚制组织进行调整。行政改革主要就是新的技术手段在政府中的应用，使信息交流和传递都更加方便，使组织结构扁平化了。这对于官僚制的组织层级结构的设置来说，并不能称为严格意义上的改革。从英美的具体做法来看，设立了许多工作小组、特别委员会、项目小组等可以增加灵活度的组织形式，虽然这些做法在韦伯等人的官僚制设计中是不存在的，但也只能说是丰富了官僚制组织的形式和扩展了官僚制组织的内涵，而不能看作是对它的改变。况且，这些新型的组织形式也只在一些极小的范围内或针对一些具体问题才是有效的。如果把这种组织形式推广到整个政府系统中来，用以取代官僚制的组织形式，未必有现实可能性。而且，由于信息社会能够使权力更加集中，甚至使原来由于形式的障碍而无法达到的集权都成为现实，这有可能使运用信息化手段实现集权的做法变得更加普遍，而且，可能会成为一种更为恶劣的集权。当然，在行政改革的过程中也提出了解除规制的要求，甚至在梳理和废除某些不再具有合理性的规制方面，做了很多工作。但这只是在表面上缓和了规制，而实际上可能是政府对内对外的控制都变得更加严密了。

从管理方式看，在行政改革中也提出了突显行政人员的个性化和灵活性的要求，尽管在不同的学派的主张中对这一点的表述有所不同，而且，在不同国家的行政改革实践中选取的提高行政人员行为个性化、灵活性的途径也有所不同，但其基本精神是一致的。不过，从具体做法来看，并没有超越"强制性协调"的整体格局——以权力为中轴的计划、组织、人事管理、指挥、协调、报告、控制，依然是政府最为基本的管理特征。行政改革中广为流行的所谓绩效管理方式，本质上依然是一种行政控制，只不过这种控制把优先性维度由职权转向了效果。也许人们会从行政改革中的分权模式中读出对官僚制的挑战，但是，我们认为，它与其说是对官僚制的弱化，倒不如说是一种强化，因为权力的分散确保了基层获得与其职能相适应的权力，基层职权的到位必然带来科层秩序的稳定。这恰恰是韦伯官僚制的理想状态，如果说官僚制在实践中逐渐地演变成头重脚轻的倒金字塔结构的话，那么，分权模式其实是重新将其颠倒了过来，重新将官僚制校正到了其应有的状态。在对官僚制的维护方面，就连新公共管理理论的积极倡导者戴维·奥斯本等人也表达了赞同的看法：官僚制"一直是超过其他任何组织形式的纯技术性优越性……精确、速度、细节分明……减少摩擦、降低人和物的成本，在严格的官僚主义治理中这一切都提高到最佳点"[①]。"不管人民对官僚制度

---

① ［美］戴维·奥斯本等：《改革政府：企业精神如何改革着公营部门》，13～14页，上海，上海译文出版社，1996。

的弊端发出多少怨言,但如果存在着哪怕是片刻的设想,意味着持续的行政管理工作,除了通过在办公机关中工作的办公人员去进行这种办法外,可以在任何其他地方去完成,那将是一种十足的幻想。"①

在行政改革中,"企业家政府"的提法是一个很具有号召力的口号,并在某种程度上被渲染为官僚制的替代形式。其实,这是一个很大的误会。其一,凡是在政府引入企业经营方式而进行了合同招标、项目管理的地方,实际上都是政府侵占了企业经营的地盘,把原先不应当属于政府的职能划归到政府部门中来了。对于这些方面的经营,放回到社会之中,或按照企业的方式进行运营,都无关宏旨。其二,什么是企业家精神,是竞争吗?肯定不是。因为,一切有人群的地方,都是存在着竞争的,只不过竞争的方式和程度有所不同而已,所以,竞争绝不是属于企业家专有的,企业家所有的是他们的管理方式。

在整个20世纪中,官僚制并不仅是政府行政管理的体制,而且是一个渗透到一切管理活动中去的管理体制。在企业中,我们看到的也是官僚制一直在发挥作用,企业家的管理方式也就是官僚制的管理方式在私人部门中的具体应用。现在提出要在政府中引进企业家精神,实际上是在说用私人部门中的官僚制来代替公共部门的官僚制,并没有摆脱官僚制的纠缠。虽然官僚制在企业中的表现是与在政府中的表现有所不同的,但这种不同主要是由企业与政府的性质不同所决定的。企业可以以市场为导向,以顾客为导向,那是因为企业以营利为目的;政府则不同,它是以维护和促进公共利益为行为导向的,它不能以营利为目的。凡是非营利的,都是不能够市场化的,不能够按照市场原则来加以经营的。如果政府把公众当作顾客的话,那么,公共利益就会在顾客的特殊要求中消失。

如果说在今天把竞争机制引入到政府中来是能够接受的话,那么,在今后的某一个时刻,人们会不会把竞争机制引入到家庭中来呢?如果能够引入的话,可以断言,一夫多妻或一妻多夫的制度将是竞争机制发挥最大功能的空间。所以,我们说,在政府中,以及对于政府的运营来说,不存在所谓市场导向或顾客导向的问题,如果说政府没能够为公众提供令人满意的公共产品,那是因为政府中普遍存在着官僚主义等问题,而不是一个可以转变为以营利方式运营的问题。特别是当政府已经不能

---

① [美]戴维·奥斯本等:《改革政府:企业精神如何改革着公营部门》,6页,上海,上海译文出版社,1996。

在维护和促进公共利益方面发挥其应有作用的时候，那是需要从政府的性质方面着手来进行改革的，而不是在引进了企业家精神以及市场机制的途径中就可以解决问题的，即使在一段时间内表现了良性化的征兆，也不能够证明这就是一个好的模式。

所以说，西方国家 20 世纪后期以来的行政改革并不是一种真正意义的政府体制变革，并不是对官僚制的超越。表面看来，引入企业家精神和市场竞争机制对官僚制造成了冲击，而在实际上，由于这一方式本身存在着与公共领域的根本性冲突，是不可能得以持续的，一旦这种做法显现出了其弊端之后，官僚制就会回潮，甚至会出现一波报复性的反弹。从性质上看，引进企业家精神和市场竞争机制还属于管理技术上的改进措施，并没有就政府的性质提出疑问。如果行政改革满足于技术上的追求，是不可能取得实质性意义上的积极进展的。事实上，在这一波行政改革浪潮中，除了引进企业家精神的改革路径之外，致力于用诸如信息技术等来改革政府的做法也受到了普遍的重视。从现实表现来看，也许新技术的应用在行政决策的科学性、信息沟通的便捷性等方面收获了良好的效果，但是，由于技术的支持，使行政集权的状况也得到了进一步的增强。为了解决这一问题，学者们又倡导用公众对行政过程的参与来加以矫正。但是，官僚制自身所拥有的保持行政秘密的倾向则是公众参与无法搬除的障碍，而且，官僚制在行为上的控制导向也时时处处地表现在对公众参与的操纵上，以至于公众参与的良好愿望无法得到落实。

四、中国行政改革的方向

中国的行政改革进程大致是与西方国家同一时期开始的，起始于 20 世纪 80 年代初期。如果说机构改革是行政改革的切入点的话，那么中国的行政改革还处于一个刚刚开始的阶段，在这个时候，思考中国行政改革的方向问题是一件非常有意义的事情。

中国的行政改革与西方国家的行政改革在起点上是大为不同的。中国尚处于官僚制发育不足的阶段，所以，有很多人认为中国不应当模仿西方的行政改革，中国应当首先发展官僚制。这个建议有一半是正确的，那就是中国不应当模仿西方的行政改革，但是，要求中国首先发展官僚制就是一个应当受到怀疑的建议了。从上述的分析中可以看到，官僚制是西方文化和历史的产物，官僚制虽然在 20 世纪取得了巨大的成功，但它的形式合理性和工具理性决定了它有着根本性的缺陷。对于中国的行政改革来说，借鉴和学习官僚制的管理经验，甚至在行政体制的设计中引入官僚制的要素，是必要的；而要根据形式合理性和工具理性的原则在中国建构官僚制，则是不可取的。在全球化的条件下，中国的行政改革不应当看作是中国社会发展中的独立进程，它是与世界范围内的公共行政发展进程联系在一起的。当官僚制在实践中已经充分暴露出其缺陷的时候，中国有可能选择一条直接超越官僚制的道路。

对于中国的行政改革和行政体制建设而言，官僚制中的一些做法是值得我们借鉴的，那就是，它明确划分机构与人员的职责权限，并通过法规而加以严格设定；组织及其管理都依据大家共同遵守的规章和程序进行；严格的公私分开，公务关系对事不对人；根据需要对公务人员提供专业培训；公务管理需要专门的技术知识；官员承担公务活动是一种"职业"活动，这种职业不仅表现为经过公开考试选拔任职，而且表现为担任官职的官员要对组织的职务目标忠诚；官员的身份是终身性质的，但不承认官员对职位的占有；官员接受一种通常是有"定额"的"薪金"以及由退休金所提供的养老保障；官员升迁依据个人的资历或成就，或两者兼而有之；等等。最为重要的还是应确立起法律制度的权威，使公共行政在制度化、规范化的框架下运行。但是，官僚制的另一些内容必须得到超越，那就是它的政治—行政二分原则以及行政人员严守政治中立等等。因为，在中国是不存在所谓纯粹的党派政治的，政府在党的领导下开展行政管理和社会管理活动是一个既存的现实，而且，党的性质决定了它对政府的领导是有着深厚的政治基础的。在这种情况下，如果要求行政人员仅仅作为技术专家而存在，要求他的行政行为中不贯穿政治内容，那么，他的行政行为就会成为失去了方向的行政行为，就可能会成为利用公共权力谋取私利的行为。我国改革开放后，之所以出现了行政权力腐败泛滥的问题，在某种意义上，正是由行政的政治色彩淡化所造成的。

在中国，最大的政治就是能否代表全体人民的根本利益的问题，这个全体人民的根本利益也就是中国既定政治条件下的公共利益。公共利益能否得到维护，行政人员是否把公共权力作为公共利益的保障，行政人员的行为是否促进了公共利益的实现，是判断我国政府及其行政的公共性质是否发生了变异的根据。从这个意义上看，以中国政府为主体的公共行政中的政治也就是道德，行政人员的政治立场是反映在他能否坚持以德行政之上的。也正是由于这个原因，我们向往着"以德治国"，并希望行政人员把以德治国的理念贯穿于其行政活动之中,实现以德行政。对于中国政府的公共行政来说,以德行政就是政治,而且是政治的最为核心的内容。根据这一理念来认识行政改革,我们认为,中国行政改革的方向就是要建立起以德行政的公共行政体制。当中国的行政改革沿着这一方向前进的时候,它就会实现对官僚制的根本性超越,即扬弃了官僚制的形式合理性和工具理性,把道德价值判断引入到公共行政的体制和行政人员的行政行为中来。

当然,还有一个重要的问题,那就是,我国公共行政体系是不是包含着一个集权体制?当我们说应在借鉴官僚制的积极因素的同时超越官僚制时,能否做到对官僚制的集权化层级节制体制实现超越呢?长期以来,人们在探讨官僚制的时候,总是把它与政治上的专制集权或民主制度联系起来加以研究,基本上是把专制集权制度作为传统的世袭官僚制的生态环境来看待,而把民主制度作为现代官僚制的生态环境来加以建构的。的确,过往的历史发展是民主制度对专制集权制度的取代过程,而且这也构成了政治发展的文明化进程。但是,人类社会的政治文明并不一定必须在民主制度和专制集权制度之间作出选择。特别是在今天这样一个后工业化的背景下,有可能既废除了专制集权又超越了现代民主。集权和民主不一定是无法超越的两个必要选项,人类的政治智慧必将反映在对集权和民主这两个选项的扬弃之中,必将会找到第三个选项。如果承认人类具有制度创新能力的话,我们是有理由提出这样的设想的。

这样一来,我们的视线就不应集中在专制的与民主的制度表象上,而应深入地挖掘这些制度中的深层底蕴,去发现专制集权制度的不合理性在什么地方?现代民主制度的缺陷又是由于什么原因造成的?其实,答案在对专制集权的批评和对民主制度的反思中已经有了,那就是,专制集权制度缺乏法制而现代民主制度则是法制的片面发展。如果我们改变民主制度的法制片面发展的现状,走出法制的片面形式化追求,岂不就是对民主制度的超越。这样一来,专制集权制度中的一些因素就可能是合理的,那就是它的伦理精神和道德秩序。即使从专制集权和民主制度的分类中,我们也可以看到现代社会的畸形化:在政治上,我们主张和要求的是民主,但就官僚制本身而言,则是一个民主环境下的集权体制,它充分地证明了社会治理体系是民主与集权并存的,在社会体系的一个部分这里,是民主的,而在社会体系的另一部分那里,则是集权的。既然这种民主与集权的并存可以发生,那么我们为什么不能使这种并存转化成相互渗透呢，即把民主的精神贯穿到官僚制之中去造就民主行政？有人提出过这种建议，但是，建构民主行政应当从何处着手呢？是把政治生活中的民主制度设计搬到行政管理中来吗？显然是不可能的。一条可能的出路就是行政人员的民主精神建设，即通过行政人员的民主精神的塑造来实现公共行政的民主化。如果行政人员能够获得民主精神的话，那么，这个民主就不再是法学意义上的民主，而是伦理学意义上的民主，是由于行政人员的道德自觉而生成的民主。

在很长一段时间内，中国的行政改革被称作机构改革，如果改革的愿望和追求都反映在机构改革之上的话，科学化、技术化的考量可能是第一位的。但是，中国不可能满足于和停留在机构改革的范畴之内，随着机构改革的深入，随着机构改革引发新的问题，我们就必然会进入全面的行政改革的水域。这个时候，建立一个"什么样的政府"的课题就会被提出来，超越官僚制并实现公共行政的道德化就会成为一个必然的选项。建立服务型政府，就是基于这一逻辑而提出的构想。

虽然西方国家在20世纪后期以来的行政改革中一再提出超越官僚制的要求，但是，西方国家政府管理系统所实行的是管理行政的模式，这决定了它不可能从根本上超越官僚制。因为，现代官僚制是管理行政的基础，它为管理行政提供的是基础性支持，如果抽掉了官僚制，管理行政也就难以成立了。只要管理行政的基本理念、思维方式不发生变化，它就无法告别官僚制。从西方国家行政改革的现状来看，超越官僚制的方案只不过是更多地引进了社会自我管理的因素，尽可能地精简一些机构，尽可能地提高行政管理的技术水平以提高其效率。如前所述，所谓"企业家精神"、"民营化"等等，并不是超越官僚制的根本出路。把企业家精神引入到政府中来，无非是在官僚制的基础上加进一些竞争的因素而已，虽然在发展进程中有着放宽规制的倾向，却不是对官僚制的根本性超越。在这种体制中，政府依然是管理的主体，是凌驾于整个社会之上的公共力量。

在历史的维度中，现代官僚制是行政现代化建构的产物，或者说，在行政现代化的过程中，作为一个体系而出现的行政主体定格为了官僚制。如果行政改革不愿意抛弃行政现代化的成果，无论作出了什么样的修补和完善工作，都不意味着是真正超越官僚制的行动。对于中国来说，情况就不同了，中国的行政改革与西方国家有着完全不同的性质和内容。这是因为，中国正处在行政现代化的起点上，可以选择复制西方国家行政现代化的道路，也可以在全球化和后工业化的历史发展新起点上去开辟新的道路。这两种选择的结果是完全不同的。如果我们选择了复制西方国家行政现代化的道路，毫无疑问，就会走向建立和完善官僚制的方向。也许我们所学习和借鉴的是西方国家行政发展的最新成果，但是，在这种学习和借鉴中会自然而然地完成建立和完善官僚制的任务。正如一个孩子没有练习爬行就学会了走路，当他学会了走路后，也就自然而然地会爬行一样。如果我们选择了后一条道路，那就是在超越官僚制的起点上面向后工业化的需要而进行行政建构，就能够在探索中建立起全新的行政模式。

西方国家在行政现代化的过程中走上了建立官僚制的道路，并产生了对这条道路的路径依赖。在全球化、后工业化的背景下，虽然这条道路已经越走越窄，但是，它已经无法放弃这条道路了。可以说，西方国家已经背负了近代以来行政现代化的包袱了，使它步履蹒跚，越走越艰难。由于中国处在行政现代化的起点上，尚未背负起官僚制的包袱，完全可以轻装上阵。如果说官僚制不是行政发展的必然命运的话，中国就可以选择另一条道路。特别是官僚制的各种各样的缺陷已经暴露了出来，特别是人类社会的发展已经进入一个新的阶段，特别是社会的复杂性和不确定性迅速增长正在对社会治理方式提出全新的要求。在这个时候，中国的行政改革应当确立起全新的目标，而不是简单地学习和借鉴西方国家行政现代化的经验，更不是对西方道路的模仿和复制。所以，鉴于西方国家行政现代化过程中所建立起来的是一种管理行政模式，我们的选择如果与它不同的话，就应当是自觉地去建构服务行政模式。

当然，在中国选择了服务行政模式建构的道路后，西方国家行政现代化的成果依然是有着借鉴价值的，我们需要既学习它的经验，也认识到它的弊端并努力避免之。我们应当看到，官僚制的科学化、技术化追求在总的方向上是值得肯定的，它的问题是走上了形式化和片面性的道路。也就是说，它的问题是，在把完整的理性分割成工具理性和价值理性之后，用工具理性排斥了价值理性，走上了反科学的一面。在反科学的道路上所发展出来的技术也就是一种残缺的技术，因而，在行政管理以及社会治理过程中也就表现出瑕瑜并存的状况。中国的行政改革需要学习和借鉴官僚制中所包含着的科学精神，但是，也要避免基于片面的工具理性而进行的行政模式建构。中国的行政模式建构，需要让工具理性从属于价值理性，在每一项行政设置中，都要更多地关注实质合理性

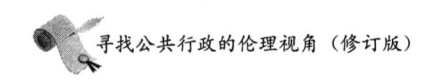

的状况。我们并不排斥形式合理性，但是，形式合理性任何时候都是第二位的，是服务于实质合理性的，应当看作是对实质合理性的巩固和增强。如果形式合理性不具有巩固和增强实质合理性的功能，就是可以不予考虑的因素。

任何时候，行政都极其敏感地反映了一个社会的现实。西方国家20世纪后期以来之所以要开展行政改革，那是因为其行政无法适应现实的要求。然而，它们的行政改革并没有使其行政在对现实的适应性方面得到改善，反而把社会引入到危机事件频繁发生的境地。由此可以断定，西方国家的行政改革是不成功的，或者说，存在着方向性的问题。对于中国而言，是必须清醒地认识到这一点的。从全球的角度看，人类社会的发展已经在西方走到了工业社会的顶峰，虽然这只是存在于西方国家的情况，却代表了人类社会的既定现实，对于尚未实现工业化的国家来说，并不是一个简单地向西方学习和借鉴的问题，而是要站在时代的前沿。所以，当前全球性的现实是一个超越工业时代的问题。行政作为一个社会的核心构成部分，应率先承担起这一课题，应率先实现对自己的改造。只有这样，才能承担起领导社会走向未来的任务。

中国共产党人倡导"实事求是"的精神和"一切从实际出发"的理念，"实事求是"是一个思维原则，它要求我们认识世界和思考问题的时候应做到实事求是；"一切从实际出发"是一项行动原则，它要求我们开展每一项行动的时候，都需要充分考虑到现实的实际。人类社会已经呈现出后工业化的趋势，如果中国的行政改革简单地定位在学习和借鉴西方国家行政现代化的经验的位置上的话，那就是对"实事求是"和"一切从实际出发"这两项原则的背离。相反，我们面向后工业化的现实去确立行政改革的目标，就是对中国共产党所倡导的这种科学精神的忠实履行。

第二节 公共行政的建构之路

一、模仿还是超越

一般说来，发展中国家的行政体制建设是通过学习和模仿西方发达国家的官僚制而建立起来的。虽然一些国家在这种学习和模仿中倡导与本国的实际情况相结合，但是，这种结合往往是更多地停留在理论或意识形态的层面上,能够落实到行动中的却是少之又少。如果说有着与本国国情相结合的成果的话,那也主要是在官僚制建设的过程中保留了传统的统治行政要素。后一种情况并不能被看作是西方官僚制与本国国情相结合过程中的制度创新。相反,它只是在学习和模仿西方官僚制的过程中向本国传统势力作出的一些妥协,是对官僚制的反动。

  正是由于这个原因,在一些发展中国家,我们常常可以看到一些要求西方化的知识精英在努力呼吁。其实,他们所呼吁的绝不是要结合本国国情的制度创新,所表达的也不是超越西方官僚制的渴望,而是要全盘地把西方官僚制搬到本国来。因为,他们看到全盘搬来的西方官僚制也要比其本国的那种传统的统治行政或被传统的统治行政改造过的官僚制进步得多。上述两种情况都是需要在行政改革过程中加以避免的。我们对那种学习和借鉴官僚制的同时向本国传统统治行政妥协的做法是不能赞同的,同时,我们认为那些不顾历史发展已经走到了让官僚制失灵的时代还照搬西方官僚制的做法也是无法接受的。对于发展中国家来说,以发展的眼光看,绝不能满足于从西方全盘地搬进官僚制,而应当在西方官僚制正在受到扬弃的历史时期中站在一个更高的起点上。这个更高的起点包括四个方面的考量:第一,西方行政改革和理论探讨的方向;第二,本国的政治、经济的现实;第三,本国所拥有的文化基因;第四,全球化、后工业化所提出的要求。

  在中国改革开放的过程中,行政改革的历程大致可以分为两个阶段,第一个阶段主要是以机构改革为主题,第二个阶段则是在行政管理体制改革的名义下展开的。在第一阶段的改革中,应当说更多地表现为对西方国家行政体制的学习与借鉴,这是相对容易的,而且也取得了明显的成效。在行政管理体制改革的议题被提出之后,究竟如何改?从什么地方入手?应当达致什么样的目标?一时之间,是很不明确的。可以说,在中国提出了行政管理体制改革的一段时间内,其实是存在着目标迷失的问题的,并不知道走向什么方向和如何去走行政管理体制改革的道路。经历过一段时间的目标迷失后,在深入的思考中发现了建立服务型政府这一目标,这是为行政管理体制改革确立起的一个战略性的目标。然而,建立服务型政府的道路没有可以学习和借鉴的经验,必须进行制度创新。

  从近代社会的发展史来看,一般说来,制度创新的使命是由学者承担的,从事实践工作的政治家以及行政领袖所要做的是理解学者的思想和观点,并将其付诸制度安排。在中国,制度创新这个环节出现了问题。

这是因为，中国学者在向西方学习的过程中也形成了路径依赖，无论遇到什么问题，总是要到西方寻找理论或实践的原型。由于中国学者勤于学习而惰于独立思考，特别是不愿意根据现实而作出独立的思考，因而，在需要制度创新的服务型政府建设这项伟大的事业中，难以形成创新性的成果，有很大一批学者努力到西方国家去寻找服务型政府的思想和理论支持，甚至有学者煞有介事地写文章介绍西方国家的所谓服务型政府建设经验。荒唐之至啊！西方国家什么时候有过服务型政府？西方国家的哪一位学者提出过服务型政府的理念？在全球化、后工业化的条件下，在管理行政已经遇到了治理失灵的问题时，在危机事件因治理失灵而频繁发生的情况下，在西方国家的行政改革前行无路的情况下，我们提出服务型政府建设本身就是一项理论创新。但是，由于这项理论创新因学者们惰于探索而无法转化为制度创新的成果，因而，有可能使服务型政府建设遇到无疾而终的命运。

我们一再指出，中国社会所处的特殊发展阶段决定了中国的行政改革可以作出两种选择：一是复制官僚制；二是超越官僚制。正确的选择应当是基于公共行政发展的必然，主动地迎接后工业化对政府提出的挑战，在全球化的背景下去建设反映了时代精神的政府。如果我们能够建立起适应时代要求的政府，也就能够领导中国社会实现对工业化历史阶段的超越。也就是说，在20世纪80年代以来的后工业化过程中，官僚制的一些根本性的缺陷都已暴露了出来，在这种情况下，如果没有主动超越官僚制的自觉性，就会使官僚制的缺陷更加放大，所造成的消极影响也要比它在西方国家更为严重。

我们知道，现代官僚制是一种等级森严的管理制度，是以专业化的分工—协作机制来保证其运行合乎技术理性的体系，是通过严格而明确的规章去保证组织及其成员以非人格化的方式开展活动的过程，它强调的是应做到公事公办。然而，官僚制必然导致严重的官僚主义，从而使行政人员脱离实际和不关心公共利益。当然，官僚制的组织目标可以是包含着公共利益的，事实上，当官僚制要求其组织成员价值中立的时候，是为了使其行为不偏离组织目标，以求组织目标中的公共利益内涵得以维持并能够得到实现。但是，社会是复杂的，行政事务以及对行政事务的处理会因社会的复杂性而具有不确定性。

在形式合理性的技术主义路线中，一切存在于目标制定之中的公共利益确实都能够得到实现，然而，那些存在于预制目标之外的有利于增进公共利益的要素，就会受到排斥。在后工业化的进程中，随着社会的复杂性程度的迅速增长，这一点变得愈益明显。所以，官僚制的形式合理性设计以及行政人员的价值中立，已经使他们的行为严重偏离了公共利益实现的要求。与此同时，官僚主义也使行政人员官气十足、铺张浪费、贪图个人安逸和尽可能地逃避责任，进而导致了工作效率低下的结果。不仅如此，一个最为普遍的现象就是，在行政管理和社会管理过程中存在着严重的推诿扯皮、公文泛滥等问题，对一切个性化的要求都持敌视的态度。所有这些，都与中国作为立国之本的为人民服务的宗旨之间存在着根本性的冲突。所以，我们必须提出超越官僚制的要求。

如前所述，现代官僚制是建立在政治—行政二分原则的前提下的，是因为价值中立而走上了纯粹科学化、技术化建构的方向。然而，对于中国这样的社会主义国家来说，政治与经济发展的一体性是很强的，而且，中国近代以来的后发展状况决定了经济和社会发展也是一个政治问题，政府在促进经济、社会发展过程中所承担的是一项政治使命，是把公共利益的实现以及人民群众生活水平的不断提高作为一项政治目标来看待的。在这种情况下，是不可能产生纯粹意义上的政治的，即不可能出现独立于经济和社会发展的政治活动，也不允许任何利用经济和社会发展成就去开展党派斗争等意义上的纯粹政治。

对于经济和社会的发展而言，在中国，政治与行政都是从属于一种工具定位的，是为经济和社会发展服务的。在工具的意义上，把政治与行政区分开来，是没有什么意义的。在这一点上，中国与西方国家完全不同，作为表达领域的政治与作为执行领域的行政并未在中国呈现出分化的迹象。而且，属于工业社会治理文明的这种分化由于后工业化进程的开启也失去了意义。所以，中国不可能也不需要走官僚制的纯技术化追求之路。在中国行政改革的过程中，一些学者认为中国存在着官僚制发展不足的问题，并呼吁建立和完善官僚制，这种观点所反映出来的学术倾向其实是：没有看到中国的政治以及文化生态与西方国家的差别，而是就官僚制本身来看问题了。

对一切社会现象的理解都必须在特定的历史背景和既定的生态中进行，如果单纯地就某一社会现象去发表意见的话，往往会在貌似科学的研究中提出错误的结论。对于官僚制的问题，也是这样。西方国家在近代形式民主的追求中作出了多党政治的设计，由于政党间的竞争把整个社会拖入了一个泛政治化境地，特别是使整个公共生活空间政治化，以至于找不到一块可以逃避政治的净土。如果回顾政党分肥制条件下的美国社会的话，就可以看到，政治对经济、社会的发展造成了极大的消极影响，为了改变这种状况，迫不得已地确立起一个能够相对独立于政治的领域，去执行日常性的社会治理任务。这就是政治与行政二分的真谛。一旦政治与行政相分离，行政也就走上了一条独立建构的路径，从而使官僚制成为它的必然选择。在中国特定的时期，我们也提出了党政（党与政府）分开的要求，但是，我们所讲的党政分开和西方国家的政治与行政二分是完全不同的，不是要将政府排除到政治领域之外，而是在政治体系之中实现党与政府的职能分工。所以，中国政府不可能走上一条行政独立建构的道路，因而，也就不可能去复制官僚制的模式。

其实，在西方国家的政治与行政实践中，官僚制的价值中立也是与其理论设定相去甚远的。单就政治与行政二分来看，即使是在官僚制发展得较为充分的美国，也很难说就真正地把政治与行政分了开来。我们看到，国会、总统等政治机构及政务官对于政策问题往往只是提出原则性目标，而具体的政策方案，则是由行政机构及文官制定并加以落实的。反映在政策制定中的这种状况，本身就证明了社会价值的权威性分配并不是只在政治部门内进行的，当政府大量地从事和参与到政策制定过程中来的时候，不可避免地会把文官的个人信仰和价值观带入政策之中。即便行政管理以及社会管理方面的政策是完全由政治部门制定的，是在政务官的领导和监督下加以执行的，那么，如果职业文官对这些政策心存疑虑甚至不满时，依然会蓄意阻挠政策的执行，即使付诸执行，也会大打折扣。

单就行政系统的运行来看，也是无法将行政官员排除在政治活动之外的。我们看到，在美国，职业文官所拥有的五大优势决定了他们能够在很大程度上影响甚至支配政务官的决策：一是任期优势。事务官是终身任职的（永业制），而政务官则是有任期的。二是专业知识优势。由于事务官长期在一个部门中任职而政务官调动和更换频繁，从而使政务官不可能获得事务官的专业知识。三是信息优势。送达政务官的信息基本上都是由事务官加以筛选和加工过的，而在筛选和加工信息的过程中，是大有文章可做的。四是时间优势。事务官主要精力放在部内工作上，而政务官主要精力则放在了应付议会质询、内阁会议、联系选民等事务上。五是人数规模优势。政务官与事务官的比例严重失调，"两官"力量存在着严重失衡，政务官虽然处在领导的地位上，而在实际上，是很难实现对自己的部门的有效控制的。这些都决定了政治还是掌握在真正的行政官员手中的，离开了行政官员，则无政治可言。由此可见，在美国，政治—行政二分原则在理论上是明确的和清楚的，而在实践中则是模糊的。也就是说，即使是在美国，也不可能严格地按照威尔逊的原则而把政治与行政严格地分开。回观中国政治与行政之间的关系，如果仅仅搬弄威尔逊的政治—行政二分原则去要求党政分开的话，又如何可能呢？当然，在行政学界，近些年来谈论党政分开的人少了一些，但在法学界，类似的声音还是铿锵有力的。

二、公共权力的公共性质

从官僚制的实践来看，它从一开始就无法避免公共权力的异化问题，它不仅带来了严重的官僚主义，而且也总是受到腐败的困扰。可以说，在所有实行官僚制的国家，都存在着腐败的问题，只不过，在比较成熟的官僚制国家中，由于有着更完善的权力制约机制而使腐败问题稍有减轻而已，但是，根除腐败却是不可能的。我们说在官僚制发展较为充分的国家腐败问题相对不是那么严重，也不是由官僚制自身所决定的，而是由其政治生态所决定的。就官僚制自身而言，无可避免地为腐败留下了一块赖以滋生的土壤。至于那些准备实行官僚制的国家，由于不存在官僚制赖以产生的原生性政治生态，往往让腐败的问题发展到非常严重的地步，甚至埋下了引发政治动荡的种子。

我国在改革开放的过程中出现了腐败泛滥的问题，在一定程度上，也是由于我们在机构改革的过程中较多地学习和借鉴了官僚制造成的。也就是说，官僚制自身潜伏着权力异化的因素，这种因素不至于泛滥成灾的保障来自于其政治生态，即必须在多党制的条件下才能保证官僚制的权力异化被限制在一定的范围之内。如果一个国家尚未形成以多党制为特征的政党政治的话，在政府建构中却引用了官僚制，那么，这个国家肯定会陷入严重的权力异化状态。这样一来，解决问题的出路也就唯有走建立多党政治的道路了。那样的话，也就完全克隆和复制了西方国家的公共行政和政治模式。许多后发现代化国家都在这方面作出了示范。

应当说，现代公共行政的出现是从属于这样一个目的的，那就是公正地管理社会公共事务，维护公共利益和服务于公共利益实现的要求。但是，现实的悲剧在于，官僚制过于注重权力行使的技术性追求，忽视了对公共权力性质的把握，以至于公共权力的性质发生了异变，公共权力作为调节公众利益和满足公众需求的平衡器的作用，都不再是应然的情况。也就是说，在应然的状态中，公共权力应当是属于公众的，而不是专属于一部分人的，更不应当与公众甚至整个社会作对。实际情况则恰恰相反，公共权力被行政人员所掌握，他们不是或不完全是用这种权力为公共利益服务，而是运用这种权力去谋取个人私利。

当然，在健全的行政体系外部制约机制中，公共权力的异化可以受到一定程度的抑制，但官僚制导致公共权力异化的倾向并未因外部制约机制而有所改变。一旦外部制约机制稍稍存在着失灵的问题，就会使权力异化的问题凸显出来。在缺乏健全的外部制约机制的条件下，公共权力的异化以及因这种异化而导致的腐败问题就会变得非常严重。在某种意义上，一些后发展国家不是因为官僚制的欠发展而导致了腐败，恰恰是因为已经发展起官僚制却又未建构健全的制约机制而带来的腐败问题。如果引进官僚制是一条必经之路的话，在建立起官僚制的同时也就必然要求健全公共权力的外部制约机制。但是，如果可以在起点上就实现对官僚制的超越，就会走上另一条道路，即同时实现对健全外部制约机制的超越。

当然，官僚制的祛除价值"巫魅"和公事公办的要求在理论上是具有防范公共权力异化及其腐败的功能的，而现实却没有提供任何对理论设定的支持。因为，这种理论上的要求在现实中是不可能实现的。而且，由于形式合理性的设计在事实上回避了对行政人员个人私利追求以及行政人员应当服务于公共利益实现这类价值问题的回答，致使公共权力在形式合理性所留下的空场中发生了异化。这样一来，当公共权力不是被用来维护和促进公共利益时，就会转化成鼓励行政人员贪欲的力量。这个时候，哪怕只是留下了一个小小的鼓励行政人员贪欲的漏洞，就会导致公共权力异化的加剧，甚至会使公共权力发生质变。进而，行政人员就会运用手中的公共权力，大量地去从事损人利己、损公肥私、化公为私的行为。

这样一来，不仅损害了政府形象，甚至会导致政府丧失合法性的恶果。一旦政府丧失了合法性，它继续存在的根据就只能是强权。强权不是公共权力，甚至是与公共权力相对立的。如果政府不得不依靠强权来维持自己的存在的话，它与社会的关系就会陷入全面紧张的状态。当它承担分配职能的时候，就会违背公正和公平的原则；当它承担社会责任的时候，就会大量地使用权谋和权术，把公众作为敌人一样对待；当它从事社会管理的时候，就会以征服者的姿态出现，就会把强化秩序作为头等任务。这样的话，至于公共利益能否得到实现，则不在考虑之列。果若如此，政府距离进入全面的合法性危机状态也就不远了。

也就是说，政府依据强权而进行社会管理是政府丧失合法性的结果，而强权的运用又进一步加重政府的合法性危机，从而使政府深深地陷入危机的泥淖。政府如何避免这种危机呢？近代社会的法制化是一条途径。但是，从本质上说，法制的权力依然属于强权的范畴，只不过这种强权拥有了更高的科学化、技术化特征。所以，它在表现上不像农业社会的强权那样迅速地把政府拖入合法性危机的深渊。然而，只要是强权，就必然包含着导致政府合法性危机的可能性。

从西方国家的情况看，近代以来的政府也常常遇到合法性危机的问题。只不过，西方国家在长期的发展中寻找到了一套政治上的补偿方案，那就是用多党制的或两党制的轮流执政来消解合法性危机。这样做，在本质上还是属于"权术"的范畴，是寄希望于社会及其公众的忘却能力而轮流对公众施行欺骗。当然，多党制或两党制之中包含着一个相互监督的机制，但这一相互监督机制并不能够从根本上解决合法性危机的问题。多党或两党轮流执政完全是制度化的欺骗措施，一个政党因合法性危机而下台，另一个政党则在选举胜利中获得了合法性，周而复始地丧失合法性和获得合法性，因而，这不是避免合法性危机的根本性出路。所以说，政府要想避免合法性危机，还需要超越近代以来的法制化设计方案，需要寻找更为根本性的出路。我们认为，这条道路就是政府的道德化，即在政府的道德化中充分保障公共权力的公共性质任何时候都不被改变。而且，只有这样，公共权力才是真正为着公共利益服务的权力，才能在权力的行使和运用中不断地增强政府的合法性而不是削弱政府的合法性，才能使政府摆脱不得不使用强权这样一个无可选择的困境。

根据我们的看法，行政模式的演进经历了从统治行政到管理行政的发展，统治行政所对应的是农业社会的历史阶段，管理行政所对应的是工业社会的历史阶段。现在，我们正处在后工业化的过程中，后工业化的必然指向将是后工业社会的出现，与这个社会相对应的将是一种全新的行政模式，我们将其称作服务行政。

统治行政在社会治理过程中可资依据的，唯有权力，而且，总体上说，表现为强权，统治行政范畴中的人属于弄权者和权力拜物教徒。在统治行政模式中，一个人一旦掌握了权力，其生命的内涵便少得可怜了，在他的心目中，最神圣、最有意义的就是权力。权力可促使他做一切事情，可以忘恩，可以负义，可以令他采用一切他能想得出来的手段去获取权力和维护他已经得到的权力。权力可以使人父子反目、兄弟相戕。这是因为，权力可以赋予他特殊的地位，同时也使他的心理发生一定程度的变态，使他往往对周围的人采取一种过分提防、戒备和不信任的态度。更为主要的是，人一旦掌握了权力，就很容易失去自主性，就会被权力体系推着走。因为，他属于个人利益的谋求者，他只有在这个权力体系中才能保证自己的个人利益得到实现。所以，只要他希望个人的利益能够得到保障，或者不受损失，他就需要听从这个权力体系的安排，努力与这个权力体系保持一致，做这个权力体系的一个被动的从属性的因子。也许人们会以为，有了权力就可以随心所欲，这种随心所欲就是一种自主性。其实，这只是一种虚假的自主性，是权力的力量而不是人的自主性的展现。

　　管理行政属于公共行政的范畴，或者说，管理行政发展到其典型形态的时候，是以公共行政的形式出现的。但是，对于公共行政的建立和发展来说，管理行政还只是人类行政模式总体性转换的一个过渡阶段，还不是真正意义上的公共行政。因为，管理行政只拥有了形式公共性而不具有实质公共性，能够在形式和实质上都拥有公共性的行政，唯有服务行政。也就是说，我们把管理行政和服务行政都归入公共行政的范畴中，但是，管理行政只是公共行政的初级形态，而服务行政则是公共行政的更高级形态。也正是由于管理行政还只是公共行政的初级形态，人们才在管理行政中发现了各种各样的问题，看到了它的各种各样的缺陷。公共行政从管理行政向服务行政的发展，是一种从较低级的治理文明向更高级的治理文明的转变。在历史的维度上，这也是对管理行政的否定和扬弃的过程。服务行政作为公共行政发展的高级阶段，扬弃了管理行政对公共性的形式化追求。也就是说，它不再满足于在形式的方面拥有公共性，而是要求在行政过程的每一个环节中，在行政管理以及社会管理的每一项活动中，在构成行政体系的每一个要素中，都拥有实质意义的公共性。所以，服务行政将是一种具有充分公共性的公共行政模式。

　　统治行政和管理行政都是控制导向的行政，它们之间的区别仅仅在于控制手段上的不同，而在行为导向上，都具有控制的特征。一切控制都是以权力为基础的或通过权力而加以实现的，所以，在管理行政这里，虽然权力已经具有了公共性，但是，从属于控制目标的权力必然会阉割服务于公共利益的一些属性，必然会把强制力贯穿到行政管理和社会管理之中。这样一来，就会造就出对立的两极。一旦管理者与被管理者、控制者与被控制者之间成为对立的两极，公共利益以及权力的公共性就都成了一种宣示而不是实际状况，是一种意识形态而不是真正的行政旨归。服务行政不同，它不是控制导向的行政，而是服务导向的行政，它时时处处都以谋求服务对象的满意为最高标准。当然，服务行政模式中也会包含着管理和控制的内容，但是，在这里，管理和控制是从属于服务的，是出于服务的目标而进行的管理和控制。在服务行政的服务目标中，价值因素不仅是无法回避的，而且是基础和前提。服务行政首先包含着公正的价值，为了使公正价值得以实现，在制度设计和行为模式建构中，就需要道德因素的介入。因而，服务行政在行政人员这里，会表现为以德行政。

管理行政有着强烈的效率意识，时时处处都把效率追求作为行动纲领，但是，管理行政在科学化、技术化的自反中往往陷入低效率的状态之中。所以，它一再地通过行政改革和新的管理技术的发明去为管理行政的效率追求提供支持。然而，当管理行政放弃了对公共利益的关注时，即使在具体的行动中是有效率的，公共利益也并没有在这种效率中得到增益。因而，是没有效率的，或者说，是一种虚假的效率。服务行政并不把效率追求作为其基本目标，但是，当服务行政出于服务的愿望去开展行动的时候，却是有效率的，而且能够获得管理行政无法相比的那种效率。最为重要的是，服务行政将把效率追求附加到服务对象所获得的服务质量上来，保证整个行政行为系统始终高效地为公众利益服务。正是这一点，保证了服务行政是真正地拥有了实质公共性的行政，实现了对管理行政形式化的甚至虚假的公共性的超越。

服务行政虽然是服务导向的行政，但是，在服务行政的每一项具体行动之中，都必然包含着权力，需要得到权力的支持。尽管服务行政是服务导向的而不是控制导向的，但是，它无疑包含着管理和控制，在一切存在着管理和控制的地方，都会看到权力的在场。不过，服务行政将从根本上实现权力与权力意志的分离，让权力从属于伦理精神而不是权力意志。在历史上，统治行政是权力与权力意志相统一的典型形态，管理行政虽然被要求依法行政，却没有实现权力与权力意志的分离，掌握权力的人在不违背法律的前提下，依然在实施管理和控制的过程中把自己的意志注入权力的行使过程中去。服务行政的主体也是人，需要通过人对权力的行使来为服务提供保障，但是，掌握权力的人必将是拥有道德意识的人，他在行使权力的过程中，是根据他对伦理精神的理解而开展行动的。

作为服务行政主体的行政人员虽然是掌握行政权力的职业集团，但绝不是传统意义上的权力集团，而是以公共行政为职业的服务性的团体。历史上的以及现实中的行政人员都结成了权力集团，作为权力集团的成员，每一行政人员都认为政府所拥有的权力是自己也有一份的，他那一份就是他实际上已经掌握的那部分，而且获得这一份的资格又是有着不定的期限的，必须在他拥有这一份权力的时候尽可能地加以充分应用，或者通过权力的行使来证明自己的存在，或者让权力从属于自己的自我实现，或者把权力转化为其他的有价因素。服务行政体系中的行政人员将彻底告别这种状况，他在任何情况下都不会把权力看作自己的占有物，更不会运用权力去达成自己的任何目的，因而，他不需要把自己的意志注入权力以及权力的行使之中去。因此，服务行政中的权力在行政人员的自觉维护中获得永不褪色的公共性。

三、确立行政道德价值

能否超越官僚制，能否建立起具有中国特色的公共行政体系，能否实现以德行政，关键取决于这样两个方面：其一是行政体制的道德化。在行政体制改革和服务行政的设计中，包含着更为明确的全心全意为人民服务的宗旨，包含着行政道德的生成机制，营造鼓励有道德的行政行为和防止不道德行政行为的氛围。其二是行政人员的道德化，需要使行政人员在其行政行为中把贯彻道德原则作为一种风尚来加以接受。这两个方面归结到一点，那就是取决于行政人员正确价值观念的确立。公共行政的本质是什么？行政体系中的行政人员应当如何运用公共权力来作出自己的行政行为选择？在很大程度上，是一个能否拥有和践行道德价值的问题，既是行政人员拥有道德价值，也是行政体系体现了道德价值。我们所关注的问题是：行政人员对公共行政的性质作出什么样的理解？行政人员应当如何把公共行政的理念内化为他的价值观念？行政人员在他的行政行为选择中如何去体现公共行政的本质要求？这些问题解决了，也就意味着服务行政已经有了主观基础。

我们知道，人的独特性是根源于人的观念系统的，特别是由人的观念系统中的核心价值观念所决定的。人的生活是一个不断地追求某种目标的过程，个人肯定会有着一定的生活目标，当个人会聚成集体而开展行动的时候，首先就会确立起集体行动的目标去凝聚共识并开展行动。所以，在人的生存与活动之中，必然包含着：第一，有什么样的目标？第二，怎样实现目标？确立什么样的目标取决于人的价值观念，是选择了"活着"的目标还是选择了自我实现的目标，都受到价值观念的规定。个人是这样，集体亦如此。而且，集体行动目标的确立往往是在明确的价值观念系统得到普遍承认或被接受为共识的条件下进行的。在某种意义上，我们甚至可以认为，在价值观念的系统中就包含着潜在的或明确的"目的观念"，目的观念以多种目标的形式出现，这些目标可能是相互冲突的，也可能是同质分层的。人们在这些目标之中选择了哪一个目标，就会反映在其行动上。总之，目标规定着人的生活和行为，规定着人们的生活样式和人生道路。所以，一个人要成为什么样的人，关键在于他具备了什么样的价值观念。

当人走向社会的时候，就变得复杂化了，在职业活动中，就需要拥有职业价值观念。因而，在他的价值观念系统中，除了个人的生活目标之外，还应有职业活动目标。在现代化的过程中，行政管理逐渐走向了职业化的发展道路，行政人员成了行政管理职业活动的主体。在现代社会的所有职业活动中，行政管理是一种最具有特殊性的职业，对于行政人员来说，从事行政管理职业本身，也就要求他拥有特殊的价值观念。他不仅需要有着自己的个人生活和需要为着自己个人利益的实现而努力，还需要为了公共利益的实现而工作。而且，与作为政治人的公民相比，行政管理职业的特殊性决定了行政人员需要更多地拥有公共精神，需要把维护公共利益和促进公共利益的实现作为其价值观念系统中的核心内容而确立起来。也就是说，一个人可以选择任何一个适合于自己或自己感兴趣的职业，但是，如果他选择了行政管理这一职业并以行政人员而存在，他就必须让个人的利益追求从属于公共利益实现的需要，就需要把公共利益意识转化为其价值观念系统中的基本内容。不仅在开展公务活动的时候让一切行为选择都指向职业目标，而且在职业活动范畴之外的一切行为选择中，都不允许作出与职业目标相冲突的行为选择。

管理行政生成于个人权利观念普世化的政治文化环境中，而且，近代以来的社会化大生产是要求工作与生活相分离的，人在开展职业活动的时候，被要求接受职业的规定；人在生活中，则努力追求不受职业的影响。权利观念使个人的利益追求具有合法性和合理性，要求得到他人以及社会的尊重。人在拥有了权利观念的时候，从事某种职业和开展职业活动是为了自我的个人利益实现，行为选择合乎职业要求是为了以优异的职业表现来获取个人的利益最大化。如果在职业活动中实现了自己的个人目标，那是最为理想的，如果职业活动的环境不尽如人意，就可以利用职业之便去自己获取利益，如果可能的话，还可以获取超额收益。这种职业与个人的关系也在行政管理职业活动中建构了起来，结果，行政人员从事行政管理职业就只是为了挣得一份保障生活的工资，为了使生活改善而谋求晋升，为了自我实现而争取权力和行使权力。

如果这样的话，也许行政人员的行为会表现出服务于公共利益的状况，而在他的观念系统中，则完全没有公共利益的地位。这就是我们所看到的，管理行政陷入了一种尴尬境地：第一，行政人员手中掌握着公共权力，这种权力可以用于维护和促进公共利益，也可以用来为行政人员自己谋取私利；第二，为了保证公共权力不被用来为行政人员谋取私利，就必须建立起严密的规则和行为规范体系，对行政人员的公务行为作出严格的规定；第三，行政管理所面对的问题是复杂的，所建立起来的规则和行为规范不可能把所有问题都预先考虑到，对于那些没有预先考虑到的和没有被作为规则和规范内容确认的事项，行政人员就可以由自己作出决定，此时，有利于自己的则做，无利于自己的则可以逃避；第四，规则和行为规范如果过于严密的话，必然会置行政人员于无法进行行为选择的境地，一切都成了"规定动作"，那就意味着可以用机器人来代替行政人员，而事实情况是，行政人员是无法替代的，因而，也就必须把规则和行为规范做成有一定模糊性的、不甚严密的和有着一定弹性空间的约束机制，行政人员在这个弹性空间中就可以选择那些完全从属于个人利益需要的"动作"。所以，对于行政管理这一特殊的职业而言，如果行政人员不能拥有包含了公共精神的价值观念的支持，一切外在性的控制机制都会更多地产生消极功能。

从中国的情况来看，政府中的权力滥用和腐败问题正是在致力于行政管理科学化和技术化的过程中出现的。而且，中国政府为了解决权力的滥用和腐败问题而制定的规则和行为规范越多，权力滥用和腐败的问题变得越严重。为什么会陷入这种恶性循环呢？根本原因就是在按照官僚制模式去建构政府的过程中，行政人员的价值受到了忽视，致使行政人员的价值观念出现了混乱，公务活动与私人生活的区分使他一方面选择了行政管理的职业，另一方面又渴求着过他自己个人的生活，甚至把追求他的个人利益的实现作为他开展公务活动的目标,更有甚者,怀着当官就是为了发财的动机,在涉身于行政管理职业之前,就已经抱有谋取个人私利的目的。当然,也有一些人在进入行政体系之前并没有明确的目标,还可能有一些人是抱着为社会造福和施展抱负的目的。但是,一旦进入了行政体系成为行政人员并掌握了公共权力之后,就开始堕落而变成腐败分子。

面对普遍性的权力滥用和以权谋私行为,学者们往往把西方国家的外在控制机制想象得过于完美,总是要求按照西方国家的外在控制模式来解决中国当下的权力滥用和腐败问题。其实,如果不在行政人员的价值观念中去找原因的话,一旦发现引进了西方国家的外在控制机制无法发挥作用的话,就会要求引进西方国家的政治模式,就会进一步要求引进西方国家的文化和宗教。如果这样的话,那将有多么漫长的道路要走?而且,谁能保证这条道路是顺畅和平稳的呢?我们认为,作为政府建构的行政改革方案需要从源头上做起,需要在起点上就解决行政人员的价值观念问题。那就是,需要确定一个准备进入行政体系的人是否有着明确而坚定的为公共利益奉献和服务于社会公众的目的,一旦成为行政人员后,能否把个人利益的实现放置在公共利益实现的回报之中。

全球化和后工业化的历史转型过程把人的价值观念带入到一个较为混乱的时期,学术界往往把这种情况称为价值观念的多元化。即便是这样,人们还是一致地称道或向往着例如中国传统的以道德为轴心的价值观念体系和古希腊以美德为轴心的价值观念体系,甚至对于黑暗的中世纪,人们也努力去发掘其神学价值观念的道德内涵,而不是对其一概否定。可见,道德的因素是人类共同的财富,是具有永恒性的价值因素,任何时候,只要道德不被教条化和不至于僵化,就是最为进步的和代表着人类发展文明成就的价值因素。

我们也发现,在对人的一切指责中,可能最令人不快的就是对人的不道德的批评。一个罪犯可能会对自己的罪行供认不讳,甚至能够心安理得地为自己的罪行辩护,但他对不道德的指控绝不会欣然接受,甚至一些罪犯会对自己的犯罪行为进行道德合理性辩护。这说明,康德的"绝对命令"的概述还是很有道理的,道德确实具有绝对命令的特征,只是近代西方社会成长起来的官僚制,才在形式合理性的设计中完全剔除了道德价值的意义。在根本不谈道德的情况也就使道德变得没有意义了,在政府中如果不考虑道德化的可能性的话,那么,政府也就会变得没有道德。所以，官僚制完全杜绝了任何对它加以道德评价的可能性。也正是由于这个原因，我们发现官僚制与人类的真实生活相去甚远，因为人类的真实生活是不可能没有道德价值存在的。根据这种情况，中国政府的建构以及行政改革就需要努力根据人的道德尊严感去实现对官僚制的超越，营造出一个良好的道德氛围，让行政人员以拥有道德和实现道德价值而自豪。

人类的道德生活是一个具有不同层次的综合性系统，这一综合性系统大致可分为三个基本层次，即终极信仰层次、社会交往层次和个人的心性修养层次。相应地，在行政人员的道德价值观念系统中，也具有这样三个层次。一般伦理学是这样根据人的道德层次来构建它的理论结构的：把终极信仰的研究看作是道德形而上学范畴，把社会交往准则放入道德规范范畴，把个人心性修养当作美德伦理的范畴。从我国当前的情况看，马克思主义的理论体系应当属于道德形而上学意义上的理论，中国传统文化应当属于个人美德意义上的遗产，而在道德规范方面，我们的研究是极其薄弱的。因而，我们在道德形而上学方面的理论成就很难通过道德规范而转化成现实的个人美德，更何况中国传统文化中的个人美德在新的历史条件下已经很难发挥作用了。这是就我国社会的普遍道德状况而言的。其实，在公共行政的领域中，也存在着同样的问题。虽然我们意识到道德价值因素之于行政人员的意义，但是，我们却找不到保证行政人员形成道德价值观念的途径，建立不起来保证行政人员按照道德标准审查自己的行为和出于道德要求而去开展公务活动的机制。这就是公共行政道德化的最大难题。

所以，在服务行政模式的建构中，在对管理行政模式的超越中，我们需要从道德规范的建构入手。规范应当是简单的和有力的，只有在我们建构起了一个完整的道德规范体系的时候，才能够在这个道德规范体系的基础上去想望一种道德的制度，并把包括公共行政在内的整个社会治理过程都纳入道德制度的调控之中。

下 篇

畅 想

第七章
公共行政的道德化

第一节　朝着公共行政道德化的方向

一、行政道德化的可能性

20世纪后期以来的行政管理实践已经充分证明，官僚制无法适应行政发展的需要，官僚制的科学化、技术化追求已经把行政管理引入了困境，甚至使整个社会治理体系都呈现出无法满足社会发展需要的状况，并任由社会步入风险社会。在某种意义上，甚至可以断言，正是政府及其行政管理把人类社会引入到了风险社会的状态之中，而且是一个"全球风险社会"。

在20世纪后期反思和批评官僚制的一片呼声中，出现了许多新的理论。在行政改革的过程中，人们也不断地进行新的探索。但是，公共行政的存在和运行却没有达到令人满意的程度。一个令人惊奇的表现就是，公共行政以及公共政策都变得越来越短视，其随机性选择特征被突出了出来，几乎每个国家的政府都疲于解决不断涌现出来的临时性问题。尽管在复杂性和不确定性迅速增长的条件下行政管理需要拥有更多的灵活性，但是，对灵活性的追求绝不意味着政府行政管理以及社会治理进入无序的随机性选择状态。其实，从近些年来的情况看，政府在一切需要灵活性的地方，都显得呆板僵化，而在一切需要规矩的地方，都任由随机性行为泛滥。这是旧的行政模式面对新的问题和处在新的环境中必然会出现的一种行为特征。这也说明，公共行政的发展进入一个转型的过程，既存的无序必然要为一种新的有序所取代。如果说近代以来的行政发展是以科学化、技术化追求为特征的话，那么，行政模式的重构将会走向道德化的方向。

总结 20 世纪公共行政理论发展的历史，尽管思想观点芜杂，但是，根据我们上述的考察，大致可以将其归为三类思想倾向。发端于威尔逊、韦伯等人的主流行政学所走的是一条公共行政科学化、技术化的道路。这是一条使公共行政丧失价值方向和走向片面形式化的道路。与此同时，一种极力维护政府的政治合法性的声音也不绝于耳，在 60 年代之后，这种声音变得更为喧闹起来。行政理论发展中的这一条思路其实也包含在威尔逊、韦伯的思想之中，但从威尔逊、韦伯出发的主流行政学思路属于管理学的思路，而后一条思路则更多地拥有政治学取向。所以，在理论回顾中，可以把这第二条思路追溯到更早的时期，即开始于启蒙时期的政府政治建构过程。也就是说，政府在经历了近代社会的政治职能衰落和经济职能崛起的演进过程，再到谋求政治职能与经济职能平衡的过程，可以看作是在合法性旗帜下的那些学者所走过的思想历程。可是，正如我们在前面已经指出的那样，这两条思路引领政府走向了两个不同的方向：科学化、技术化的思路把政府及其公共行政引入到了形式化的歧路上；谋求政治合法性的思路则更多地把政府的公共政策以及行政行为引向权谋化的方向。随着公共选择学派的出现和"经济人"假设的提出，开始要求政府以及整个公共领域按照市场经济的模式来加以改造，即要求在公共行政的程序和行为方面引入"拟市场"的竞争机制。这就是关于行政发展和政府建构的第三条思路的出现。20 世纪 80 年代以来发生于世界各国的行政改革运动，主要是按照第三条思路展开的。

　　由于西方国家 20 世纪的行政发展包含着这样三条基本思路，致使后发展国家在学习和借鉴西方国家的政府建构经验时出现了选择的困难。或者说，后发展国家在提出学习和借鉴西方发达国家行政发展经验的过程中并不知道存在着这三种不同的思路，而是一股脑儿地学习和借鉴，以至于建构出了"四不像"的政府。这说明，在公共行政原生形态的国家中，其行政发展的线条是清晰的，可以不断地在三条思路中去作出选择，并使每一个阶段呈现出不同的特征，使每一个阶段都有着明确的所要解决的主题。然而，在后发展国家的次生形态的公共行政发展中，由于不知道上述三种思路之间存在着差别，因而缺乏一种自觉选择的意识，陷入了行政发展主题不明的境地。所以，如果我们考察 20 世纪 80 年代以来后发展国家的行政改革的话，就会发现，所有从其实际出发解决现实问题的实践都取得了成功，而所有按照西方国家的理论和经验去开展行政改革的做法，都带来了消极影响。

第七章 公共行政的道德化

即便后发展国家在理论上认识清楚了西方行政发展的三种路向，并自觉地在行政改革实践中加以逐项安排，也不一定会取得积极效果。这是因为，第一，后发展国家的政治—行政分化并没有按照西方国家的逻辑进行，如果按照第一条思路对政府进行形式化、科学化、技术化建构的话，不仅会导致行政上的官僚主义，而且会使整个政治体系都染上官僚主义的风气。第二，由于后发展国家在政府与社会的关系问题上依然在一定程度上保有统治的内容，人民主权原则并没有作为一种政治文化和行政文化确立起来，一旦按照谋求合法性的思路去加以经营的话，就会着意于政府形象建设，而不是采取切实谋求人民福祉的行动。第三，后发展国家的公共权力理念尚未成熟和普及，具有普遍性的公共利益也处在一种朦胧状态，如果按照第三条思路去建立"企业家政府"的话，就会为公共权力的私用提供更多的机会，就会导致腐败问题的严重恶化。所以，在西方国家发展起来的这三种政府建构的思路，都是不可以用于后发展国家的行政发展的。特别是20世纪后期以来，西方国家在尝试了这三种思路之后，行政管理依然处于困境之中，这决定了西方国家也需要探寻新的出路。在这种情况下，我们认为，后发展国家的行政改革不应囿于对西方国家的上述三种思路的学习和借鉴，而应开辟一条新的道路。其中，实现政府及其行政发展的道德化，就是一条需要确立起来的新思路。

我们认为，公共行政道德化是当代公共行政研究中的一个极其重要的问题，也是行政改革和构建新型公共行政模式的一个重要突破口。公共行政的道德化包括两个向度：其一，是公共行政的制度和体制的道德化，即在制度安排中确立起具有道德合理性的规范，包含着道德实现的保障机制，同时，已经确立的制度又是有利于道德因素的生成和成长的，能够对行政人员的道德修养的提高产生鼓励的作用；其二，是行政人员的道德化，要求行政人员以道德主体的面目出现，他的行政行为应当从道德的原则出发，贯穿着道德精神，时时处处坚持道德的价值取向，公正地处理行政人员与政府的关系、与同事的关系和与公众之间的关系。没有制度的道德化，行政人员个体的道德是不稳定的。但是，如果没有行政人员的道德化，那么制度的道德化就会成为空想。

近些年来，在我国的公共行政研究中，行政道德的问题也已经成为引起人们普遍重视的问题，这是由于公共行政实践中的官僚主义和腐败问题把人们引向了公共行政道德化的思考。其实，自从西方国家出现了新公共行政运动以来，关于公共服务中的伦理问题就已经成为研究的热点。虽然新公共管理运动的市场化追求使新公共行政运动成了一场过气了的运动，但在公共行政的学术研究中，关于伦理道德的问题却是一个比较稳定的话题。随着新公共管理运动受到越来越多的质疑，新公共行政运动的代表人物们在重新登场时，报复性地重新提起伦理道德的话题。而且，以后现代公共行政理论形式出现的一些新的理论探讨，也更多地把伦理道德的话题作为核心论题提出。就行政学这门学科来看，如果说以往的公共行政研究过于重视科学的向度，把事实分析和技术性探讨作为解决问题的基本途径，那么，对公共行政中道德问题的探讨则开辟了一个新的视界，使人们在公共行政的科学研究中发现了价值王国。而且，关于公共行政的价值思考越是深入，就越暴露出以往关于公共行政的科学化设计的缺陷。

二、公共行政科学化再回顾

应当说，在整个近代社会，行政管理科学化都是人们不懈追求的境界，特别是当威尔逊倡导对行政管理进行科学研究和韦伯建构起了现代官僚制组织理论之后，公共行政进入了科学化的鼎盛时期。第二次世界大战以后，各国在重建政府的时候，几乎无一例外地直接或间接地把威尔逊和韦伯的理论作为航标，而且不断地激励知识界对威尔逊和韦伯的理论进行深入分析和大力拓展，并及时地应用到了公共行政的实践中去。经过大致30年的理论发展和实践求索，近代以来行政管理科学化的追求就被推向了顶点。然而，理论的深入探讨一步步地走向了对具体问题的微观分析，进而又开始了对个案研究的热衷，直至走上了蔑视理论和只顾实证、实用研究的盲区。结果，科学染上了这样一种风气，那就是原则不再重要，价值的思考被视为荒诞或学究气，从事公共行政研究的学者自认为是一帮技术精英，是行政管理的工程师，他们研究行政管理和公共政策被标榜为一种纯技术性的研究活动。技术性的体系具有客观性，是超越于人之上的，行政人员在这个技术体系中只不过是失去了灵魂的棋子，行政人员的价值观念、道德意志在行政活动中的作用被看作可以忽略不计的因素。公共行政的实践被这种理论的或学术的病态所感染，也极力追求制度的或体制的客观性，在组织结构、权力运行机制、管理方式方法、效能最大化等各个方面，都极力攀上科学化的轨道。

虽然在近现代社会建构的旗帜上写着科学、民主和法制的口号，但在实际上，特别是在公共行政的领域中，只有科学化才是实际的目标指向，科学在这里成了支配着公共行政的一整套工具理性的代名词。无论是公共行政的理论还是实践，都在用自己的行动表明，民主的追求让渡给了政治的领域，法制的要求被推给了社会，而给自己留下的，则主要是科学的行政管理。威尔逊和韦伯的理论只不过是近代行政发展走向科学的言说者，根据威尔逊和韦伯的要求：公共行政的超党派和价值中立定位，决定了它只承认技术的合理性，一旦行政管理感染上了价值倾向，就会陷入政治的误区。

威尔逊和韦伯所表达的这种看法包含着对公共行政公共性的误解，他们仅仅看到了公共行政在整个社会生活中的中心地位，社会是分为不同的阶层、阶级、党派和利益集团的，公共行政不应当作为社会的某一个部分的代表。这种愿望是好的，然而，却忽视了公共行政体系的有机性，忽视了公共行政构成要素的现实性，特别是忽视了行政人员作为人的现实性。所以，威尔逊、韦伯以及他们的追随者们都把价值中立这样一个抽象的原则作为公共行政科学化追求的起跑线了。也就是说，他们把一个被他们抽象掉了现实内容的、纯形式化的公共性作为他们关于公共行政的全部理论设计的前提了。这就难免把公共行政理论和实践的科学化追求导向了反科学的方向。

其实，与一切人文社会科学一样，公共行政的科学研究和理论探索也不能够放弃对价值问题的关注，失去了价值内涵的任何人文社会科学研究活动，都会把自己导向片面化、形式化的"科学"追求中去。实际上，这种对科学的追求恰恰是不科学的，是不可能实现真正的科学理论建构的，也不可能得出任何真正科学的结论，当它建立起一个貌似科学的理论体系并用以指导实践的时候，实际上是极不负责任地把实践导入了困境。真正科学的理论是很少关注其方法论的问题的，因为，科学的理论是把理论与方法融为一体的，科学的理论自身就包含着实现自己的全部基质。相反，越是虚假的"科学"理论就越是关注方法论的问题，它害怕自己如果没有一整套方法而被人一目了然地发现其虚假性。现代西方的许多人文社会科学都属于这类情况。从一些大学里开设专门的方法论课程来看，表明我们这个时代的社会科学已经在一定程度上进入了一个"伪科学"占主导地位的阶段，是由于整个社会科学都具有了虚假的学术理论面目而引起了教育家们和教授们的恐慌，以至于他们不得不借助于开设专门的方法论课程为自己寻找遮羞布。关于公共行政的研究更是把这一点诠释得无比充分。在公共行政的领域，近百年来，无论出现了多少自认为标新立异的理论，只要它没有走出威尔逊和韦伯的理论范式，就必然会构造出一个繁琐的方法论体系。其实，所有这类方法论体系，设计得越是精密，越是显得"科学"，就越是没有科学价值的，甚至是反科学的。因为，在这些理论指导下的公共行政实践的失败，充分地证明了这些自以为从事科学研究的学者或思想家们是多么不负责任。

我们在公共行政的实践中看到的是科学化追求的悖论。公共行政追求具有科学合理性的组织机构设置，但我们看到的却总是机构交叉重叠和层级不清；公共行政把效率视为生命，而我们看到的却是官僚主义盛行，行政管理的低效甚至无效；公共行政希望建立起有效的权力制约机制，我们却看到了腐败问题的愈演愈烈，以权谋私和滥用权力的问题长期无法遏制；公共行政希望为社会提供廉价的公共产品，我们看到的却是公共行政的成本与日俱增，造成财政负担日益加重的窘境；公共行政一直追求"小政府"的模式，我们看到的却是政府规模的不断膨胀……总之，公共行政陷入了困境，以至于世界各国都受到严重的社会公共需求的压力，不得不谋求行政改革来寻找一条可以走出科学化追求困境的出路。

全球范围内的行政改革肇始于20世纪80年代，在行政改革的过程中，理论探讨表现出了异彩纷呈的景象，实践求索也展现出改革模式的群芳吐艳。单就实践模式来说，可以举出英美模式、瑞典模式、新西兰模式等等。理论研究的情况更复杂一些，出现了各种各样的依据不同的经济学理论或政治学学说提出的理论设计，特别是新公共管理运动、后现代公共行政理论以及新公共服务理论，都表达了摒弃威尔逊、韦伯理论范式的努力。在"企业家政府"、政务公开化、"他在性"等追求中，都包含着走出公共行政科学化的尝试，特别是由于信息技术在公共行政中的引入，使多种行政改革方案的设计都得到了加以实施的条件。比如，在新公共行政那里，就产生了民主行政的追求。但是，在20世纪70年代，民主行政的主张没有得到积极响应，即使在此后的"黑堡学派"那里，也只是一种宣示性的呐喊。然而，网络的普及却使民主行政的追求转化为了实践上的积极进展。再如，网络的普及也使公共政策理论在公共政策的议题建构方面发现了更为方便的途径，事实上，已经造就出公共政策议题建构主体多元化的局面。可以说，20世纪后期以来，公共行政的研究进入一个百家争鸣的时代，新的理论层出不穷。但是，这些理论在否定和批判威尔逊、韦伯理论范式方面发挥了积极作用，而在新型公共行政模式建构方面，都还表现为一些零碎的意见，并没有呈现出建构新范式的迹象。

当然，就20世纪后期公共行政领域中的各种新的理论探索来看，在对公共行政的科学化、技术化和形式化的反思和批判中，是有着虽然朦胧却又坚定的走向道德化的追求的，除了新公共管理运动之外，基本上都走向了对价值因素的强调这样一个方向。我们发现，当新公共行政运动的代表人物重新开始发言的时候，表达了对行政人员道德价值的肯定，后现代主义公共行政理论也表达了对"道德的他者"的追寻。这说明，公共行政的发展必然会要求从形式和内容两个方面来重新审视科学化追求的问题，必然会要求用政府的价值定位和价值追求去弥补科学追求的片面性。也就是说，公共行政不仅应当是科学的，而且应当是道德的。进一步地说，在公共行政这里，道德是科学实现的前提。

三、"政府困境"与公共行政的出路

公共行政是近代社会的产物，在近代社会出现以前，存在着国家，因而也有行政的问题，但这种行政属于统治行政的类型。因为，其基本宗旨是服务于统治者的统治需要的，是由统治阶级的代表来实施的和直接施行统治的行政，所以说，统治行政就是统治的工具。近代社会的开始，也意味着一种完全不同于统治行政的管理行政模式的出现。虽然在一个很长的时期内，管理行政也是服务于大资产者的利益需要的，但它有着凌驾于整个社会之上和超越具体的利益集团的形式公共性追求。因而，可以把管理行政归入公共行政的范畴中去，或者说，管理行政的典型形态就是公共行政。当然，如果说管理行政是公共行政的话，那么，它也仅仅是公共行政的初级形态，随着管理行政的实践陷入困境，一种超越了管理行政的新行政模式必然会出现，它就是服务行政。服务行政将是公共行政的高级形态，将实现形式公共性与实质公共性的统一。

在20世纪，管理行政本身是一个矛盾体，虽然在它的运行中出于管理的目的而极力追求科学化，但它从来也没有摆脱作为政治工具的地位，相反，它一直是被作为政治学思考的一个分支系列来加以认识的，即使在威尔逊等人为行政学划定了专业范围之后，行政学作为一门独立的科学而存在还一直受到怀疑。正是由于这个原因，人们关于公共行政的研究有时不得不受到两个概念的困扰，一个是"政府"，另一个是"公共行政"。一般说来，人们往往从政治的角度来认识政府，对于公共行政，则更多地按照科学的或技术的原则来加以建构。但是，在研究政府时，谁也无法回避公共行政，而公共行政的研究也无法撇开政府。这是因为，政府是一个职能实体，其中，政治职能与经济职能是政府的基本职能，而政府的政治职能与经济职能的实现，都需要通过行政，行政是政府职能实现的基本途径。

但是，当我们考察行政的时候，就会发现，行政或者是统治的或者是管理的或者是服务的，不同性质的行政必然会在政府的政治职能和经济职能付诸实施的过程中对之加以改造和重塑，从而使政府显现出复杂的特征，以至于我们无法把某个特定历史阶段中的具体的政府确认为统治型的、管理型的或服务型的政府。但是，如果把视线拉长一些，就会看到，政府的类型特征变得清晰了起来。在这样一种宏观视野中，农业社会的行政属于统治行政，而近代以来的行政则是管理行政。在管理行政初萌之时，对行政的认识是从政治的视角出发的。然而，到了19世纪后期，特别是在20世纪，随着行政学作为一门科学被提出，关于行政的建构开始从属于科学的视角。当行政学家致力于行政的科学化建构时，表达了一种对政治视角加以否定的追求。然而，对行政的科学化和技术化建构却由于失去了政治的准则而在其实践形态中变得僵化，接下来的历史就是对政府经济职能要求不断增强的历史阶段。

这就是我们上述所说的，近代以来的政府及其公共行政的发展是沿着三条道路前进的，一条是科学发展的道路，另一条是政治发展的道路，第三条是经济关注的道路。其实，第三条道路在实质上是可以归结为第二条道路的，都是从属于政府合法性追求的。公共行政的科学化、技术化道路是一条关于公共行政体系结构及其运行机制建设的思路，这条道路由于回避了公共行政的价值考量而具有了工具化的特征，从属于工具理性。然而，这种工具化的行政发展却走向了末路，暴露出了无数的弊端。关于政府的政治合法性建设主要是围绕着政府职能展开的，所要解决的是政府如何通过其职能实现而获得合法性。在20世纪，由于政府的政治职能变得逐渐模糊了，也由于政府的政治建构已经基本完善，更是由于经济方面的问题时常威胁到社会的有序发展，因而，政府被迫更多地突出其经济职能，即通过经济职能实现方面的优异表现去谋求合法性。

历史地看，在政府合法性的追求中，首先是一条政治学的思路，后来又吸引了大批经济学家的介入。这就是20世纪政府及其公共行政发展的两条道路，即科学化的道路和合法性的道路。科学化的道路重视政府结构和运行机制上的合理性，而在合法性的追求中，则需要重视政府职能的表现。随着科学化的道路越走越窄，随着科学合理性追求的自反性结果层出不穷，必然会要求用道德合理性去取代科学合理性。同样，在合法性的追求中，无论是从政治学的角度出发还是从经济学的角度出发，都可能产生出各种各样的骗术，会走向为了合法性而不惜运用所谓"公共关系"的手段，会产生通过经营的方式去制造虚假的政府形象的动机。为了解决这一问题，也必然会提出道德合法性的要求，即在政府合法性的获得方面借助于道德的途径和体现出道德价值。

在近代早期，政府及其行政的发展主要存在于政治学家们的视界之中，研究政府的职能和政府运行中的各种问题，都基本上是政治学家们的专业范围。所以，政府及其公共行政具有浓厚的政治色彩，它在现实的运行中从属于政治的观念和服务于政治的目的，关于行政的研究基本上是把注意力集中在如何根据政治的原则来处理政府与社会、国家与公民的关系问题的，一切关于行政的制度设计也都是为了方便行政对国家与公民的政治关系的处理，保障政府的权威性和让行政在调节社会各种利益冲突的过程中发挥作用。

当然，政府及其行政人员在行使行政权力的过程中会产生一些消极的、负面的甚至是破坏性的效应，对此，也通过法律的、制度的设置加以防范、规制和补救。在法律及其制度设置中，对行政主体和作为人所可能具有的人性的所有弱点，都尽可能作出加以合理限制的规定。所有这一切，都是较为规范的政治学思路，即把一切与行政相关的因素都融入法律的文本，并缜密地计算国家权力的分配、公民权利的确立以及两者的运行和达成等环节可能遇到的种种问题。然而，在政府应当包括哪些或多少道德内容的问题上，却很少有人提及，对于不同民族、不同地域、不同文化传统条件下的行政人员以及他们的理想或信念，也很少关注，更不用说作为制度设计的内容而加以考虑了。正是由于这个原因，法默尔在《公共行政的语言》一书中把这种行政称作"方言"，也就是说，它只是行政发展中的一种特殊形式，不是具有"普通话"意义的普遍适应性的行政。

果然，政府及其行政政治化的缺陷终于暴露了出来，在20世纪30年代，政府陷入了政治困境。这是由于周期性的经济危机愈演愈烈而使政府的政治职能的缺陷显现了出来，从而使政府甚至整个政治体系都陷入合法性危机之中。西方社会解决这场危机的办法是采用广泛的国家干预措施,用政府的经济职能来弥补政治职能的不足。所以,从 30 年代开始,政府对市场和经济生活开展了大规模的干预。进入 70 年代中期,政府规模的膨胀、财政支出的迅速增长等等,都表明政府开始陷入一场"经济危机"之中,如果说政府为了解决社会中的经济危机而采取了干预措施,那么,由于政府干预的强化而引发的负效应则把政府自身引入了"经济危机"之中。西方国家 80 年代开始的行政改革运动虽然被说成是为了解决"政府失灵"的问题,而在实际上,则是出于解决政府的"经济危机"(财政困境)问题的需要。

就西方国家的行政改革来看,主要是在政府的政治职能和经济职能之间作出选择,或者说,是一种寻找政治职能与经济职能相对平衡的做法。所以,才有了所谓私有化运动、减少政府干预、限制政府规模、削减政府财政开支、发展社会中介组织等,尽可能地把一部分政府职能转移给社会。从各国的做法来看,一个共同特点就是陷入了头痛医头、脚痛医脚的对策性、救急性的改革之中,而真正的战略性出路并没有找到。然而,这个出路恰恰是在政治和经济之外,是一条全新的道路,那就是政府及其公共行政的道德化。

政府已经经历过了政治危机和经济(财政)危机,如果再把改革的出路限定在政治或经济的框架中,或者在政治与经济职能之间寻求平衡,都是不可能的。只有在政府的政治职能和经济职能之外去寻找出路,才能在根本上解决问题。在 70 年代中期以来的这场危机的具体表现上,我们也可以看到政府道德化的必然。因为,这场危机虽然表现为经济危机,即由于政府规模过于庞大导致管理的失调、失控、官僚主义和效率低下,而在实际上,这场危机则是一场信任危机,最起码,它的结果是一场信任危机,是一场对政府能力和政府作用表示普遍怀疑的信任危机。其实,政府的政治危机(合法性危机)和经济危机(财政危机)都会以信任危机的形式出现,或者说,信任危机才是政府这两种形式危机的共同根源和相同表现,要使政府从任何一种危机中走出来,行政改革都必须直接地从信任危机的视角入手去寻找解决问题的方案。

近代以来的政治总是表现为阶级以及集团力量的较量过程。所谓政治领域,其实就是不同的阶级以及集团开展政治较量的场所,或者说,政治无非是阶级以及集团之间冲突与合作的领域。当然,政治在一定程度上也是一种平衡技巧最有用武之地的场所,政治时时都以平衡不同的阶级以及集团间的冲突和合作为开展行动目标的。但是，存在于政治领域的冲突与合作时常会步入一种失衡的状态，从而出现合法性危机。尽管政治主体一直都在努力扮演代表整个社会的普遍性利益的角色，而在实际上，政治绝不可能拥有充分的普遍性。在政治运行状况良好的条件下，政治以及政治活动还能够得到社会成员的普遍关注和支持，这似乎是有着普遍性的。但是，这种普遍性是不稳定的，是一种虚假的普遍性。

在整个近代社会，政治的动荡是时有所见的，人们在思考这些问题时，并没有走出社会秩序政治供给的思路。所以，一旦政治出现了合法性危机，人们不是把动荡看作由于政治性质的原因引发的，而是认为由于政治自身的不合理性所造成的，总是采取改善政治和进一步强化政治的方式来解决政治的合法性危机。在这种努力下，近代社会在政治运行方面的技术进步确实达到了一个很高的水平，但这并不意味着政治的运行从此之后就会在这种科学模式和民主精神下进入一劳永逸的良性状态。

其实，政治上的问题是由于政治的性质造成的，政治的非普遍性或普遍性不足决定了它永远都不可能真正代表整个社会的普遍利益，只有走出政治，超越政治，进入道德的境界，政治才不会陷入合法性危机的状态。因为，在这一点上，政治与道德的不同是如此之明显，政治所不具有的普遍性恰恰是道德所具有的，或者说，一切合乎道德的都是具有普遍性的。政治如此，行政亦如此。就政府一半属于政治一半属于行政而言，在政治的普遍性不能获得的情况下，用道德改造政治和替代政治，就可以让政府获得普遍性的属性。在此基础上，行政不再与政治为邻而是以道德为友，因而，行政就可以实现道德化。一旦行政实现了道德化，政府就能够成为属于全社会的和为了全社会的普遍利益服务的机构，行政就能够得到绝大多数社会成员的认同、赞赏和支持。

因此，对于政府的认识应当从根本上得到改变，人们不应当把政府的运行看作是政治过程，更不应当过分地重视政府的经济职能，而是应当把政府看作是政治、经济和道德三位一体的。它的政治职能是一种历史遗传的结果，它的经济职能是在20世纪成长起来的，道德职能的获得才是政府发展的方向。在当前的情况下，政府职能如果仅仅是政治的，它就不可能有真正的公共行政；政府职能如果是经济的，政府就会像当代西方所极力塑造的那样，是一个"企业家政府"，是一个膨胀起来的大企业。其实，所谓新公共管理运动，既不"新"也不"公共"，只有"管理"才是它的最根本的底蕴，其发展结果必然是窒息公共行政。与之不同，只有当政府是道德的，或者说，只有当政府能够用道德的力量去整合它的政治属性和经济属性，存在于政府之中的行政过程才能够成为"公共行政"，才是属于全社会的，才能真正代表公共利益和提供满足公众要求的公共产品。

也就是说，近代以来的政府在走过了几百年的历程之后，其政治职能和经济职能都得到了充分的发展。在这两大职能实现的过程中，政府也拥有了得以充分成长的政治属性和经济属性，政府的行政无非是这两种属性的形式化表现，是在与经济运行保持一定距离的情况下以政治中立的面目去实现政府的政治职能和经济职能的。然而，在经济职能的实现过程中破坏了政治上的公平、公正之要求；在政治职能的实现中则破坏了经济的自由和平等原则。归结起来，两种职能都置政府于不道德的境地。所以，在政府的发展中，需要引入道德的向量，在承担起政治职能与经济职能的同时，还要获得并实现道德职能。道德职能得以实现的前提，就是政府自身的率先道德化，即获得道德属性。这样一来，政府除了具有政治属性、经济属性，还具有了道德属性。拥有了这三种属性的政府，才能够被视作健全的政府。而且，恰恰是政府的道德属性，使政府的行政获得了公共性的保障，成为形式公共性与实质公共性相统一的公共行政。

四、公共行政的道德基础

在农业社会，一切对于共同体有益的事情都具有道德的特征，在某种意义上，共同体的共同性就是合道德性。近代以来，随着社会的分化，社会的共同性为公共性所取代，然而，一切具有公共性的事物也都应当具有合道德性的内涵。可以说，"公共的"就应当是"道德的"，如果在公共领域中回避了或忽视了道德审视，就无法把握公共领域的性质，就无法确立公共行政的正确方向。如果说农业社会的人们是由于血缘、地缘等因素而被联系在一起的话，那么，在工业化过程中生成的现代社会中，人的一切生活都表现出相互渗透的特征，人们是如此紧密地相互关联在一起，而政府的出现本身，就是为了寻求一条更为有效的让人们去过一种群体生活的方式。所以，政府一直处在人与人的关系的中心而发挥着调节人与人之间的社会关系的功能。就这一点而言，政府如何对待公共利益的问题，实质上也就是一个如何对待人的问题。

一旦认识到政府存在的意义无非是如何对待人的问题，我们也就离对政府提出道德要求不远了。如果我们悬置了哲学上还原论的终极追问的话，立即就会发现，人的关系就其最本质的意义而言是一种伦理关系。人之所以不同于动物，就在于人对物以及对同类的态度是包含着伦理以及道德的内涵的。至于政府对待人的合理方式，绝不应当是通过政治控制而把人固定在一定的社会位置上，也不应当是通过经济途径去刺激人的物欲要求，更不应当是通过人的物欲制导系统而把人导向某一方向上去。政府在调节人与人之间的社会关系时，应当考虑的是如何增进人与人的关系中的道德内涵，所应当追求的是让人作为道德存在物的价值能够处处得到张扬。政府要达到这个目标，就首先应当实现自身的道德化，在作用于社会和作用于人的时候，首先应当考虑如何以道德的方式去开展管理活动。

在现代语境下，说穿了，政府就是公共利益的代表，公共行政无非是维护公共利益和根据公共意志去开展行政管理以及社会管理活动的政府行为以及过程的总和。无论是作为公共行政依据的法律制度，还是作为行政行为主体的行政人员的行政行为，都应建立在公共意志的基础上。公共意志就是一个绝对命令。显然，公共意志并不等同于公众的意志，公众的意志是一种群集状态的意志汇总，公众意志中也包含着个别意志以及个别意志与公众意志间的矛盾冲突。公共意志却是对公众意志的抽象，是公众意志中的具有一般性和普遍性内涵的意志。政府及其行政人员如何理解和把握公共意志？对于这一问题，可以说，无论是从政治的角度，还是从经济的角度，都不可能实现对公共意志的正确理解和准确把握。唯有从道德的角度看，才能使公共意志的公共性显性化为一种可以理解和可以把握的意志，才能按照这种意志去开展行动。所以，公共意志本身就是具有道德合理性的精神存在。如果没有政府及其行政人员的道德知觉的话，一切外在性的法律规定，都无法对它作出正确的解读。

其实，把社会治理寄望于统治者甚至统治系统的道德理想是可以追溯到很早的历史时期的，中国古代早有"以德治国"之追求，并在其后的演化过程中生成了系统化的儒家思想体系。即使在古希腊，也存在着后人常常称道的由道德化的"哲学王"来治理社会的理想。亚里士多德甚至极力证明城邦共同体生活的伦理特征，并提出了一系列规范城邦共同生活的伦理原则。应当说，在中西方古代思想的宝库中，都不缺乏以道德作为社会治理基础的思想。近代以来的社会治理体系建构走上了法制化、科学化的道路，然而，在早期启蒙思想家们的理论建构中，道德理想也是一项重要内容。比如，卢梭关于"公意"的确立表面看来是对公共领域的政治规定，而在实际上，则有着对社会治理体系以及治理者如何执行公意的道德规定。卢梭甚至表达了这样一种理想，"应使一切个别意志与公共意志相协调，换句话说，是应确定美德的统治地位，因为美德只不过就是各个人的个别意志与公共意志的这种协调"①。这无疑是对法的精神的拓展。

我们看到，近代社会公共领域与私人领域的分化为现代人提供了开展社会生活的基础性框架。在社会的意义看，公共领域与私人领域分化的结果是形成了这样一种治理倾向，那就是私人领域是法律制度与道德共同作用的领域，而公共领域则是法律制度与权力运行机制发挥作用的领域。其实，公共生活不可没有道德，在这个领域中，对道德的忽视和对法律制度的片面强调，势必会使法律制度的作用大打折扣。因为，仅有法律制度而没有道德的支持，法律制度就是僵化的规范体系，在灵活具体的公共生活和行政行为中，就无法使法的精神中所包含着的公平正义得到实现，甚至会制造出不公正，从而背离法的精神。特别是存在着这样一个显而易见的事实，作为规范的法律制度总是滞后于现实生活的，它所提供的仅仅是一个规范空间和制度框架，如果得不到道德的支持，它的具体规范作用是极其有限的。再者，就如社会生活的任何一个领域一样，对道德力量的忽视在事实上造成了对无德行为的倡导。也正是由于这个原因，我们认为，公共领域中的一切公共权力的滥用和腐败问题，都首先是由于道德缺失引发的。由于道德的缺失，无论建构起了多么严密的法律制度规范，也无法避免公共权力的滥用和腐败。

公共领域中的道德缺失也许与文化以及价值观念的多元化有关。因为，工业社会是一个开放的社会，在"脱域化"（吉登斯语）的意义上，每一个国家和民族都无法回避和拒绝对其他国家和民族的开放。由于这种开放，不同国家、不同民族的交往使每一个国家和民族都会遇到外来文化和价值观念，尽管每一个国家和民族都会努力在自己的民族文化的基础上对外来文化和价值观念加以吸收和改造，但是，开放性与流动性是密切联系在一起的，没有一个文化融合和价值观念改造的静态样本。所以，在开放的条件下，任何一个国家和民族的文化和价值观念都会呈现出多元化的状态。

---

① ［法］卢梭：《论政治经济学》，13页，北京，商务印书馆，1962。

在文化和价值观念多元化的条件下，人们可能会陷入一种迷惘的状态，以至于在选择行为标准方面变得极其近视，从而在生活和行动中显现出淡化理想、重视现实、一切从个人利益出发的状况，表现为社会生活中的普遍性道德缺失。这种情况也反映到了公共领域之中，使公共领域出现道德缺失并造成公共权力畸形化。近代社会之所以会形成法律制度建构的路径依赖，也许就是在这种道德缺失的情况下而作出的一种补救性选择。如果是这样的话，我们可以说，近代以来，在一切具体的和微观的领域都实现了理性化，而那些影响历史进程的行动往往是感性的，特别是诸如战争等行动，完全是一种得到了理性支持的感性行动。

法律是理性的，制定法律的过程也是理性的，但是，就法制是在道德缺失的情况下而作出的无奈选择而言，却是感性的。其实，近代以来，由文化与价值观念多元化所造成的道德缺失困境，恰恰需要通过道德重建来加以应对。然而，近代以来在道德重建方面所表现出来的一种无能为力甚至畏惧状态，恰恰证明了人类理性能力的不足。所以，在法制遇到了困难的时候，在公共生活出现了异化的情况下，在因治理失灵而出现了危机事件频发的条件下，总之，在超越工业社会的追求和努力之中，首先需要解决的是文化与价值观念多元化条件下的道德重建问题。

公共领域需要道德，而且，整个公共领域都需要建立在道德的基础上。我们认为，在应然的意义上，如果说私人领域是个体的领域，那么公共领域则是群体的领域；如果说私人领域是自由的领域，那么公共领域则是规范的领域；如果说私人领域是经济的领域，那么公共领域则是政治的和道德的领域，而且首先是道德的领域，是个体的普遍要求和共同愿望的保障和供给领域。在公共领域中，排他性的个体利益追求必然损害公共利益，必然会破坏我们赖以生存的政治经济环境，必然会打乱生活的秩序和腐蚀人们的心灵，所以，公共领域中的一切从业人员都必须根据公共领域存在的宗旨来确定他们的目标，并在对这个目标的追求中贡献其才智。

进一步地说，公共领域无非是相互矛盾和冲突着的私人领域中的普遍利益、普遍需要和共同愿望得以表达和得以实现的领域。公共领域虽然也通过其他的方式实现社会公共需求的供给，但是，最主要的供给主体还是政府，政府是通过公共行政而使私人领域中的各种各样的需求得以满足的。公共行政的状况决定了整个公共领域的状况。公共行政对私人领域中的公共需要的供给可以有两种方式：一种是制度化的供给；一种是行政人员的随机性供给。制度化供给与行政人员的随机性供给又是密切联系在一起的,是一个互动的过程。这里所讲的所谓制度化供给,其实是抽象的,而随机性供给却是具体的。抽象的制度化供给仅仅意味着对公平、正义和物质形态的公共利益作出原则性的规定,是最为基本的和作为平均线而存在的,而行政人员的随机性供给则是具体的、灵活的。制度性供给在很大程度上也需要通过行政人员的随机性供给来加以体现。在某种意义上,制度性供给对于整个公共行政的供给体系来说,是一个框架,而随机性供给则是它的具体内容。这样一来,我们就可以看到行政人员的道德化对于整个公共行政道德化的意义了。

政府是公共行政的主体,但是,政府是由行政人员构成的,行政人员才是真正行动着的公共行政主体,是公共利益、公共秩序的维护者。也就是说,行政人员担负着运用其手中所执掌的公共权力去执行调节社会关系的职责,他在要求人们处理人我关系、群己关系时,以他人利益、公共利益为重。同时,行政人员首先需要自己拥有一种为公共利益作出自我牺牲的精神,需要在具体的行政行为中贯彻克己利人的原则。从人类的发展史来看,这一点不仅是中国传统文化中的说教,而且也是西方所长期倡导的"黄金定律",即具有最高价值的定律,被看作是一切道德、宗教和社会规则的精髓。既然东西方都把这一点奉为一种至上性的原则,那么,它的合理性也就应当得到重视。关键的问题是,要想把这种价值观念贯彻到公共行政的日常实践中如何可能?答案就是:行政人员的价值是由公共行政的性质所决定的,行政人员只有充分理解了公共行政的性质后,才能发现自己作为行政人员存在的价值,才能正确地确定自己的目标,才能科学地设计自己的人生,才能在开展行政活动时作出正确的行为选择。

总体上看,近代以来政治叙述的中心思想是在国家与社会分离的视野中展开的。显然,在国家与社会分离的条件下为政府定位,在某些方面是有优势的,那就是确立起了对行政权力的制约机制,能够在一定程度上防范行政权力的滥用、谋取私利和受到特定利益集团的操纵。但是,在国家与社会分离的语境中谈论政府及其公共行政的公共性时,能够确认的就仅仅是形式上的公共性,是一种依靠主观规定和人为设置而获得的公共性,其客观基础没有被作为公共领域以及公共行政建构的前提来加以考虑。因而,在规范公共权力时,虽然由于突出地强调了外在性的规范而显得具有客观性,但在实际上,这些外在性规范也是人为设置的,是由人制定的。所以,公共行政在形式上可以致力于科学化、技术化追求,可以以客观性的面目出现,而在实质上,则从属于被黑格尔表述为客观精神的主观意志。

基于这种认识,我们认为,就中国政府的建构而言,应当反对理论叙述和思想取向从国家与社会分离的视角出发。因而,我们把任何对形式公共性的追求都看作是没有意义的事情,相反,我们所要寻找和发现的是公共行政不移不易的客观基础。结果,我们就获得了这样一个结论性的意见:对于中国政府而言,永远值得警醒的是不能脱离人民群众,永远不能忘记的是应当为人民群众服务。在这里,基于国家与社会分离的视角而确立的规范,所发挥的至多是辅助的功能;基于政府与人民群众密切联系在一起的视角去建构的规范,将发挥主导性的功能。

在提出政府与人民群众密切联系在一起这样一个命题时,无疑包含了对政府及其公共行政客观基础的发现,有了这个客观基础,公共行政的形式公共性追求也就得以超越。因而,政府是在服务特征的获得中拥有了实质公共性。实质公共性是在人民群众的根本利益中找到了生成的基础,同时,实质公共性又是行政主体赋予公共行政的。所以,政府及其行政人员的道德化,也就是不言而喻的事了。

第二节 公共行政道德化的双重向度

一、公共行政道德化的制度建设

公共行政的道德化首先应当是指法律制度、权力体制、组织理念、公共政策及典章制度等具有道德的合理性。这种道德的合理性能够发挥这样的作用:协调政府组织和机构之间的合作关系和改善公共行政的服务供给,从而使整个公共行政体系进入良好的运行状态。

我们说公共行政的道德化,首先是指公共行政的制度和体制的道德化。这是因为,只有制度的和体制的道德才是深刻的和广泛的善,才是具有稳定的引导功能的行为规范。在这一点上,是任何个体道德都无法达到的。关于制度的作用,邓小平在《党和国家领导制度的改革》一文中作了重要论述:"我们过去发生的各种错误,固然与某些领导人的思想、作风有关,但是组织制度、工作制度方面的问题更重要。这些方面的制度好可以使坏人无法任意横行,制度不好可以使好人无法充分做好

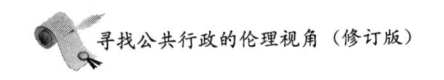

事,甚至会走向反面。"①

可见,在制度安排、体制设置中贯穿道德原则才是公共行政道德化的基础工程,只有这一基础工程搞好了,才能时刻提醒行政人员自重、自省、自律,才能更好地发挥道德的导向作用。例如,就腐败、官僚主义等问题来看,腐败者和官僚主义者的自利追求、淡漠公共利益和对职业责任的麻木不仁等问题的出现,固然有着各种各样的原因,但是,最为重要的原因还是我们的制度和体制中存在着因道德缺失而引发的种种漏洞。再如,就行贿受贿问题的广泛存在而言,不论是官员主动索取还是行贿者有意拉官员下水,都在于我们的制度对官员权力的约束和对公民正当权益的保护不力。这种约束不力不是由于法律制度不健全而造成的,而是由于行贿者与受贿者缺乏公平竞争的理念和缺乏公正行政的意识所造成的。

总之,个体的道德性是有限的,特别是我们正处在把市场经济的原则运用于社会主义的基本政治、经济、文化制度建设的过程中,各种新旧观念相互冲突,善恶是非界限十分模糊。这就决定了我们亟须以制度和体制的形式去建立起一系列明确的和包含着道德内涵的规范,使行政人员在善与恶之间,在被鼓励的、允许的行为与被反对的、禁止的行为之间不再麻木不仁,并在此基础上形成坚定的道德价值取向。

人与人之间的伦理关系以及个人在参与社会活动中所应遵循的道德原则,不仅存在于人们的日常生活世界中,而且也应当同时存在于制度设计和社会结构之中。在某种意义上,如果能够在制度设计和体制安排中引入道德的内容,就会使人的行为超越外在性的法律、规则等制度规范,从而达到自律的境界。所以,伦理关系和道德原则也应当成为制度的基本内容,公共行政更是如此。在公共行政的法律制度和权力体制及其运行机制上,都需要包含着道德的内容,并有着把这些内容付诸实施的具体方式和方法。正如罗尔斯所指出,个人职责的确定依赖于制度,首先是由于制度有了伦理的内涵,个人才能具有道德的行为。他说:"一个人的职责和义务预先假定了一种对制度的道德观,因此,在对个人的要求能够提出之前,必须确定正义制度的内容。这就是说,在大多数情况下,有关职责和义务的原则应当在对于社会基本结构的原则确定之后再确定。"②

---

① 《邓小平文选》,2版,第2卷,333页,北京,人民出版社,1994。
② [美]罗尔斯:《正义论》,105页,北京,中国社会科学出版社,1988。

制度和体制的道德性能够使个体的道德行为获得一种客观性的约束力，行政体制以及它所归属的制度的道德化，对于行政人员的行政行为是有着普遍约束力的。我们知道，从一般伦理学的角度看，在个体道德体系中，要将道德原则、道德规范转化为人们的道德实践，就必须以人们对这些原则和规范的认同为中介。有了这种认同，才能使这些原则和规范转化成人的道德良心，才能使道德发挥激励、教育和规劝、禁止等作用。但是，在这些原则和规范向人的主观良心的转化过程中，会出现因人而异的情况，从而使人的行为在趋近于道德标准方面有着很大的差异。与此不同，制度的道德性没有这种主观相异性，它对不同的行为主体具有同等的客观有效性，它不为个体的偏爱所左右，而且对个体的偏爱、价值追求还起到矫正作用，能够有效地把个体的行为纳入统一的社会道德秩序之中。对于行政人员的个体道德来说，也是这样。

不仅如此，而且公共行政制度和体制的道德化对于有道德觉悟的行政人员还可以起到激励的作用，对于道德觉悟低的行政人员，则可以起到惩处和制裁的作用。所以说，制度与体制的道德化能够实现对行政行为的调控，能够通过鼓励行政人员的道德自觉性，强化道德的他律性，从而把褒扬和惩治结合起来，使一切行政行为都能够在这一道德化的条件下有规可循，有据可查，有法可依。也就是说，公共行政道德化在制度建设方面应当达到这样一种效果，那就是塞森斯格所说的："如果他不再履行对共同体有利的某个行为，或者如果他不再履行义务，他的自尊的丧失，他对共同体的福利的关切、他由于被共同体抛弃所带来的不幸，就不亚于抵消了他可以得到的任何物质上的好处。"[1]

在公共领域中，制度的道德化是实现公共行政道德化的前提，这就需要以制度的形式建立一系列明确的公共行政道德规范，让行政人员知道，什么是应当做的和什么是不应当做的，从而使行政人员有着正确的道德价值定位和价值取向。也就是说，公共行政制度的道德化包含两个方面：其一，在制度安排中应当有着道德化的合理性规范，并建立起道德实现的保障机制；其二，已经确立的制度应当有利于道德因素的生成和成长，能够对行政人员的道德修养的提高起鼓励作用。

---

① ［美］塞森斯格：《价值与义务》，140页，北京，中国人民大学出版社，1992。

二、制度局限与行政人员的道德

正如没有制度支持的个体道德是不稳定的道德一样，没有个体道德支持的制度也不可能是道德化的制度。我们说制度的道德化，是指在制度的道德原则与个体的道德实践有机统一条件下建立起来的道德制度。因为，制度的设计与再设计永远不可能周详地考虑到制度操作中所面临的社会环境和公众意见的全部，如果没有行政人员的道德支持，公众就会对哪怕是一个非常好的制度表示出怀疑。这样一来，制度不仅不能实现制度设计者的预期，更会远离制度应遵循的相关理念。

一个国家无疑需要在制度设计和制度安排中不断地实现自我更新，并不断地趋近于完善。但是，制度设计和制度安排并不能完全解决社会运行中的所有问题，它只有通过政府的日常工作，通过行政人员对公共权力的行使，才能使制度设计和制度安排的目标获得实现。所以，在制度设计与制度运行之间，政府及其公共行政，特别是作为公共行政具体性主体的行政人员，是极其重要的中介因素，是不可或缺的桥梁。如果进一步推绎的话，行政人员的素质和道德状况又是最为关键的因素。有了行政人员的素质和道德方面的支持，就能够弥补制度设计上的不足，最起码，可以将制度运行过程中所暴露出来的各种各样的制度缺陷和不足反馈到制度的修正与再设计中，使这种不足可能造成的紧张得到缓解。否则，制度的缺陷得不到发现，长期隐藏于官僚主义的制度操作之中，就会日积月累而导致制度与行动的严重脱节，造成政府与社会、国家与公民关系的日益紧张，甚至导致社会秩序的混乱。

在近代以来的政府建构过程中生成的公共行政是与宪政密切联系在一起的。在宪政条件下，公共行政中的公共权力所拥有的基本功能是以法律文本的形式确定下来的。所以，从理论上看，公共权力是规范化的权力，能够做到自足自律。但是，这对于保证公共权力的公共性不受侵犯来说，还是远远不够的。无论宪政多么完善，也不管制度设计如何周密，都必须通过行政人员才能发挥作用。在这里，行政人员如何行使公共权力的问题，始终是一个必须予以关注的问题。可是，行政人员在宪政条件下的行为已经有了法律制度的规定，他在这种规定下既然能够改变公共权力的性质和作用方向，那么，法律制度对于他的意义显然就无法再行深入了。所以，必须寻求另一种规范因素的补充。这个补充因素就是道德。具体地说，就是行政人员的道德。这就是在既定法制框架下提出行政人员的道德化构想的逻辑必然。但是，我们并不能够仅仅满足于在法律制度的框架下去实现行政人员的道德化，而是需要对制度进行全面的反思，要求实现制度的道德化。

近代以来，人的社会生活以及社会治理的制度走上了与道德相分离的方向，在公共行政理论和实践上，这种与道德相分离的倾向表现得尤其明显。制度在宪政原则下走向了法律规定的形式化，而道德的内容却被忽略了。我们倡导制度的道德化，就是要改变制度与道德分离的倾向，冀求在制度的合理安排中给予道德规范一定的位置，让制度包含着道德实现的可能性。当然，制度的道德化是基本的和初步的，它只能是一种体现了低限度的、一般性的道德原则或规范的制度设计和制度安排。但是，有了制度的道德化，行政人员的道德品性就会获得实现的空间，当行政人员行使公共权力的时候，就能够以自己的道德知觉而保证其行为的公正，从而获得一种不与制度原则和规定相冲突的公正效果。

但是，公共行政的道德建设是不能够满足于这一点的，而是需要有更高的追求，必须朝着更高的目标前进。那就是通过制度的道德化而保证行政人员能够拥有至善的道德愿望和道德理想。这是由公共行政所处的社会管理核心位置以及它所行使的公共权力的性质所决定的。行政人员作为行政主体、公共权力的执掌者和行使者，只有在他对自己提出不同于一般社会成员的道德要求时，才能在行政管理以及社会管理的复杂环境中保持公正性。如果行政人员仅仅满足于制度安排中的一般性的、最起码的道德要求，他在行使公共权力时，由于复杂的环境因素的干扰，就很难保证不陷入不道德的境地。所以说，只有对于达致道德崇高的人来说，他在行使公共权力的过程中，才能始终作出公正的行为选择。

我们说近代以来存在着制度与道德相分离的问题，其实是说，在社会治理的过程中存在着法律与道德的分离。应当承认，在现代社会，关于道德与法律制度的关系是达成了明确共识的，没有人会因为提倡道德而否认法律的价值。但是，在实践上，用法律代替道德，重视法律的功能而轻视道德的作用却是一个客观事实，更不用说在制度建设中进行道德方面的考虑和维系道德了。所以，对于道德与法律关系的正确认识是不能够满足于理论共识的，而是需要深入人心。

对于制度建设来说，道德与法律的互补性是不可偏废的。事实上，在协调人与人、人与社会、人与自然等关系方面，法律的功能是有限的，法律所能够提供的只是最低的和最起码的社会行为规范。这是因为，只有当法律所发挥的是最低限度的规范功能的时候，才可能强制性地要求行政人员中的每一个个体共同遵守和执行它。但是，对于行政体系的良性运行来说，只有法律的规范是远远不够的。比如，法律可以要求行政人员做什么或不做什么，却无法要求行政人员在做什么时以什么态度去做。更何况在对于公共权力的运行来说，行政人员行使公共权力的灵活性是不可能在法律的规范中体现出来的。法律的规范必然会有着许许多多覆盖不到的空间，即使在它的覆盖范围内，它所提供的也仅仅是一个原则性的框架而已，而这个框架中的具体内容的规范意义只能让渡给道德。我们知道，道德规范不似法律那样具有外在的强制性，而是人的内在的自我约束。但是，正是道德在规范人的活动的过程中使人的行为升华。所以说，在公共行政的领域中，绝不能没有道德的介入。

在行政改革的意义上，我们的思路是这样的，在既定的法律制度的框架下，首先需要解决的是行政人员的道德化问题。其实，就行政人员的来源看，他首先是作为社会成员的人出现的。在人的成长过程中，在人的社会化过程中，能够获得并拥有一般性的道德意识，能够理解和遵从一般性的道德规范。但是，在人成为行政人员之后，由于近代以来的法律制度以及官僚制对行政人员的格式化，使行政人员失去了作为一般社会成员所拥有的道德价值，成了"非人格化"的人。一方面，当人成为行政人员的时候，放弃了他作为一般社会成员的道德；另一方面，我们的理论以及制度设置，又都在一般社会成员的意义上来定义行政人员，把行政人员看作是经济人。所以，在行政管理以及社会管理过程中，行政人员往往会借"公事公办"的口实而放弃行动的道德关照，往往会在理论以及制度对他的定义中去领悟自己作为经济人的利益追求。鉴于我们所处的时代是法律制度发挥基础性作用的社会治理时代，所以，必须首先解决行政人员的道德化问题。如果行政人员的道德化造成了与法律制度冲突的局面，表现出对法律制度的挑战，制度变革的力量也就开始积聚了起来。那个时候，制度道德化的设计和安排都会顺理成章地开展起来。

三、行政人员道德化的必然性

如上所说，公共行政的道德化包含着两个层面的内容：第一个层面是公共领域的制度道德化，可以从法律与道德的共性出发去实现对法律制度的改善，并通过一个较长的历史阶段的置换过程而使法律制度被道德制度所取代。在这一过程中，逐步地使制度中的道德内涵得到增进，为行政人员的道德意识的实现提供可行性空间，促进和引导行政人员在公共行政的活动中奉行道德原则。第二个层面是作为具体的公共行政主体的行政人员的道德化，可以在行政体制和运行机制的调整和改革中增强激励道德行为的机制，促进行政人员以道德主体的面目出现，让行政人员的行政行为从道德的原则出发，贯穿道德精神，逐步地使行政人员做到时时处处坚守道德价值取向，并公正地处理行政人员与政府的关系、与同事的关系和与公众之间的关系。

然而，在行政人员所面对的一切社会关系中，他的个人利益与公共利益之间的关系是最为主要的，是他必须首先处理的关系。一般说来，人总是从自我的利益出发去认识客体和改造客体，去处理与他人的关系，去选择对待社会、对待组织以及对待政府的态度。所以，在人的一般意义上，我们把人的利益需要看作是人类社会发展的动力源或原动力。但是，在公共行政的领域，则不应如此。在这个领域中，如果每一个行政人员都是公共选择学派所说的"经济人"，都把自己的个人利益作为对一切事物的判断标准和作为行为选择的出发点，那么，他在处理一切公共事务时，就不会有公正的观念和行为，这个社会的公平和正义势必会失去基础性的支撑力量。

人类社会毕竟不是自然界，公平和正义不是自然的产物。其实，当社会还处于一种自然状态时，是不存在所谓公平和正义的问题的，甚至在整个分配关系占主导地位的社会中，也不存在真正的公平和正义。即使有一些可以被今人诠释为公平和正义的因素，也不是建立在公平和正义的观念之上的，而是近乎动物性的感性形式。在人类社会历史的纵向进程中，我们在哲学一般的意义上讲，它是一个自然历史过程。但是，这是一种追本求源的解释，绝不意味着在具体的、特殊的领域中可以否定人的道德自觉。我们强调公共领域是一个特殊的领域，从业于公共行政的行政人员是一个特定的职业群体，正是要表明这个领域中的行政人员道德自觉的意义。

行政人员作为一个特殊的职业群体与一般社会成员价值追求的不一致恰恰是根源于社会的客观要求，是私人领域对公共领域提出的"绝对命令"。也就是说，要求行政人员摒弃个人利益作为其行政行为出发点的公共期冀所反映的是一个历史性的要求，是在公共领域与私人领域分化的条件下提出的必然要求。如果没有公共领域与私人领域的分化，提出这个要求是不合理的，但是，在这种分化已经成为客观事实很久的时候，如果还提不出这种要求或对提出这种要求不能接受的话，那就只能通过扭转公共领域与私人领域分化的历史进程而去让行政人员从个人利益出发。尽管"经济人"假设可以为行政人员的行政行为选择作出自利性的合理解释，却也没有表达扭转历史进程的愿望。所以，在历史总是趋向于文明的意义上来看行政人员，必然会接受行政人员是一个特殊的职业群体的观念，必然会要求行政人员拥有道德意识和按照道德原则去开展行政管理和社会管理活动。

　　对于行政人员来说，维护公共利益是由他的特殊地位决定的，因为行政人员活跃于公共领域，是以公共行政为职业的人群。由于行政人员从业于公共行政，所以，他的生命获得了二重化，他的私人生活只有在与公共生活分开时，才是真正的私人生活。如果行政人员把自己的私人生活与公共事业混淆了，他的私人生活就是不健康的、不真实的和不完全的。同样，作为他的生命存在的另一种形式，他的公共生活也必须不允许他的私人生活内容的介入，一旦他的私人生活方面的内容介入到了公共生活中来，他的公共生活就会受到污染，就会导致滥用权力和腐败的结果。虽然行政人员的生命的二重化是一个矛盾，即当他过他的私人生活时，他是为了自己，有着个人利益的追求；当他过公共生活时，他是为了别人，为了整个社会及其公共利益，但是，这却是历史发展的结果，是他无法选择的。如果说他有着作为人的主体性的话，那么，他只能选择做或不做行政人员。一旦他作为行政人员而存在时，就必须接受生命二重化的事实；不接受这个事实，就意味着他的二重生命都不能获得实现的合理性。

　　也就是说，行政人员作为公共利益、公共秩序的维护者，需要运用其手中所执掌的公共权力去履行调节社会关系的职责。在行政人员要求人们处理人我关系、群己关系时以他人利益、公共利益为重的同时，首先要自己拥有一种为公共利益作出自我牺牲的精神，需要在具体的行政行为中贯彻克己利人的原则。当然，我们所说的是一种应然的状态，就公共行政实践的现实情况看，与所有这些规定都形成了巨大的反差。就如公共选择理论所揭示的，公共领域中掌握权力的人在其个体行为选择方面，往往是按照"经济人"理性行事，也与市场经济中优先考虑自我利益的个体一样，把自己和自己所属利益集团的利益放在十分重要的位置上了。当然，公共选择理论指出的这一点可以说是对一种客观事实的描述，但是，它在指出这一点之后却没有提出什么新的见解。因为，它无非是重弹制度约束的老调而已，即使是作为公共选择理论应用形态的新公共管理运动，也只是发展出了用市场机制来制约行政人员的做法，而对于行政人员是否需要走向道德化的问题，则采取了回避的态度。

公共行政中的一切非理性的现实都指向了行政人员的道德化。这是因为，一旦失去了道德追求，行政人员手中的权力就会变成他为所欲为和谋取私利的工具，在他个人利益有希望实现的时候，其行政行为就是有效率的；当他的个人利益与公共利益发生冲突的时候，其行政行为就会是无效率的。总之，没有道德的支持，行政人员的个人利益就会成为他对待工作、对待同事和对待公众的标准。

公共行政的道德化包含着行政人员道德义务的内容。在这一点上，义务论伦理学有许多经典的论述可以作为我们理解行政人员的道德义务的参照。费尔巴哈指出："只有把人对人的关系即一个人对另一个人的关系、我对你的关系加以考察时，才能谈得上道德；只有把对自己的义务认为是对他人的直接义务，只有承认我对于自己有义务只因为我对他人（对我的家庭、对我的乡村、对我的民族、对我的祖国）有义务时，对自己的义务才具有道德的意义和价值。"[1] 这就是说，只有承认了和实践了对他人、对社会的义务，个体对自己的义务、个体自身的利益和幸福才能得以实现，个体才获得了道德价值。客观情况也是这样，行政人员在他的行政行为中贯穿道德原则是与他的个人利益实现并不必然矛盾的。如果一个社会不是处于一种极度不健全的状态中，那么，人的道德行为总是可以获得回报的，人的行为如果对他人的利益有所增益的话，也必然会对自己的利益有所增益，即使不是以物质形态的利益出现，也会以精神形态的利益出现。当然，人们也许会处在一个完全丧失了道德义务感的社会中，让道德行为受到嘲讽、质疑和鞭挞，但是，在这种条件下，古训"独善其身"更应当是自我实现的基本途径。

我们所注重的是行政人员一切行政行为的出发点。因为，对于行政人员来说，作为他的行政行为的价值取向不应当是他的个人利益。如果他把个人利益作为其行政行为的价值取向，他的利益在公共领域中的实现不仅不是合理的，而且也是不合法的。这样一来，他的利益能够得到

---

[1] 转引自周辅成主编：《西方伦理学名著选辑》，下卷，474页，北京，商务印书馆，1987。

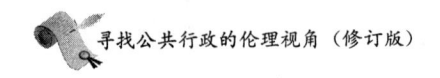

实现只是一种偶然性，不能得到实现才是一种必然性。相反，如果行政人员价值取向转变过来，能够在其行政行为中把道德原则作为最高标准，其个人利益也自然而然地会在其道德行为中得到实现。这种实现往往被伦理学家和社会学家们称为道德补偿，事实上，这不仅仅是一个补偿性的结果，而且有着预成的意义。因为，人的社会关系把人们的利益联系在了一起。

如果说在私人领域中存在着个人利益冲突是正常的话，那么，公共领域中的利益冲突则是一种变态，是公共生活的畸形化，正常的合理的公共生活只能是利益的共生和融合。当行政人员在维护公共利益的过程中作出了道德行为选择时，他实际上也选择了其个人利益，或者说，他的个人利益包含在这种选择之中。如果他在这种选择中没有使个人利益得到实现，那才是偶然的。这就是公共领域中的利益共生关系，是可以通过制度设计和制度安排来加以巩固的，如果说近代以来的制度没有做到这一点，那是制度出了问题。

第八章
行政人员：道德与自主性

第一节 行政人员的道德价值

一、行政人员特殊的道德价值取向

在社会分化为公共领域和私人领域之后，这两个领域便有了不同的生活方式和行为方式，也有了不同的行为准则和判断标准。在私人领域中，经济人追求自我利益最大化的活动可以自然地生成权利义务体系，进而实现对经济人行为的道德价值确定，而公共领域中的情况则不同。如果说在私人领域中经济人追求个人利益最大化的行为不仅不是恶，反而能够最终在权利义务的总体中转化为善，那么，在公共领域中，行政人员作为公共利益的维护者和公共权力的主体，他的行为如果不是善的，就必然是恶的。所以，行政人员的行为体系不仅需要建立在法律制度的外在性规定上，而且需要在行政人员的道德价值确定上保证行政人员的自我实现。行政人员的道德价值坐标包括三个主要的向量：其一，行政人员必须建立起对公共利益的信仰；其二，行政人员必须对其执掌的公共权力以及自己所扮演的角色有着充分的自觉；其三，行政人员必须确立无私奉献的价值目标。

一般说来，一个急剧变动的社会必然会反映在道德领域。在行政改革的过程中，政府及其行政模式和行为方式的改变，也必然会反映在行政道德上。就公共行政领域中的贪污腐败和以权谋私来看，除了有法律制度上的原因之外，也有着道德方面的原因。我们看到，法律制度能够保证腐败和权力滥用不至于泛滥，却不能够有效地防止腐败和权力滥用。在制定法律的过程中，在法制建设的过程中，必然会为权力的多种运用可能性留下一定的空间，而这个空间就是一个得到承认的以权谋私和滥

241

用权力的空间。关于道德，人们往往将其看作是一种软性约束机制，认为道德不能够在治理贪污腐败和以权谋私方面起到强制性的作用。其实，道德的价值远不是这样的，道德功能的无法彰显，恰恰是人们对道德功能的定位存在着问题，没有准备在制度的意义上去考虑道德的价值。当然，在今天，道德制度还是一个理想，我们所面对的是现实的法律制度，即使是在当前的法律制度条件下，健全法律制度也只能发挥有限遏制腐败的作用，如果要在更大的程度上实现对腐败、滥用权力等问题的抑制，还是需要求助于道德建设的。也就是说，在当前条件下，法律制度的作用是一般性的，而道德的意义更为深刻。所以，对行政人员道德价值的关注，既是一项前瞻性的工作，也可以在反腐倡廉的现实运动中发挥作用。

行政人员是一个特殊的职业群体，他需要拥有作为社会成员的一般价值取向，又必须具有作为行政人员的特殊价值取向。而且，在行政人员的职业生涯中，其特殊的道德价值取向是他的行政行为获得公正性质的前提，同时，也是行政人员作为公共行政职业的从业者自我证明的依据。对于行政人员来说，只有时时刻刻用这种特殊的价值取向校准他的行政行为，才能成为公众所期望的合格的公务人员。当然，行政人员的这种特殊的价值取向并不是在他作为社会成员而在市场经济的活动中生成的，而是在他作为行政人员的职业活动中产生的，是包含在市场经济中的公共期望在行政人员思想意识深层的凝结，是一个合格的行政人员的必备条件。

在市场经济的条件下，对于活动于公共领域和活动于私人领域的人，在道德价值取向方面，是应当有着不同的要求的。在亚当·斯密的时代，对于活动于私人领域中的经济人的道德价值取向问题，就已经作出了比较充分的探讨，所谓"主观为自己，客观为他人"已经成为市场经济主体恪守的原则，并得到了全社会的认同。然而，对于活动于公共领域中的行政人员的道德价值取向问题，只是到了20世纪的后期，才开始有人去认真地加以探讨。所以说，关于行政人员的道德价值取向的问题，还是一个崭新的课题。

我们知道，在市场经济得以普世化的早期，亚当·斯密对活动于市场经济中的经济人的道德价值取向是这样规定的："……由于他管理产业的方式目的在于使其生产物的价值达到最大程度，他所盘算的也只是他自己的利益……"①也就是说，活动于市场经济中的经济人的道德价值取向是建立在追求自我利益最大化的基础上的，是在追求个人利益最大化的过程中生成了他的道德意识的，而且，这种道德意识完全来源于个人利益最大化的可持续性。因为，在市场经济的条件下，经济人不是自然经济条件下的那种孤立的和游离于社会之外的人，他追求个人利益最大化的行为本身，就证明了他是社会的人，是在与他人的联系中进行生产和开展各项活动的。事实也证明，经济人的一切追求个人利益最大化的活动都只有在与他人、与社会的联系中才能成为现实。一个孤立的个人是无所谓道德问题的，而人一旦与他人发生关系，就自然而然地存在着道德的问题了。既然经济人必然要与他人发生关系，所以，对于经济人来说，必然要接受道德的规范，并需要有着一定的道德价值取向。但是，经济人的道德价值取向不是原生性的，而是派生的，亚当·斯密深刻地指出了这一点："我们每天所需要的食料和饮料，不是出自屠户、酿酒家或烙面师的恩惠，而是出于他们自利的打算。"②

虽然经济人的道德价值取向是在他追求经济利益最大化的愿望中派生出来的，却又是现实的。因为，经济人对利益最大化的追求如果不是仅仅停留在愿望的状态，而是转化为了他的行动，那么，他立即就要面对着他的个人利益与他人利益、社会利益的关系问题，他的个人利益如果希望得到长期实现的话，就必须尊重他人利益和社会利益。否则，他的个人利益在一次性的实现中就不再有得到延续的可能，甚至会在持续的过程中受到更大的损失。所以，经济人为了自己的利益最大化能够成为可持续性的过程，必然要在自己的行为中包含着道德的内容。也正是这一点，说明了经济人是理性的，是不能够与自私自利的个体画等号的。这也就是哈耶克所评价的："毫无疑问，在18世纪伟大作家的语言中，人类的'自爱'甚至人类的'自我利益'，都描述成是'普遍的动力'，并且通过这些术语，他们首先认为这样的理论观是应当被大众广泛接受的，但是，仅从一个正常人的眼前需要这一狭义角度看，这些术语不意味着利己主义。"③

---

① [英] 亚当·斯密：《国民财富的性质和原因的研究》，下卷，27页，北京，商务印书馆，1981。
② 同上书，14页。
③ [英] 哈耶克：《个人主义与经济秩序》，14页，北京，北京经济学院出版社，1989。

亚当·斯密的经典论述是理解经济人道德价值取向的锁钥，却不是行政人员及其行政行为的价值准则，在经济人那里以理性行为的形式出现的，而在行政人员这里却恰恰是非理性的行为。如果行政人员也将自己定位在经济人的位置上的话，那恰恰是非理性的。对于经济人来说，他在普遍的个人利益最大化的追求中可以受到一只"看不见的手"的制约和调节，就如亚当·斯密所说："确实，他通常既不打算促进公共利益，也不知道他自己是在什么程度上促进那种利益……在这场合，像在其他许多场合一样，他受着一只看不见的手的指导，去尽力达到一个并非他本意想要达到的目的。也并不因为事非出于本意，就对社会有害。"[1] 对于经济人来说，只要其行为不是对社会有害的就已经是善了，虽然这种善不合乎义务论伦理学的要求，但是，如果经济人能够在追求个人利益最大化的过程中做到不对社会有害，实际上就是以其利益最大化的结果而对社会有益了。这就是私人领域中道德价值的意义。然而，在公共领域中，情况就完全不同了，行政人员是不能满足于其行政行为对社会的无害。这是因为，如果行政行为不是对社会有益的，就必然是对社会有害的。

首先，公共领域与私人领域不同。虽然公共领域与私人领域的区分更多地带有理论抽象的性质，但在现实社会中，公共领域与私人领域的区别还是非常明显的。就如我们所指出的，在私人领域中，对个人利益的追求是合理的，也是有益于社会发展的，而在公共领域中，个人利益的存在任何时候都是恶的源泉。不仅因为公共领域中的个人利益必然破坏着公共利益，而且也会侵蚀着私人领域的健康，破坏私人领域中的契约平等。特别是当个人利益要求得不到遏制的时候，公共利益就会荡然无存，并会置私人领域于无序的状态，从而使整个社会陷入不稳定的状态。当然，现代社会中的每一个政府都极力以维护公共利益为宗旨，运用法律制度的手段来维护公共利益也是人们所极力推举的方法。然而，法律制度的手段只能起到维护最低限度公共利益的作用，却无法发挥直接遏制个人利益要求的作用。在个人利益要求与公共权力隐蔽地结合在一起的时候，就必然会对公共利益造成破坏。所以，只有寄托于行政道德，才可能对公共领域中的个人利益要求加以遏制。

---

[1] [英] 亚当·斯密：《国民财富的性质和原因的研究》，下卷，27页，北京，商务印书馆，1981。

其次，行政人员是公共权力的执掌者。单就私人领域来说，既没有权力也无所谓权利，但是，就对私人领域的理解而言，我们经常看到关于经济人的权利问题的议论。其实，私人领域中的所谓权利是由公共领域所赋予的，是公共领域根据私人领域的运行规律赋予了经济人自由、平等等权利。但是，在私人领域中，却存在着关于人的人格的价值判断，并且在近代社会得到了公共领域的肯定和确认，成为人们所拥有的不可侵犯的权利。在这些权利的基础上，私人领域中的经济人建立起了契约关系。正是因为私人领域获得了权利，所以，私人领域中任何时候都不允许存在着权力。我们也发现一些作品探讨所谓"社会权力"的问题，其实是一个虚假命题。私人领域只有在与公共领域联系在一起的时候，只有处在它与公共领域所构成的同一个系统之中时，才可以看到权力的作用。即便如此，私人领域也只是一个被作用了的领域。在对私人领域的单独考察中，我们是无法看到权力的。没有权力，就没有支配与被支配的关系，在理论上，也就不存在假以他人之力量而进行的排他性占有，更不应当具有借用公共力量而对公共资源和他人物品的侵占。

与私人领域不同，公共领域的基本结构就是一种权力结构，行政人员是专门被选择出来执掌和行使权力的人。权力任何时候都首先是一种支配力量，对于公共行政而言，是由公众的力量所凝结而成的，是用以维护公共利益、保障社会秩序、协调私人领域中的契约关系、捍卫个人权利的公共力量。这种力量一旦背离其公共性质而被行政人员用以服务于个人利益，就会造成极其恶劣的后果，即使权力不能有效地发挥作用或不能正确地发挥作用，其后果也是有害的。然而，恰恰是在公共领域中，普遍地存在着行政人员不当运用权力甚至是滥用权力的问题。对于这个问题，人们大都倾向于通过建立健全监督制约机制来加以纠正甚至防范。其实，监督制约机制必然会使权力的运行陷入公正与效率的二律背反。而且，监督制约机制中的权力运行如果得不到再监督和制约的话，权力就会陷入一种"恶无限"之中。所以，谋求行政人员内在的道德制约与外在的监督制约机制的相互补充是必需的。

上述两点是最为基本的和最为主要的，它们决定了行政人员道德价值取向的特殊性。总之，由于行政人员是在公共领域中活动的人，这决定了他不同于经济人，他对个人利益的追求不具有合理性。所以，行政人员必须无条件地出于维护和促进公共利益的价值取向的目的去作出自己的行为选择。同样，由于行政人员掌握着公共权力，这使他拥有了可以支配他人、支配公共资源以及支配他人物品的权力。他必须正确地运用这种权力，才能有效地发挥这种权力的作用。如果他不能使这种权力发挥其应有的作用，或者改变了这种权力发挥作用的方向，就是非法的或不道德的。而且，在这个问题上，行政人员不仅不应当满足于遵纪守法，而且必须有着更高的道德自律的追求。这些都是经济人所没有的特殊道德要求，却是一个合格的行政人员必须具备的道德价值取向。

二、行政人员的道德价值确定

行政人员与经济人的区别决定了行政人员的道德价值确定也不同于经济人，或者说，经济人是权利主体，其道德价值确定来自于外在的压力；行政人员是权力主体，其道德价值确定必须来自于他的内在自觉。

从以上的叙述中，我们已经看到，经济人的主观价值取向是利益的最大化。这是推动社会进步的动力源，在受到社会科学的肯定之后，则成为一种科学价值而被人们所承认和接受；在被现实的制度设置所包容之后，则成为一种法理价值。然而，经济人追求利益最大化的动机却是在契约关系中得到实现的。就私人领域的内部机制而言，契约关系建立的前提是自由和平等等人权的设置得到广泛接受，而契约关系能够得以存续，则是依靠经济人的诚实守信而作出的维护。也就是说，在契约关系得以维护的过程中，每一个经济人都必须做到对自己的言行负责，恪守自己的承诺，这就是义务。权利和义务都是对经济人的约束力量，而且，在契约关系的总体中，是作为一种客观的约束力量而存在的。经济人无论在追求个人利益最大化的过程中有多大的主观性，但在接受权利和义务的总体性约束力量制约的过程中，都是没有选择的。所以，这是一种客观价值，也就是经济人的道德价值。

经济人的道德价值确定是在经济人的权利义务的总体中实现的。具体地说，在市场经济活动中，每一个经济人都追求个人利益的最大化，而这种追求个人利益最大化的行为无一例外地都需要依赖其交换共同体的成立才能成为现实。所以，在错综复杂的经济关系中，总会自然而然地形成经济活动的惯例、规则和建立起一系列成文的或不成文的契约。在对市场经济的进一步规范中，又形成了维护和保障契约关系的法律制度，以一种强迫性的力量去为经济人的道德价值提供保证，使经济人相互尊重对方的利益最大化的愿望，加强彼此利益的相容性和相互促进彼此的利益最大化，这也就是市场经济的秩序。所以，对于经济人的道德价值确定来说，经济人的权利义务总体包含着三个层次：一是市场行为的惯例体系；二是市场活动的规则和契约体系；三是保障市场经济秩序的法律制度体系。由这三个层次构成的总体，无处不在地调节着经济人的行为，从而把经济人追求利益最大化的行为纳入道德价值的范畴之中。

在行政人员那里，这一权利义务的总体所发挥的作用就完全不同了。正如我们一再指出的，行政人员是权力主体，他手中所掌握的权力可以随时随地改变权利和义务关系，从而使权利和义务以及它们之间的关系发生畸变。当然，近代以来，人们是在与经济人同等意义上思考行政人员的权利和义务关系的，而且，也因此探索出了一整套规范行政人员权利和义务关系的法律制度体系，并发明了一整套运行机制去保障这种权利和义务关系。但是，相对于行政人员来说，这类法律制度体系以及规范化的运行机制毕竟只是一种外在性的规范，它可以在形式上把行政人员的行为纳入合理、合法的范畴之中，然而，实际上，却是无法保证行政人员拥有道德价值判断能力的，更不用说行政人员能够依其道德价值判断而实现对自我的道德价值确定了。所以，对于行政人员来说，法律制度体系以及规范化的行政运行机制只能实现一种外在性的价值确定，并不像在经济人那里一样能够转化为一种遵循惯例、遵守规则、尊重他人和诚实守信等内在的价值确定。道德价值的确定实际上也就是内在确定，行政人员缺乏这种内在的价值确定，也就意味着他无法达到对自我的道德价值的确定。

当然，就行政人员作为社会的人而言，他也有着自己的权利以及对社会、对他人的义务。但是，行政人员一旦被选择出来作为行政人员的时候，他就不再能被作为一般的社会人来看待。或者说，权利和义务只是一般的、不事执掌公共权力的人的价值形态，而不是行政人员所应有的价值形态。一个人一旦执掌公共权力，权利和义务就不再是他唯一的或基本的价值形态，甚至不是作为行政人员的主要价值形态出现的。这样一来，对于行政人员同时也是社会人这一点如何理解呢？答案就在于行政人员就是人的二重化，一方面，他是社会人，有着一般意义上的社会生活；另一方面，他又不同于一般的社会人，是执掌着公共权力的行政人员。也许人们会把行政人员的这种二重化看作是理论的抽象，即把行政人员仅仅看作是一个抽象的概念。其实，这绝不是一个单纯的理论抽象。虽然我们通过理论抽象达到了这一层面的认识，但是，行政人员的二重化却是无可争议的事实。由于行政人员的二重化，我们必须在公共领域的意义上来认识行政人员，而不是在一般社会的意义上来认识他。因而，我们就形成了这样一种认识：是公共领域的根本性质对行政人员提出了要求，即要求执掌公共权力的行政人员在他的公共生活中必须放弃其作为一般社会人的权利义务意识，必须努力追求他作为行政人员的道德价值。然而，近代以来的理论认识并不通晓这一点，所以，公共行政的实践并没有实现对行政人员的道德价值确定。

在这里，关于行政人员的道德价值确定问题包含着两个需要思考的方面：第一，对于经济人来说，其外在性的价值确定是可以转化为内在的价值确定的，经济人可以通过外在性的价值确定达致与内在的价值确定的统一。对于行政人员来说，从外在性的价值确定向内在的价值确定的转化则是极其困难的，甚至是不可能的。在行政人员这里，外在性的价值确定永远属于法律制度的范畴，只有内在的价值确定才属于道德价值的范畴。第二，对于行政人员的职业活动来说，外在性的价值确定和内在的价值确定是有着不同意义的。外在性的价值确定是以法律制度的规范性力量的形式出现的，只能在最低限度上保证公共权力的性质和确定公共权力的运行方向，永远也不能够在权力行使的具体过程中保证权力的性质不发生改变和保证权力具有应然的效率。也就是说，外在性的价值确定无法在保证权力的公共性质的前提下把权力执掌者的主观能动性纳入权力的运行中来。所以，出于既要保证权力的公共性质又要保证权力发挥应有功能之要求，也必须谋求执掌公共权力的行政人员内在的价值确定。

关于第一个方面的思考，我们认为，关键还是一个利益问题，是个人利益与公共利益的关系问题。经济人是个人利益的追逐者，公共利益是在经济人对个人利益的追逐过程中自然生成的。在行政人员这里完全不同，行政人员是公共利益的代表者和维护者，如果他也像经济人那样追逐个人利益，不仅不能自然地生成公共利益，反而会对公共利益造成极大的危害。公共利益又是私人领域中无数个人利益存在的基础和得以实现的前提，公共利益受到侵害，也就意味着普遍的个人利益受到侵害。所以，行政人员不可能在对个人利益的追逐中去达成对自我的道德价值确定。然而，失去了对个人利益的追求，岂不失去了促进自我道德化的动力？也正是由于这个原因，近代社会一直谋求对行政人员的外在性价值确定，并极力淡化其内在的价值确定。这个思路的出发点也就是我们常常谈论的所谓"人性恶"的假设，或者说，迄今为止的制度设计与法律规范的订立，都是建立在这样一个普遍的人性本恶假设的前提下的。

根据人性恶的假设，除了个人利益之外，人也就再不拥有其他的生存和开展社会活动的动力了。事实情况并非如此。人之所以不同于动物，是因为人是文化的载体，人是不断地走向更高文明形态的动物。对于动物来说，食物与性就是它的全部生存内容。人则不同，人是极其复杂的，人有各种各样的要求，并不是每一个人天生就是个人利益的拜物教徒。我们在现实的社会中之所以处处看到人们对个人利益的贪恋，正是由于近代以来这种在人性本恶假设的基础上所作出的制度设计把人们引导到恶的方向了，正是近代以来的意识形态以及全部物化设置封闭了人们主动通向对自我进行道德价值确定的路径。

根据这个判断，我们认为，当前公共领域之所以走不出恶的怪圈，是由于法律制度作出了恶的引导；之所以行政人员无法实现道德价值确定，是由于外在性的价值确定过于发达。当然，法律制度的彻底改变也许不是我们这一代人所能够实现的，但是，在公共领域中实现行政人员道德价值确定方面，我们是有着选择的自主性的。也就是说，我们完全可以选择那些淡视个人利益而不是那些斤斤计较个人利益的人去充当行政人员。这一点，恰恰是没有引起充分重视的，即使有一些政府提出了这个愿望，也没有将其落实，或者根本就不准备落实，或者是让那些从个人利益出发的人去落实。结果，就只能是把一切具有能够实现自我道德价值确定潜质的人排斥在了行政人员的队伍之外。

关于第二个方面的思考，我们认为，它主要是公共权力的公共性与其效率的关系问题。经济人的个人利益追求也就是利益最大化的追求，在这种利益最大化的实现过程中，是包含着效率最大化的内涵的。对于经济人的活动而言，效率问题总是一个技术问题，绝不可能上升为一个价值问题。但是，在公共行政的领域中，情况就不同了，效率问题首先是一个价值问题，其次才是一个技术问题。然而，现有的行政管理科学却恰恰把这个问题颠倒了过来。长期以来，人们把效率问题作为一个技术问题来加以探讨，而不愿意把效率问题作为一个价值问题来加以思考。结果，在效率的问题上提出了无穷无尽的新理论、新学说，却在实践中永远无法付诸实施，所有的政府都在效率的起伏中跌宕。实际上，在公共行政的领域中，公共权力的公共性固然是个价值问题，公共权力的运行效率也是个价值问题，而公共权力的公共性以及公共权力的运行效率又都是与行政人员联系在一起的。因而，我们所看到的就是这样一种情况，如果把效率的问题作为一个技术问题来看待，就必然会谋求权力结构设计的科学性，忽视行政人员道德价值确定问题。反之，如果把效率问题作为一个价值问题来认识，就必然会把效率的问题与行政人员联系起来加以思考，即在权力与权力主体的互动中来认识效率和促进效率的实现。

显而易见，技术性的设计所提供的只是效率的制度性结构，却不能够真正地使公共权力的功能得到实现，只有当公共权力的运行充分接纳了行政人员的主动性，其功能才能得到充分的发挥，才会使行政管理和社管理呈现出巨大的效率。同样，关于公共权力的公共性也需要作出如此理解。之所以在现实的公共权力运行中总是无法解决公共权力的异化问题，之所以近代几百年在法律制度建设方面所作出的努力却没有根除公共权力的异化，反而使这种异化变得更加严重了，根本原因就是没有从权力主体的角度寻求出路。由此可见，公共权力的公共性以及公共权力的运行效率，都需要在行政人员的道德价值确定中来加以解决。只有当行政人员在道德价值确定方面取得了积极的进步，才能从根本上杜绝公共权力的异化。

三、行政人员道德价值的坐标

长期以来，关于道德价值的伦理学思考是在个人主义和整体主义之间进行的，个人主义主张个人权利，整体主义倡导社会秩序。但是，这是一般性的伦理学思考。实际上，伦理学的个人主义与整体主义视角是从属于两个目的的：一个是理解的要求；另一个是宣示的要求。从个人主义出发是出于理解的要求，它所要理解的是人的道德价值的基础和来源；从整体主义出发则是出于维护社会整体动态发展的要求，属于一种道德教化性宣示，所希望的是要人们树立起道德价值观念。其实，两者之间并不是必然对立的。就近代社会的现实而言，要理解它的道德价值形态，是需要从个人主义的立场出发的，只有从个人主义的立场出发才能对人的道德价值作出有力的证明。然而，就人类社会存在和发展的客观要求来看，是应当建立起整体主义的道德价值观念的。所以，我们认为，这场旷日持久的争论并没有实质性的意义，即使像罗尔斯、诺齐克和麦金太尔那样要在社会的公平和正义与个人的权利之间一较短长的做法，也只是这种所谓个人主义还是整体主义的陈旧思维范式的回光返照，并没有在伦理学的发展史上作出真正有价值的建树。

第八章　行政人员：道德与自主性

一般伦理学或普通伦理学是需要的，因为它研究人类道德生成的规律，并倡导一些一般性的伦理原则以及人类共同的道德价值。但是，它不具有为整个社会的每一个阶层、每一个特定领域中的特定人群确立具体的道德价值和行为规范的功能。所以，对社会生活中的每一个特定的领域，都需要作出具体的分析和研究，以便确立起具体的道德价值，并建立起具体的道德规范体系。近代以来，社会是分为不同领域的，不同领域中的人的行为方式在性质上是不同的，其结果也是不同的。比如，同样是对个人利益的追逐，在私人领域中是道德的和合理合法的，而在公共领域中却是不道德的、不合理的，甚至是不合法的。所以说，在我们对公共领域的研究和对行政人员道德价值的思考中，个人主义和整体主义的伦理原则都不再适用。在公共领域中，伦理思考的直接对象就是行政人员与公共利益的关系，行政人员如何自我定位、如何行使公共权力以及他的价值目标是什么等，应当根据什么原则来加以确立，才是具有积极的研究意义的问题。因为，只有明确了这些问题，才能够为行政人员的道德价值确定提供建设性意见。

在公共领域与私人领域、行政人员与经济人的比较中，我们已经看到他们之间的各种不同，这些区别引导我们走向了对行政人员在公共领域中的特殊坐标系的考察。

首先，行政人员的道德价值确定来自于他对公共利益的态度。我们知道，公共领域是私人领域的调节领域。在近代社会产生之前，社会并没有实现公共领域与私人领域的分化，整个社会在一体性的结构中是通过"家国同构"的体制而进行着内部性调节的。自从工业化、城市化启动了公共领域与私人领域的分化进程后，公共领域就是作为私人领域之外的一种独立的外部力量而存在的，是时时处处对私人领域进行调节的领域。所以，在公共领域中，必须摒除私人领域中的个人利益至上的原则，必须确立公共利益至上的原则。应当说，在私人领域中，个人利益追求是一种现实的活动，而在公共领域中，公共利益至上则是一种信仰，行政人员需要基于这种信仰去作出自己的行政行为选择。也就是说，一个人能否成为合格的行政人员，取决于他能否建立和是否拥有公共利益至上的信仰。如果一个人不能够建立和拥有这种信仰，他就不应当进入公共行政的领域而成为行政人员。在他没有公共利益至上的信仰的情况下，如果他进入了行政人员的队伍，等待他的不仅是个人利益追求得不到实现的结果，而且还可能是一种惩罚。这就要求必须在制度设置上解决这一问题，即必须保证那些对公共利益拥有崇高信仰的人进入到行政人员的队伍中来，并且不断地通过各种措施宣示和引导行政人员确立起对公共利益的信仰，使那些不能够建立这一信仰的人拥有自动退出行政人员队伍的自由。

其次，行政人员的自我主观定位以服务于公共利益为基准。行政人员是专门执掌和行使公共权力的特殊群体，他能否正确地和有效地行使公共权力，主要取决于他对自己所处的位置的正确认识以及对公共权力性质的正确把握。公共权力是为公共利益服务的，它在作用于社会和私人领域时能否提供公平和体现出效率，都是以其公共性质能否得到保证为基准的。行政人员只有在充分地认识到了自己所掌握的公共权力的性质和作用方向时，才能正确地行使这种权力。否则，行政人员就会在不知不觉中改变公共权力的性质和作用方向。所以，公共权力运行的状况主要是以行政人员的道德自觉为根据的。在马克思学说的影响下，人们倡导行政人员的公仆定位。其实，马克思只是借用了卢梭的一个表述，他本人在使用这个词语时，较多的具有比喻的性质，在某种意义上也具有夸张的成分。行政人员与其他社会成员的人格平等是毫无疑问的，但是，由于他掌握着公共权力，所以，他需要更多地拥有正确对待其掌握的公共权力的自觉性。

再次，行政人员应当确立与职业要求一致的道德价值目标。我们已经指出，行政人员绝不是一个纯粹的理论抽象，行政人员的具体形态也是有血有肉的现实的人，他必然有着自己的价值追求。我们已经明了，经济人的基本价值追求是他的个人利益，他的个人利益在何种程度上实现了最大化，他也就在何种意义上实现了自己的价值。在需要实现自身存在价值的问题上，行政人员也不例外。但是，行政人员实现自身价值的方式完全不同于经济人。行政人员的价值不是以个人利益实现的程度为标志的，而是以他对公共事务的投入为前提的。所以，一个人一旦成为行政人员，就必须实现价值目标的根本性转换，即把一种经济人的"占有的追求"转化为一种"公共人"的"奉献的追求"。如果一个人缺乏这种奉献的追求，也就不应当进入行政人员的队伍。在上述的分析中，我们已经看到，在经济人那里，占有的追求并不是恶，它可以成为社会发展的动力，而且在社会的总体运行中，占有最终依然会被社会所占有。所以，占有的追求是最终必然要奉献给社会的追求。对于行政人员的所谓奉献的追求来说，也是合乎这种辩证法的，他的奉献也应当是与他最终的占有成正比例的。这样一来，行政人员就可以用自己的"奉献的追求"而把公平与公正的问题交由制度来加以解决。如果制度无法解决这个问题，那么，它就是一个溃烂了的制度。

在行政人员道德价值确定的问题上，我们所给定的这个坐标系是来自于行政人员的主观方面的，这是不是意味着我们对客观方面的忽视呢？不是。我们急切地呼吁道德制度建设进程的启动，但是，制度变革可能需要在一个较长的时期内才会取得实质性的进展。在道德制度尚未建立起来之前，我们必须首先致力于行政人员的道德化。我们关于公共行政道德化的思路是，首先需要实现行政人员的道德化，只有行政人员的道德化取得了积极进展，才会推动道德制度的建设取得积极进步。即使在未来的某个时期我们建立起了道德制度，这个制度也只是一个不（像法律制度那样）排斥道德的制度，只是一个包容道德和鼓励道德行为的制度，是道德行为可以大展身手的空间。因而，在我们拥有了道德制度的条件下，也需要突出强调行政人员的道德价值对于公共行政的意义。任何时候，把全部社会问题的解决寄托于制度的想法，都是幼稚的。

还应当指出的是，公共领域是一个永恒的价值领域，这也是公共领域与私人领域的根本性区别。也就是说，私人领域总是一个利益的领域，一切行动都是围绕着利益的得失而展开的。在公共领域中，我们也使用利益的概念，但是，当我们把这种利益表述为和确认为公共利益时，实际上是对这种利益的价值内涵的承认。或者说，不同于私人利益，公共利益并不是一种有着明确的具体形态的利益，公共利益其实就是一种价值形态，只有当这种价值形态再一次辐射到私人领域中时，才重新以利益形态出现。利益这个概念肯定源于经济学的研究，虽然我们没有对这个概念的提出进行考证，但是，我们可以确定，肯定是由某位经济学家首先提出了这个概念，是在对私人领域的观察中形成了利益的视角。然而，即使对利益作出了区分，提出了私人利益和公共利益两个概念，也不意味着这两种利益具有可比性。私人利益是可视的，在很多情况下是可以用量化的方式来加以确认的，而公共利益只是一种价值形态，更多的时候，只是一种观念。公共行政是建立在公共利益的基础上的，是出于维护和促进公共利益的要求而去开展行政活动的。所以，关于公共行政的一切实质性的研究都以价值的思考为依归，而行政人员的道德价值，又是公共领域中的最高的价值形态。

第二节　行政人员的自主性问题

一、对行政人员自主性的限制

在某种意义上，几乎所有的行政学理论都是从限制行政人员的自主性的角度去进行研究和探讨的。回顾20世纪的行政改革，也同样可以看到，都是围绕着限制行政人员的自主性的问题来设计行政改革方案的。韦伯所概括出的现代官僚制本身，就是一个通过集权体制的建设来限制行政人员自主性的行政体系。要求对现代官僚制进行改革的当代"新自由主义"思潮，也基本上属于主张谋求改变限制行政人员自主性模式的理论，特别是公共选择学派以及基于公共选择理论而展开的新公共管理运动，都是在"经济人"假设的基础上去谋求市场竞争机制在政府中的引入，并希望通过市场机制的引入去限制行政人员的自主性。可以说，70年代后期以来的各国行政改革实践，都集中表现出对限制行政人员自主性的方式和方法的探索。然而，通过对人的本质的分析，我们发现，以往限制行政人员自主性的理论视角都是错误的。

人不是天生就有恶的本性，人也并不是仅有"经济人"的特性。我们认为，不应仅仅用"经济人"的概念来概括一切社会生活领域中的人，"经济人"不是人的一般特性，而是人的具体特性。人的一般特性只能理解成人的社会性。我们看到，只有当人生活在私人领域中时，才会更多地显现出他的"经济人"特性，当人生活在日常生活领域的时候，这种特性是不存在的。同样，当人在公共领域中去过一种公共生活的时候，也不应当具有"经济人"的特性。在认识人的问题上，"经济人"的概念是与"公共人"的概念属于同一个理论层次上的范畴。如果说人在私人领域中是"经济人"的话，那么，人在公共领域中应当是"公共人"，而且，人的"公共人"特性是现代共同体存在的支柱。在公共领域中，人的"公共人"特性是与公共领域的公共性和公共利益相统一的，正是这一点，成了行政人员自主性的充分保证。公共行政中的一切改革方案，都应当以彰显人的"公共人"特性为旨归，这样才会表现出赋予行政人员自主性而不是限制行政人员自主性的功能。而且，我们认为，也只有从属于赋予行政人员自主性的目的，行政改革才是沿着正确方向前进的。

从官僚制理论及其实践的情况看，之所以会走上科学化、技术化的发展历程，之所以表现出了对规则的迷信，之所以提出了"非人格化"的要求，其潜台词都表达出了限制行政人员自主性的要求。20世纪的公共行政发展在总体上就是一个在形式合理性追求中限制官僚自主性的过程，可以说，基于韦伯理论而作出的全部官僚体制设置，都是首先服务于限制官僚自主性的要求的。在某种意义上，学者们在官僚自主性与官僚自利追求之间画上了等号，认为官僚自主性的实质就是官僚能够有效地追求私利。这种认识显然是存在着很大问题的。如果说在工业社会的低度复杂性和低度不确定性的条件下限制行政人员自主性还能较多地表现出积极意义的话，那么，在后工业化进程中的高度复杂性和高度不确定性的条件下，限制行政人员自主性则使整个公共行政体系变得僵化，在行政人员无能于腐败和滥用权力的同时，也就无能于处理复杂的和不确定的事件了，结果，也就把整个社会导向了风险社会。

通过前面的考察，我们看到，韦伯把现代官僚制确认为一种理性官僚制，是传统的封建世袭制或家产制的否定形式；现代官僚制追求形式平等，而且通过法律和规则化的体制保障了人们在法规、制度面前的形式平等；现代官僚制在日常运行中特别重视知识和技术，让进入官僚制组织中的行政人员（官僚）以职业专家和技术官僚的身份出现；现代官僚制建立起了制度化的规则体系和行政关系系统，排除了个人在权力行使中的主观随意性；现代官僚制是建立在专业技术的基础上的，因而从属于效率目标，具有专职化、层级化和权责一致的要求；现代官僚制要求按法律和规则行事，使公务活动具有严密性、可操作性、可预见性、可计算性和可控制性……总之，官僚制是通过制度和体制的客观化和形式化来克服行政人员（官僚）的自主性的。结果，整个官僚体系就成了一个庞大的机器，而行政人员（官僚）只不过是这个庞大机器中的齿轮而已，受到机械定律的支配。

从西方国家的情况看，在经历了官僚制的充分发展之后，发现官僚制在限制行政人员的自主性方面过于僵化和死板，因而，希望寻求一种更为灵活的限制行政人员自主性的方式。这种思维的逻辑演进呼唤出了公共选择理论以及其他"新自由主义"学说，从而提供了一条运用经济学方法改革政府的路径，通过这一路径去达成一种灵活的限制行政人员自主性的方式。表面看来，这种新的限制行政人员自主性的方式有着对行政人员自主性的妥协性承认，比如，在政府中引进市场竞争机制，就是给予了行政人员更大的自主性，而不是像韦伯模式那样进行超强度的形式化控制。然而，在实际上，这种新的限制模式是通过行政人员、政府部门之间的竞争压力来限制行政人员的自主性的。而且，由于在行政改革中提出了打破行政人员的"永业制"，行政人员面对着随时都有可能"失业"的压力，以至于行政人员原先还拥有的一点灵魂上的自主性也被消除了。所以，这种表面上看来较为灵活的限制模式，在实质上则是一种更加严厉的限制行政人员自主性的方式。而且，由于韦伯模式的形式化原则并没有被突破，当行政体系中的授权机制更趋向于低层化的时候，行政人员个人所承受的那种限制其自主性的压力也更具有随意性，从而出现了限制自主性的悖论：一方面是继续限制行政人员的自主性；另一方面则是限制自主性的"自主性"愈益增强了。

在发展中国家，由于行政体制转型的跨度较大，体制变革和规制的更迭都在一个很长的时期内留下了非规范性的"空洞"，因而，在这些国家中，腐败的问题也就变得极其严重。所以，在行政改革的过程中，人们更加渴望对行政人员的自主性加以强有力的限制。也就是说，在这里，行政人员的腐败往往被认为是由于行政人员的自主性引发的，即认为行政人员的自主性也就直接意味着行政人员的以权谋私的自由度。一种普遍性的认识是，只要行政人员拥有自主性，就被判断为绝对的恶。正是由于这个原因，在进行行政改革的过程中，理论争鸣也就特别热闹，关于如何限制行政人员自主性的方案也就更加多样化，几乎每一个谈论这个问题的人都可以被称作是一个独立的设计师。

然而，近些年来，人们也发现，在一切行政人员的自主性得到了有效节制的领域和地方，都呈现出了发展动力不足的问题，而且，行政管理和社会管理的混乱程度也在增长。这说明，行政人员的自主性并不是一种绝对的恶。其实，行政人员的自主性可能导向恶的方向，也可能导向善的方向。如果以限制行政人员的自主性去抑恶的话，也就必然会同时除善。这显然不利于公共利益的实现。由此看来，关键的问题不是应不应当限制行政人员的自主性，而是需要解决如何矫正行政人员自主性的方向。

二、行政人员自主性中的善与恶

为什么近代以来的行政发展一直是以限制行政人员（官僚）的自主性为导向的呢？一个主要原因就是我们所指出的，把行政人员的自主性看作恶的源泉了。从孟德斯鸠、洛克等人开始进行权力分类并提出权力制衡的理念开始，到韦伯作出官僚制形式合理性的设计，再到当代政府改革中市场竞争机制的引入，整整这样一个思想历程，都是把行政人员的自主性理解成为他的滥用权力和腐败。所以，一切制度化的追求也都是围绕着限制行政人员的自主性这个问题去进行思考的，总是努力去寻找限制行政人员的自主性的最佳方案。

传统理论出于规范的需要，是从对公共领域和私人领域的区分开始去划定人的自主性的范围和类型的，往往认为私人领域是自主性的领域，而公共领域则是受规定的领域。也就是说，根据传统理论，在私人领域中，在市场活动中，人应当具有充分的自主性，任何对人的自主性的限制都是违背人的天赋权利的。这是因为，市场经济是以交易主体间的独立人格、自由、平等为前提的，而人的独立人格、自由、平等的总体性实现就是人的自主性。但是，在公共领域中，人们对行政人员的自主性却抱持着极其谨慎的态度，直到今天，人们对行政人员是不是公共行政的主体这一点也是不愿意加以深究的。因为，对这些问题的思考很容易把人引入到一个无法自圆其说的理论困境中去。比如，如果作出行政人员是公共行政主体的判断，那么，就必须对行政权力与行政人员的关系作出判断，而行政权力的归属问题又会立即被提出来。根据政治—行政二分原则，行政是一个相对独立的领域，但这仅仅是就它作为一个执行领域而言的，一旦涉及行政权力的归属问题，就再也无法与政治分开来谈了。然而，一旦涉及政治，代议制原则又决定了人们不可能把政治家们作为权力的主体来看。所以说，连行政人员是不是公共行政的主体这个问题都是一个极难作出判断的问题，又怎么可能去承认行政人员的自主性的合理性呢？也就是说，任何一种自主性都只能被理解为一定主体的自主性，既然无法对行政人员的主体性加以确认，因而，也就不能够允许行政人员保留自主性了。

如果说这是根据传统观点而作出的一种哲学推论的话，那么，根据当代观点会得出什么样的结论呢？从对公共选择学派的考察中可以看到，它试图用"经济人"的假设来打破传统理论在公共领域与私人领域区分基础上造成的理论阈限，试图让公共领域与私人领域从属于同一个理解框架，那就是统一到"经济人"的视角中去。但是，当它把"经济人"的概念推广应用到政治的和公共行政的领域中的时候，依然是包含着公共领域中"经济人"个人利益追求是恶的判断的。所以，在把行政人员的自主性理解为恶这一点上，现代观点仍然没有超出传统理论的理解。当然，由于提出了"经济人"假设而使限制行政人员恶的自主性方面有了新的解决方案，即通过在政府中引进市场竞争机制来实现对行政人员自主性的限制。可是，它与传统理论的不同仅仅是方法和技术上的不同，在对行政人员的自主性的认识上和要求对行政人员的自主性加以限制的问题上，并没有实质性的差别。

20世纪70年代之后，"政府失灵"的概念得到了广泛的传播，关于政府失灵的外部性理解往往被归结为实施凯恩斯主义的结果，而公共选择学派的内部性分析则将其归结为行政人员的"经济人"化，认为行政人员因"经济人"化而获得自我利益实现的自主性，因这种自我利益实现的自主性而使公共产品的生产和供给出了问题，从而使政府陷入了失灵的境地。事实不是这样的。在很大程度上，政府失灵恰恰是因为作为它的构成方式和表现形式的官僚制用形式合理性窒息了行政人员的自主性而造成的。可以说，官僚制在多大程度上表现出了官僚主义、效率低下和腐败，也就意味着在同等程度上是行政人员自主性的丧失。所以，在认识和对待行政人员的自主性的问题上，是需要有一个全新的视角的。如果把自主性理解成恶的自主性，无论建立在这种理解基础上的行政改革选择了什么样的措施和提出了什么样的方案，都不能够实现政府的根本性变革。

长期以来，一切限制行政人员自主性的制度安排都表现为一种以恶抑恶的设计。然而，一般说来，善良的人总认为人们都有着善良的一面，有道德的人总认为人都可以产生道德意识并相信人是可以作出道德行为选择的。人文社会科学也是这样，一种好的学说，总是着力于呼唤人的良知，而一种坏的学说，总是挖空心思地去琢磨人性中的缺陷，并试图找到控制人的这些缺陷的方法。人文社会科学的发展历史表明，几乎全部努力都放在了谋求"以恶抑恶"的途径上了。表面看来，以恶抑恶是一种有效的手段，但是，当这样做的时候，往往是对社会进行着恶的教育。如果以恶抑恶的做法成为一种制度化和程序化的社会结构和运行方式的话，那就是一种制度化的恶。在制度化的恶中，如果还对人寄存着善的期望的话，那只能是一种幻想。人类历史发展到了今天，展示给人的却恰恰是这种情况。如果希望人类还能够重新走向求善的道路上去的话，那将意味着一场根本性的变革。当这种社会变革还是以一种期冀的形式出现的时候，我们对一个特定的人群即对作为社会生活核心构成部分的人群提出善的要求，应当是一个保存照亮人类未来之火种的行为。

事实上，行政人员的自主性也是具有二重性的。当行政人员拥有自主性的时候，他把这种自主性用来谋取个人的私利，那的确是恶的；如果行政人员把他所拥有的自主性用来维护公共利益和促进公共利益的实现的话，那么，这种自主性就是善的。当公共选择学派用"经济人"假设来确认行政人员的时候，它是试图通过政府对市场竞争机制的引入而把行政人员的个人利益追求与公共利益的实现统一起来的。但是，个人利益和公共利益之间总会存在着不一致的地方，任何社会体制都不可能把二者完全协调一致起来，因而，也就不可能完全杜绝某些掌握公共权力的成员利用职权谋取私利。所以，寄希望于制度建设来限制行政人员的自主性并达到根除腐败的目的，只是一种必要，并不是必然。相反，还会造成对行政人员自主性发挥正向功能进行限制的结果。

现有的制度设置在限制了行政人员恶的自主性的同时，也把他的善的自主性一并限制掉了，更何况任何一种体制性的和制度化的限制行政人员自主性的设置都不可能达到充分和完全的密而不疏的地步，即使作出最为精密的设计，如果在任何一个小的细节上存在着漏洞的话，也会给行政人员谋取私利以可乘之机。如果行政人员果真是"经济人"的话，他也就会刻意地制造各种各样可以使他追求个人利益的目的得以实现的机会。只要有着恶的追求，就一定会有着恶的实现机会。只要行政人员受到他个人的利益追求所支配，这种利益追求就会日益增强着他对个人利益最大化的渴望，而且，这种渴望是永无止境的。在这种渴望面前，任何外在的制约因素都不可能实现对其追求个人利益的有效约束。由此可见，限制行政人员自主性的任何设计，最终都将在所谓"道高一尺，魔高一丈"的窘境中枉然无功。所以，关键问题不是通过限制行政人员的自主性而实现对行政人员行政行为中恶的一面的约束，而在于唤醒和张扬行政人员善的信念，让他在其行政行为的自主性中有着更多善的价值含量，这就是一种用行政人员自觉的善来克制其恶的一面的做法。

三、行政人员的道德自主性

根据历史唯物主义，人是社会关系的总和。对于这一判断，如果不是根据人的成长过程以及他与社会环境的相互作用和互动方式的表现来加以理解，而是就人本身来加以分析的话，那么，我们就会看到，人是以社会价值的实现了的形式而存在的。人作为"社会人"的含义在于，社会关系的一切复杂内容都包含在了人的现实存在之中。对于行政人员，我们也必须从这个角度来加以认识，任何把社会人的某一部分的特性泛化为人的普遍特性并用这种特性来确认行政人员的做法，都是错误的。

公共选择学派以及当代的新自由主义思潮中的各种学说把"经济人"的特性泛化为人的一般特性显然是错误的，它用"经济人"的概念来确认行政人员也显然是片面的。

人的社会性或人作为"社会人"而存在是一个一般性的理论抽象，在具体的共同体中来考察那些过着具体的社会生活的人，都会看到人的社会性表现为两种具体的特性：其一，人有着以人的欲望为原动力的个人利益追求，这种追求使他表现为"经济人"的特性；其二，由于人是共同体的成员，他所处的共同体的价值在他的意识深层凝结为他的共同体意识，这种意识以及他生活在共同体之中和作为共同体存在的一个因子的现实，决定了他同时又是"公共人"。人作为社会关系的总和，在他自身之中，是以"经济人"与"公共人"的统一为内容的，人既是"经济人"又是"公共人"，人的"经济人"的特性通过人的行为而为社会的发展提供动力，人的"公共人"特性则通过人的行为而赋予社会整体性。如果说行政人员也与市场中活动的其他人一样的话，那么，这种一样绝不是"经济人"意义上的一样，而是"社会人"意义上的一样，行政人员与一般社会成员的统一性就在于他们的社会性。

尽管人都是"经济人"和"公共人"的统一体，但是，私人领域与公共领域的性质决定了活动于这两个领域中的人应当突出和彰显的特性是不一样的。在私人领域中，在市场中活动的人，首先是以经济人的面目出现的，他的存在本身就应当是经济人，至于他也从事了一些慈善事业，那只是在他扮演经济人角色比较成功的条件下才以社会人的面目出现的。私人领域中的人之所以是经济人，是由市场的运行机制决定的。因为，市场是从属于客观性原则的，正如亚当·斯密所说，在私人领域中，"他通常既不打算促进公共的利益，也不知道他自己是在什么程度上促进那种利益……由于他管理产业的方式目的在于使其生产物的价值能达到最大程度，他所盘算的也只是他自己的利益，在这场合，像在其他许多场合一样，他受着一只看不见的手的指导，去尽力达到一个并非他本意想要达到的目的。也并不因为事非出于本意，就对社会有害。他追求自己的利益，往往使他能比在真正出于本意的情况下更有效地促进社会的利益"[①]。但是，私人领域中所存在着的那种追逐个人利益的行为之

---

① [英] 亚当·斯密：《国民财富的性质和原因的研究》，下卷，27页，北京，商务印书馆，1981。

所以能够促进社会利益和公共利益,却是由公共领域的根本性质来提供保障的。只有公共领域,能够保障参与市场竞争的每个经济主体拥有平等和自由的权利,只有当公共领域能够有效地反对和制止一切人为制造的机会不均等时,私人领域才能够成为健全的领域,才能够在每一个个人追逐个人利益的同时促进整个社会的公共利益。

在公共领域与私人领域分化和分立的条件下,公共领域无非是私人领域的保障性领域。公共领域之所以能够成为一个保障性的领域,又必须是远离交换关系的。公共领域中的每一个人都只有在不作为追逐个人利益的人存在时,他才能公正地行使他所掌握的权力;公共领域中的每一个人都必须不以他所拥有的任何因素去与他人进行交换的时候,才能自觉地维护私人领域中的交换关系和保证私人领域中交换关系的健全。如果公共领域中的人去与他人进行交换的话,他在缺乏资本的时候,就会运用手中所掌握的权力,就会把权力作为资本并攫取各种各样的资源,从而在交换过程中谋取私利并损害公共利益。正是在此意义上,我们说一旦公共领域中的行政人员也"经济人"化了,也有了追逐个人利益的要求,他就不可能公正地行使权力。一旦行政人员不公正地行使权力,就必然会破坏私人领域中的人与人之间的平等权利,并最终对"经济人"造成伤害。所以说,在公共领域中,"看不见的手"是不适用的,公共领域是权力作用的领域,权力如果不是从属于公共利益的要求,而是从属于私人利益的实现,就会变质,就会成为腐败的工具,就会制造不平等,就会破坏社会公正。

私人领域是"经济人"的活动领域,是人的"经济人"特性得以张扬的领域,正是由于人具有"经济人"的特性,才能够成为市场活动的主体。与私人领域不同,在公共领域中活动的应当是"公共人",或者说,公共领域应当是"公共人"活动的领域,在这个领域中应当张扬的是人的"公共人"特性。只有当人以"公共人"的形式在这个领域中开展活动的时候,他才可能获得主体性,才能够成为公共行政的主体。根据这一规定,行政人员的主体性是在他对一切客观限制的超越中获得的,而不是自然生成的,当他受到各种客观性(其实是主观性的,至多也只是黑格尔所说的客观精神意义上的)制约机制约束时,他是以一种客体的形式而存在的;只有当他超越了各种客观性规范制约的时候,他才获得主体性,才是以行为主体的形式存在的。但是,他超越客观性规范限制的全部能力都来源于他的"公共人"特性的张扬,只有当他作为人的

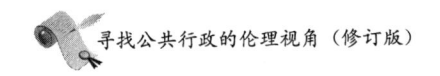

"公共人"特性凸显了出来,他才能把一切客观性的规范内化为他自身的行为动力,才具有充分的自主性。

通过对人的"经济人"和"公共人"二重属性以及公共领域和私人领域对人的特性的不同要求的分析,在制度建设和体制设置上应当如何对待人的自主性的问题就变得清楚了。也就是说,基于行政人员的自主性是一种"恶"的判断,所作出的制度安排和体制设置都必然会以限制行政人员的自主性为旨归。与此不同,建立在对行政人员的"经济人"和"公共人"二重属性的认识基础上的制度安排和体制设置,则会根据公共领域的本质要求而在限制行政人员自主性的恶的一面的同时,去唤醒和激发他的善的一面。这种制度设计和安排会在吸收以往公共行政发展的一切技术性特长的前提下着力突出行政人员的道德责任,会充分地考虑行政人员的道德价值的意义。

在公共领域中,通过制度安排去强化伦理关系和行政人员的道德价值,将是一种"以善抑恶"的思路。历史与现实中的各种各样的做法都证明,"以恶抑恶"并不能真正实现抑恶的目的。虽然在一个特定的活动范围和一个特定的过程中实现了对恶的抑制,却又总是在一个更大的范围和更普遍的过程中助长恶的滋生。以善抑恶是通过善的张扬而实现善恶的此长彼消,是能够在日积月累中实现对恶的逐渐消除的。如果能够在制度设计和安排中不断地将张扬善的经验巩固下来的话,就能够逐步建立起行政人员善行的空间。以恶抑恶是目的与手段的分离,是把抑恶作为手段和把公共领域的公共性的维持作为目的的。以善抑恶则是行政人员的"公共人"特性与公共领域的公共性的直接统一。善本身就是行政人员的"公共人"特性、公共领域的公共性质以及公共利益得以实现的状态,是行政人员的行为所体现出来的一种道德价值。在以善抑恶的制度设计和实践过程中,行政人员的自主性是否应当受到限制和鼓励,已经不是一个首当其冲要解决的问题了。在这里,只要公共领域中的善得到了张扬,行政人员自然就会拥有最为充分的自主性。而且,行政人员会自然而然地把这种自主性用于公益事业,用于维护和促进公共利益的实现。所以,这种自主性是以道德自主性的形式出现的。

人们往往不相信人的道德自主性的可靠性,总是对人的道德能力表示怀疑,人们已经习惯于客观规范的可操作性,而总是把道德力量看作是天然弱势的。这是由于长期以来我们在制度安排中忽视了制度应当具有的道德内容而在人们的观念中形成的一种定势。如果不是这样，而是在制度安排中强化制度所应拥有的道德内涵，真正建立起一种道德制度，那么，道德力量的强制性也就会得到充分的展现。我们认为，道德的规范性功能并不一定是软弱的，相反，道德规范本身也可以是具有权威性的。在道德规范与制度（比如法制）相冲突的时候，其权威性肯定会受到削弱，也会受到人们的广泛怀疑。近代以来的情况所证明的就是这一点，道德规范受到了制度的冲击和否定。当我们在伦理视角中重新审视制度，提出制度道德化的设想时，实际上所表达的就是一种对道德规范权威性加以重新评价的要求。可以想象，如果道德规范的权威性得到了制度化的肯定和支持的话，那么，情况就会完全不同，肯定会造成一个人们对道德规范不得不服从的氛围。同时，这种不得不服从不仅不会以牺牲行政人员的自主性为代价，反而会大大增强行政人员的自主性。

在后工业化这一历史性的社会转型时期，我们畅想道德制度建设，其实是希望为行政人员的道德行为吁求一个良好的空间。如果我们设计并建构起了这样一个道德空间，行政人员的行政行为就会具有道德内涵，行政人员也因而拥有了充分的自主性。在一个道德化的制度空间中，如果行政人员的行为不具有道德内涵，他也就不会拥有自主性，也就失去了运用公共权力谋取私利的机会和能力。在此意义上，道德自主性是根源于道德制度的，而在行政人员这里，则表现为开展公务活动和从属于公共利益的自主性，是向善无恶的自主性。

总之，在道德规范的权威性得到了普遍承认和制度确认的条件下，行政人员的道德自主性就会表现为强制性与自主性的统一。一方面，它体现了道德规范的强制性；另一方面，它又是道德行为的自主性。这时，道德的强制性是道德主体自觉接受的强制，这种强制性是一种内在的强制性而不是外在的强制性，是通过道德主体的内在的道德自觉而实现的自主性，是道德主体对自身所施加的"强制力"。也就是说，道德规范的强制性在作用方式上是以道德主体的自我强制的形式出现的。在这种强制性之中，道德主体同时又是强制性的作用客体，或者说，是无客体的强制。所以，接受这种强制的行政人员，理所当然地具有充分的行为自主性，从而成为真正的公共行政主体。只要公共行政体系、体制和各项制度安排能够包含着良性的道德关系的生成机制，就能够赋予行政人员这种自主性，就可以使行政人员真正成为行政主体。

第九章
公共行政的道德责任

第一节 公共行政中的责任与信念

一、官僚制的责任中心主义

现代官僚制组织在结构和体制上呈现给我们的是一个"责任中心主义"体系。也就是说，官僚制在工具理性的原则下和在形式合理性的追求中走上了行政责任制度化之路，因片面地强调行政责任的制度实现方式而忽视了行政人员的信念以及建立在信念基础上的道德责任。结果，官僚制在得到充分发展之后，其缺陷也就暴露了出来。也就是说，官僚制的责任中心主义设计走向了自己的反面，以至于它在今天已经成了官僚主义的代名词，从而向人们呈现出一种行政人员普遍逃避责任的状况。

其实，任何责任都是建立在信念的基础上的，只是有了某种信念，人们才会产生相应的责任意识。官僚制的原初设计恰恰由于没有看到责任与信念的关系，所以，建构起的是一个片面科学化的行政人员责任体系。本来，官僚制的每一项设置都包含着明确责任和科学地处理权责关系的内容，然而，一旦落实到行政人员这里，特别是在"非人格化"的条件下，服务于责任的各项设置都无法真正发挥作用，反而成了行政人员逃避责任的借口。我们认为，出现这种情况的原因主要是，官僚制走向了片面注重组织的客观性设置的建立，过于重视相对于行政人员的外在性规则体系建构，从而放弃了对行政人员责任意识和责任信念的关照。也就是说，韦伯在西方社会治理的历史中所解读出的是一种包含在"合理化"进程中的效率精神，所要作出的是一种追求最高效率的"精打细算"的设计。所以，韦伯的设计理念是要以规则的可预测性去保证组织成员行为的合理性，也就是用"对种种'客观'的目的的理性的权衡"

去克服"自由的随意专断和恩宠,怀有个人动机的施惠和评价"①。

对于公共行政而言,官僚制在组织意义上的科层结构导致了行政权力的两种分配方式:一是结构性分配,即根据组织层级而对行政权力进行纵向的垂直性划分,形成了结构性权力,从而使行政主体呈现出岗位和职位意义上的等级差别;二是功能性分配,即根据行政权力作用客体的不同和行政主体承担的任务不同而对行政权力进行横向的水平性分割,形成功能权力,结果,使行政主体呈现出专业差别。这种分配方式造就了非常精密的上下级的等级制和水平的分工—协作体制。在静态的视野中,官僚制的静态结构是行政权力动态运行的基本框架。这个框架是否严密、科学、合理,决定了行政权力的运行状况,表现为政府的效能和行政管理以及社会管理的效率。就行政权力是官僚制的结构性权力而言,其最为基本的精神就是下级对上级的服从。但是,下级对上级的服从"并非服从他个人,而是服从那些非个人的制度,因此仅仅在由制度赋予他的、有合理界限的事务管辖范围之内,有义务服从他"。正是这种对制度的服从,决定了官僚制组织是行政人员"按章程办事的运作","受规则约束的运作",所实现的是"形式主义的非人格化的统治","不因人而异"②。

虽然官僚制是一种等级制度,但是,与农业社会的等级制度不同,它不是一种身份等级制度,而是一种岗位和职位等级制度。之所以官僚制会在行政管理过程中表现为行政人员之间的等级差别,那是因为行政人员因其岗位和职位的结构而在官僚体系中有着事实上的差别。也就是说,行政人员因其岗位和职位而获得了掌握和行使行政权力的合法性,从而能够掌握和行使权力。人掌握和行使权力的资格,人与岗位、职位间的联系,使人处于不同的地位。虽然官僚制组织也同一切组织一样,都无非是人的组织,但是,官僚制的客观性设置决定了这个组织体系是让人附属于岗位和职位上的。在官僚制组织体系中,作为人的行政人员是与具体的岗位联系在一起的,岗位的任务也就是他的任务,岗位的功能也就是他的功能,他个人不需要有什么信念,不需要有独立的价值判断。如果有了这些因素,反而会对他履行岗位上的职能有所妨碍。所以,行政人员只要能够把岗位、职位的任务和功能转化为他个人的责任就行

---

① [德]马克斯·韦伯:《经济与社会》,下卷,301页,北京,商务印书馆,1997。
② [德]马克斯·韦伯:《经济与社会》,上卷,243~251页,北京,商务印书馆,1997。

了。准确地说，行政人员只要能够承担起岗位、职位上的任务并使岗位、职位的功能得到实现，也就意味着承担起了他作为行政人员的责任。

所以说，对于官僚制组织中的个人来说，官僚体系就是一个纯粹的责任体系，而且是一种单向的、定点的责任体系。官员只要承担了岗位、职位上的责任，也就做到了对这个官僚体系负责，他也就是一个合格的官僚了。至于这个官僚体系在整体上是一种什么样的情况和属于什么样的性质，他根本不需要考虑。因为，官僚制的形式合理性决定了他只是作为这个官僚体系中的一颗棋子而存在的，他无法也不需要理解和把握官僚体系整体上的责任及其性质。也就是说，他只要在官僚制体系的设计者为他确定的位置上完成岗位或职位为他规定的任务就行了。总之，官僚体系中的行政人员不需要考虑他的行政行为的性质，他的行政行为的性质是由官僚体系针对于他的先验规定，他没有必要也不被允许对自己的行政行为进行定义。行政人员（官僚）不需要有维护公共利益的动机，也不需要像我们那样考虑为人民服务的问题，更不需要去考虑所谓代表公共意志的问题。在某种意义上，行政人员（官僚）不理解什么叫公共意志，也不知道公众有哪些意志。

当然，我们说官僚制是一个责任中心主义体系，也包含着它在整体上所具有的责任属性。但是，官僚体系在整体上的责任属于另一个层次上的责任，是在政治与行政二分条件下相对于政治部门的责任，或者说，是通过政治部门而间接地相对于公众的责任。我们发现，以现代官僚制为组织结构形式的公共行政具有这样两个层次的责任：第一个层次是政府的责任，是作为一个整体的政府所应承担的责任，在某种意义上，这种责任主要属于政治责任的范畴。在西方国家，承担这种责任的表现往往是以"责任内阁制政府"的形式出现的，即以行政机构对代议机构负责的政权组织形式出现的。第二个层次的责任是指行政人员的责任，即行政人员对政府负责，不需要考虑公众的利益和要求，只需要按照官僚制组织中经科学设计的岗位和职位要求去行使权力。在这两个层次的责任中间，作为中间形态和过渡形态的责任则是存在于行政各层级上和各部门中的责任，表现为下级对上级负责、每一个部门都不觊觎其他部门的职能和权力。

就政府的整体责任来看，西方国家普遍实行的政治体系设置是要求作为行政部门的政府对政治部门负责的，而且，也建立起了确保政府对政治部门负责的一整套制度。但是，就行政人员的责任来看，西方国家除了在客观性的、外在于行政人员的制度等规则体系上加以强化之外，是不追求用行政人员的道德意识来加以保障的。当然，西方文化以及宗教是可以为人们提供一定的道德意识生成保障的，而对于行政人员来说，则没有一整套世俗性的道德去保证行政人员一定承担起行政责任。所以，在西方国家，是不能够说真正存在着完整的行政责任保障系统的。也就是说，外部控权仅仅能够达到对行政人员中的一些特殊构成部分（所谓政务官员）的控制，而对于一般的行政人员（事务官员）的控制，则依赖于官僚制组织体系自身的客观性设置，是通过官僚制体系的组织结构和行政程序的形式合理性的增强，是通过技术化程度的提高，来为行政人员的岗位、职位责任的承担提供保证的，至于行政人员的个人道德信念和道德动机，都被祛除掉了。

二、责任中心主义的局限性

韦伯认为，在一切行动的领域中，责任都是优先于信念的，因为责任可以使人变得理性，而信念则可能使人盲从。根据韦伯的意见，信念的持有者总是"去盯住信念之火，不要让它熄灭，他的行动目标从可能的后果看毫无理性可言"①。与信念不同，责任则教会人们必须顾及自己行为的可能后果。韦伯的这一说法显然言过其实了，属于典型的为了科学而蔑视人的其他属性的做法。毫无疑问，人类社会的文明化是以能够更多地按照理性去行动为标志的，但是，人又何尝失去了信念，不用说个人的信念对其一切进取行为来说都是作为一种重要的支撑力量而存在的，即使对于一个国家、一个民族而言，也一刻不能没有信念。同样道理，对于公共行政以及公共行政中的人，怎能排斥其信念的作用呢？

公共行政是一个行动的领域，根据韦伯的观点，在公共行政的领域中，以公共行政形式出现的行动，是不应当包含着信念和不允许信念的因素发挥作用的，他所要求的，是让责任在这个领域中发挥支配性的作用，让行政人员的一切行为都从责任出发，承担责任和履行责任，汇聚成责任实现的行动。的确，在历史上，信念曾经表现出令人盲从的情况，那是信念的非理性状态。可是，我们是不能够根据信念在历史上的表现而一概抹杀信念对于现实行动的意义的。因为，对信念所作出的一切批评也都是可以同样在对责任的批评中作出的。其实，对于信念在历史上

---

① ［德］马克斯·韦伯：《学术与政治》，107页，北京，三联书店，1998。

往往导致令人盲从之结果的问题，是需要作出具体分析的。我们认为，是由于信念的某些内容而不是信念本身导致了人们盲从的结果。如果信念的内容发生了改变，关于信念导致盲从的状况是可以防止和杜绝的。而且，信念本身也不必然是非理性的，随着科学精神深入人心，信念也可以拥有理性的特征。如果信念实现了理性化，它在人的行动中所发挥的作用就会是任何一种外在于人的科学设计都无法比拟的。

在公共行政的领域中，我们可以看到，在理性与信念之间存在着一种悖论。比如，韦伯等人在为公共行政作出科学性的制度设计时，他们肯定是有着相信其科学设计能够保证公共利益得到高效实现的信念的，但是，他们却不相信在他们所设计的制度框架下开展行政管理和社会管理活动的行政人员需要拥有信念，不相信行政人员的信念能够发挥积极作用。20世纪的公共行政实践证明，当官僚制祛除了"价值巫魅"和提出了"非人格化"要求时，行政管理以及社会管理活动失去了行政人员的信念的支持，因而，受到官僚主义的俘获，在公共利益的实现方面变得没有效率。所以，对于行政人员来说，是需要建立起公共利益至上的信念的，而且，当这种信念以公共利益的实现为内容时，是不可能设想它会成为一种非理性的信念，更不可能把人引导到盲从的方面去。可见，就像人们不会因为人的行动没有达到责任机制的预期设计目标而否认责任对于人的行动的意义一样，我们也不能够因为信念曾经与非理性的盲从有过调情的历史而否认信念对于行动的意义。摆在公共行政实践面前的问题是：行政人员应当树立什么样的信念？

应当承认，官僚制的形式合理性和科学化、技术化设置是能够对行政人员的岗位责任作出明确规定的，并且能够在可操作性方面达到很高的水平。但是，当官僚制作出各种各样的规定时，这些规定肯定是一种不完全的规定。可以说，只是一些关于行政人员的最低限度的责任规定，而且，也主要是规定了程序意义上的行政人员责任，对于积极意义的责任则无法作出规定，甚至提出加以规定的愿望也是不可能的。也就是说，法律制度的设计，至多只能作出行政体系按照什么样的程序运转的规定，至于行政人员的行政行为在政府体系的运转中处于什么样的位置，至于政府体系运转的结果以及行政人员行政行为的具体内容，则是无法作出规定的，更不可能要求行政人员在行政行为发生的过程中采取什么样的态度。这无疑证明了官僚制的形式合理性也会遇到合理性问题的挑战。比如，建立在形式合理性基础上的法律制度有时就无法判断一项公共政策是否是合理的。即使是在一个较短的时期内它是合理的，如果放在一个较长的时间段来看，它又可能是不合理的。关于行政人员的行为也是这样，它的行政行为可能是完全合乎法律制度规定的，却可能是不合理的，甚至是对公共意志的直接挑衅。所以说，法律制度不可能对行政人员的责任作出精确的界定，在一定程度上，也可能无法对政府总体上的责任作出精确的界定。

在20世纪中，官僚制在工商企业管理中取得了巨大的成功，这是它的责任中心主义成功的表现。但是，在公共行政中，责任的确定历来都表现出了极其模糊的性质。这是因为，根据合理性的原则，现代官僚制的科学化设计和技术化思路要求对所涉及的事情都必须有着精确的计算，然而，在公共行政领域中进行定量化设计却是极其困难的。安东尼·唐斯就认为，"政府官僚部门的一个重要特点之一就是产品的非市场性质"[1]。沃尔夫也认为，政府部门的产出是一种"非市场产出"。由于行政组织是一种特殊的公共权力组织，它所生产出来的产品或服务是一些"非商品性"的产出，这些产品或服务并不进入市场的交易体系和过程，不可能形成一个反映其生产成本的货币价格。所以，行政部门的产出是一种"非市场产出"。同时，正如沃尔夫所指出的那样，非市场产出"通常是一些中间产出，也即充其量是最终产出的'代理'……间接的非市场产出对最终产出的贡献程度是难以捉摸和难以度量的"[2]。政府在总体上的这种非计量性质，决定了行政人员的行为也无法计量化。在一个不可计量的领域中，如何精确地确定人们的责任呢？如果强行地确定责任，那么，这种责任也一定是模糊的，从而会在总体上呈现出责任中心主义的悖论。

基于官僚制设计的图式，责任是与权力成正比的，当行政人员被要求承担一定的责任时，也就需要赋予他相应的权力。但是，权力与责任往往出现相分离的情况。一些行政官员仅仅拥有权力而回避责任，他们往往把权力掌握在自己手中而把责任推给制度、体制甚至别人，对于一些出于公共行政公共性原则而本应属于他的责任，他往往推托说"制度或体制没有这样的规定"，这也就是我们常说的官僚主义现象。官僚主义现象是官僚制中最为普遍的现象，在官僚主义背后，还存在着隐蔽的权

---

[1] 转引自[美]缪勒：《公共选择》，157页，上海，上海三联书店，1993。
[2] [美]沃尔夫：《市场或政府》，45页，北京，中国发展出版社，1994。

力与责任的分离,那就是运用公共权力谋取私利的行为。这种情况就不仅是对责任的回避了,而是对责任的挑战,属于把责任作为权力的对立物而一脚踢开的做法。

从官僚制发展的历史来看,现代官僚制要求在制度框架下建立"命令—服从"关系无疑是它的积极方面,也正是这一点使它与传统的世袭官僚制区别了开来。因为,世袭官僚制中的服从是一种笼罩在权力控制之下的忠敬关系,无法排除主观的、情绪性的和人格化的因素对客观目的的干扰。然而,现代官僚制在扬弃了世袭官僚制的权力服从关系的过程中,却把世袭官僚制服从关系的价值基础也一并抛弃了。这一点就是不对了。我们认为,世袭官僚制的价值基础应当改变,但那是指它的内容应当改变,而在官僚制中包含着价值因素这一点是不可以改变的。也就是说,应当用新的价值观念、伦理关系和道德意志来取代世袭官僚制中的那些价值因素,同时,再与现代官僚制的合理性形式结合起来,就有希望建立起真正科学合理的公共行政体系了。

三、中国传统中的德治信念

每一社会都有其独特性,可是,这种独特性的根源是什么?当代比较流行的看法是认为社会的独特性根源于其文化。这种看法当然是对的,但我们还必须进一步探求文化差异的根源。文化差异的根源又是什么呢?我们认为,就是作为文化深层结构的价值体系和作为价值体系内在灵魂的价值观念。不管一个社会或这个社会中的人们是否自觉地意识到了这种价值体系及其价值观念,它都现实地发挥作用。每一个社会都有一种占统治地位的价值观念体系,正是这种价值观念体系,规定着整个社会运行的内容和方式、运动的目标和方向,规定着整个社会的性质和面貌。无论是历史上还是在现实中,都可以看到:价值目的的观念不同,总是规定着一个社会是民主社会还是专制社会、自由社会还是极权社会;价值手段的观念不同,总是规定着一个社会是市场经济社会还是自然经济或商品经济社会、竞争社会还是保守社会、开放社会还是封闭社会;价值规则的观念和权力制约的观念不同,则规定着一个社会是法制社会还是德治社会。所有这些观念的汇总,构成了一个价值观念体系,一旦反映在人的行为领域中,就是以人的信念的形式出现的。

在近些年来的比较文化研究中,人们总是表达这样一种认识,认为在中国传统文化中,比较重视信念,甚至把中国的传统文化看作是一种具有明显信念特征的文化。与中国传统文化不同,西方文化所突出的是责任,是一种责任中心主义文化。根据这种文化比较的观点,认为信念中心主义的文化决定了这个社会相信人的道德能力,而责任中心主义的文化则决定了这个社会不相信人的道德能力。这一观点的确较好地解释了西方法治的生成原因,那就是,在不相信人的道德能力的情况下,就必然会寻求外在约束的路径,从而发展起了"法治"的社会治理理念。

如果说确实存在着两种社会治理理念和社会治理模式的话,我们可以说,这两种不同类型的社会治理理念和模式都是畸形的、片面的。一种健全的、完善的社会治理理念和模式应当是两者的结合和统一。当然,西方社会在近代以来一直以经济上的骄人成就而傲视全球。可是,仅仅有了这一点是否就能够证明这种社会治理理念和模式一定是最优的呢?我们认为,这是不能够证明的。不要说这种社会治理理念和模式仅仅在成功的两百年后就暴露出了诸多缺陷,给人类带来了各种各样的恶果,就算它已经取得了一千年的成功,也只能证明自己的过去而不能证明未来。也正是由于这个原因,理论的分析才有了生存的空间。

如果用历史去证明一切的话,那么,除了历史学之外,一切人文社会科学都没有存在的必要了。然而,科学的分析恰恰告诉我们,人之所以为人,就是因为人还有着包括信念在内的"灵魂",如果那些外在于人的规范不能够促进人的"灵魂"的健康,反而扼杀了人的"灵魂"的话,那么,人总会有一天不再是人了。如果人都没有了,那么人类的社会不也就成了动物的社会了吗?而且是一种远远脱离了自然和谐状态的动物社会。所以,我们看到,在社会生活中,忽视了人的信念而用工具理性去征服一切的时候,使人类在自然的报复中陷入了风险社会;同样,在公共行政中,忽视了人的信念虽然还仅仅是一个很短暂(几百年)的时期,却已经用腐败、滥用权力、责任心丧失等消极后果来回报了我们。如果再不加以纠正的话,那将会出现什么样的结果呢?

对中国封建社会的社会治理方式作出激烈的批判是应该的。我们知道,中国在长达两千多年的封建统治中,先后建立了中央集权、分层管理的"世袭官僚制"和"科举官僚制",并发展出一整套严密的组织机构和治理制度。但是,由于中国传统官僚体制中固有的专断独裁特征以及历代官制上的弊端,再加上盘根错节的宗法势力的影响,未能建立起理性的政府权力和法律秩序。科举取士虽然实现了知识分子向官僚体系的流动,但他们与皇帝毕竟是一种以父子关系为比附的带有强烈人伦色彩的人身依附关系。各级官员升迁的标准乃是个人是否具备作为一名可资信赖家臣的忠诚,而不看重行政专业知识。可见,中国古代严密的官僚体制在整个统治形态上只能是专制,其基本功能证明了它只是推行专制主义的工具。

所有这一切,都证明中国传统官僚制仅仅属于农业社会的治理文明,是无法与西方现代官僚制相比的,是不适应工业社会的治理需求的。现代官僚制是与现代民族国家、法治、工业化、合理化、专业的技术官僚相联系的,而在中国古代的官僚组织中,不可能培育出现代的理性精神,却同样会产生令人十分痛恨的官僚主义。① 但是,在这样对中国传统的官僚制与西方的现代官僚制进行比较的时候,我们所注重的是形式的方面。在形式的方面,我们可以说中国的传统官僚制是一无是处的。如果我们不满足于这种形式上的比较,而是深入到官僚制的实质性内容方面进行分析的话,就会发现,在中国传统官僚制的封建形式之中,是包含着一些有价值的因素的,这些因素可以用来补救现代官僚制责任中心主义体制设置上的缺陷。

考察中国传统的治理理念,就会发现,它是一种通过完善"官"的道德修养来提高其道德责任感的。也就是说,中国传统文化注重人的内在德性的修养,追求的是"人皆可为圣人"的道德自我觉醒;认为人皆具有"善"的道德本性,虽然人的气质禀赋有所不同,但"为仁由己","圣人与我同类……人皆可以为尧舜",并把"内圣"与"外王"统一起来,企图用"内圣"来指导"外王"。我们知道,"内圣"是指内有圣人之德,"外王"是指外施王者之政。儒家认为,"内圣"、"外王"是统一的,"内圣"是"外王"的基础,是出发点、立足点和本质所在。这样一来,就在人的道德与人的行为之间建立起了统一性。

在治理者如何获得道德的问题上,儒家主张一种"由内而外,由己而人"、"为仁由己"的修养原则。孔子认为,"仁人"要修己、克己,不可强调外界的客观条件,而要从主观努力上去修养自己,为仁由己不由人,求仁、成仁是一种自觉的、主动的道德行为。他还说:"克己复礼为仁……为仁由己,而由人乎哉?"(《论语·颜渊》)"我欲仁,斯仁至矣。"(《论语·述而》)"仁"是通过自己主观努力所欲达到的崇高道德境界,

---

① 参见王亚南:《中国官僚政治研究》,"再版序言",北京,中国社会科学出版社,2005。

所以要修己以求仁。根据儒家思想,只要一个人达到了"内圣",也就自然能够施行王者之政,就能成为"仁人",不需要外在行为规范的控制。显然,这是一种注重道德自律价值的思想,是一种试图通过人的道德自律而超越"官"的岗位责任的要求。引申地说,也就是道德责任至上的理论设置。如果我们摒弃其封建内容,它的道德逻辑价值就可能是现代公共行政建设中最有意义的因素。

四、责任与信念的统一

如上所说,近代以来所确立的并在韦伯的官僚制中得到典型性表述的价值中立原则使作为一个整体的公共行政体系只对代议制机构负责,至于对社会及其公众,却没有直接的责任。在行政人员那里,整个行政过程都是基于严格的规章制度而运行的,个人情感等因素被彻底排除出了行政过程,行政人员成了政策执行的工具而不是行为主体。结果,我们发现,行政人员对制度的技术性依赖越大,政府在整体上和在行政人员这两个层次上的责任感都越低。我们知道,行政体系是一个权力体系,结成权力体系的是那些掌握权力的人,如果掌握权力的这个集团中的每一个人都丧失了责任感,仅仅依靠外在的规定来强化他们的责任的话,那么,这个权力体系就会背离其公共性质,从而变异为权力集团专属的权力,并会走上与社会、与公众相对立的境地。对于掌握公共权力的行政人员来说,有没有在责任问题上恢复个人主动性的可能性呢?回答是肯定的,那就是他不应当成为个人利益的奴隶,只要他能够从个人利益的追求中走出来,他就会扭转其在权力体系中的被动地位。

其实,任何责任都不是一种纯粹的外部性设置,任何责任都只有通过具体的人的信念才能发挥作用,才能得到履行。如果责任不是转化成人的信念,人就自然而然地会尽一切可能去回避这种责任。一个政府官员,如果没有建立起维护公共利益的信念,他也就不会承担起维护公共利益的责任,无论制度的设计多么完善,他在维护公共利益方面也不会表现出热情,甚至有可能在产生了个人利益要求的时候,破坏公共利益。同样,我们上面所分析的政府作为一个整体承担的责任如果不是建立在全体行政人员都能够较好地承担自己的责任的基础上,也不可能成为现实。一旦行政人员回避责任的做法成为一种风气,那么,官僚制设计无论多么精密,政府的总体责任也无法得到履行。所以说,对于官僚制的形式合理性而言,责任的问题是其终点。在尚未探讨责任问题时,官僚制的形式合理性设计都是可取的。但是，一旦涉及责任的问题，官僚制祛除价值判断的做法就完全暴露了其缺陷。因为，关于责任的外在规定本身也是属于价值的，对不承担责任的任何惩罚性措施，都无非是为了唤起行政人员的责任意识，而这个责任意识本身就是以价值因素为内容的，是关于责任的性质方面的信念。

所谓信念，是人对某种现实或观念深信不易的精神状态，它是人们在生活实践中实际地体验了怎样想、怎样做才有益和有效的基础上形成的思想，并会通过行动去加以表现，从而形成某种稳定的行为模式。所以，信念是对现实所作的一种价值判断和推论，它所揭示的内容总是同人们认为"应当"抱有的态度和"应当"采取的行动有关。但是，个人的信念与一个整体所拥有的共同信念又是有区别的。个人在经验事实中可能会形成一种信念，这种信念如果与整体的利益相冲突的话，就是一种不良的信念，是应当取缔的。当然，个人信念由于直接来源于经验事实，是一种不稳定的信念，是容易改变的。但是，如果整体信念长期受到忽视的话，那么，个人信念就会不断地凝固在人们那里，并外显为一种行为的惯性。现代官僚制由于忽视了行政体系中的整体信念，以至于纷乱的个人信念对公共行政形成了严重的冲击，导致了权力的滥用和以权谋私等腐败现象的出现。

对于我国政府来说，为人民服务是它的根本宗旨和基本理念。我们的政府是人民的政府，政府在总体上的责任与行政人员个人的责任都是一致的，而不是像现代官僚制的设计原则所规定的那样：政府的总体责任与行政人员的个体责任是分立的甚至无关的。所以，我国政府及其行政必须首先建立起为人民服务的普遍信念，才可能在这种信念的基础上产生明确的责任。在这里，信念是先于责任的，信念是责任的支柱，也是责任的发生机制。为人民服务是一种行为表现，它的实质内容就是维护公共利益，为人民服务的信念也就是公共利益至上的信念。所以，在我国，行政人员的行政行为必须体现出为人民服务的宗旨，必须贯穿着公共行政公共性的信念。不仅在政府的制度设计和体制设置上需要体现出公共意志，而且要把公共意志作为行政人员必须加以执行的信念。公共行政无论在总体上还是在行政人员的个体那里，都应当把维护公共利益作为不可移易的目标，任何脱离这一目标的行为，都是对其责任的背离，而且应当承担其后果责任，即使得不到法律的惩罚，也应受到道德的谴责。

总之，责任不仅是一种来自于法律和制度的规定，而且是与信念联系在一起的，是一种道德的自觉。基于一种现实的立场，一般说来，法律制度所确立的责任是作为基准而存在的，是一个最低限度的责任，它只是出于抑制行政人员作为人的恶的一面而作出的设置，对于张扬行政人员善的一面来说，却无法发挥作用。甚至会把所有的行政人员都拉入到使他们满足于履行最低限度责任的状态中来，以至于出现整个政府体系中不再有任何履行责任的主动性了。所以，对于公共行政来说，法律制度的责任是一种消极的责任，是被动的责任，而积极的责任则是道德责任。

行政人员的道德责任意味着，他在充分地履行了其岗位和职位上的责任的过程中，能够获得自我价值实现的感受。相反，在没有较好地承担责任的时候，就会受到道德良知的谴责。道德责任不仅是法律责任的补充，而且是对法律责任的提升，还可能是对法律责任的替代。如果行政人员能够具有充分的道德责任意识，他就能够超越法律制度对他的岗位责任的一切规定，使他的岗位责任得到最充分的履行，并在这种履行岗位责任的过程中使法律制度的不充分性得到补充，使法律制度的一切不适时的和不正确的规定得到纠正。

第二节 公共行政的道德责任

一、公共行政的交换正义供给

我们已经指出：长期以来，人们仅仅看到了公共行政的政治职能、经济职能和社会管理职能，却没有从理论上去认识公共行政的道德职能问题，总是把道德的问题归结为社会成员个体的精神文明建设的范畴。实际上，公共行政的道德责任是公共行政的基本内容和基本职能，而且是公共行政其他职能得以充分实现的前提。当我们换一个视角去观察和认识社会正义的来源，就会发现，政府显然有着社会正义供给的职能，而这种职能恰恰是政府的道德责任。

人类社会不同的历史阶段中都存在着对社会正义的要求，当然，在不同的历史阶段，社会正义要求的内容是不同的。在农业社会的历史阶段中，由于分配关系是这个社会中占主导地位的关系，所以，社会正义要求的内容主要表现为一种分配正义。在我们所处的这个交换关系占主导地位的社会中，关于社会正义的要求其实就是对政府供给交换正义的期望。对于社会而言，社会正义的要求是以期望的形式出现的；对于政府而言，供给社会正义则是一项必须承担的职能，是政府应当承担的道德责任。所以，政府能否供给社会正义的问题，实际上是政府是否拥有道德责任的问题。我们的观点是，如果说农业社会的政府不能准确地说拥有道德责任的话，那么，公共行政则必然有着道德责任，而且它的道德责任的基本内容就是维护和提供交换正义。认识到这一点，并且把这一点落实到公共行政的变革中去，必将促进公共行政全面的道德化。

公共行政是从社会存在和发展的客观要求中获得自己的使命的，而公共行政能否承担起它所拥有的使命，则取决于它对其所肩负的各种使命的自觉。公共行政是一切社会活动中起着调节作用的活动，对整个社会生活以及社会的存在与发展，有着重要的调节作用。根据惯常的认识，公共行政担负着政治使命、经济使命以及作为政治使命和经济使命总和的推动社会发展的使命。其实，公共行政还肩负着道德使命。比如，在我国社会主义建设的每一个时期，都由政府提出和推行一些道德规范和伦理原则。在改革开放的过程中，关于政府工作人员即行政人员的道德规范建设也取得了突出成绩。在某种意义上，我国政府的社会管理是包含着道德管理的内容的，特别是在基层，行政人员往往并不在意规则体系的明确规定，反而更加注重道德管理的功能。当然，在我国的社会管理中也存在着非常混乱的情况，特别是在法治化的过程中，我们努力把社会管理导入法治的轨道上去，但是，由于法治的冰冷往往使社会管理无法取得理想的效果。在这种情况下，道德准则和规范又受到了严重破坏，以至于社会管理失准的现象较为严重。对于这一点，人们表现出对西方经验的高度迷信，我们却认为，这恰恰是明确提出政府的道德职能的大好时机。

政府及其公共行政是作为整个社会生活的调节领域而存在的，政府及其公共行政担负着维护和提供社会正义的使命。这是政府及其公共行政的道德使命，也是最高的使命。政府及其公共行政的政治使命和经济使命都是从属于这一使命的，是这一使命的具体化。如果政府及其公共行政放弃了维护和提供社会正义的使命，它无论在政治方面和经济方面作出了多么大的努力，都无法得到社会的积极肯定。所以，一个政府及其公共行政不在于致力于用关于未来社会的理想去激励当代人的热情，而在于现实地为当代社会提供充分的正义。这就要求政府认识其所服务的社会有什么样的正义要求,并积极地维护和提供这种正义。

二、社会正义的历史形态

正义是一个历史范畴,每一个时代、每一个社会都有着自己的正义观念和正义要求。人类社会的总的历史进程可以划分为以分配关系为特征的社会和以交换关系为特征的社会。近代社会出现以前,被我们称为原始社会、奴隶社会和封建社会的历史阶段中所包含的主导性社会关系都是分配关系,近代资本主义自由市场的出现改变了社会关系的内涵和特征,意味着人类历史进入了一个以交换关系为主导性社会关系的历史阶段。如果把人类已有的历史划分为农业社会和工业社会两大历史阶段的话,我们就会看到,在农业社会的历史阶段中,分配关系占主导地位,而在工业社会这一历史阶段中,则是交换关系占主导地位。由于社会关系的性质不同,因而,人们关于社会正义的观念以及在社会生活中所提出的正义要求也就不同。

以分配关系为特征的整个历史阶段的特征大致是这样的:在原始社会,社会关系是一种纯粹的分配关系。进入奴隶社会,分配关系是主导性的和发挥着调节功能的社会关系,在分配关系的边缘地带出现了交换行为。但是,这种交换行为还不可能构成一种稳定的交换关系。在封建社会,交换关系已经开始生成,对于传统的分配制度来说,交换关系也是一种异质因素,所以,封建统治者大都极力抑制交换行为的扩张,在一切可以实现强力控制的领域,都强制性地推行分配关系;在一些不得不让渡于交换关系的领域,总是采取"专卖"的形式加以控制。所以,在这种条件下,关于社会正义的要求基本上都属于分配的正义。在工业化的进程中,在市场经济的发展和走向成熟的过程中,交换行为迅速地扩张,并展现出无比强大的征服能力。特别是在公共领域与私人领域的分化取得了积极进展后,交换行为实现了对整个私人领域的征服。由于交换行为的普遍化,逐渐地生成了交换关系。而且,取代了原先分配关系在社会生活中的地位,成为一种具有主导性的社会关系。现代化使分配关系退居到了交换关系较为薄弱的领域,在交换关系的边缘地带存在和发挥作用。所以,近代以来,人们对社会正义的要求主要是关于交换正义的要求。

关于分配正义和交换正义的问题,古希腊哲学家亚里士多德就已经作出了认真的分析。正如我们所说,亚里士多德所处的时代是分配关系占主导地位的时代，人们对分配正义的要求是最为基本的正义要求。所以，亚里士多德把分配的正义看作是广义的正义、普遍的正义或政治上的正义，而把交换的正义看作是狭义的正义、特殊的正义或纠正的正义。从历史的实际情况看，在亚里士多德的时代，交换还只是一类社会行为，尚未生成稳定的交换关系。在这种情况下，亚里士多德就阐述了分配正义与交换正义的问题，无疑是一种伟大的前瞻性哲思。在亚里士多德所处的时代以及其后的漫长时期，可以说，直到近代社会出现以前，分配行为都是基本的政治行为，是根据国家颁布的成文法以及不成文的道德法典作出的。因而，正义的原则也就是维护既定的社会阶级结构和利益格局，以保障社会的整体利益。

就分配行为是作为社会成员中的少数人的活动而言，它在何种意义上能够真正合乎正义的原则？显然在今天看来是不可理解的。因为，这种分配更多的是依赖于分配者的主观自觉，至于分配的接受者，在政治上的集权结构之中是不可能对分配行为和分配关系中的非正义因素作出积极回应的。所以，在分配的正义不能够得到充分实现的条件下，就会出现作为分配正义补充因素的交换行为。尽管交换行为是偶然的和不稳定的，但是，这种行为一经出现，也就自然会形成规范这些行为的原则。在交换行为中遵循这些原则，也就被看作是正义的要求。可以推测，亚里士多德提出交换正义的问题，在一定意义上，是为了表明这种正义要求存在的客观性，是希望统治者能够承认这种正义要求，并加以维护。因为，当亚里士多德把交换正义称为纠正正义时，其实是对这种正义的存在给予了积极的肯定。

在亚里士多德之后，许多思想家也探讨了这一问题。中世纪著名经院哲学家托马斯·阿奎那把分配的正义和交换的正义表述为"分配正义"和"平均正义"，认为分配正义是"按照人们的地位而将不同的东西分配给不同的人"；平均正义则是关于个人之间的分配和在出现不当的行为与违法行为后所作的调整。与亚里士多德一样，托马斯也认为隐含于分配正义概念中的平等不是一种机械的平等，而是按比例的平等（即几何的正义），而在平均正义中，有必要用算术的方法使事物与事物之间相等（即算术的正义）。

在近代思想家中，霍布斯是对这两种正义做过深入研究的一位，他概括了亚里士多德以来的思想家们关于正义的理论，肯定了著作家们把行为的正义分为交换的和分配的两种是应当予以接受的。霍布斯对分配正义和交换正义作出了进一步解释，并试图从中引出契约论的证明。霍布斯指出，思想家们认为交换正义呈算术比例，分配正义呈几何比例，实际上是说，交换正义在于立约的东西价值相等，而分配的正义则在于对条件相等的人分配相等的利益。霍布斯在谈论这两种正义的时候，已经与此前的思想家完全不同了，他是为了突出交换正义而探讨正义的问题的。这是因为，霍布斯所处的时代正是交换关系方兴未艾之时，是出于为新的交换关系即将占主导地位的社会的立法提供正义依据的目的。所以，霍布斯在研究了以往著作家们关于正义的思想之后，进一步阐述了自己对分配正义与交换正义所作出的区分，认为分配正义是公断人的正义，而交换正义则是立约者的正义。根据霍布斯的意见，交换正义是立约者的正义，所要求的是在买卖、雇佣、借贷、交换、物物交易以及其他契约行为中履行契约。可以说，自霍布斯起，近代以来的思想家们大都主张限制政府的功能，所以，他们对分配正义地位的认识，是与此前的思想家们有着根本性的不同的。在他们这里，交换正义不再是一种纠正的正义了，反而，是把这种纠正正义的地位移交给了分配的正义了。同时，他们为作为公断人的政府所保留下来的所谓分配正义职责，也是极其有限的。

然而，其后的社会发展却没有像近代早期的思想家们所预料的那样，特别是20世纪的社会发展证明，人们不仅无法削弱政府在维护和提供正义方面的角色，反而在社会正义的获得方面对政府的依赖和要求越来越多。社会运行的现实也证明，即使在交换关系的王国中，立约者自己也不具有维护交换正义的能力，也需要由政府来维护和提供交换正义。这样一来，在政府的政治职能和经济职能之外，又对政府提出了维护和提供正义的道德职能之要求。政府能否担负起这一道德职能，不仅是保证交换关系健康发展所必需的，而且对于政治秩序和经济秩序的和谐以及推动整个社会的进步来说，也都是必不可少的。

如果说在分配关系占主导地位的社会中政府的作用主要体现在维护分配正义职能的实现上，那么，在交换关系占主导地位的社会中，尽管政治职能和经济职能日益突出并直接地为人们所感受到，但维护和提供社会正义的职能并没有发生改变，只不过它所维护和提供的不再主要是分配正义，而主要是交换正义。所以，公共行政在履行其政治职能和经济职能的时候，都应当自觉地意识到其行为在维护和提供正义方面是否起到了积极的作用。无论是采用什么样的手段，都应以维护和提供正义

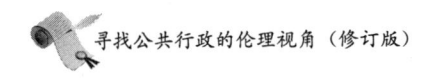

为目标。依法行政的概念所标示的是通过法治来维护和提供正义，但是，法治应当包含着维护和提供正义的道德目标，否则，法治就会把社会导向恶的方向。

三、交换正义的基本要素

我们正处在交换关系占主导地位的社会中，对交换正义的要求也就是我们这个时代道德期冀的基本内容，而且，我们把这种要求更多地寄望于政府及其公共行政。所以，认识交换正义的内容，对于明确公共行政的道德功能，建立起公共行政的道德价值观念，以及促进公共行政道德化，都是非常必要的。如上所说，正义是一个历史范畴，交换关系占主导地位的社会与分配关系占主导地位的社会对正义的认识是不同的，人们有着不同的正义观念，所提出的正义要求也是不同的。当然，只要是人类社会，就必然有相通之处，在一脉相传的历史序列中，有着相同的正义原则是不足为怪的。所以，在这两个不同的历史阶段中，必然会有一些相同的正义原则。比如，人们会把社会普遍认同的公理作为判断正义的标准。然而，我们也必须看到，一旦涉及正义的具体内容，这两个历史阶段中的正义就会显现出大相径庭的状况。

在分配关系占主导地位的社会中，一切关于社会正义的基本原则都根源于等级制的现实，整个社会对人的等级分类是得到了文化认同的支持的，来自于分配者的任何一种分配行为，如果超越了等级存在的现实，就会被视为非正义的。无论分配者对于分配的接受者表现得多么慷慨，他总是作为分配者而存在的，是主动的一方，对于分配接受者来说，他有着至高无上的威权，他可以在分配时表现出极大的慷慨，也可以随时剥夺他所作出的分配。所以，这种分配往往表现出了一种恩赐的性质。尽管是恩赐的，却是合乎正义的，这是由等级制及其观念所决定的。反之，如果分配行为破坏了等级制的原则，就会被视为非正义的。

分配关系是在权力作用的线条中展开的，一切分配行为都是以权力为依据的，而一切行使了权力并作出了适当分配的行为，都被认为是正义的，而且，也能够达成这个社会所认同的正义结果。相反，不当地行使权力和应用权力去作出了不当的分配，就被认为是非正义的，所达成的结果也会与这个社会普遍认同的正义标准相去甚远。可以想象，假设一个层级上的最高掌权者作为权力、地位及各种物质利益的分配者却并不履行分配的职责，他把最终的分配权也交由他人掌管，以至于大权旁落。这种状态就被视为非正义的，或极易产生非正义的结果。对于分配的接受者来说也是这样，可能一个人在一次偶然的分配行为中获得了出乎意料的分配，权力、地位以及各种物质利益有了很大的改变，而他个人却无法接受这个事实，他会将此视为非正义的，他会在不公正感的愤恚或僭越感的自责中遭受折磨。

所以，在分配关系占主导地位的社会中，人的等级现实决定了不公正就是公正的现实形态，对不自由的接受就是自由的境界。在这里，分配接受者对分配者的服从和崇敬应当是无条件的，不以他个人的需求为标准，而是以得到为境界。同样，分配者只要能够同等地对待他的分配权力范围内的分配接受者，就是公正的；分配共同体中的同一个层级上的分配接受者之间获得分配的机会如果是相等的，就是公平的。至于分配者与分配接受者之间，却永远不存在什么公平与公正的问题。只有这样，才是等级社会正义得到实现的状态。

在交换关系占主导地位的社会中，社会正义的标志就是做到公平、公正。但是，这种公平、公正完全不同于分配关系占主导地位的社会中的那种建立在人的等级差别的基础上的公平、公正，而是一种泛化到适用于一切人的公平、公正。也就是说，在一个由交换关系构成的共同体中（我们可以把这个共同体看作是一个国家），所有成员之间的关系都是在同一个公平、公正的价值坐标中来加以确认的，这个共同体中的任何人都不因其特殊的身份或地位而被排除在公平与公正的价值坐标之外。其实，在这个社会中，所谓特殊的身份或地位本身就是非正义的。因为，针对于一个交换共同体中的一切人的公平、公正的基本前提，就是他们间的平等。这样一来，我们实际上就引入了交换关系占主导地位的社会正义的第一个前提，那就是一个交换共同体中的一切人都是平等的。

平等是根源于交换关系的客观要求。所以，在近代社会的前夜，当交换关系刚刚开始显露出作为主导性社会关系的端倪之时，思想家们就觉识到了平等对于近代社会的意义。我们知道，交换关系无非是交换行为的稳固形式，是交换主体之间的联系和交往方式，一切交换行为的发生，都必须以交换主体间的平等为前提。如果说交换主体之间不是平等的话，那么，他们之间的关系就只能是一种分配关系，而绝不可能是交换关系。或者说，如果交换行为不是一次性的、偶然的行为，就必须建立在交换主体的平等的基础上。试想，在两个人之间发生了交换行为，由于两者身份、地位或其他因素的不平等，在交换过程中损害了一方的利益，那么，下一次的交换就不可能再发生。假如发生的话，也应当是作为一种回馈性的补偿出现的。一旦出现了这种补偿，又是平等的回复。当然，在交换共同体中存在的交换并不像在两个人之间这样简单，但是，交换行为如果能够得以持续地展开的话，就必须以交换主体的平等为前提。历史的发展也证明了这一点，恰恰是交换关系的成长，打破了传统的等级关系，无论传统的等级意识多么强烈，也不管维护传统的等级关系的势力多么强大，都会在交换关系的成长中落败。

既然交换主体的平等对于交换关系有着如此重要的意义，而交换关系又已经有了几百年的发展历史，那么，我们在今天还重复这个问题有什么意义呢？应当说，在今天，对平等问题的论证已不再具有多大的理论价值，应当说的早已由启蒙思想家们说过了，其后的探讨所取得的进步大都是属于注释意义上的。但是，有时候，很少理论意义的东西往往有着极其重大的实践价值。因为，在我们寻求社会进步的路径时，可以看到，有着大量忽视人与人之间的平等的现实：承认交换的事实，也无可奈何地接受了交换关系，却不愿意接受平等的观念，不愿意树立平等的意识。所以，一旦拥有了制造不平等的机会，总是毫不犹豫地破坏已有的和可能建立的平等。在公共行政的领域中，尤其有着突出的表现。在身份制已经解体的条件下，在等级关系已经失去了历史合理性的条件下，由于公共行政的领域中存在着岗位、职位的等级结构，人们在与岗位和职位相结合的时候，往往忘记了这种等级结构的性质，而是在执掌和行使公共权力的过程中忘记了作为行政人员的人的平等。如果说在今天还存在着制造不平等的势力的话，公共行政就是最后的堡垒。正是由于这个原因，我们要重提平等的问题，并把它作为我们探讨公共行政道德责任的理论前提。

关于自由的问题也是这样。自由作为一个理论问题，也有着很长的历史，但在当代人的眼中，特别是在西方国家，平等的问题似乎已经得到解决，人们不再对它有着较高的兴趣。然而，在自由的问题上，由于其理论自身的悖论而使思想家们乐而不疲地加以探讨。我们的着眼点并不是要解决这样一个理论问题，我们是在交换正义的要素这个意义上来谈论这个问题的。

显然，自由对于交换行为的重要性是不容怀疑的。因为，只要是交换，就必然是自由的，强迫的交换不是交换，而是分配。比如，在分配的行为模式中，作为分配的接受者，你可能并不需要某一物品，但分配者可以强行地将它分配给你；你可能非常需要某一物品，但分配者却恰恰不予分配。白居易作出一首好诗，受到赏赐美女几名的待遇，而他这时正是衣食无着之际，又如何安置这样几位美女呢？交换的行为模式完全不同。当然，一个交换共同体中的人在一般的意义上都是受着交换关系支配的，在总的交换行为系列或体系中，他没有选择不进行交换的自由，但是，对于具体的交换行为和交换过程，他却有着是否进入交换过程或者交换什么的全部自由，他可以选择交换对象，可以决定交换的内容。所以说，没有交换主体在具体交换过程和交换行为中的充分自由，就不具有健全的交换关系。

我们所处的时代和我们已经建立或正在建立的社会，是一个交换关系占主导地位的社会。对于这个社会来说，如果没有健全的交换关系，也就不成其为健全的社会。可见，交换主体的自由是一个多么重要的问题。但是，这种自由从哪里获得？由谁来提供保障？答案应当到公共行政中去寻找。然而，现实情况所展示出来的却是完全不同的景象，正是公共行政，经常性地侵犯交换主体的自由。因而，我们才在交换正义中提出自由的规定，并作为用来判断公共行政是否履行其道德责任的标准之一。

当然，关于社会正义的具体规定会有许多，平等和自由却是其中最为基本的向量。只要公共行政能够理解这种平等和自由，积极地为这种平等和自由提供保障，积极地促进交换主体平等和自由的实现，那么，公共行政就已经走在了道德化的行程中。也就是说，道德原则和规范与法律的、政治的原则和规范不同，对于一个社会来说，法律的、政治的原则和规范越多越细越好，而道德的原则和规范恰恰相反，它是越少越好。因为，道德的原则和规范是通过道德主体的创造性理解而转化为行动的。所以，对于公共行政来说，只要有了平等和自由这样两项原则性的规定，就可以达到为交换正义提供保证的目标。因而，也就初步实现了公共行政的道德化。

四、政府提供社会正义的责任

平等、自由以及博爱原则的提出，是启蒙思想家们的基本理论贡献，可以说，整个近代以来的全部人文社会科学的发展，都是在启蒙思想家们所构筑的这一框架下进行的。当然，每一个思想家都有着自己的特殊标识，但启蒙思想家们所提出的这些基本原则，却是近代以来所有有影响的思想家们所共同遵守的。实践的进程也是这样，近代社会关于社会结构的设计，关于处理人与人之间关系的原则的制定等等，都是对启蒙思想家们的理论所作出的创造性发挥。但是，总结近代以来的学术史和社会发展史，我们发现了一个问题，那就是对启蒙思想家们的理论的发展和运用，基本上都是片面的。比如，平等、自由的思想长期以来是被作为政治原则和法理依据来加以理解和运用的，成了严格的政治教条。其实，启蒙思想家关于平等、自由的思想中是包含着伦理意蕴的，而这一点，却被后世洗涮殆尽。

当平等和自由被作为政治原则和法理依据时，必然会在两个方面去求得发展和付诸实践。

第一，平等和自由是人的政治权利，由于这种权利是天赋的，有着绝对神圣的意义，必须在实践上为其提供保障。因而，也就需要在理论上去探索保障每一个人的平等和自由的条件和可能途径。我们已经指出，平等的问题在理论上是比较简单的，而麻烦则留给了实践，以至于近代以来的所有制度设计都在谋求平等的保障，却总也达不到令人满意的目标。自由的问题在理论上和实践上都是极其困难的，在理论上，一个人的自由是否会影响到另一个人的自由以及由此而引发的其他问题，都必然会走向一个无法解决的悖论。在实践上，既然交换共同体必然要建立起自己的管理机构，必须有着相对平衡的秩序和相对稳定的制度体制，那么，这本身就意味着是对自由的侵犯，在这种条件下再去谋求自由，又怎么可能呢？所以，这是一个永远无法解决的问题。

第二，把平等和自由看作是一种政治权利，必然会在个人那里去寻找承载者，即把它们看作是个人的权利。个人权利的至高无上性不仅在理论上导致了对个人主义的追求，而且也走向了利己主义以及其他极端的方向。就个人权利需要通过政治机构、政权、法律制度来加以维护和保障而言，本身就是一种悖理的现象。所以，在西方学术以及理论史上，我们看到的是个人主义或整体主义思潮的交替兴盛；在政治实践史上，我们看到的则是所谓"自由的"党派（或势力）和"保守的"党派（或势力）的轮番登场。但是，无论是理论上的探索还是实践上的努力，都没有从根本上理清平等和自由的问题，也就更不可能为平等和自由提供保障。因而，关于资本主义制度的设计越来越精密，学术研究越来越实证化，却越来越把启蒙思想家们对平等和自由的追求引入死胡同。可见，对平等和自由作出片面的政治理解是不利于人类进步和社会发展的，是不利于社会关系的健全的。因此，我们要求，对平等和自由的问题，不仅要作出政治学的理解，而且还应作出伦理学的理解。

我们认为，对平等和自由的伦理学理解具有三个方面的优越性。

第一，平等和自由不是以自我为中心的，而是以他人为中心的。这对于矫正平等和自由的政治学理解是有积极意义的。因为，政治学的理解把人们导向个人的政治权利中心化，即"我"的权利才是最重要的。当然，我们也常常听到尊重他人权利的说法，但这个所谓尊重他人权利，完全是对自我权利中心的补充，或者是希望自我政治权利得到尊重的借口。一旦对平等和自由作出伦理学的理解，人们就会在这种理解中获得道德自觉，就会在自我这里产生一个道德的他者。因而，只有在这个意义上，才会出现真正的对他人的所谓"权利"的尊重，其实也就是充分尊重他人的平等和自由，把他人的平等和自由的要求及其实现放在中心位置上。

第二，平等和自由的正义追求将导向道德自觉而不是外在性的制度和体制的设计。如上所述，对平等和自由的政治学理解导向了对制度设计和体制建设的追求，人们把平等和自由的实现完全寄托于制度的改善和体制的变革上，这样做固然是必要的，却是片面的。因为，这样做必然会使人们形成这样一种认识，那就是，现存社会中的任何不平等都根源于法律制度的不完善。因而，总是提出制度修缮的要求，从而逃避自身在平等和自由实现中的责任。结果是每一个人都可以对平等和自由问题上的诸多不尽如人意之处提出批评，但每一个人都没有责任，甚至是任何一个机构和任何一个党派也都没有责任。所以说，对平等和自由的伦理学理解可以完全改变这种状况，从而使每一个社会成员都能够在自身的行为中发现平等和自由尚未实现的原因。

第三，对平等和自由的伦理学理解能够使公共行政找到一个全新的定位基础。在对平等和自由的制度化追求中，公共行政也走向了民主化的进程，特别是近20年来，世界各国都把公共行政的民主化作为一个重要的课题加以探索。但是，公共行政对整个社会的管理职能，则妨碍了民主化道路的畅通。因而，公共行政依然作为凌驾于整个社会之上的力量而存在，行政人员在其行政行为中，出于政治的和经济的秩序要求，往往并不以平等和自由能否得以实现为意，甚至在他们的行政行为中，有意无意地破坏着平等和自由的实现。如果公共行政对平等和自由的理解是伦理学的，那么，情况就会完全不同，就会在对整个社会成员的平

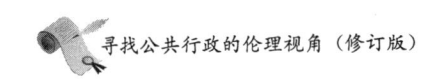

等和自由的尊重中去寻找实现政治和经济秩序的路径，就会把整个社会成员的平等和自由的实现作为行政行为的最高宗旨。做到这一点，也就是社会正义的充分实现了。

通过上述的分析，我们实际上已经得出了公共行政道德责任的结论，那就是认识我们时代的社会正义的性质并加以供给。由于我们所处的是一个由交换关系占主导地位的社会，这个社会中的正义也主要是交换正义，而交换正义恰是以一切交换主体的平等和自由为基本内容的。近代以来，平等和自由是人们长期追求的目标，但这种追求却走上了歧路，成了一种片面的政治学追求，更多地寄托于法律制度的安排来加以实现。其实，平等和自由不仅是一个政治问题，而且更为主要的是一个伦理问题，只有对平等和自由作出伦理学的理解，才能在与政治学理解的综合统一中实现真正的平等和自由。

长期以来，公共行政由于没有获得对平等和自由的伦理学理解，以至于没有在其政治职能和经济职能之外找到它在社会正义维护和提供方面的道德责任。公共行政如果希望保证其公共性不发生异化和不出现流失的问题，就不能满足于政治和经济职能的实现，而是需要同时承担起提供平等和自由的道德责任。只有这样，才能保证自己是真正公共的行政。所以说，当前健全公共行政的正确道路应当是实现公共行政对平等和自由的道德自觉，促进公共行政道德化，以保证它在维护和提供社会正义的过程中担负其道德责任。在这样做的时候，也就走上了超越法治模式的道路。

第三节 公共行政视角中的公正

一、公正是人类的不懈追求

社会正义是与公正的概念密切联系在一起的。也有学者把公正拆开来，写成公平正义，这说明，这两个概念所指的是相同或相近的思想观念以及人类的精神愿景。如果把公正的概念与公共行政联系起来思考，确是如此。对于公共行政来说，公正无非是标明政府的社会正义供给的尺度，是作为一个标准而存在的，是衡量公共行政健全状况的标准。

当然，从一个久远的历史起点开始，公正就成了人类不懈的追求。在古希腊文献当中，可以看到大量探索公正及其实现途径的思想叙述。

在今天，特别是在市场经济条件下，公正是公共行政道德化的价值基础，一方面，需要在公共行政的制度安排中体现公正；另一方面，对行政人员的行政行为，需要提出公正的要求。行政人员作为公共行政的主体，他在行使公共权力的过程中能否做到公正，不仅是根源于公共行政运行的客观需要，而且也是对整个社会的健全有着至关重要影响的理性追求。对于行政人员自身的发展来说，他的公正行为取向，也是其实现自我和完善自我的根本途径。

公正是人类不懈的追求，是一种理想，更是一种现实的愿景。在对公正的期冀中，包含着对现实中的不平等的批判，也包含着对平等、自由的渴望。正是对公正的追求，推动了人类的社会治理在文明的轨道上不断地取得进步。所以，古今中外的思想家们在思考如何治理社会的问题时，无不把对社会公正理念的建构作为自己思想的终极归宿。在亚里士多德那里，公正被作为人的最高形态的德性——在各种德性中，人们认为公正是最重要的。亚里士多德说："公正自身是一种完全的德性……在多种德性中，人们认为公正是最主要的，它比星辰更加令人惊奇，正如谚语所说：公正是一切德性的总汇。"[1] 亚里士多德这里所要强调的是公正自身的整体性，即作为德性的完整性，或者说，对于城邦的管理者来说，公正就是他的德性的全部。有了公正，也就意味着他同时有了其他一切应有的德性。也正是在此意义上，亚里士多德强调，"公正不是德性的一个部分，而是整个德性；相反，不公正也不是邪恶的一部分，而是整个的邪恶"[2]。尼布尔在描述人类的理想时说：社会要实现的最重要的道德理想，"与其说是无私，不如说是公正"[3]。罗尔斯对公正的意义作出了这样的评价："我们可以设想一种公开的正义观，正是它构成了一个组织良好的人类联合体的基本条件。"[4]

在西方思想史上，关于公正的思考和论述之多，可能会让文献梳理者有一种面对汪洋大海的感觉。可以说，任何一位思想家都会对这一问题发表意见，如果一个想成为思想家的人没有对此发表意见的话，也许他永远也不可能跻身思想家的行列。如果说正义的要求会在对社会成员

---

[1] 苗力田主编：《亚里士多德全集》，第八卷，96页，北京，中国人民大学出版社，1992。

[2] 同上书，97页。

[3] 见［美］诺兰等：《伦理学与现实生活》，405页，北京，华夏出版社，1988。

[4] ［美］罗尔斯：《正义论》，3页，北京，中国社会科学出版社，1988。

的普遍性思考中提出的话,那么,公正的思考则主要是以社会治理者为对象的,而且,主要是对掌握权力的人提出的期望和要求。对于一个社会中处于最底层的人,对于一个一生中的任何时候都是弱者的人,人们显然不会向他提出公正的要求,如果说公正适用于他的话,也是要求公正地对待他。所以,在我们思考公共行政的时候,在我们考察行政管理和社会管理的问题时,公正的问题是无法回避的。

在中国,亘古以来的思想无不从属于实践精神,而且,几乎所有思想的发源都起于社会治理的实践,是关于如何治理社会的思考和认识。所以,存在于中国思想中那些对公正的认识和思考,也就显得更为深刻和具体。这是因为,中国思想不仅把公正作为一种作用于人和作用于社会的行为,而且是把公正作为修身之要义来看待的,特别是作为社会治理者的必要修身之道。在某种意义上,我们在孔子的思想中已经能够直接获得对公共行政中的公正具有启发意义的论断,那就是要求社会治理者首先公正地对待自己,然后才可能公正地对待他人。也就是说,如果公正作为一个政治范畴和法律范畴而存在的话,那就只是一个公正对待他人的问题,一旦提出把公正对待自己作为公正地对待他人的前提之要求,无疑是把公正作为一个道德范畴来认识的。孔子说:"政者,正也。子帅以正,孰敢不正?"(《论语·颜渊》)"不能正其身,如正人何?"(《论语·子路》)。在这里,"正"首先是对待自己的公正。因为,自从有了人就一直存在着这样一个问题,那就是人认识他人易而认识自己难。如果说人能够根据外在性的规范和要求而公正地对待他人的话,那么,在能否公正地对待自己的问题上,可能是非常困难的。所以,孔子要求把公正的问题首先指向人自己。这样一来,孔子的思想就不仅是建立在对公正的价值、社会意义的深刻理解的基础上的,而且是为公正的实现指出了一条最具现实性的道德途径。

公正的概念所反映的是人类的一种价值追求,是一种理想。但是,公正又有着现实形态,那就是作为公正概念具体内容的平等、自由等等。无论是在思想发展的历史中还是在现实的政治进程和道德实践中,人类追求公正的努力都是在关于自由、平等的制度设计和道德建言中反映出来的。特别是在近代思想的延展进程中,公正的主题在自由、平等的理论设计和学术探讨中被烘托到十分耀目的境界。我们知道,近代以来的西方政治哲学是以自由主义为主流的,基于自由主义传统的理论和思想阐明了西方社会的基本政治观念和政治价值,为目前通行于西方的政治制度确立了基本框架。虽然这种制度框架更多地保留了对现实等级状况的妥协,是人类历史中的一个过渡形态,但在它的存在以及对它的所有批判中,又都包含着公正的理念,无论政治家们在政治的和公共行政的实践中怎样肆虐公正的理念,它作为一种理想和信念却已经深入了人心。这一点,可能是我们在面向后工业社会进行社会建构时也需要充分继承的精神遗产。

启蒙时代的主要政治哲学问题是自由。它包括两个方面:一方面是自由价值,特别是思想自由和良心自由;另一方面是自由制度,即由"多数决定"原则支配的民主代议制度。约翰·密尔的《论自由》(1859年)和《代议制政府》(1860年)出版之后,作为观念形态的自由价值问题和自由制度问题都得到了解决,剩下的就只是如何去付诸实施的问题了。在密尔看来,在社会与个人两者之中,个人更具有实在性,社会在某种意义上只是一种虚构的团体。用今天的话说,社会其实只是一种"虚拟形态"。基于这种判断,密尔的观点就首先是:"个性的自由发展乃是社会福祉的首要因素。"[①] 因此,密尔给自己确立的任务也就是去替个人自由作辩护。

在《论自由》一书中,密尔把个人自由分为三大领域,即思想的自由、趣味和志趣的自由、结社的自由,并认为这些自由的价值不仅是有利于个人的,而且也有利于社会整体。当然,需要指出的是,密尔与传统的个人主义有所不同,他也看到了个人或一部分人的认识能力的有限性。但是,对个人以及部分人的认识能力的怀疑却使他为自由提供了更为有力的辩护。那就是,只有在自由的环境下经过各种意见的论辩和竞争,才有助于发现和坚持真理。同时,为了使自由的理论具有落实到实践中去的基质,密尔对自由作出了现实主义的考量,指出个人自由有其边界,必须对其有所限制。密尔修正了传统功利主义的道德理论,提出以"最大多数人的最大幸福"为道德标准。这表明,密尔是试图寻求个人与社会相统一的自由原则或道路的。不过,密尔一直是把自己的思想严格地放置在个人主义的基础上的,他在思考自由问题上的个人与社会的统一问题时,是从个人主义的立场出发的,也是把自由落脚到个人的幸福和利益这里来的。所以,在密尔看来,所谓社会利益,不过是个人利益的总和,人们归根结底是出于对自己利益的考虑才去维护社会利益。

---

① [英]密尔:《论自由》,60页,北京,商务印书馆,1959。

在密尔之后，布拉德雷和斯宾塞都提出了自己的社会有机论主张，但在方法和价值取向及其具体体现的社会主张方面，两人却大相径庭。作为新黑格尔主义者的布拉德雷把社会有机论作为人应当履行在社会中的"岗位及义务"的根据，强调的是个人对社会的服从；斯宾塞则极力避免从社会有机论中引申出整体主义的价值原则，他强调"集合体的性质取决于其单位的性质"，主张个人利益是社会的基础，国家只是为了维护个人利益而存在的，并认为这是工业社会的一个基本特征。因而，斯宾塞对传统的军事型社会的"个人为国家之利益而存在"① 的信念表示不屑。由于社会有机论在国家与个人的利益方面有着完全相反的主张，因而，在自由的问题上也有着不同的解决方案。在国家利益至上的主张中，所包含的是服从国家利益前提下的自由；在个人利益至上的视角中，国家则必须满足个人的自由要求。但是，社会有机论也有着殊途同归的效果，那就是个人的自由都需要国家来提供，如果国家提供了这种自由，也就实现了公正。

在西方思想史上，罗尔斯的《正义论》实现了主题的转换，即再一次突出了平等的问题。罗尔斯主张，正义是社会制度的首要价值，而正义总意味着平等。他提出了关于正义的一般观念："所有的社会基本善——自由和机会、收入和财富及自尊的基础——都应被平等地分配，除非对一些或所有社会基本善的一种不平等的分配有利于最不利者。"② 与早期的启蒙思想家相比，罗尔斯对平等理想的证明要更加细致一些。罗尔斯将平等区分为两个层面：在政治层面，平等表现为平等的自由权利和民主政治；在经济层面，平等涉及分配的正义。在罗尔斯看来，政治层面的平等比较容易解决而且基本上已经解决了，所以，平等的核心问题就是经济领域中的分配正义。我们指出，近代以来，人类社会进入了一个交换关系占主导地位的社会，为什么罗尔斯会重申分配正义呢？这是因为，在罗尔斯开始著述活动的20世纪中后期，一方面，凯恩斯主义被广泛地运用到社会治理（特别是经济领域的治理）实践之中；另一方面，是福利国家的兴起。这两种形式的治理都把政府推向了一种集权状态，即突出了政府权能，使以政府为中心的分配关系重新确立了起来。在这种情况下，罗尔斯无疑充分地体验到了分配的力量，看到分配关系

---

① 转引自赵修义、童世骏：《马克思恩格斯同时代的西方哲学》，489页，上海，华东师范大学出版社，1994。

② [美]罗尔斯：《正义论》，292页，北京，中国社会科学出版社，1988。

在每一个领域中的迅速蔓延。所以,他要求重申分配正义。

总的说来,罗尔斯在《正义论》中试图重新确立正义的原则,被他作为理论建构前提的因素是近代启蒙思想家们所确立的"公平的正义原则",但是,当罗尔斯试图作出自己的结论时,却表达了让古代社会的分配制度再生的憧憬。罗尔斯提出了一个"差异原则",虽然他把这个差异原则的内容限定为个体之间在自然资质上的差异,而在实际上,是包含着对人的社会差异的承认的。当然,就他个人的愿望来说,他既然要把启蒙思想家们的"公平的正义原则"与他的"差异原则"结合起来,那就意味着他希望消除人与人之间的社会差异,即用公平的正义来限制人的自然差异,防止其发展为普遍的社会差异。

但是,罗尔斯的建议是要通过分配的方式来提供公平的正义。这就产生了一个问题,既然有了分配,那不就是有了差异吗?因为,一切分配都是建立在权威和差异的基础上的,如何能够用权威和差异来消除差异呢?这就是罗尔斯理论上的悖论。所以说,罗尔斯的正义范畴还是属于亚里士多德的分配正义观。只不过,亚里士多德在阐述他的分配正义的时候,是公开承认他那个时代等级存在的事实的,而罗尔斯在重新复活亚里士多德的分配正义观时,恰是公平的正义已经成为一种普遍性的文化精神的时代。所以,他就不得不遮遮掩掩地回避社会等级差异的问题,打着消除社会差异的旗号。但是,他一旦把社会公平的正义的实现寄托于通过分配的手段而加以实现时,无疑又是承认了社会等级差异的。

我们已经指出,人类社会发展的阶段性是通过交换关系对分配关系的替代而完成的。分配关系是与等级社会即人的社会差异联系在一起的。在这种社会条件下,所存在的和可以期待的正义只是一种分配的正义。关于人的自由平等的提出,是与交换关系的形成联系在一起的。只是当交换关系已经成为社会的主导性关系时,人们才会真正地提出公平的正义的要求。我们现在所处的社会是交换关系占主导地位的社会,在这个社会中,罗尔斯看到了人的自然差异的事实,而且,他也发现,人们对公平的正义的要求也确实是一个一直未得到真正解决的问题。这是一种客观求实的态度,而且,罗尔斯希望解决这个问题的愿望也是好的。但是,解决这一问题的方式不应是通过分配的方式,而是需要通过在社会中建立起一个稳定的道德支撑点,应在这个支撑点上去维护整个社会中具有普遍意义的正义要求。

在某种意义上,维护正义的行动也就是对正义的供给,是一种通过维护正义而提供正义的方式。在维护和供给正义的问题上，政府及其公共行政应当是一个道德支撑点。只有认识到这一点，才能解决罗尔斯所看到的差异问题。我们承认，早期启蒙思想家们的追求并没有在现实社会中得到实现，其实，不仅存在着罗尔斯所说的人的自然禀赋方面的差异，而且，社会差异的普遍存在也是一个不争的事实。面对这些差异，绝不是用政府与社会之间的差异来抵消之，而是需要在政府及其行政人员的道德中去加以消除。在这里，如果说政府及其公共行政作为公共领域的组成部分与私人领域中的所有构成要素之间存在着差异的话，那也只是性质和存在形态上的差异，绝不是社会地位上的差异。当然，政府执掌公共权力，公共行政也无非是公共权力的运行过程或运行状态。但是，在公共领域与私人领域之间，在政府与社会之间，是不存在等级差异的。

政府拥有公共权力以及公共行政行使这些权力，都不是对社会和对私人领域的支配权，相反，这些权力的应用只是出于维护公共利益的需要，而不应当成为对某些利益的分配，更不应当通过分配某些利益的行为去确立所谓正义的原则。对此，人们可能会以经验事实来作出否定，我们也同意，政府每日每时都在运用公共权力去分配一定的资源，去从事社会管理，去鼓励或限制某些社会行为。但是，我们认为，来自于政府的一切作用于社会的权力应用过程，都应当是从属于公共利益实现的需要，是增进公共利益的权力作用过程，而不是一种为了支配而支配的过程，更不是为了满足某些特殊利益的需要而对利益进行分配的行为。

易言之，只要政府在从事着利益的分配，他就必然会破坏公平和公正。对于这一点，恰恰是人们没有认识到的，所以，才会把政府及其公共行政看作是利益的仲裁者，看作是利益矛盾和冲突的协调人，看作是对特殊利益进行分配的行动者。这些认识是肤浅的甚至是错误的。而且，基于这些错误的认识，就会谋求管理科学的或政治权谋的途径去协调不同的利益和通过分配利益的方式去达成对利益的协调，而不会去牢牢抓住公共利益这个根本，不会要求政府通过道德的途径去维护和促进公共利益。

二、公共行政的公正定位

市场经济的发展为人的平等和自由的实现提供了现实基础。正如马克思所说："如果说经济形式，交换，确立了主体之间的全面平等，那么内容，即促使人们去进行交换的个人材料和物质材料，则确立了**自由**。

可见，平等和自由不仅在以交换价值为基础的交换中受到尊重，而且交换价值的交换是一切**平等**和**自由**的生产的、现实的基础。作为纯粹观念，平等和自由仅仅是交换价值的交换的一种理想化的表现；作为在法律的、政治的、社会的关系上发展了的东西，平等和自由不过是另一次方的这种基础而已。"[1] 但是，这种平等和自由还只是一种可能性，它若成为现实，还需要得到政治上的确认，需要在公共行政的日常活动中把它从可能性转化为现实性。在某种意义上，政治上的确认主要表现为法律上的和原则上的确认，只有通过公共行政的实践过程，才是真正意义上的现实。然而，通过公共行政加以实现的过程绝不是通过公共行政的法制化就可以真正解决的，只有当公共行政的制度安排体现了道德价值和行政人员的行政行为贯穿了伦理精神，才能够不仅在公共领域之中而且在整个社会中使平等和自由成为现实。

公共行政道德化的价值基础就在于维护和提供社会公正。我们知道，在近代社会出现以前，人与人之间的社会关系是以分配关系为主导的，这种分配关系的维持是以人的等级差别为前提的。同时，人的等级差别又不断地强化着分配关系，使分配关系制度化。在近代社会，分配关系条件下的人与人之间的政治等级差别被扬弃了，但经济上的不平等却依然存在。这种经济上的不平等一方面是在政治上平等和个人权利神圣化的前提下产生的，另一方面，又是由于个人的天赋资质上的差别造成的。因而，在近代社会成长起来的交换关系中，依然存在着不平等的因素。正是这种不平等，对交换关系的健康成长来说，是一个破坏因素。如果不加以抑制的话，还会破坏市场经济的健全。

正如我们前面所提出的这样一个问题，是谁制造了不平等？任何时候，都首先是权力的掌握者制造了不平等。所以，人们在追求平等的过程中，首先把注意力集中到了权力的性质上。近代以来的政治实践，也是在不断地对权力进行改造中前行的，一直在努力建立起真正属于一切社会成员的公共权力，希望通过公共权力去提供和保障社会成员间的普遍平等。但是，在公共权力的运行中，正是行政人员，在不断地破坏公共权力的公共性质，把公共权力变成破坏平等的力量（比如，公共权力的寻租、以权谋私等等）。这样一来，公共权力又成了新的不平等起源之根源。所以，解决社会中的不平等问题，首先应解决公共权力行使中的

---

[1] 《马克思恩格斯全集》，中文1版，第46卷，197页，北京，人民出版社，1979。

问题。然而，在解决这个问题时，长期以来，是通过法律制度的规范手段。现在看来，除了法律制度的规范之外，还需要道德的规范。第一，法律制度需要重新改造，法律制度不仅应当是从属于政治和管理秩序的需要，而且应从属于道德秩序的建立之需要；第二，行政人员不仅是管理的主体，而且应当是道德的主体。

当然，正是由于存在着普遍的社会不平等，正是由于公共行政中存在着制造不平等的因素，才在现代市场经济中产生了关于社会正义和公正的强烈要求。显而易见的事实是，如果把社会正义寄托于全体社会成员中的每一个人的正义自觉的话，那只是一种幻想。因为，即使一个社会中的每一个社会成员都有了正义意识，也是不可能使这个社会拥有普遍正义的。在自然经济已经不复存在的条件下，在自然秩序已经成为一种过往的历史记忆的情况下，社会正义无疑需要由社会的权威机构来提供。这个权威机构就是政府，而且也只能是政府，政府是现代社会正义的供给者，一旦政府担负起了提供正义的使命，也就做到了公正。可见，所谓公正，就是社会中的权威机构为社会主持和提供正义的活动及其结果。具体地说，就是政府及其公共行政针对社会个体的公正，是一种保障和促进社会成员之间权利、机会平等的公共行为。

站在哲学的角度，人们一定会追问社会的公平、正义等观念是如何产生的。但是，对于政治学来说，特别是对于行政学来说，关于公正的问题不应是一个理论问题，而是一个如何进行制度安排的问题。也就是说，公正的问题是一个需要如何保证把人类一般性的公平正义原则转化为具体的法律制度和权力运行规范的问题。然而，所有这些工作，都是需要由人来做的，承担这项工作的人首先就是行政人员，或者说，是以行政人员为主的。在政治与行政二分的条件下，对公平正义作出制度安排的工作也许会被认为是政治活动，但是，即便它是一项政治活动，也需要由行政人员来为其提供根据。当然，在政治的代表制结构中，是能够保证政治部门发现这个社会在公平和正义方面所存在的问题，但是，在进行制度安排的时候，却必须充分考虑公共行政将之付诸实践的可能性，而行政人员恰恰是为关于公平、正义的政治活动提供可能性证明的人群。如果在政治与行政二分失去了实践意义的条件下，行政人员就不仅是行政执行的主体，而且也具有直接促进政治实现的职责。这样一来，行政人员就需要直接地根据公平、正义的要求而去作出制度安排。同时，也在这种制度安排之中去开展行动，促进公平和正义的实现。

这个时候,行政人员就会在制度安排以及基于制度安排的行动中去考虑关于公平、正义实现在理论上的合理性,进而在制度安排和行动中确立起自己的道德理想,或者说,把自己的道德理想注入制度安排以及促进公平、正义实现的行动中去。所以,不管是在现代政治与行政二分的条件下,还是在未来政治与行政再度重合的条件下,公平与正义的问题都是公共行政必须优先考虑的问题。一旦公共行政把对这一问题的解决作为其基本内容来认识,也就必然会提出行政人员道德定位的要求,就会成为促进公共行政道德化的一条有效途径。

公正是一种道德价值,而且是一种普遍的道德价值,它在私人领域和公共领域中的不同,只是一种表现方式的不同,而不是这种道德价值自身有什么不同。我们发现,作为道德价值的公正在私人领域只是以正义要求的形式出现的,属于"应该"的范畴,而在公共领域中,却成了对行政人员的实然要求,行政人员作为公共领域中的主要的活动主体,他在行政管理以及社会管理活动中能否做到公正,是检验他是否为一个合格的行政人员的基本标准。总的说来,对于公共行政而言,不仅需要把公正的实现寄托于法律制度的安排上,而且需要通过行政人员的行政行为去加以实现。因为,公共权力是通过行政人员的执掌和行使而起作用的,行政人员在执掌和行使公共权力的过程中,如果能够保证公共权力针对整个社会的公共性,就是公正的;如果使公共权力介入到交换关系之中,用以谋取个人的利益或具体的某一组织或集团的利益,就是不公正的。权力只要渗入交换关系之中,就会成为破坏交换关系健全的因素。

与一般性的社会活动相比,行政人员所从事的是行政管理和社会管理活动,其中,更需要突出价值因素。那些试图对行政人员的行政管理和社会管理活动作出科学规范和制度约束的人,往往忽视了公共行政作为价值领域的事实,所以,造成了公共行政理论的片面性和实践的畸形化。其实,要想全面地认识公共行政,要想真正地把握公共行政的运行规律,要想对公共权力的运行机制进行清晰的剖析,就首先需要从公共行政的价值入手,从作为公共利益的代表者、作为社会正义的维护者和提供者、作为社会公正的基本支柱这个前提出发来为公共行政定位。这是因为,作为公共行政行为主体的行政人员不仅是行政管理和社会管理职能的担负者,而且是社会伦理文化的承担者和公共行政职业道德指令的践履者。一个社会的伦理文化的良性运行,首先需要得力于行政人员的支持、维护和践履,行政人员应当在道德价值的维护和实践中发挥表率的作用。

295

任何时候，行政人员的良知都是社会健全的支撑点，行政人员如何处理对己、对人、对社会、对外部环境的关系，不仅在直接地为整个社会提供公正的问题上有着重要的影响作用，而且，也会影响到整个社会成员对公平、正义的追求。行政人员在社会中的特殊地位，决定了行政道德势必对整个社会的道德状况有着辐射性的影响。这就是前述所引道德圣人孔子所说的"子帅以正，孰敢不正？"以及亚圣孟子所说的"君义，莫不义；君正，莫不正"。当然，孔孟是从统治者的角度来谈论这个"正"的问题的。在现代社会，"正"有了不同的含义，它不是从属于统治的需要，而是从属于公共行政职业活动的需要，即从属于从事公共行政这一职业的特殊群体的需要。对于公共行政的从业者而言，如果缺乏道德意识和道德行为上的"正"，他不仅不能胜任其工作，还必然会破坏公共利益，并极有可能在现代社会的法制条件下自取其恶果。

反过来说，行政人员的价值也是由公共行政的性质决定的，行政人员只有充分理解了公共行政的性质，才能发现自己作为行政人员存在的价值，才能正确地确定自己的目标和设计自己的人生，并在具体的行政行为中作出正确的选择。这是行政道德的客观必然性的一面。但是，行政人员的道德实践不是被动的，而应当是主动的和自由的。应当说，一切道德行为都是自由的行为，是在特定的环境中和长期的道德修养中获得道德创造能力的现实作用过程。正如杜勃罗留波夫所说："有的人只是忍受着义务的盼咐，把它当作一种沉重的枷锁，当作'道德负担'。这样的人，看来不能把他们称为真正有道德的人。而有的人注意把义务的要求和自己内在本质的要求结合起来，努力通过自我意识和自我发展的内在过程把义务的要求和自己内在本质的要求结合起来，努力通过自我意识和自我发展的内在过程把义务的要求化为自己的血肉，使这些要求不仅成为本能的必需，而且带来内心的享受，这样的人才可以称为真正有道德的人。"① 行政人员的职业生命决定了他能够在服务于公共利益实现的道德实践中获得内心的享受，能够把在行政行为中注入道德价值的内容作为职业生命的需要。所以，行政人员是可以在行政管理和社会管理的职业活动中履行道德义务的，公共权力必然会为他履行道德义务和张扬道德价值提供支持，他也能够在这种支持之中获得自由。

---

① 转引自［苏］季塔连科主编：《马克思主义伦理学》，133页，北京，中国人民大学出版社，1984。

与法律的强制性不同,道德行为具有鲜明的自律性特征。对于一个作为社会普通成员的人来说,在近代以来的法治社会中,有着选择道德生活的自由,只要一个人不向道德原则和道德规范提出挑战,他对道德生活的选择也是能够得到社会的理解和承认的,至少是一种默认。但是,对于行政人员来说,虽然能够在道德生活中获得自由,却没有选择道德生活的自由。尽管近代以来行政的科学化、技术化发展不支持行政人员去选择道德生活,也不理会行政人员选择道德生活的行为。但是,就公共行政的公共性质而言,行政人员应当在其职业选择中同时获得道德生活。在行政人员作出了行政管理和社会管理的职业选择时,就应当把这一职业作为其道德生活的舞台和空间,去在服务于公共利益的实现和社会公正的供给中获得道德自主性。这时,他的一切道德行为都是自由的,一切不道德的行为都应当是不自由的。如果现实没有呈现出这一特征的话,那只能说是行政人员的职业舞台和职业环境出了问题。

不过,行政人员是可以用自己的行动去建造一个公平和正义的社会的。在这个公平、正义的社会中,任何一个个体在做出高尚的道德行为之后,都将得到社会的表彰和奖赏。虽然行政人员的道德目标在于促进公共利益的实现和增益于全体社会成员的福祉,但是,我们并不主张行政人员的道德行为是一种单纯的奉献。从行政人员的角度看,需要讲求职业活动中的奉献精神,而从公共行政体系的角度看,则不应把行政人员对职业生命的追求寄托于其奉献之上。公共行政的职业活动不是宗教活动,不应当要求任何一个从业者去作出奉献,而是需要建构起健全的道德激励机制,让有道德的行为得到报偿。所谓"行善者得福,行恶者受惩","事修而赞兴,德高而利来"等等,绝不仅仅是佛教思想的宣示,而是中国实践理性的觉识。行政人员应当对这些思想加以继承,并将之用于社会道德激励机制的建设之中。如果行政人员为我们的社会建立起了道德激励机制的话,也就同样会使自己开展活动的公共行政领域也获得这一机制,从而使一切具有道德内涵的行政行为都得到相应的报偿。当然,也需要指出,无论我们所处的社会有着何等发达的交换关系,而道德都应当是非交换性的。表面看来,德行所受到的报偿是近似于交换的,而在实际上,则是一种因果关系。所以,行政人员的道德实践是完全摒弃了交换意识的活动,不以交换为始,却必然有着报偿的结果。如果现实没有对此提供支持的话,那就证明我们所提出的公共行政制度道德化的构想应当是行政发展的合理性目标。

第十章
政府能力的道德整合

第一节　行政改革中的价值追寻

一、结构性调整中的道德化机遇

　　与20世纪80年代以来的行政改革相并行的，是非政府组织的迅速成长。这是由于"政府失灵"引发的社会建构两条路径：一方面是通过行政改革去解决政府失灵的问题，另一方面是在非政府组织的成长中去寻求新的社会治理主体。尽管迄今尚未有迹象表明会产生出让非政府组织替代政府的要求，但是，非政府组织也许可以在社会治理的问题上与政府分享公共职能，成为与政府进行有限竞争的社会治理主体。在政府失灵的条件下，非政府组织可以将政府失灵的社会后果降到最低限度；在不存在政府失灵的问题时，非政府组织可以发挥拾遗补阙的功能，使社会治理优化；在政府与非政府组织间形成的社会治理竞争格局中，可以发挥激发政府不断刷新社会治理能力的作用。这可能是关于社会治理未来的一种理想，却又是20世纪80年代以来的行政改革呈现给我们的一种具有趋势性的发展前景。

　　从西方国家的情况看，非政府组织的成长是得到了政府的鼓励和支持的。对此，我们认为，并不是政府有着刷新社会治理的战略性眼光，而是更多地出于当下的权谋式考虑。这是因为，如果非政府组织能够成为社会治理主体的话，就可以在把整个社会重新凝聚起来的方面发挥作用，从而使政府的负担减轻一些。那样的话，就可以在限制政府权力的过度集中、抑制政府规模的过度膨胀等等方面发挥良好的作用。但是，非政府组织也许更多的是作为一种"试错机制"而被建立起来的。如果非政府组织在社会治理中取得了成功，那么，政府就可以从其成功中

"分肥",即分享非政府组织在社会治理中的成功经验。而且,非政府组织的任何成功也都会有政府的一份,可以让政府在非政府组织的成功之中坐享其成。相反,非政府组织在社会治理过程中的一切失败,即非政府组织的一切不为公众所承认、所肯定的做法,都仅仅属于其个性化的行为,政府不承担责任。总之,作为社会治理主体中的一种新的构成因素的非政府组织的成长,对政府有百利而无一害。所以,西方国家的政府都积极培育非政府组织,鼓励和促进非政府组织介入社会管理的几乎每一个领域之中。

非政府组织的成长和发展证明,政府没有因为非政府组织的出现而与社会、与公众疏离,反而与公众的关系得到了改善。公众及其个人如果在非政府组织那里受到了不公正的待遇和不满意的服务,都可以到政府那里去诉说,并希望得到政府的支持和在政府的干预下加以纠正。据说,这还是一条走向"公民自治"[①]的道路。因为,非政府组织作为社会自己的组织,所从事的管理是社会对自己的管理。因而,能够增强社会成员间的感情联系,提高社会成员的责任感,并在一切可能的事务上实现充分的自治。正是因为有这么多的好处,近些年来,非政府组织的问题成了社会科学界非常关注的问题。在哲学中,我们看到社团主义(communitarianism)备受重视;在政治学中,我们看到社会自治、公民参与更加引人入胜;在社会学中,社区研究无论在哪一个国度,都是最容易得到政府或民间资助的;在公共行政学中,关于非政府组织的发展和运行机制问题,都已经列入了积极探索的议程。从欧美的实践中,我们也看到了非政府组织的发展已经取得了巨大的成绩。

现在看来,非政府组织的产生及其发展已经是一个客观性的历史趋势,究其原因,是对政府及其公共行政科学化、技术化追求的一种矫正。也就是说,在20世纪公共行政的科学化追求中,步入了政府与公众对立的歧路上去了,政府失去了公众的信任,特别是在干预主义的策略实行了几十年后,出现了政府失灵的问题。这个时候,便需要一个"中间人"

[①] "公民自治"是一个经不起推敲的提法,公民本身就是与国家联系在一起的,脱离了国家,也就无所谓公民了。无论在何种意义上,都不可能有什么公民自治。如果一个社会的成员致力于发展自治模式的话,那么,这些社会成员就是以市民的身份出现的。一旦提到人的公民身份,就需要与国家联系起来加以认识。在公民的意义上,国家是它的代表性机构,公民的身份是国家赋予的,公民唯一的要求就是希望国家代表它去开展社会治理,它如果希望自治的话,就是对自己公民身份的抛弃。"公民自治"的概念仅仅是缺乏政治学素养的学者才会使用的概念。

来调停政府与公众之间的对立,防止政府与公众之间发生冲突。或者说,在政府与公众之间,需要有一个缓冲地带或联系纽带去使政府与公众的关系得到改善。在西方国家,非政府组织的确发挥了这种作用,并展现出这样一种状况,当政府与公众之间产生了矛盾和冲突的时候,非政府组织可以扮演调停者的角色;在非政府组织受到公众的诟病之时,政府则可以去加以仲裁。但是,在西方之外的一些国家中,非政府组织产生的原因较为复杂,而且政府与社会之间的关系并没有完全被纳入法制的框架之中,从而使非政府组织面临着立场选择的问题。一般说来,在非西方国家中,非政府组织要么选择做政府的附属,要么选择与政府对立。这时,非政府组织并不是作为政府与社会的"中介"而存在的,要么是政府用来压制社会的工具,要么是集结反政府力量的政治行动者。所以,在非西方国家中,非政府组织也可能成为西方国家用来颠覆政权的工具。

考虑到非政府组织产生的根源可以推及到政府失灵,那么,非政府组织在角色定位上应当属于社会管理者,而不是政治行动者。但是,即使在西方,非政府组织也有着发展为政治行动者的可能性。当然,在今天,非政府组织是以分散的各别的组织实体和行动者出现的,它并不是一支统一的力量。可是,我们在历史上看到过这样一种现象,那就是分散的诸侯是可以集结起来而成为统一的力量的。在今天,谁能保证非政府组织不会集结起来而成为一支统一的力量呢?如果存在着非政府组织汇聚和集结的可能性的话,那么,在政府之外会不会出现第二个政府呢?如果出现了这样一个"第二政府"的话,会不会出现中世纪教会与国王争夺民众的问题呢?我们已经有了一个政府,这个政府在一些情况下成了社会的负担,如果再建一个政府,那么社会将会怎样呢?如果两个政府能够平权竞争,相互制约,我们得到的会是一种结果;如果这两个政府相互勾结,我们得到的就会是另一种结果。

在今天,提出这些问题可能有些杞人忧天,但是,如果我们不提出这些问题的话,或者说,如果我们今天不找到一种防范此类状况出现的措施的话,它也许就会成为现实。至少,由非政府组织集结公众去推翻政府的情况已经是必须承认的事实了。而且,我们可以断言,现状如果不能得到改变,那么,每一个国家都会陷入经常性的、一波又一波的由非政府组织集结力量推翻政府的行动之中去,从而进入一种类似于封建王朝更替的历史轮回状态。事实上,就学术界有意识地用含混不清的"公民社会"这样一个概念来指称非政府组织以及其他社会自治力量所构成的社会而言，已经潜在地包含了用另一种形式的国家来反对既存国家的内涵。也就是说，如果把这样一支力量说成是"公民社会"的话，并不是指现有国家的公民构成了一个社会，而是指它是一种作为现有国家对立面的那个可能出现的国家的公民所构成的社会。由此看来，使用"公民社会"这个概念的学者们实际上是一群革命家，他们有着明确的目标，那就是通过这样一个含混不清的概念去集结革命力量。所以，我们对于使用"公民社会"一词的学者们是怀着敬畏之情的。当然，在西方学术界，我们看到人们使用的是"市民社会"（civil society）的概念，只是在翻译成中文的时候，中国学者怀着革命的热情而有意识地将其翻译成"公民社会"。在某种意义上，这也说明中国社会中正在积聚着一种革命的力量。至少，在一些有着政治关注的学者那里，存在着革命的要求，他们试图通过在西方著作翻译中采用概念内涵的偷换去建立起革命的理论。

非政府组织会不会从社会管理者而转变为政治行动者呢？考察社会治理主体的发生史，可以看到，最初的统治者也许都是通过征战杀伐而取得社会治理者的地位的，但是，一切以社会治理者的面目出现的统治者都会以维护共同体的共同利益为其统治的借口。近代以来，由于社会的分化，在共同体利益的解体过程中生成了公共利益，政府是作为公共利益的维护者和促进者而存在的。但是，由于政府失灵的问题而使公共利益失去了有力看守，结果，非政府组织出现了，开始扮演公共利益维护者和促进者的有限性角色。会不会有这样一天，维护公共利益不再是非政府组织的目的，而是成为一种政治宣示和开展政治活动的工具。当然，人们会说，非政府组织与政府不同，它是作为社会的构成部分而存在的。可是，政府在产生之初又何尝不是社会的一个构成部分？既然政府在近代由于在与社会分离的过程中走向了与社会、与公众相对立的方面，那么，非政府组织又怎么会始终作为社会的构成部分而存在呢？所以，这是一个必须思考和必须找到预防方案的问题。从我国使用"公民社会"概念的学者的理论追求看，他们是在积极推动非政府组织朝着政治行动者的方向发展的意义上去进行理论建构的，而在西方学者那里，由于在市民社会的理论框架下去认识非政府组织，是赋予非政府组织社会管理者的角色的。这就是中国学者与西方学者在非政府组织研究上的不同理论取向。这两种理论取向是由中西方不同的现实所决定的，或者说，西方国家政治革命的条件已经完全被消解了，学者们完全失去了革

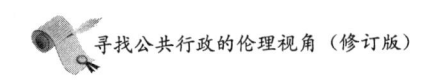

命意识和完全放弃了对革命的追求。

当然，我们看到，非政府组织的出现意味着社会治理主体多元化也是我们必须接受的事实。但是，我们也认为，多元社会治理主体都不应在工业社会的思维方式和行为模式中去为自己寻找角色定位，绝不能在竞争取向中去确立它们之间的关系，而是需要在它们之间确立起稳定的合作机制。多元社会治理主体间的合作而不是竞争的关系必须以每一治理主体的道德化为前提。反过来，它们之间的合作行动又会日积月累地增强每一治理主体的道德意识。自从维护和促进公共利益成为社会治理的基本目标以来，行政道德以及全部治理道德都是可以在公共利益的基准中成长起来的，只不过，20世纪的政府及其公共行政的发展因官僚制而走上了科学化、技术化追求的道路，使本应在公共利益的基准上去加以建立的治理道德丧失了发展机会。现在，由于非政府组织的出现使政府科学化、技术化的单向度发展道路受到质疑，使公共利益实现的综合性手段选择获得了良好机遇。在这种情况下，公共利益实现上的科学化、技术化路径也不再是唯一的路径，而是多种路径中的一条。所以，从道德价值的角度去看问题，将会成为一种新思维而被接受。

二、寻求内生的价值

20世纪后期以来，非政府组织的产生和发展既是行政改革的成果，也是推动行政改革的新动力。在政府及其公共行政能否有效地维护和促进公共利益的问题上，非政府组织的出现事实上形成了一种压力，迫使政府在维护和促进公共利益的问题上感受到来自于非政府组织的压力。比如，在供给公平、正义方面，非政府组织可能会以具体的行动而让政府相形失色，迫使政府必须在更为积极的行动中去证明自身存在的价值，以求避免公众在与非政府组织的比较中而提出对政府的批评意见。可见，非政府组织施予政府的压力，将迫使政府及其公共行政必须对自身进行新的治理角色定位。

首先，政府千年不易的垄断社会治理的局面因非政府组织的出现而受到了挑战，致使政府必须与非政府组织一道去开展社会治理。当政府垄断社会治理的时候，它作为社会治理的唯一主体经历过从粗暴的统治到科学的管理这样一个发展历程，现在，当政府成为多元社会治理主体中的一元时，再也不能够在统治社会与管理社会之间作出选择了，而是需要扮演一种全新的角色。服务型政府建设就是因应这一要求而提出的。

也就是说，政府不再是扮演着统治者的角色和管理者的角色，不再是以统治的或管理的方式去治理社会，而是扮演着服务者的角色和以服务的方式实现对社会的治理。可以通过为非政府组织提供服务而实现对社会的治理，也可以通过直接为社会服务而达致社会治理的目标。

其次，服务型政府必须把科学化、技术化追求与价值追求统一起来，甚至让科学化、技术化追求从属于和服务于价值理念。近代以来的政府属于管理型政府，特别是在实现了政治与行政二分的情况下，行政部门与政治部门间形成了一种分工关系，价值的问题交给了政治部门，而行政部门则可以按照科学化、技术化的路径来加以建构。随着非政府组织的出现，在多元治理主体并存的局面下，公共行政祛除价值和非政治化的特征可能依然会被保留下来。但是，从管理向服务的转变，却要求价值因素的介入，而且，这种价值因素不是政治价值，而是一种道德价值。相对于政府及其公共行政，政治价值是一种外生价值。也就是说，在政治与行政二分的条件下，政府及其公共行政科学化、技术化追求也是从属于某种价值的。但是，这种价值是包含在政治部门的决策之中的，而不是直接对政府及其公共行政有指导意义的价值，政府及其公共行政仅仅执行根据某种政治价值制作成政策的文本要求，而不去考虑其中所包含的政治价值。道德价值不同，它是政府及其公共行政之中的一种内生价值，是政府及其行政人员行为的直接依据。

再次，在多元治理主体并存的条件下，政府及其公共行政的内生价值是其立足之本。管理型政府生成于"议行"分离的条件下，这种"议行"分离最终以政治与行政二分的形式被固定了下来。也就是说，政治领域是一个"议"的领域，而行政的领域则是一个"行"的领域。"议行"分离虽然使政府及其行政人员成为"行动主体"，但是，这个"行动主体"在某种意义上是没有"头脑"的，因而，不具有主体性。非政府组织的出现，使这种状况正在悄悄地发生改变，使政府在与非政府组织并存的条件下必须以一个相对独立的主体的形式出现，即获得主体性。在政府及其公共行政是一个相对纯粹的行动领域的时候，按照科学化、技术化的路径加以建构是合理的，即合乎韦伯所说的形式合理性。然而，在政府拥有了主体性的时候，就必须同时拥有价值因素。在某种意义上，政府的主体性恰恰是由其所拥有的价值因素来确定的，是价值因素赋予了它主体性。

概括地说，政府及其公共行政越来越需要得到一种内生价值的支持。尽管在一个相当长的时期内，来自于政治部门的外生价值都依然会对政府及其公共行政产生巨大影响，但是，在与非政府组织并存的条件下，在服务型政府建设的过程中，政府及其公共行政的内生价值必然会朝着日益增强的方向发展。我们说外生价值是一种政治价值，而内生价值则是一种道德价值，也就是指政府及其公共行政的内生价值将在行政人员那里孕育和成长，而政府在整体上所要做的工作就是努力去发现行政人员的道德价值制度化的可能性，并努力将这些道德价值转化为制度安排。

公共行政的价值定位主要是对公共行政的公共性的恢复和重建。这个问题关系到公共行政的性质，是公共行政的基本价值，属于形而上的问题。但是，行政人员的道德定位则能够使政府及其公共行政获得一种具体的内生价值。在辩证逻辑的视野中，我们看到，行政人员的道德定位是根源于公共行政的公共性的，政府及其公共行政的公共性是行政人员的道德价值生成的基础和前提。也就是说，政府及其公共行政的公共性不是一种道德价值，而是来自于社会的要求和政治部门的规定，在某种程度上，还是属于政治价值的范畴。但是，这种作为政治价值的公共性可以在政府及其公共行政的过程中实现向道德价值的转化，即转化为行政人员的道德价值。一旦行政人员在政府及其公共行政的公共性的基础上生成了道德价值，就会把这种道德价值回馈到行政体系中来，使政府及其公共行政也获得道德价值。如果政府把这种道德价值注入制度安排之中，就能够使它稳定地发挥作用。

对于公共行政而言，行政人员的道德价值的生成具有非常重要的意义。我们看到，即使对于家国一体化的社会来说，政德都是人们十分重视的治理要素，例如，孔子所强调的"为政以德，譬如北辰，居其所而众星共之"（《论语·为政》）就是被历代治理者视为圣谕的政训，更何况今天的行政已经成为公共行政，行政人员的道德状况比起主要担负统治职能的以往任何时候的行政管理都更为重要。然而，恰恰是这个最为重要的因素，在今天却显得极度匮乏。正如美国前司法部长巴尔所说："我们最迫切的问题不是由我们法律中的缺陷引起的，而是起因于应该支持法律的道德共识的分崩离析。总之，今天我们所面临的危机是一种道德危机。"所以，"解决危机的办法主要不是取决于政府的行动，而是取决于个人的行动；不是依靠新的法律，而是依靠道德的复兴"[1]。但是，为

---

[1] [美] 巴尔：《三种不同竞争的价值观念体系》，载《现代外国哲学社会科学文摘》，1993（9）。

什么行政人员的道德价值会一直处于未被认识和理解的境地？这是由公共领域长期以来存在着理论认识的混乱所造成的。

其一，关于公共领域与私人领域的差别未得到充分的研究，行政人员与一般社会成员的差别没有得到承认，甚至个人主义的、自由主义的理论极力抹杀行政人员与一般社会成员之间的差别，往往在抽象的、一般的意义上来谈论人的权利、义务等问题。相反，社群主义者则用"公民身份"的概念把这种差别抹杀了。其实，在近代社会分化为公共领域与私人领域之后，也使这两个领域具有了不同的性质，有着不同的运行规律和不同的行为模式，并从属于不同的原则。比如，在私人领域中，人是逐利的动物，一切活动从属于利益的最大化。人的利益追求之所以能够得到实现，是以其权利得到了公共领域的保障为前提的。在私人领域中，每一个人都拥有公共领域所确认的权利，而且，每一个人都必须承认和尊重这种权利。在公共领域中，则无所谓权利的问题，因为，公共领域中的人是执掌权力并通过权力的行使而在终极的意义上去保障私人领域中的人的权利的。比如，当行政人员作为公共领域中的人出现的时候，是专门掌握和行使公共权力的群体，但是，行政人员作为受雇用者又具有私人的身份，又有着个人的利益追求，有着一般社会成员所应当具有的权利，法律对他的这种权利也必须提供保障。这就是我们前述行政人员作为人的身份的二重化。

其二，关于公共领域的职能定位问题未得到解决。在历史上，在公共行政尚未出现之时，政府及其行政管理担负着统治的职能，行政管理的目标是非常清楚的，那就是一切活动都从属于维护王权的需要。近代以来，特别是自公共行政的产生开始，关于公共行政的职能就一直处在争论不休的状态之中，虽然形成了公共行政的公共性的共识，但这种共识却一直停留在抽象的层面上，距离应用于规范性操作还相当远。所以，公共行政的职能问题一直是极其含混的，争论越多，反而使人越糊涂，以至于公共行政维护和促进公共利益的理念只是作为一种哲学规定而存在的。在政府的具体职能定位的问题上，也存在着各种各样的分歧，单就政府的经济职能而言，就存在着自由主义与凯恩斯主义两种模式，更不用说还存在着政府是否应当举办企业等具体问题上的分歧了。在政治职能方面，直到今天，"统治"一词都依然得到广泛的使用，甚至许多思想家也认识不到统治与管理的区别，更不用说去确认"谁是统治者"的问题了。

其三，即使在公共行政的公共性的问题上已经形成了共识，那么在公共性的前提下，公共行政应是政治的领域还是道德的领域抑或二者兼而有之？这个问题没有得到深入的研究，甚至有的人把政治与道德对立了起来，近年来的新自由主义思潮又把政治与道德相混淆。这些都不利于从根本上实现对公共行政的科学认识。同样的问题也存在于关于公共行政的运行方式应当是技术优先还是价值优先的认识上。近些年来，虽然那种把公共行政作为纯技术性领域看待的做法受到了怀疑，而且，世界各国的行政改革也极力在公共行政的运行中引入价值判断的因素。但是，关于公共行政价值体系的思考尚未结出成熟的果实，甚至连公共行政价值定位的基点也尚未发现。特别是20世纪后期以来，由于科学技术的发展（如网络平台的引入等），由于行政管理自身也发展出了新的管理技术（如绩效管理等方式的广泛应用），又使公共行政领域中的技术主义重新建立起了信心。与此同时，关于公共行政的价值追求也越来越成为人们乐意于探讨的问题。但是，关于价值问题的探讨还更多地停留在理论的层面上，对于公共行政的实践却影响甚微。

由于上述原因，行政人员在价值观念上表现出了极大的混乱，在道德水平上也显得参差不齐。当行政人员缺乏共同的道德信仰时，不道德的恶行就会泛滥，以至于公共行政的领域已经成为一个社会中最不道德的领域。正如费希特所说："伦理原则是一种关于理智力量的必然思想，即理智力量严格毫无例外地按照独立性概念规定自己的自由……除了以它自身为依据，就不以任何其他思想为依据，也不受其他东西的制约。"① 所谓"不受其他东西的制约"，也就意味着超然于包括伦理关系在内的现实对象。我们在公共领域中，所要建立的正是这样一种伦理原则，我们要求行政人员拥有的，正是根据这种伦理原则确立起来的道德信念。行政人员应当把自己放在这样的地位上，那就是"我作为人与道德规律的关系是怎样的呢？我是由道德规律左右的、受委托执行道德规律的存在物；但道德规律的目的却在我之外。因此，对我来说，即对我自己的意识来说，我不过是手段，单纯是道德规律的工具"②。

当然，费希特所提出的这种价值期望是针对一切社会成员的，所以，它得以实现的可能性迄今并未升起希望之星，因而具有一定的空想性质，

---

① ［德］费希特：《伦理学体系》，59页，北京，中国社会科学出版社，1995。
② 同上书，257页。

是一种浪漫的遐思。但是，如果我们不是把它作为对一切社会成员的要求，而是作为对行政人员这个特定的职业群体提出的要求，那就绝不过分。而且，只有当它得到了真正实现的时候，我们才能建立起名副其实的公共行政。可见，费希特所提出的理想，恰恰是公共行政不可缺少的前提。

三、基于公共领域的规定

在公共领域与私人领域尚未分化之时，个体利益被无差别地湮没在共同体利益之中。因而，个人也就不可能产生独立的、建立在自身利益诉求基础之上的主张，这样的社会也就不能称得上是健全的社会。所以，公共领域与私人领域的分化是一个社会走向健全的开始。在公共领域与私人领域分化的条件下，市民权利意识得到了觉醒，但是，公共领域是否会对市民权利构成侵犯？却是无法得到确定的答案的，纵然建立起健全完善的法律制度体系，也不能保证市民权利不受侵犯。特别是在行政法律中还保留了行政人员及其机构的自由裁量权，这种自由裁量权虽然是行政过程中必不可少的因素，却经常性地成为侵犯市民权利的权力。

为了解决这一问题，近代社会一直把公共领域的改善寄望于民主的程序，认为市民权利只要在市民向公民的转化过程中成功地实现了身份变更，也就成了民主行动的主体，就能够通过参与政治活动而防止政府及其公共行政的侵权行为。但是，民主并没有解决公共权力运行中的所有问题，也没有使公共领域变成完美无缺的领域，在公民的公共生活中总是存在着压抑性的力量。所以，人们总是对公共领域的现状表达不满。然而，一切消除人们对公共领域不满的途径又都是在增强民主的途径上前行的。比如，通过民主的方式选择了政府最高行政首领，或者通过民主的方式选择了政府。但是，在作出这种选择之后，我们看到的又总是他们对自己的这项选择的不满意。可见，制度的建构使人们变得忙碌，使人们在政治上变得更加斤斤计较，却总也无法实现公共领域"健康"状况的改善。

我们知道，私人领域是个人利益追求和实现的领域，而且，在个人利益的追求中，私人领域表现为一个充满差别、处处存在分歧和以竞争的方式去实现一切目标的领域。在某种意义上，公共领域的存在也恰恰是建立在私人领域的这种差别、分歧、竞争的基础上的，如果没有这些对立性的因素，公共领域也就没有存在的必要性了。既然这样，那么，作为公共领域中的活动主体的行政人员的基本职责就应当是维护和提供公正。公正是公共行政的第一要义，一切行政行为和原则都只有从属于公正才是有意义的。公正自何而来？当然需要有相应的法律制度，但法律制度并不是万能的，它必须辅之以行政人员的行政道德才能充分发挥作用。法律制度可以确认公正，却不能为公正的实现提供充分的保证。

在现代社会中，存在着多元的价值观念和道德原则，希望我们的社会拥有统一的价值观念和道德原则显然非常荒诞，这是因为它在客观上是不可能的。但是，在公共领域中却必须拥有统一的价值观念和道德原则。这是因为公共领域是一个特殊的领域，公共领域中的从业人员是经过专门挑选之后才被赋予职位和职权的，要求这个领域中的全体人员拥有共同的价值观念和信奉统一的道德原则不仅是完全可能的，而且也是完全必要的。公共行政本身就应当包含着把不具有这种价值观念和不遵从这种道德原则的人清除出去的机制。为什么现实没有对这一点提供证明？那是由于公共行政长期以来并没有把视线投到这个问题上来。所以，公共行政并没有建立起这个机制，或者说，它即使有了这个机制也没有发挥作用。也就是说，公共行政在对法的精神的恪守中往往用合法与否来审视行政人员的行为及其后果，而不是从价值观念和道德原则的角度去审查行政人员。因而，一个不违法也不守道德的人就可能会被认为是一个合格的行政人员。

政府并不像一个企业或一家公司那样，可以从社会上招聘一批人到这里来按照企业或公司的要求工作就行了。行政人员并不是简单意义上的工作人员，行政人员必须是一个拥有共同信仰的群体，他们所从事的公共行政事务要求他们之间的合作不仅是结构性的，而且是意愿性的。也就是说，仅仅通过行政体系的科学设计，通过法律制度的建立和健全，并不能够保障行政人员之间的合作是完全默契的，更不能够保证这种合作是有效率的。相反的情况往往是，无论行政体系的科学设计多么合理，无论法律制度多么完善，行政人员的钩心斗角总会使公共行政的运行变得无序、低效甚至无效。也就是说，企业、公司等是私人领域的构成要素，在这个普遍尊重私人利益追求的领域中，雇员对个人利益的追求是应当受到尊重的，雇主应当尽最大可能地满足这种个人利益追求。行政人员则是从业于公共领域之中的，尽管他的个人利益也应得到最大可能的照顾，但是，就行政人员本人而言，如果把对个人利益的追求作为从业的目标，就会在行政管理和社会管理过程中以与他人争权夺利为第一要务，就会与公共行政的总体目标相背离。

公共行政的科学化、技术化追求如果没有行政人员的道德力量的支撑，是不可能取得预期效果的。从中国社会中的一个道路交通现象中我们就不难理解这一点。我们知道，中国对于机动车驾驶员是有着严格的技术要求的，中国有着世界上最发达的"驾校"培训系统，可以说，每一位从"驾校"培训毕业并取得驾照的学员，都有着合格的驾驶技术。可以说，没有任何一个国家能够像中国这样培训出技术合格的机动车驾驶员。但是，中国的道路交通事故并没有因为全体驾驶员技术水平的提升而减少。为什么会出现这样的问题呢？答案就是一个道德的问题。在中国道路交通中出现的事故，可以说绝大多数是由于道德方面的原因引发的，是有技术而没有道德的驾驶员造成了交通事故。也许事故更多地反映在"新手"那里，但是，实际上，正是由于那些技术娴熟的"老手"，制造了自己可以被认定为无责的事故。政府中的情况也是这样，所谓专业水平高的行政人员，如果没有道德的话，在既有的体制之中，只是一些最善于逃避责任的"老手"。

对于行政人员而言，如果他们没有共同的信仰，就会自然而然地走向这样一种境地，那就是，面对维护和促进公共利益的事业，每一个人都以自己的理解为标准，每一个人都以自己的利益为天秤。这不仅会使行政人员滥用权力和以权谋私，而且滥用权力和以权谋私的恶行还会对维护公共利益的善行展开进攻，以至于一切善行都将失去存在的基础。所以，行政人员应当是一个有着共同信仰的群体，而且，这种信仰的基本内容就是公共行政的公共性，需要在这种信仰的基础上生成一个完整的价值体系和道德规范体系。这是公共行政的基准。只有这个问题得到了真正解决，才有可能去谈论公共行政的科学性问题，才有可能去对公共行政的方式方法进行技术方面的改进和建设。也就是说，政府中的行政人员不应当是一个官僚集团，而应当是一个道德群体，而且，首先应当是一个道德群体。只有当政府意味着一个道德群体的存在时，关于它的科学化设计和技术性规则的建立，才是有意义的。

四、正确处理权力与权利的关系

行政人员也被称作官僚，韦伯的所谓"官僚制"其实也可以翻译成"行政人员的组织体制"。虽然韦伯对官僚现象作出了久远的历史追溯，其实，在严格的管理理念的意义上看，或者说，在职业化的意义上看，官僚是一种现代现象。的确，"官僚"这个词语有着悠久的历史，但是，在农业社会的治理体系中，官僚从来也没有以一个相对独立的职业群体出现，而是依附于统治者的身份群体。只是在现代化的过程中，在社会大分工中产生了以社会治理为职业的群体之后，官僚才成为一个相对独立的职业群体，官僚的地位和职能才是一个可以加以理论探讨的问题。

对于行政人员来说，他作为人的权利与他所掌握的公共权力之间的关系问题决定了他的全部行政行为的价值定位。在行政人员的行政行为中，是优先突出他的个人权利还是优先突出公共权力的性质和功能，决定了他的行政行为的道德化的状况。如果行政人员优先突出了个人权利，就必然会在其职业活动中以个人利益为行为取舍的标准。反之，如果行政人员优先突出了公共权力的性质和功能，就会在他的职业活动中以公共利益为行为导向。当然，作为社会成员的个人会有着属于他个人的利益追求，而且，在私人领域中，人与人之间的关系本来就应当是一种功利关系。但是，"把所有各式各样的人类的相互关系都归结为**唯一**的功利关系，看起来是很愚蠢的"①。的确，人的功利性表明了人的一种价值追求，是人的活动的普遍原则，人的活动总是有着自己的个人目的。也就是说，人一般说来不会去做那些徒劳无益的事，除非他这样做是由于对客观的外在原因的不自觉而造成的。但是，如果把人的活动的功利性绝对化为社会生活的基本原则，并用它来理解人的一切关系，显然是不合适的。特别是用来理解公共领域与私人领域的关系、理解公共领域中的各种关系和理解行政人员的行政行为时，不仅是不合适的，而且会造成误导。

个人可以提出自己的权利主张和要求，在法制的框架下，个人可以通过正当的途径维护自己的权利。但是，个人不可能自己为自己确立某些权利，更没有理由运用公共权力来扩展自己的权利。公共行政中的问题恰恰是，行政人员总是运用公共权力来扩展自己的权利。权力是一种强制性的力量，正如克特·W·巴克所说，权力是"在个人或集团的双方或各方之间发生利益冲突或价值冲突的形势下执行强制性的控制"②。但是，权力作为一种强制性的力量是建立在公共意志的基础上的，特别是在现代社会，一切权力都应当是公共权力，是公众力量的凝聚，代表

---

① 《马克思恩格斯全集》，中文1版，第3卷，479页，北京，人民出版社，1960。
② ［美］巴克主编：《社会心理学》，420页，天津，南开大学出版社，1984。

着公共意志并服务于公共利益。如果行政人员把公共权力用来扩展自己的权利，那是与公共权力的性质相背离的，是公共权力的异化。

当然，权力是权利不可或缺的基础与保障，撇开了公共权力，哪怕建立起了再完善的法律制度，也不可能使权利得到真正的保障。法律制度如果能够切实地起到保障权利的功能，是在公共权力的支持下进行的。也就是说，只有公共权力，才是每一个人的个人权利实现的条件。因为公共权力是公共的，是属于每一个人的，是用来维护每一个人的权利的。但是，如果公共权力被用来优先维护行政人员的权利的话，那么，公共权力的性质就会发生改变。从公共领域与私人领域分化的现实来看，如果说在私人领域中个人权利是第一位的话，那么在公共领域中，公共利益则是第一位的，在这个领域中奢谈个人权利，不仅无视了公共领域的特殊性，而且也是一种把公共领域混同于私人领域的做法，必然会在公共领域中造成全面的价值混乱。

需要指出的是，虽然行政人员用公共权力去扩展自己的个人权利的做法是普遍存在的，但是，当我们说现实中存在着优先考虑行政人员权利的做法时，还不是指行政人员个人的行为，而是一种现实的政府行为。我们是不难看到封建时代"官官相护"的现象在现代社会中不断重演的，我们是不难感受到一些政府总是优先考虑政府工作人员的利益，然而，我们却往往忽视了对政府性质的关注，忽视了行政人员的基本职能。一个政府可以宣布让它的工作人员有一份优厚的收入和体面的生活，但这必须是建立在社会发展为其提供了充分支持的条件下。在人民群众的利益诉求经常性地被置若罔闻的情况下，政府对其工作人员利益的优先关照，实际上是对公共意志的亵渎。如果行政人员个人用公共权力去扩展自己的个人权利，那只是他个人的腐败行为，然而，当政府总是优先考虑其工作人员的利益，总是让行政人员的利益实现优于一般社会成员的利益实现而使公务员成为一种令人向往的职业的话，如果一个社会中的绝大多数青年把做公务员作为其职业生涯的首选目标的话，那么，就是政府整体上腐败的象征。

总之，行政人员需要正确处理他作为社会一员的权利和他作为行政人员所掌握的权力之间的关系，需要拥有公共职业责任感和公共职业道德意识。因为，行政人员在公共权力机构中担任公职不是一种纯粹的雇佣关系，而是一项肩负公民赋予重任的职业活动，是有着崇高的伦理精神意义的崇高职业。所以，应当努力谋取公共利益的最大化。哈耶克认为，市场经济最重要的道德基础就是责任感，这种责任感源于每个人对自己行为的一切后果负责的道德感。没有缺乏道德感基础上的责任感，任何职业都将失去它的社会价值，社会生活也会失去高尚的生存意蕴。因此，行政人员只有明确自己的权力价值和权力地位，才能确立起承担公共责任、维护社会公正等行政道德及价值取向，形成健康、完善的道德人格，成为公民的忠实代理人。但是，对行政人员的这一要求如果不流于说教的话，就必须落实到政府的行动之中去，政府用什么样的价值导向去引导它的工作人员？政府通过什么样的制度安排去鼓励或抑制它的工作人员的哪些行为？以上这些就成了寻求行政人员之行政道德的保障因素时必须认真对待的问题。

第二节 提升政府能力的道德途径

一、提升政府能力的路径

官僚制理论的提出似乎使政府能力实现了最大化，科学的组织结构设计、技术化的程序和操作方案，以及行政人员的专业化，都在效率的名义下使政府获得了较高的执行能力。然而，20世纪后期的行政改革却用实际行动宣布官僚制在提升政府能力方面失灵了。因此，新的一波提升政府能力的运动在全球展开，世界各国都在谋求解决提升政府能力的途径。无论是发达国家还是发展中国家，都致力于通过行政改革来提升政府能力。特别是全球化和科学技术新成就的推广，对发展中国家造成了极大的压力，促使它们通过提升政府能力去回应时代的要求。在中国，20世纪80年代以来的行政改革运动也在提升政府能力方面作出了积极探索。特别是1998年开始的一场机构改革运动，通过精简机构、理顺关系和转变政府职能的方式去提升政府能力，而且取得了积极成效。进入21世纪，特别是中国共产党的第十六次全国代表大会召开后，"机构改革"的提法被"行政管理体制改革"所替代，这意味着中国政府已经不满足于机构改革的成就，而是希望通过行政管理体制改革去全面提升政府能力。

其实，政治发展包含着不断提升政府能力的内容，或者说，政府能力的状况是衡量一国政治良莠的标准。评价政府能力的强弱可以有多种标准，但是，公平、高效应当是政府能力的基本特征。政府能力的获得有多种途径，比如，可以通过行政生态的改善、行政改革特别是机构精简、行政法制的确立、科学技术手段的引进、管理方式的改进等各种方式来提高政府能力。但是，所有这些方式都是政府能力提高的前提，在这种多向度的政府再造中，只是有可能提高政府能力，却不是必然会提高政府能力。当然，在行政发展的现实进程中，我们看到每一项措施的实施都会沿着提高政府能力的道路前进，而它所显现出来的效应却总是极其短暂的。这是因为，在一切提升政府能力的外在化追求中，都没有朝着激发行政人员的内在动力的方向走，忽视了政府是人的集合体这样一个事实。一切制度设计以及一切最新科学技术手段的运用，都是通过行政人员来使其转化为现实力量的，这就决定了政府能力的改善和提高，需要考虑到人的因素，需要在行政人员的自觉和完善中赢得有利于增强政府能力的积极性和主动性，需要在行政人员理性的行政行为中实现政府能力的正向整合。

我们正处在全球化的时代，一个国家在全球化浪潮中的地位如何，取决于这个国家的政府能力。从现实来看，首先是经济全球化引发了人们对政府能力的关注，是由于经济全球化的趋势加强了世界各国对本国经济竞争力的高度重视，进而对政府能力提出了更加强烈的要求。当前，政府能力已经被公认为一国综合国力和国际竞争力的一种主导性因素，不仅包括政府如何引导和调控国民经济运作、参与国际经济竞争和促进经济发展等政府行为方式，还包括政府在这样做的时候是不是表现出了较强的能力。如果说在以往的世纪里，一个国家在国际舞台上的活动主要是通过政府的一些专业部门进行的话，那么在全球化的条件下，处理国际问题已经不再是传统的涉外部门的专门职责，所有政府部门以及地方政府，都必须具有跟踪、理解和处理国际问题的能力。所以说，全球化对一个国家的政府所提出的是整体能力的要求，而不是对某个或某些政府部门能力的检验。只有当一个国家的政府在总体上达到了一定的能力，这个国家才能在国际市场竞争中展示出其优势，特别是在经济资源匮乏和地区性甚至世界性的不稳定因素日益增长的情况下，就更要求一个政府在内政外交事务的处理方面都必须拥有较高、较强的能力。

在全球化的进程中，新技术革命正在创造一个电子化、数字化的新时代，这一方面为建立起灵活、高效、透明的政府创造了可能性，另一方面也对政府提出了新的要求，即要求政府去适应以"数字化生存"方式为特征的社会，能够对迅速变化着的经济、政治和文化环境作出反应。

特别应当引起注意的是，以往任何类型的政府都主要是通过对公共信息的垄断来增强其能力的。统治型的政府不仅在权力上是高度集中的，而且在信息上也是高度垄断的，体现出严格的等级制特征，对于哪些信息可以达到什么级别，是有着严格的规定和要求的。管理型政府虽然不是把行政等级作为划分能否获得或拥有某些信息的标准，却是根据组织结构的部门而对信息加以分类占有的，一类部门往往是一类信息的垄断者。在这种条件下，政府的一个部门往往会因为垄断了某类信息而具有较强的能力。然而，由于信息的部门拥有，使政府在总体上的协调变得困难，从而使政府在总体上经常受到由于信息隔离所带来的能力弱化的困扰。所以，官僚制条件下的政府，总是要通过行政改革去拆除政府各部门之间的信息隔离带，通过加强政府各部门之间的协调来提高政府能力。

电子化、数字化的时代彻底结束了以往这两种类型的信息垄断。这样一来，政府就不可能再根据以往的行政惯性来获得和增强自己的能力，而是必须探索新的提高政府能力的途径，从以往支持政府能力的各种因素中去发现，哪些因素在新的历史条件下已经失去了意义？哪些是值得继续保留或应当加以进一步发扬的？比如，围绕着信息垄断的问题，以往的统治型政府和管理型政府都是通过信息垄断来强化政府能力的，而电子化、数字化条件下的政府却无法再通过这种方式去获得政府能力，反而会在这个方面削弱政府能力，这就决定了政府必须放弃信息垄断的做法。也就是说，在电子化、数字化的时代，政府既不可能通过集权去强化对信息的垄断，也不可能通过削弱专业部门的信息垄断的方式去增强政府总体的信息垄断，因而，只能去寻找其他提升政府能力的手段。

从近些年来的实践看，政府因应信息化时代的要求，在信息垄断已经不再可能的条件下走向了政务公开的方向。但是，政务公开是从属于公共行政的民主化建构之要求的，是服务于政府的合法性追求的，而不是服务于提升政府能力的要求。至少，在战术的意义上，政务公开是不利于政府能力的提升的。也许政务公开可以使政府少犯错误，从而显现出更高的行政能力。但是，那是另一回事了，在当前，还只能算作是一种论辩依据。其实，以往在提升政府能力方面的思路主要反映在两个方面：一方面，是通过科学化、技术化的建构路径去实现政府能力的提升，包括组织结构、制度、运行机制等的科学化，也包括对科学技术成就的应用，还包括管理技术的刷新等；另一方面，是通过政府信息垄断等保守的方式去保证政府具有较高的能力。在这两种提升政府能力的路径不再灵验的情况下，我们必须去寻找新的路径，这就把我们引向了对道德路径的关注，即通过政府及其行政人员的道德化去提升政府能力。

二、制约政府能力提升的主要障碍

世界银行的报告认为："政府对一国经济和社会发展以及这种发展能否持续下去有举足轻重的作用。在追求集体目标上，政府对变革的影响、推动和调节方面的潜力是无可比拟的。当这种能力得到良好发挥，该国经济便蒸蒸日上。但是若情况相反，则发展便会止步不前。"[1] 可见，提升政府能力的问题是世界各国都普遍关注的问题，所有关于政府职能、政府机构的讨论，在终极意义上，都指向了政府能力的问题。从20世纪80年代开始，一场旨在医治政府失灵和提升政府能力的行政改革运动如火如荼地展开了，但是，在经历了几十年的历程之后，并没有在提升政府能力方面产生明显的效果。如果不是因为新的科学技术手段的引进，可以说，政府能力可能降到了历史的最低点。近些年来的危机事件频繁发生就说明，是由于政府能力的不足而使社会矛盾积聚并酿成危机事件，是由于政府没有能力去处理一些问题而使一些本不应当发生的事件成了危机事件。

我们相信，科学技术的发展随时都可以为政府注入新的活力，管理方式方法的创新也可以在一定程度上增强政府能力。但是，日益恶化的公共权力滥用和腐败问题，则是制约政府能力提升的主要因素。我们认为，政府能力是由人的能力汇聚而成的，当作为行政人员的人被腐败的问题所俘获时，在腐败现象普遍化并达到泛滥的地步时，就会严重削弱政府能力，甚至会危及政府的合法性。腐败问题造成了人们对政府性质和功能的认同危机，使人们对政府的政策产生怀疑，以至于对一切行政行为都持有一种抵触甚至对抗的心理。在这种情况下，政府能力可能会降到零点，如果政府强行展示其能力的话，最终结果就可能是政府完全失去存在的"合法性"。

政府能力是与政府权威联系在一起的，而任何一种权威都是以权威客体的认同为前提的。如果说政府作为权威的拥有者是权威的主体，那么，政府所面对的社会及其公众就是权威的客体。当权威客体认同政府

---

[1] 世界银行编著：《1997年世界发展报告：变革世界中的政府》，155页，北京，中国财政经济出版社，1997。

的权威,政府就是有权威的;当权威客体怀疑甚至否认政府的权威,政府也就不再有什么权威了,至多也只存在着一种在表面特征上与权威相近的强权。政府一旦失去了权威,又谈何能力呢?政府如果在失去权威的情况下行使强权的话,那就只能激起社会公众的更大不满甚至是反抗。历史上的无数事实证明,政府越是丧失了权威,就越会将强权运用于社会管理的过程中,从而陷入一种恶性循环。所以,政府能力绝不是政府强权的表现,反而恰恰是强权的消解。

可见,一个简单的因果关系就是:存在于政府中的腐败问题使政府丧失了权威,而政府权威的丧失则使政府能力弱化。就中国的情况来看,自从改革开放以来,我们一直未能解决"有令不行,有禁不止"的问题。究其根源,就是由于腐败因素的存在。一切让腐败官员觉得有利可图的事,都表现出极强的政府能力,而一切腐败无处生根的地方,政府能力总是极弱的,甚至趋近于零。当腐败削弱政府能力的时候,它同时又制造了许多必须依靠政府能力来加以解决的问题。比如,腐败导致了人们对党和政府的不信任感以及不满情绪的滋长;腐败涣散了人心并影响了公众对改革开放的信心;腐败加剧了价值观的混乱和倾斜并致使人们陷入理想和信念麻木不仁的状态;腐败极大地败坏了党风和毒化了整个社会风气并使社会整体道德水平下降;腐败让政府行为失准并诱导了整个市场经济变形和扭曲;腐败使资源和利益分配出现不平衡和不平等的问题并诱使一些人违法犯罪……所有这些问题的解决,都绝不是任何社会组织可以承担得起来的,而是必须由政府自己来承担重建健全社会的责任。但是,政府能力在腐败中受到极大的削弱,表现出了力不从心的状况。这无异于是在政府与社会的良性互动之间打上了一个"死结",而腐败就是这个"死结"的始作俑者。所以,当前一切致力于提高政府能力的行为,都必须让位于反腐败的斗争,只有当反腐败的斗争取得了一定成绩之后,其他提升政府能力的方式方法才能发挥作用,政府的社会管理才会是有效的和有力的。

我们知道,在今天的现实条件下,对于政府来说,组织机构的设置、权力结构的状况、职能的确立、法律制度的构成等等,都是最为基本的。但是,有了这些,只表明政府的"硬件"已经齐备,而政府怎样运作起来,政府会怎样运作,以及政府运作的效果是怎样的,还需要有一个"软件"。这个软件,一是指政府体制中包含着什么样的道德内涵;二是指行政人员的道德状况。在政府中,人的因素无疑是最为重要的因素,政府首先是由人即行政人员构成的，政府的任何一项举措，都是由人和人所组成的组织去加以实施的。行政组织目标的达成，行政职能的实现，最终都要依靠行政组织及其人员的行为。所以，在政府能力提升的问题上，应当首先看到人的因素。需要在促进行政人员道德水平的提升中谋求公众对政府的理解、支持、信任与合作，从而最终促进行政效率和提升政府能力。

三、行政改革中的政府能力整合

行政改革的目标是要提高政府能力，那么，什么样的政府是最有能力的政府？在我们前面所考察的政治视角中，应当从政府的合法性中去寻找答案。也就是说，政府越是具有充分的合法性，它就越是具有社会管理的能力。在某种意义上，政府的合法性程度也就意味着政府能力的强度。传统的西方政治学基本上是从政府体制和行政法制方面来探讨政府的合法性的，20世纪70年代以来，一些政治学家也开始着力于从政治文化的角度来破解政府合法性的根源，即寻找社会对政府的合法性认同。这在很大程度上带有"权谋"的色彩，是一种通过技术化的途径来寻求社会对政府的合法性认同，而不是从根本上解决问题。我们是不主张使用"合法性"这个概念的，如果出于理解的方便而接受这个既成的概念的话，也需要指出，政府的合法性主要取决于政府的道德状况，而不是由政府刻意地去通过政治社会化、通过对社会公众的心理征服等手段去谋求社会的文化认同。所以说，政府的合法性来源于政府的道德化，只有当政府实现了道德化，行政人员做到了以德行政，政府才获得了真实的合法性，而不是刻意营造的虚假合法性。

既然政府的合法性来源于政府的道德化，那么，政府能力的大小也就主要是由政府道德化的状况决定的了。从行政人员的角度看，法律制度的因素可以把行政人员放置在一定的框架之中，从而规范甚至限制行政人员对公共权力的行使，使公共权力不至于被用来谋取行政人员的私利。但是，法律制度所能够做到的，仅仅是限制了明目张胆谋取私利的行为，至于法律制度规范水平之下的情况怎样，则是无法作出判断和无法加以制止的。然而，恰恰是这些微小的以权谋私的行为，极大地削弱了政府能力。这是就行政人员个人而言的，如果就行政人员的群体而言，其行政管理和社会管理过程都是以分工—协作的形式出现的，在这一分工—协作体系中，虽然组织结构以及规则体系提供了行为规范，但是，分工—协作过程中的人与人之间的冲突却是不可避免。对于行政人员之间的冲突，组织结构以及规则体系的规范可以将其限制在一定程度之内，却无法将其消除。这样一来，即使存在着哪怕极小的冲突，甚至只是心理上的一些不快，都可能导致协作的不畅，从而大大地削弱政府能力。对于上述这两个方面的问题，法律制度的规定以及组织结构和体制上的科学设计都无法解决，一切外在性的规定和规范都不可能保证行政人员在行政管理和社会管理过程中是采取积极合作的姿态还是抱着消极应付的态度。然而，这些外在性的规定和规范所无法解决的问题，却让道德显示出了力量。所以说，行政人员的道德因素对于政府能力的提升起着至关重要的作用。

单单有了行政人员的道德因素还不够，如果政府不能够在制度上实现道德化的话，行政人员的道德因素就仅仅属于单个行政人员的道德，是不稳定、不恒久的。我们所说的行政道德是行政人员作为一个特殊职业群体的道德，它反映在行政人员个体身上，却不能归结为行政人员个体的道德。作为一个特殊的职业群体的道德是与整个行政体系联系在一起的，只有当整个政府体系都实现了道德化，建立起了道德化的制度和行政道德发生机制，才能保证行政人员的道德是普遍的道德和稳定的道德，才能造就健康的行政伦理关系。

在某种意义上，政府能力的道德整合实际上是道德对行政关系的整合。因为，在政府能力的一切决定性因素中，行政关系是最为主要的，我们的行政改革无论是精简机构、调整权力结构还是理清政府职能，最为关键的一点就是理顺关系。在既有的行政体制的一切缺陷都指向了行政关系的不顺以及机构和人员的臃肿时，无非是指行政关系的复杂性使行政协调变得困难了，使机构与机构之间的推诿扯皮增加了，使行政人员之间的冲突和内耗增加了，从而削弱了政府能力。行政改革无非是要消除这些制约政府能力的消极因素。所以，理顺关系才是最基本的要义，机构与人员的精简、职能的转变、权力结构的调整等，都是理顺行政关系停留在表层上的努力，至于理顺行政关系的实质性行动，只有在行政道德的建设中才能发现，行政道德在理顺行政关系方面能够起到明显的作用，而且具有立竿见影的效果。

当行政改革仅仅被局限在精简机构、转变职能等表层之上时，它所能够取得的成绩是有限度的。因为，行政改革通过机构和人员的精简、权力结构的调整、组织形式的改变、职能的转变等，所实现的只是客观结构和运行机制的变化。说穿了，还只是为政府能力的提升提供了基础性的框架，并不是提高政府能力的充分保证。因而，不可能从根本上深入行政人员的内心世界去获得行政人员的内在驱动力，行政人员能否适应这些改革后所建立的行政行为框架；是否积极主动地响应了新的行政体制；能否自觉地把自己融入行政体系之中并用自己的行动去建构和谐的行政关系；能否排除以往的个人利欲追求而完全转向为公共利益而努力的方面上来……都是单纯在机构精简、职能转变和权力结构调整中所不能达到的。

　　社会是不断发展变化着的，机构和人员的精简只是在特定的时期内才有正向的价值，当社会发展对政府提出了新的要求，或要求政府供给的重点发生了转移，那么，在机构和人员精简中所确定的框架就会变得不再适应。行政改革中确立起来的权力结构、组织形式和政府职能也都如此。所以说，单单在表面意义上进行行政改革是不具有长期效应的。也正是基于这一点，一些学者才提出行政改革是一场持续性的过程。即使我们进行持续不断的行政改革，时时变化着的社会要求怎样才能及时地反映在行政改革之中呢？如果不能得到及时的反映，岂不要使社会的发展付出高昂的代价，政府能力岂不会在发展进程中的波峰与波谷之间跌宕起伏？所以，在行政改革之中，应当包含着对政府道德化的追求。当机构精简、职能转变和权力结构调整为政府能力的提升提供了基本框架之后，政府能力在何种程度上才能真正地得以提升，就取决于行政道德。行政道德可以实现对行政关系的充分整合，从而消除行政关系中的各种各样的冲突和不和谐因素，并促成统一的、和谐的行政关系，赋予整个行政体系充分的活力，使政府对一切社会要求都能作出及时的反应。这样一来，政府能力也就达到了理想状态。

　　在很大程度上，提高政府能力取决于行政人员自由行政空间的扩展。这也就是哲学上所常讲的"人的解放"，是公共行政这个特定领域中的人的解放。这样一来，我们就看到，行政改革在道德追求上的一个重要任务就是要确立以德行政的行政体系框架，把行政人员从片面的、单向度的法律约束中解放出来，使他在法律制度所确立的行政空间中把法律制度内化为他的道德自觉，自由地根据法律制度的规范和原则作出行政行为选择。一旦法律制度内化为行政人员的内在信念，法律制度所起到的就不再是约束作用，而是对其行政行为的支持力量。行政人员一方面在法律制度为他提供的行政空间中获得自由；另一方面，又在法律制度中

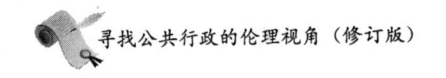

获得充分支持他的行政行为的力量。法律制度的规范和原则同时也就是他自主地协调各种行政关系的基准。有了这种根据,他就能够获得一个统一的、和谐的行政生态。

当然,政府道德化的落脚点还是行政人员的道德化,是由于行政人员把公共行政的理念、原则内化为其内在的道德信念而实现的道德化。虽然行政人员的道德内化过程是一个复杂的过程,需要作出长期的努力,却是根源于公共行政公共性的要求的。只有当行政人员实现了道德化,公共行政才能回复其本质,公共权力的异化状态才能得到解除。因为,一旦行政人员实现了道德化,他就会把自己的行政行为主动地放置在道德动机之上,就会获得道德自主性,就会用自己的全部行政行为去为公共利益的实现提供保证。这时,政府道德化就表现为行政人员自主地按照社会的要求去行动,而每一个行政人员的道德自主行为的总和,也就构成了政府能力的增强。

第十一章
社会秩序的供给（一）

第一节 政府与社会秩序的获得

一、政府的社会秩序追求

对于一个国家的存在与发展来说，社会秩序的重要意义是一个无需证明的问题。任何一个社会都需要有一定的社会秩序，人类之所以发明了国家和政府，其根本原因也是为了满足社会的秩序需要。或者说，政府的出现首先是因应社会秩序供给之需要的。但是，社会秩序如何获得却是有着各种途径的。长期以来，政治学和社会学的研究一直对这个问题给予了极大的关注，各种各样的关于获得社会秩序的建言也层出不穷。一切关于政府问题的学术探讨，也都直接包含着或在终极意义上包含着对政府社会秩序供给问题的研究。

可是，在人类历史上，我们却屡屡看到社会失序的状态，似乎人类社会的发展总是处于一个从有序到无序再从无序到有序的循环进程之中，总是表现为所谓"天下大乱"到"天下大治"的交替出现。历史上的任何一代王朝建立起来之后，总是期望建立万世不变的秩序，然而，任何一个王朝都不能摆脱社会的冲突，并最终在社会冲突中进入整个社会的全面失序状态。所以，如何获得社会秩序，一直是执行着社会治理职能的人们最为关注的问题。在一个很长的时期中，社会秩序的获得是依靠强制性的社会控制来实现的，即通过强制性的社会控制机制去对破坏社会秩序的个体因素加以制裁而获得秩序，或者，根据一个社会在其历史承袭过程中所形成的习惯和规范而对社会成员加以约束而去获得秩序。

在一切有着利益追求的社会中，都存在着利益矛盾和冲突；在一切有着个人独立意志的社会中，都存在着基于思想观念和意欲要求差异上的行为冲突。社会冲突是一种客观的社会现象，一切社会都存在着或隐伏着社会冲突。但是，控制社会冲突、维护社会秩序，又是每一个共同体存在与发展都无可选择的任务。只要存在着社会冲突，特别是存在着社会冲突不断扩大化和激化的可能性，社会秩序就会受到威胁，社会成员就会处于一种普遍的不安全感之中。所以，正是由于人类有着控制社会冲突的要求，才发明了专门维护社会秩序的机关——国家和政府。这就是我们所说的，国家和政府的出现，首先是服务于控制社会冲突和保证社会秩序的要求的。

政府存在的意义之所以首先在于供给社会秩序，也是根源于社会存在和发展的需要。人类发明出政府的直接目的也恰恰是在政府身上寄托了社会秩序供给的期望。当然，也必须承认，社会自身存在着一定的内生的"自然秩序"，特别是在市场经济得以发育的社会中，契约关系就是自然秩序的代表形态。但是，实践证明，存在于社会中的自然秩序也必须得到政府所供给的社会秩序的支持才能使其健全并真正发挥作用。政府的社会秩序供给大致有三条途径，即专制集权型的、法律制度化的和伦理道德化的。单纯的专制集权型的和法律制度化的社会秩序都是虚假的秩序，只有在法律制度基础上以政府自身充分道德化为前提的社会秩序供给，才是真正健全的和完善的社会秩序。

二、政府如何供给社会秩序

政府可以通过它所垄断的绝大多数社会资源实现对社会的全面而严密的控制，这是获得社会秩序的一种方式。这种方式无论在历史上还是在现实中，都一直被掌握政权的各类政府视为最有效的方式。很多学者把这种方式称为"强国家，弱社会"的结构形态。实际上，所谓"强国家，弱社会"的说法并不准确。在某种意义上，正因为国家是虚弱的，不具有普遍的合法性，才选择这种方式。而且，这种社会秩序的供给方式所带来的结果也是在总体上使整个国家呈现弱势化的趋势，即在国际社会的比较中的弱势化。因为，这种社会秩序的供给方式在对社会秩序的暂时强化的过程中给整个国家带来了无尽的消极影响。具体地说，它抑制了社会发展活力，造成了社会发展和社会秩序二者不可兼得的局面。而且，这种局面的进一步发展，就是一个社会的全面失序和动荡。也就是说，这种社会秩序的获得方式是以政府对所有社会力量的排除为特征的。政府在提供社会秩序的过程中，不仅是对那些作为独特的社会利益群体的排除，而且也是对所有社会力量的排除。排除的方式有两种：一种是关闭公众进入政治的通道；另一种是取消公众的参与要求。这是公共权力针对公众的异化，必然影响到政府公共政策的制定，使不受限制的官僚机构只对自己负责，以至于政府可以任意推行一种自我扩张的政策。

当然，政府掌握的公共权力可以成为获得社会秩序的强制性力量。随着政治进化到今天，公共权力的运行机制的严密设计已经使公共权力的强制力无孔不入了，它可以深入社会的每一个角落，并实施着对社会的有效控制。但是，这样的社会秩序并不意味着公共权力的强制力已经完全征服了权力客体，更不意味着已经建立起了消解一切社会冲突甚至社会动荡的秩序。我们知道，公共权力的强制力实际上是以暴力或威胁使用暴力为基础的，这种强制力并不是真实的政府合法性的基础。强制力所获得的权力客体的服从只是一种被迫的服从，不可能是一种依靠提供某些补偿性的利益以及需求的满足而获得的服从。然而，人不是机器，人是有着种种欲望、多样情感和思维判断能力的高级动物，人的这种特性决定了人不能长期地忍受这种强迫关系。因为，这仅仅是出于对后果的恐惧而选择的服从，是无法使人感受到正义的。在这种强迫服从的关系中，如果公共权力主体不能在最低限度内满足社会成员的最低限度的要求，就势必会造成权力客体心理上的挫折感，也就不能保持对这种权力关系的长期认同。这样一来，就会在权力客体中不断积聚起一种针对权力主体的"怨气"和反叛力量。

有的学者强调政府自身的秩序状况与社会秩序之间的关系，认为政府自身的秩序化程度高也就意味着社会秩序的稳定。比如，亨廷顿就认为，"各国之间最重要的政治分野，不在于它们政府的形式，而在于它们政府的有效程度"[1]。其实，情况并不是这么简单，政府自身的秩序并不必然是与社会秩序联系在一起的。比如，通过专制集权而获得的秩序，就是一种恶的秩序。另一种情况是，如果一个政府中存在着普遍性的官员腐败的话，即使个别官员想洁身自好也是不可能的。在这种情况下，所有的官员都在政府体系中根据自身的利益来维护一种腐败的分赃秩序，这种秩序也可以看作是政府自身的秩序。

所以，对政府自身的秩序也需要进行具体分析，如果政府所拥有的

---

[1] ［美］亨廷顿：《变化社会中的政治秩序》，1页，北京，三联书店，1989。

是一种恶的秩序，那么，它就必然会在极力维护这种恶的秩序的过程中滥用权力的强制力，使公共权力成为一种恶的力量。一切恶的力量都是有着自我膨胀倾向的，任由这种恶的力量发展，就会走到社会对恶不能再加容忍的地步。也就是说，如果政府所拥有的是一种恶（如腐败的分赃）的秩序的话，为了维护这种秩序不受到政府之外的社会力量的批评和挑战，它就会极力强化对权力客体的心理威慑，就会刻意营造出一种恐怖气氛。如果这样做的话，就必须不断地强化暴力机构。这样，又不得不为了维持这些机构和人员而支付大量的日常开销。这些开销从哪里获得补偿呢？当然需要从社会中去获得，从而又进一步加重了权力客体的负担。

近代以来，人们越来越崇尚法律制度化的社会秩序供给，即把原来政府的强制力用法律制度固定下来和体现在程序化的强制力行使过程中。的确，法律制度是近代政治文明的重要成就，它在控制社会冲突和提供社会秩序方面发挥着无可比拟的作用。正如美国法学家庞德所指出的，法律制度的作用在于"尽其可能保护所有社会利益，并维持这些利益之间的、与保护所有利益相一致的某种平衡或协调"①。就政府外的社会冲突而言，法律制度提供了统一的行使强制力的程序和标准，从而使一个社会获得普遍的法律秩序成为可能。为了保证法律的原则和程序得到执行，近代以来的所有国家都建立起了相应的组织机构，通过这些组织机构，"维护法律规范的责任和权利，从个人及其亲属团体的手中转由作为一个社会整体的政治机构的代表所掌管"②，实现了对社会的有效控制并获得了相对稳定的社会秩序。从利益整合的角度看，法律制度提供了利益最大化的秩序，它一方面为经济过程提供了一个互惠的合作环境，同时，又制约着不同利益实体在差异极大的情况下不至于出现俱受伤害的公然冲突。

可见，法律制度提供了这样一个空间，使无数个体利益冲突得到折中和混合于其中，每一个有着特殊利益要求的个体都可以在这个空间所提供的范围内从事着自身的自由选择活动，外在的强制性规范又对这种选择有着约束的作用。但是，法律制度所提供的是一种形式化的规范，

---

① 转引自［美］博登海默：《法理学——法律哲学与法律方法》，148页，北京，中国政法大学出版社，1999。

② ［美］霍贝尔：《初民的法律——法的动态比较研究》，369页，北京，中国社会科学出版社，1993。

它可以规范人们的行为却不能规范人的思想和观念。最为重要的是，我们在实践中发现，法律制度在制止政府自身中存在的那些破坏社会秩序稳定的因素方面，总是表现得不尽如人意。比如，政府中的公职人员严格地按照法律制度的规范行事，却沾染上了严重的官僚主义，通过法律手段对政府官员腐败的惩罚和通过制度化的措施实施的对滥用权力的制约，都在腐败问题的恶化中流于失败。当前，我们可以作出这样的理解：在我们的社会中，各种各样的社会冲突的终极根源都可能是那种存在于政府内部的腐败。这不是由于法律制度不健全而造成的，而是由于行政人员的道德缺位造成的。正是这种腐败，成了破坏社会秩序的根本原因。

最诱人的社会秩序供给设想是通过社会的发展来获得社会秩序，即在经济与社会的发展中去解决一切既存的问题，把一切破坏社会秩序的因素都消解在发展的进程中。这无疑是一个合乎人类进化理念的设想。可是，我们在实践中所看到的往往是把社会的发展理解为片面的经济发展，把现代化解读为科学技术的进步和生活的富裕。就我国来说，我们不禁要问，现代化仅仅意味着富强吗？当然，现代化必然包含着国家以及民族的富强，但富强绝不是现代化的基本目标，现代化首先应当是对一种新的文明秩序的追寻，其中包含着对一种和谐的社会秩序的追寻。也就是说，在告别自己过去固有的社会秩序的过程中，并不单纯照搬西方启蒙运动以来的文明秩序，而是在继承人类全部文明成就的基础上去实现一种全新的创造。这就是我们今天所向往的一种全新的社会秩序。应当承认，启蒙运动所标举的自由、平等、民主、博爱等价值对人类进步起到过无比巨大的作用，但是，启蒙运动所确立起来的理想却不是人类的终极文明形态。中国的现代化应当包含着自觉调整并扩大现代化的"目标视阈"的努力。所以，不加批判地照搬西方现代文明的模式是不可取的。我们需要学习和模仿，但这种学习和模仿应当是有选择性的。

三、基于强制力的社会秩序

国家和政府自从产生的那一天起就与暴力联系在了一起，如果说在这之前存在着非规范性的社会暴力的话，那么，由于国家和政府的产生，则把暴力集中了起来，由国家和政府来专门行使。这种暴力对于社会秩序的保障来说也就是通过强制力去获得社会秩序，是以一种专门控制社会冲突和维护社会秩序的强制性力量的面目出现的。从社会的非规范暴力的泛滥到专门的暴力机构的出现，是人类社会由野蛮状态进入文明状态的一个重要标志。其意义就在于，设立了一个专门的机构来管理和运用强制性力量，以保证任何个人不得以任何理由对其他人实施不正当的暴力伤害。这样一来，存在于社会中的个人之间的暴力侵害行为就不再具有合理性和正当性了，只有国家和政府才以整个社会的正式代表的身份享有行使一种社会认同的人身强制的特许权。

国家和政府垄断强制力的重要意义在于，能够约束个人的暴力行为，能够减少社会暴力事件的频繁发生，能够在全社会范围内抑制其成员之间的两败俱伤的相互残杀。同时，强制力作为一种社会性的资源，只有当它被排他性地占有时，才能够转化为维持现存政治关系和社会秩序的依据。也就是说，强制力只是由于足够强大才具有了威慑力。就强制力的形成而言，它本身就体现了社会成员间不平等的社会关系，意味着社会资源的不平等分配。如果国家和政府不具有防止其他人或集团为满足他们的利益需求而诉诸强制力的能力，就会被证明是无力限制社会冲突的，也就无法扮演维护社会秩序的角色。所以，国家和政府总是通过增强自身的强制力来遏制社会中其他有可能对其强制力构成威胁的任何一种力量的出现，并进一步实现控制社会冲突和保障社会秩序的目标。

基于强制力的社会秩序所反映的是一种压迫关系。因为，通过强制力来实现社会秩序本身就是力量不均衡的表现，是一方拥有强大的压迫力量，其他各方则由于慑于这种巨大的压迫力量而被迫表现出了服从。所以，虽然社会秩序是出于一个社会共同体相互依赖的要求，但在强制力的基础上获得的社会秩序却是把社会置于完全对立的情境之中的。当一个社会提出强化社会秩序的要求时，它的习惯做法就是增加强制性的力量，而这种维护社会秩序的强制性力量越是膨胀，就越是把社会推向对立的边缘，无异于在孕育全面社会冲突的种子。我们已经看到，在某种意义上，20世纪政治学的一个重大贡献就是提出了政府"合法性"问题。在这里，我们需要指出，"合法性"这个概念本身又是对社会秩序获得的强制性途径的质疑。也就是说，强制力不是政府合法性的来源，也不能证明政府拥有合法性，由于强制力在实现社会秩序的过程中所表现出来的压迫性质，决定了政府在垄断强制力的前提下只能暂时地获得社会秩序。如果政府频繁地、过度地使用强制力的话，必然会激起经常性的反抗，最终可能会导致原有的权力关系的解体。因此，无论何种类型的国家，都不能单纯依靠强制力去获得长久的社会秩序。

总之，强制力在维护社会秩序中所表现出来的是一种力量的效用，这种力量的效用在历史上总是以力量对比的形式出现的，并不包含道德价值的内容，也不需要以理服人。所以，强制力总是把人们引向对更为强大的力量的崇拜，不仅拥有强制力的一方随时随地都在准备着进一步加强和扩张他所拥有的强制力，而且受强制力作用的一方也信奉强制力的作用，他可以运用各种手段来集聚自己所需要的力量，以求积聚起足够对抗政府所掌握的强制力的力量。从理论上讲，这样有可能导致力量均势的状态，但在实际中，我们所看到的总是直接导致暴力。而且，这种暴力冲突在规模和程度上都会不断地扩大和升级。因为，在暴力冲突中，任何一方都不情愿己方成为暴力冲突的失败者，所以，只有增强自己的力量才是唯一的选择。这就是所谓历史的暴力循环论。

四、强制力的社会成本

任何形式的强制力对人的直接影响都是伤害，无论伤害的程度大小，都会给人的身心造成某种痛苦，即使由政府来行使强制力也不例外。所以，强制力最为直接的负面效应就是激起这种力量的作用对象的反抗情绪，如不满、愤怒甚至敌视等等。如果人们感到对自己所施加的强制达到了难以忍受的程度时，他们就会以反抗的行为来加以回应。这种反抗的行为的最为温和形式是消极的抵制，而激烈的形式则是直接的和公开的抗争。

当然，在一个社会的强制力被限制在一定程度的情况下，来自于个体的反抗行为不足以对社会秩序的总体构成威胁，即使是个体的反抗行为演化为一定规模的群体性反抗行为，也依然可以保证总体上的社会秩序供给。但是，在任何一个社会中，掌握着强制性力量的一方都不会无视反抗行为的存在，特别是对于群体性的反抗行为更不能坐视不管。而且，在历史上的专制集权条件下，统治者往往把社会中的任何一种群体性的行为都解读为反抗性的行为。哪怕这些群体以及它们的行为并不是出于反抗政府强制力的目的而存在的，统治者也要对其采取镇压的方式，以至于把这些力量推到对立的方面去。在这种情况下，掌握强制力的一方最为经常的习惯性反应是行使强制力并不断扩张强制力，结果是在强制力的扩张过程中也刺激了反抗力量的成长，用无产阶级的口头语来说，就是"压迫越深，反抗越激烈"。总有一天会达到强制力与反抗力量相较增长的临界点，再一步就是"天下大乱"的状态，即一个社会的全面失序。

正像任何一项社会活动都需要有相应的付出一样，社会秩序的获得也是有成本的。在对历史的纵向考察中，我们发现，在所有获得社会秩序的方式中，基于强制力的社会秩序所付出的成本是最大的。亚当·斯密在评价奴隶制的劳动方式时指出，奴隶所做的工作虽然表面上只以维持奴隶的生命的费用为成本，但归根结底，是一切劳动中最昂贵的一种。不能获得任何财产的人除了尽可能多吃，尽可能少地劳动之外，不可能有任何其他兴趣。其原因就在于奴隶制的劳动方式是一种强制性的劳动。对于社会秩序的获得也是这样，通过强制力来维持的社会秩序是建立在力量对比的不对称前提下的，拥有强制力的一方不可避免地要把大部分的时间、精力和财富消耗到使社会成员处于恐惧之中和使强制力的作用客体与其所必需的资源相分离的努力之上。对于不得不服从强制力的一方来说，他毕竟是作为有着个人意志的人而存在的，他在服从强制力的过程中，必然会考虑他由于服从而放弃做自己想做的事情是否值得。如果不值得又不得不去做时，他就不会采取积极、主动的态度。人们可能被迫服从，但这种服从会大大地降低其受驱使的一切活动的效能。也就是说，一旦人被置于强制力的作用下而不得不服从的时候，他就会丧失一切有利于社会存在与发展的积极性和主动性的行为动力，就会完全变成依赖某种指令行事的机器。一旦失去指令，就会无所适从。所以说，对于社会秩序的获得来说，强制力所带来的是一种最不经济的结果。

就政府而言，强制力的行使必然需要相应的政府机构和人员提供支持。既然政府的发明首先是从属于提供社会秩序的目的，那么，社会秩序的维护原本就是政府最基本的职责。而且，从理论上讲，政府作为社会共同体能够具有统一性的支柱，作为提供社会秩序的最权威的机构，由它来专门承担提供社会秩序的职能，成本也应当是最小的。但是，当政府片面地使用强制力来提供社会秩序的时候，由于强制力必须在不断扩张中才能有效地发挥作用，就必然会导致政府行使强制力的部门的增加和人员的不断增多。政府机构与人员的膨胀又必然需要相应的经济支持，即表现为政府财政需求的增长。我们知道，政府自身不是一个经济组织，政府无法在自己的活动中产生直接的经济效益，它的一切财政上的需求，都需要从社会中获得，通过税收等途径向社会征收。也就是说，政府每一项开支的增长，都意味着社会负担的加重。由于垄断强制力的政府有着无限自我膨胀的趋势，所以，它总会感到财政增长的速度无法与其维护强制力所需要的经济支持相匹配，它总是不遗余力地通过各种途径去向社会征收更多的税赋，直到整个社会无法承受的那一刻为止。所以说，建立在强制力基础上的社会秩序，本身就包含着成本无限增长的内在动力。

把强制力作为提供社会秩序的手段还容易使政府成为经济主体，并最终使政府变成破坏经济秩序的最大力量。历史证明，任何一个依赖于强制力的政府，都会实行对社会的超强力控制。这种控制不仅表现在政治方面，而且会深入和遍及经济生活的每一个方面。因为，这种类型的政府不理解私人领域与公共领域的区别，不容许经济活动相对于社会统一性的独立性，总是通过强制力的行使来塑造一个一体性的社会。所以，在这种情况下，政府绝不会超然于社会的经济生活之外，它不是对社会实施宏观的经济控制，而是介入每一项微观的经济活动之中。这样一来，政府自身就成了一个独立的经济主体，有了独立的利益追求，特别是自觉或不自觉地把其垄断的强制力也贯穿到经济活动之中。结果，破坏了经济生活领域中的平等和公正。一旦一个社会失去了平等和公正，也就不可能拥有良好的社会秩序。从这个角度来看，通过强制力来实施社会秩序的供给，往往具有天然的破坏社会秩序的倾向。如果政府在这样的条件下继续担负维护社会秩序的职能，实际上是已经不可能的了，即使可以实现暂时性的社会秩序，所付出的代价也将是社会所无法承受的。

从现实表现来看，当政府参与微观经济活动并把直接的经济收益作为其目标的时候，就会使政府维护社会秩序的行为走样变形，就会根据政府自身的利益要求而对社会中的违规行为是否加以制止作出取舍。甚至有的时候，一些政府部门或行政人员会有意识地鼓励社会中违规行为的发生，以便他们可以在这种违规行为中得到收益。而且，当政府将自己的角色定位在从市场活动中去营利的时候，就必然会将没有直接经济收益的公共事业看作是一种负担。由于政府用企业的那种营利性目标来定义自己的目标，就会在每从事一项公务的时候，首先考虑会不会增加政府的财政收入，甚至会不会增加部门的经济收益。能够增加这种收入或收益的，便积极地去做；否则，便将其作为一种负担和包袱，便没有积极性。然而，在所有的社会活动中，维护社会秩序无疑是最不可能直接带来经济收益的。

此外，政府一旦将市场中的经济效益作为追求的目标，还必然造成腐败现象的普遍蔓延。腐败不仅会导致严重的社会不公平，而且会造成政府与社会对立情绪的增长，最终受到破坏的还是社会秩序。

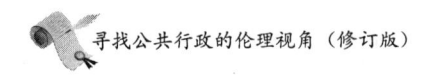

第二节 社会秩序的道德化

一、根源于公共利益的社会秩序

社会秩序的要求是在人们的利益要求中生成的。根据既有的理解，一部人类历史也就是充满着利益争夺的历史，这不仅是由于人类可资利用的自然资源和社会资源的匮乏，而且是由于人的利益追求与利益实现之间存在着永恒的矛盾，利益的实现程度永远小于利益追求的目标。正是由于这个原因，社会系统中各个成员之间、成员与群体之间、群体与群体之间，都必然会产生利益竞争、利益摩擦和利益冲突。各种社会力量为获取利益而互相排斥，甚至会采取某种形式的对峙、对抗。这种对抗一旦超出社会系统的承受力与容纳力，就会造成整个社会系统的离散与分化，破坏社会共同体应有的稳定性，造成某种程度的混乱、失序甚至是社会结构或组织的瓦解。然而，稳定与和谐的社会秩序是一个社会共同体的共同利益，在现代社会，社会秩序就是社会共同体的公共利益，也是共同体中每一个成员可期望的利益实现的基础性框架。所以说，对于一个共同体来说，一个稳定和谐的社会秩序是这个共同体存在与发展的必要条件，也是共同体中的每一个成员生存与生活的必要前提。但是，这种秩序从哪里获得呢？自从政府出现以来，在任何一个共同体中，人们总是首先把社会秩序的要求寄托于政府的。

当然，共同体的稳定与协调也可以通过其他途径获得，但政府无疑是最为直接的工具，更何况其他服务于共同体稳定与协调的途径也需要通过政府才能发挥作用。事实也正是这样，自从有了政府以来，社会秩序的保障和供给一直都是行政管理和社会管理的基本要义。一切政府权力的运用，都优先服务于社会秩序供给的目标。即使在当代社会提出了稳定与发展的关系问题，但稳定与发展的一切辩证论证，都指向了稳定的社会秩序的优先性。也就是说，政府权力的功能首先表现在维护国家的政治秩序、经济秩序以及整个社会秩序。提供社会秩序是政府的天职，不仅社会史的考察充分证明了政府的产生就其本源意义来说是以提供社会秩序为其基本要义的，而且，当代各国政府的实践也表明，政府在自身的运行中自觉地进行民主和法制的建设，积极地强化行政管理的科学化和技术化，都无非是在追求社会秩序供给的充分性。虽然当代政府的功能扩展到了社会生活的各个方面,但是,如果可以对政府职能进行抽象分类的话,那么所有的政府职能的总和,都是从属于提供社会秩序这个总目标的。

尽管社会秩序的供给是古今一切政府的共有职能,但是,社会秩序供给的内容和方式在人类历史的不同阶段却有着不同的含义。在农业社会,社会秩序的供给由于社会结构的简单性而非常单一,政府提供社会秩序的目的也主要是直接服务于统治阶级的利益。但是,现代社会就完全不同了,现代社会的利益多元性、社会矛盾的复杂性以及人们生存要求的多样性,都直接影响着政府社会秩序供给的方式、方法,以至于在更为深入的层面上,还对政府社会秩序供给的原则提出了新的要求。

我们知道,近代以来的社会是以市场经济为基本特征的。市场经济条件下的社会,由于利益分化而使利益驱动力成为市场经济行为的最原始动因和最直接动力,使利益最大化成为市场经济运行的价值目标。同时,在这个过程中,社会分工则意味着每一个利益主体都是以对方的需要这一外来尺度作为追求利益最大化的路径和方式的。也就是说,要使具有利益排他性的利益主体在广泛的社会分工中结成系统的经济联系,只能通过市场机制、公平竞争才能达致追求利益最大化目标的实现。在这里,无疑蕴涵了一个自由、平等的逻辑前提。凡进入市场的经济主体,在同一时间、同一商品面前一律平等,市场只承认生产商品所耗费的社会必要劳动时间,不承认人们所属的等级与他们的财产、特权。这不但使市场经济较自然经济而言创造了高得多的效率,而且实现了公平观的历史变革。正是在这个角度上,市场经济不但唤醒了人的主体意识,而且在具体的经济机制中升华了人格尊严,重塑了平等和自由、选择和责任的内在结构。可见,市场经济自身是包含着秩序的要求以及秩序要求的其内生机制的。但是,这仅仅是一种理论上的"自然秩序"。

市场经济中包含着内生的自然秩序("看不见的手"),这一点是不是意味着政府的社会秩序供给可有可无呢?非也!尽管基于公共领域与私人领域分化的现实可以把市场经济中的自由、平等作为市场自身的自然秩序,而且也的确在契约关系的基础上形成了一种自然秩序。最为重要的是,近代早期的自由主义理论也强烈地表达了排斥政府权力介入市场经济的思想。但是,市场经济的这种朴素的原始神话在现代社会的政府干预中已经被打破,政府全面干预经济以及社会生活的实践在20世纪曾一度是一种盛行的现实选择。虽然在20世纪的后期,出现了回归自由主义的趋势，但这种回归正像文艺复兴对古希腊文明的回复一样，其实是一种新的超越，而不是真正意义上的自由主义复辟。事实也证明，在现代社会中，如果削弱政府的权力，即削弱政府干预经济活动和社会生活的权力，就会使市场经济的现代体系趋于瓦解。

也就是说，现代市场经济已经与政府权力的干预融合为一体了，在政府权力受到削弱的情况下，填补权力空缺的绝不是市场机制，反而是地区封锁、市场的分割和深层的社会失序。正是由于这个原因，即使一些抱有自由主义观点的学者也是不同意轻视政府作用的。正如经济学家弗里德曼所指出的："自由市场的存在当然并不排除对政府的需要。相反地，政府的必要性在于：它是'竞赛规则'的制定者，又是解释者和强制执行这些已被决定的规则的裁判者。"① 所谓"竞赛规则"的作用，无疑是指那些出于维护社会秩序而制定的规则，是通过各种所有权主体的法律地位的确定以及对社会经济行为的规范等等而为市场经济顺畅有效地运行提供前提和保证的规则。特别需要指出的是，在这些"规则"中，除了少部分是国家对市场原则——如公平竞争的原则——的强制性确认之外，其余的大部分都不是市场经济本身的构成部分。它们可以被看成是政治与经济的接合部，是政治的终点和经济的起点。这些规则是对市场的约束与限定，它们反映着某个社会共同体基本的价值取向及其对社会共同生活的认识。如对所有权的地位、劳动时间、劳动条件与强度、用工制度以及税收制度等方面的规定均属此类。

同样，布坎南也认为："强调作为社会过程的经济和政治间关系的一种有点不同的方法就是'经济'完全被合并在'政治'中间。经济是一种特殊的过程，通过它能解决不同个人利益之间的潜在冲突……在制订规则或法制阶段，政治可以给市场指派任务，促进社会相互作用，在大范围活动中不出现突然的冲突。"② 可见，在现代社会，政府与社会的关系应该是以这样一种模式出现的，那就是，它既能保证社会的独立性与自主性，又能充分发挥政府作为社会总体利益的代表者而对社会经济生活进行协调与控制。或者说，这就是一种在社会秩序良性运行的情况下谋求社会发展的社会运行机制。

如果进一步追问的话，就会涉及政府角色这样一个问题，即政府根

---

① ［美］弗里德曼：《资本主义与自由》，16页，北京，商务印书馆，1986。
② ［美］布坎南：《自由、市场与国家——20世纪80年代的政治经济学》，52～53页，北京，北京经济学院出版社，1988。

据什么样的原则来制定规则？进而，政府能否通过这些规则来提供稳定的社会秩序？答案当然就会把我们引向哈贝马斯关于公共性问题的论述。也就是说，政府作为公共领域中最能代表公共性的核心构成部分，必然被要求一切行动都以公共利益为依据，因而，政府提供社会秩序的原则也就是公共利益能否得到实现。市场经济条件下的利益是多元的，不同的利益主体有着不同的利益要求。这就要求政府作为公共利益的平衡器而在各种利益中求得平衡，通过这种平衡功能的发挥去维护社会秩序，让社会秩序充分体现出公正的价值。如果政府不是作为公共利益的代表而是作为社会利益分配的参与者的话，它就会像私人领域中的一切利益追求者一样，把追逐利益的最大化作为自己的目标，这样的话，就必将导致对维护社会秩序的公共职责的忽视和放弃。

所以，说政府是公共利益的代表，其实也就是说政府是整个社会利益的代表，政府不仅没有自己特殊的利益，也不应在多元社会利益之间倾向于任何一方。而且，也只有当政府作为社会总体利益的代表而不是作为一个独立的利益实体的时候，它才能告别把社会某一部分成员的狭隘利益凌驾于整个社会之上的历史，才会在尊重社会及其各种组织（法律上的）独立性的前提下积极介入社会生活的过程，并通过这种介入去对社会活动进行多种形式的协调与引导，或者为社会活动创造出适宜的活动环境与条件。对社会自身不能解决的问题，如环境保护、社会公正、国民教育等问题，政府应主动地予以解决，从而消除各种各样不断出现的社会矛盾，并获得充分的社会秩序。

当然，也许一些政府可以宣布自己没有特殊的利益，实际上，它也确实没有自己特殊的利益，但是，它可能会为了实现推动社会发展的目标而在社会各种利益之间作出倾向性的选择，表现出对某种利益要求的优先关注和照应，同时，表现出对其他利益要求的冷漠。这样的话，它就没有发挥其应有的"平衡器"的作用，就必然会在社会各种利益诉求之间制造矛盾，并不得不去迎接诸如"群体性事件"频繁发生等危及社会秩序的结果。总的说来，人类社会已经发展到这样一个阶段，在这个阶段中，政府的社会秩序供给角色要求它必须立足于公共利益去对社会的利益冲突进行公正的调节，它不是社会利益冲突的一方，而是所有利益冲突的调节者。它不应当像历史上的政府在实践中所表现的那样，仅仅满足于维护统治阶级的统治秩序，它在其本源的意义上，所反映的是人类对公正、正义的渴望。只有当政府公正地保护每一个经济主体的利益并表现出了对公共利益的维护，才是对其公共性质的回复，才能体现其作为社会关系调节器的价值，从而为自己的存在赢得深厚的道义基础。

二、社会公平与社会秩序

应当承认，强制力是政府在维护社会秩序的过程中最为经常使用的力量，在人类历史上的一个很长的历史阶段中，统治者都是通过使用强制力来获得社会秩序的。不过，强制力的运用并不是社会秩序供给途径中唯一可以选择的方式，而且，强制力的行使是需要付出很高的社会成本的。特别是，强制力的行使往往需要在社会力量对比的不平衡中才能发挥作用，而且有着成本无限增长的动力。所以，通过强制力去供给社会秩序是不合算的。近代社会政治文明的标志就是表现为把强制力法律制度化，使强制力的行使按照一定的规则、规范和合法程序进行，这一方面使强制力具有了合理性的形式，另一方面也对强制力的行使起到了规范作用。但是，法律制度化的强制力也会出现变异，而且，法律制度化的强制力本身就有着过于注重形式化的特征。如果法律制度化的强制力不能够得到道德力量的支持，它就有可能是一种恶的强制力。所以，理想的社会秩序获得途径只能是社会普遍道德水平的提升，即实现社会秩序供给的道德化。

任何一个社会的正常运转，都要求有一定的方向和秩序，从而要求有一定的社会控制。在一个失去控制的社会中，什么样的不利于社会发展、不利于人类生存和反人性的情况都可能出现。在现代社会，以提供社会秩序为目的的社会控制可以有三种途径：基于法律制度的控制、基于权力运行机制的控制和基于道德习俗等力量的控制。基于法律制度的控制是结构性控制，基于权力运行机制的控制主要属于一种目标导向的控制，而基于道德习俗的控制则是具有整体性的控制。如果说基于法律制度的控制与基于权力运行机制的控制是相互作用和相辅相成的话，那么，它们的结合点和总体性的获得，都在于道德习俗力量的介入。因为，道德原则总是建立在人们相互关系的价值判断之上的，只要道德原则和规范能够现实地存在着，并在实践中发挥其应有的作用，它就是最好的整合法律制度与权力关系的力量，通过这种力量去保证社会的良序运行。对于一个社会共同体来说，其道德目标的基本精神就是公平和正义，能否实现公平正义，哪怕是最低限度的公平正义，也是政府能否提供基本的社会秩序的标准。

特别是公平，它是历代以来人们所追求的目标。无论是早期农民起义提出的"等贵贱，均贫富"的主张，还是后来资本主义启蒙时期所倡导的"天赋人权"论，以及当代学者罗尔斯所反复论证的"作为公平的正义"，都是把公平视作社会的首要价值的。从公平要求的价值形态上看，所反映的是人与人之间的关系，它以规范和原则的形式规定人们活动的范围、方式，使其与相应的责任和义务联系起来，从而保持社会处于某种"应然"的秩序中。也就是说，公平的直接目的就是保持社会的稳定和秩序。中国的先哲们在立意之初，就很重视公平的这种作用。《吕氏春秋·贵公》中言，"公则天下平矣，平得于公"。《墨子·尚同篇》中说："夫明乎天下之所以乱者，生于无正长。"在西方，古希腊的思想家们把公平规定为和谐与秩序，其意蕴也在于此。柏拉图理念论的核心就是公平，在他看来，公平就是各司其职，各守其序，各得其所，这是实现社会和谐的首要条件。

就公平的本体性价值意义而言，表现为规范化和秩序化的特征。它主要以人际间的协调关系为目标，重视社会的稳定与有序发展，注重社会的调控职能。在当代学者这里，往往极力在制度设计中融入公平正义的原则，如诺思就是从这个角度强调公平对于社会秩序的重要性的。他说："至为关键的是，任何一个成功的意识形态都必须克服搭便车问题，其基本目的在于促进一些群体不再按有关成本与收益的简单的、享乐主义的和个人的计算来行事。"[1] 也就是说，只有当社会成员相信这个制度是公平的时候，他们才不会采取机会主义的"搭便车"行为，才会自觉地遵守规则和秩序，即便私人的成本—收益计算要求他们去违反这些规则和秩序，他们也不会付诸行动。这样一来，维护秩序的执行费用也就会大量减少。

任何一个社会，在谋求稳定的社会秩序的过程中，都需要建立在这个社会所广泛认同的公平正义原则得到实现的基础上，只有在相对的公平得到实现的前提下，才能实现居民的安居乐业，才能维护社会秩序，并避免社会动乱的出现。在现代社会也是这样，只有在社会公平得以实现的前提下，才能够使市场竞争在安定的社会环境中进行，从而间接地促进效率和推动社会的发展。所以说，古今中外的经验都证明，没有一定的社会公平，要想持久地维持社会秩序的稳定是不可能的。进而，在

---

[1] ［美］诺思：《经济史中的结构与变迁》，59页，上海，上海三联书店，1991。

一个秩序混乱、社会动荡的国度里，是不可能促进效率的提高，更不可能保证社会得到可持续的发展。社会资源利用和财富占有的不公平、收入分配均衡机制的失灵等等，必然导致一些不利于社会安定的结果。比如，必将诱发一部分社会成员疯狂地追求个人财富，丧失社会公德和道德，致使经济犯罪率上升。与之相对应，必将加速形成贫民阶层，并诱发各种因贫穷而造成的堕落和犯罪。

在对市场经济进行道德审视的过程中，我们发现，市场本身有一种崇尚强者、漠视弱者的倾向，如果我们陶醉于物质财富的增长而无视弱者的话，那就必然会为此付出代价，即让利益过多地向高收入者倾斜。如果市场经济不能带来共同富裕并致使两极分化日趋严重的话，那么，我们的市场经济建设就会丧失群众基础。既然市场的自发调节无法改变这种畸轻畸重的代价分布状况，就应有一种公平的理性来警醒并抑制过度的物欲膨胀，防止社会走向贫富悬殊。在建立市场经济的过程中，政府对市场经济的尊重绝不意味着去拥有市场意识，绝不应受到市场的感染而变得"崇尚强者，漠视弱者"，市场竞争愈是激烈，政府愈要守住公平的底线。根据经典的意见，竞争是市场经济的动力源，也是市场健全的标准，没有竞争也就没有市场。所以，一切有利于竞争的因素都是有利于市场经济发展的，而一切不利于竞争的因素（如垄断）也都是不利于市场经济发展的。今天看来，市场自身并不像亚当·斯密所认为的那样可以生成一种自然秩序（"看不见的手"），每一项竞争行为都有着破坏公平的冲动。然而，公平又是竞争一刻也不可缺少的前提。在这种情况下，谁来护卫公平？谁来提供公平？舍政府而无其他。

社会的公平正义需要有制度化的基础。但是，公平正义作为道德范畴，其得以实现的最直接的现实力量就是政府。在任何时代、任何国家，都是直接通过政府来维护和提供社会公平正义的原则的。特别是在一个社会急剧变动和急速发展的时期，政府更是一种不可缺少的社会整合力量。在一般情况下，社会秩序是可以在政治、经济、文化等多种社会因素平衡互动中实现的，社会自身也包含着一定的自我整合力量。但是，在社会急速发展的情况下，就会出现社会各种因素发展不平衡的问题，就会呈现出从旧的平衡到新的平衡的转变过程中使社会处于暂时的失衡期的状况。在这一时期，社会自身的整合能力大为减弱。正如法国社会学家杜尔凯姆所指出：只要这种失控的社会动力没有达到新的平衡，这个时期各种价值观都无一定，规则标准也无从谈起，可能与不可能之间的界限模糊不清。人们很难区分什么是公正的,什么是不公正的;什么是合情合理的要求,什么是非分之想。由此,人们的欲望便失去了约束。①

更为重要的是,当社会出现了这种情况的时候,人们就会普遍感觉到自己处于一个极不确定的环境中,他对自己行为的预期效益以及他按照传统的观念而应当获得的利益,都失去了保障。因而,他会表现出强烈的急功近利的心态,会通过其行为的短期化来追逐短期利益的实现。在公共领域中,就表现为贪污腐败;在私人领域中,就表现为种种越轨行为;在政治领域中,就会出现把权力作为个人利益实现的工具,认为有权不用则过期作废;在经济领域中,就会产生"一切向钱看"的做法,认为金钱高于一切,其他都是为金钱服务的手段,而竞争则可以不择手段,不顾道德、法律,不计后果;在文化领域中,就会主张什么有利可图就生产什么作品,不必计较社会效果;在道德领域中,就会主张个人至上,认为人的本性是自私的,人不为己,天诛地灭;在生活领域中,就会主张享受人生,认为醉生梦死、吸毒、嫖娼、赌博是个人的生活方式,不容他人干预;在人际关系领域中,就会认为没有关系办不成事,主张广结关系网,相互利用,把请客、送礼、行贿作为有效的交换手段;等等。

这样一来,又进一步加剧了社会失序,甚至会导致社会的动荡不安。这个时候,是多么需要政府来充当社会公平正义维护者的角色。应当说,在公共利益与私人利益发生分化的现代社会中,政府应当也能够成为社会公平的最重要的维护者。或者说,政府之所以能够承担这种角色,是因为它是以社会公共利益的代表者的身份而存在的。如果不是这样,当政府成为市场经济活动的一个直接的参与者,一个积极的趋利活动者,成为一个与企业没有什么两样的利益主体,成为特殊利益主张的响应者和追随者,这个时候,社会就无所谓公平正义可言了。所以说,当一个社会普遍存在着有法不依、违法不纠、有令不行、有禁不止等现象的时候,这些现象必然是由政府中的一些原因造成的,是因为政府或政府中的行政人员带头破坏了社会公平正义的原则。

由于社会公平是获得社会和谐与稳定的重要前提,由于建立在公平原则上的公共行政能够通过制度化和规范化的途径而把人们引向秩序化

---

① 参见〔法〕杜尔凯姆:《自杀论》,212页,杭州,浙江人民出版社,1988。

状态，所以，对于当代政府来说，捍卫公平的原则并在公共行政实践中严格恪守这一原则，就是衡量政府公共性程度的一个重要标准。一般说来，在现代社会，公平正义的否定形式不再具有或很少具有法律和制度的根据，人与人之间的不平等主要是由于道德不彰而造成的。近代社会的主要成就就在于，确立了私人领域中的契约关系，政府作为公共领域的主体，作为公共权力的持有者，它的职能就在于保护私人领域中的自由契约关系，保护平等竞争和机会均等，保障经济主体积极性和创造性的发挥。但是，我们在现实中所看到的，往往是由于行政人员执行法律和在法律制度框架下活动的时候，把法律和制度的公平正义解读成了不平等。所以，正是行政人员道德价值的缺位，造成了不平等。特别是政府掌握着社会资源的配置权，行政人员有可能在资源配置的过程中制造不平等，从而使公平的问题成为一个严重的社会问题。

三、道德化的社会秩序

不可否认，强制力作为一种实施社会控制和维护社会秩序的手段，是有着存在的历史合理性的。但是，强制力的作用是有限的，无论在历史上还是在现实中，它都不能被视作最有效的手段。我们已经指出，强制力之于社会秩序的具体表现就是一种使用或威胁使用惩罚的权力去赢得秩序。任何一个社会，惩罚都只有针对那些违背了社会公认的准则的行为才是合理的。可是，违背了社会公认的行为准则的人，在任何时候，都是极其少数的社会成员。对这些社会成员及其行为的惩罚，是出于社会整体利益的需要，而且从根本上说，也是符合一个社会中的每个人的利益的。

当然，惩罚不是目的，惩罚只是为了使那些破坏社会公认的行为准则的人为自己的行为付出一定的代价，并通过这一点而对其他人象征性地表明违反准则的行为的不利后果以及遵从准则的意义，从而加强他们对社会准则的认同，以至于获得社会秩序。所以说，惩罚只有在针对社会中的极少数人的行为并在大多数人看来是正当的时候才是有效的。这就是强制力的限度，在这个限度以内的强制力可以被视为善的强制力，如果强制力超出这个限度，在社会公认的行为准则之上附加上了其他主观人为的准则，把社会中的某个（些）集团甚至某个（些）阶层作为惩罚的对象，那么，所带来的就是与实施惩罚的人的初衷相反的效果，而且惩罚本身就可能成为社会动荡的直接导火索。

所以说，一个政府在实现对社会的有效控制和赢得社会秩序的过程中，强制力并不是唯一的选项，更不是善的选择，强制力的意义仅仅在于它作为保障社会规范效力的手段时才是可以接受的。自从人类走出蒙昧社会以后，还没有任何统治者单靠强制力而能够长期维系其统治的。随着人类文明程度的提高，强制力的适用范围与效能愈来愈小，即使在今天这样一个强制力还依然是不可或缺的社会秩序保障因素的条件下，强制力也必须拥有法律制度的形式合理性才能成为有效力的力量。如果一个社会不是努力把强制力纳入法律制度的框架之中，而是让法律制度从属于强制力的行使，或者让法律制度为强制力的行使开辟道路，或者让法律制度成为欺骗性的工具，那么，这种强制力不仅属于恶的强制力，而且正在引导着社会步入发生动荡的危险境地。

我们已经说过，把强制力法律制度化，用法律制度的形式来提供社会秩序，是近代以来社会秩序供给方式文明化的标志。因为，在法律制度的框架下，强制力已经实现了根本性的转化，不再是一种任意的强制力，而是一种稳定地发挥作用的和理性化的强制力。我们知道，法律制度是以一系列规则、规范和执行程序的形式出现的，而且主要是以明文规定的形式出现的。有了这些以明文形式规定的规则、规范和执行程序，社会成员的目标追求和行为选择也就有了可以知觉的法律空间，应该做什么和不应该做什么以及行为后果怎样，都是可以自觉的和可以预测的。所以，法律制度的意义在于引导整个社会进入理性化的阶段，促使每一个社会成员根据理性的觉识来作出行为选择和对行为的后果进行理性的判断，进而使整个社会获得理性化的社会秩序。直到今天，人们都一直深信，法律制度是一个社会在混乱无序的状态中去建立秩序的主要手段。

从西方国家的实践来看，也确实证明了法律制度在建立社会秩序方面的作用是不容置疑的。但是，我们也看到另外一种情况，那就是在一些第二次世界大战以后形成的民族国家中，依靠法律制度，不仅没有从混乱无序的社会中建立起社会秩序，反而带来的是普遍的无序和失序。人们对这个问题作出过各种各样的解释，特别是对制度文化的适应性问题提出了质疑。但是，为什么在西方国家可以发挥着充分的社会秩序供给作用的制度到了后发的民族国家中就不再能够取得预期效果呢？仅仅提出文化适应性的质疑并不意味着找到了现成的答案，而是需要在文化适应性的前提下作出进一步的思考。

这样一来，我们就发现，在这些国家中，之所以无法获得预期的社会秩序目标，是由于这些国家在引进制度文明的同时把制度文明作了片面的形式化理解，法律制度本身应当包含着的那些道德原则和规范被抽空了，以至于法律制度成了这些民族国家权力执掌者手中的玩物，他们或者根据自己的意志随意地制定和修改法律，或者对法律作出违背民意的解释。在这种情况下，尽管强制力具有了法律制度的形式，实质上却不是强制力被法律制度化了，更不是强制力受到了法律制度的制约。反而，法律制度是强制力任意行使的装饰品，是附属于强制力的和为强制力装点门面的。可见，仅仅有了法律制度并不是实现社会秩序供给的充分条件。相反，对法律制度的形式化曲解，只能使执行强制力的人们变得更加虚伪，越来越丧失道德本性。在强制力执行者普遍丧失道德本性的情况下，也必然会把整个社会引向道德失落的境地。一旦一个社会失去了道德的约束，人们就会无所顾忌，无不敢为，法律制度就会变得徒有形式，犯法违纪就会成为社会中最为经常性的行为。表现在社会秩序方面，就是严重失序的先兆。

也就是说，在通过法律制度建设的途径去获得社会秩序的过程中，更需要谋求道德力量的支持。历史经验证明，法律制度文明是与市场经济的发展联系在一起的，而市场经济是全社会利益意识觉醒的表现。实际上，市场经济无非是每一个怀着逐利目的的社会成员的生活方式，在市场经济条件下，人们的逐利动机更需要得到道德因素的调节。所以，随着市场经济的发展，经济力量在社会中占据着越来越重要的地位。在这同时，道德力量不能削弱，反而应当得到加强。因为，对于健全的社会生活来说，对于稳定的社会秩序的获得而言，经济和道德是同等重要的。如果道德对于人们的逐利行为毫无制约和指导作用，那么，经济领域内的个人之间必然产生争斗，从而危害社会秩序，进而危及经济的发展。因此，出于社会秩序供给的需要，应当用一系列道德规则对人们加以约束和指导，以求获得有道德的社会秩序。如果不能够做到这一点，没有普遍化的道德规范和道德纪律在市场经济条件下发挥作用，那么，在经济发展的同时，就会导致社会的失序。所以说，道德是获得社会秩序的重要手段，道德功能的发挥，可以消弭社会危机，尤其在法律制度建设的过程中，首先应当实现道德因素对于公共权力执掌者的约束，然后才能够实现对整个社会的道德整合和获得社会秩序。

应当说，道德本来就是社会共同体生存所必需的因素，它的原初功能就在于实现社会的整合与稳定，使一定的社会共同体拥有基于共同的道德原则和规范的秩序。社会是道德产生的源泉，反过来，道德又是社会共同体存续所必需的最为和谐的支持力量。从道德的产生来看，人们在社会中必然会产生交往行为，在人们彼此的交往中能够建立起共同体生活，这种共同体生活必然会促使人们的共同体意识和情感的生成。而共同体意识和情感一经产生，就实现了对个人的超越，并对个人施加一种影响。最后，就以约束和指导社会成员行为的道德原则和道德规范而被确定了下来。道德不仅是现实的原则和规范，而且包含着一定的理想和信念。虽然道德作为社会共同体生活的产物具有针对个人的客观性，但是，这种客观性却恰恰是社会共同体成员的主观性的总和，是存在于社会共同体成员的心灵中的原则和规范。道德意志既是个人的意志又是共同体的意志，是个人意志与共同体意志的有机结合。所以，道德可以把一个共同体中的每一个单个的个体整合为一个有机的整体，使社会共同体获得稳定和谐的秩序。

在我们的历史经验与知识中，一切存在着社会秩序危机的时代都是与道德的失范同时出现的，而且，首先是由于掌握公共权力的人们破坏了共同体的道德原则和规范，败坏了社会风气，进而引发了整个社会的道德价值的丧失。从当前的情况看，社会的道德失范固然有着市场经济逐利行为对社会所形成的冲击等原因，但是，最为主要的还是行政人员的腐败引发了道德失范的普遍化。正是腐败，成了我们这个社会中一切不道德行为的直接或间接的诱因，成了直接或间接的破坏社会秩序的因素。所以，为了使我们的社会成为稳定的和有着良好秩序的社会，就需要从道德建设着手，清除一切不道德的破坏社会秩序的因素，特别是应当从清除政府中存在的行政人员腐败问题着手。只要一天腐败不受到遏制，我们的社会就会持续地积聚着不安定的因素。一旦腐败受到遏制和得到清除，我们的社会就会获得稳定的和健全的秩序。在这个过程中，我们可以使用法律制度的手段，但我们所要实现的目标，则是有道德的社会秩序。法律制度是手段，道德化的社会秩序才是目的。

第十二章
社会秩序的供给（二）

第一节　在政府的道德化中防止冲突

一、利益矛盾与社会冲突

　　在社会秩序的论述中必然包含着对社会冲突的思考。一旦我们谈论社会冲突的时候，其实就已经走出了理论畅想的界域，开始了对现实问题的审视。毋庸讳言，近些年来，我国的社会冲突有着扩大和加剧的趋势。这是一个值得注意并需要加以深入研究的问题。改革开放的最终目标是要在推动社会发展的进程中去消解社会矛盾，创造新型的和谐的社会秩序，无论是经济改革还是政治改革以及推动社会发展的各种努力，都是服务于这一目标的。近年来，我国的社会冲突无论是在规模上还是在范围的分布上，都有着愈趋激烈的趋势，如果这种情况继续发展下去的话，那么，改革开放的一切成就都可能会在社会冲突中葬送。所以，当前提出社会冲突的问题并对其加以分析研究，已经成了社会学、政治学等学科的迫切任务。如果科学研究继续回避这个问题，那将是对历史不负责任的一种表现。

　　一般说来，社会冲突主要是根源于一个社会的利益矛盾，对社会冲突的控制，在当前的条件下，需要依据法律制度来进行，需要通过法律制度建设的不断完善来防止社会冲突的加剧。具体分析我国当前存在的社会冲突，有着制度性、结构性的原因，但主要是由腐败所引起的或由腐败所诱发的。存在于政府外的社会冲突，是由腐败所诱发的，而存在于政府间的和政府与社会间的冲突，则是直接由腐败所引起的。所以，在我国，控制社会冲突的问题实际上就是一个反腐败的问题。

在当代社会，每一个政府都承担着如何在科学技术日新月异的条件下促进社会进步的职责，对于发展中国家来说，更紧迫的任务是追赶现代化的脚步。所以，如何通过稳定的社会秩序的获得而为国家和民族的发展提供一个良好的环境，是最为重要的问题。每一个国家、每一个民族都有着既有的社会秩序，如果说发达国家的政府主要致力于完善已有的社会秩序的话，那么，发展中国家则面临着变革原有的社会秩序和重建新的社会秩序的任务。这是一个社会秩序调整和变革的过程。在这个过程中，会存在着暂时的社会冲突加剧甚至社会失序的情况。但是，社会秩序调整中的社会冲突必须是存在于狭义的"社会"之中的，是社会组织或社会成员间的冲突，而不是针对政府的冲突。只有这样，才能够被理解为社会秩序调整过程中必然出现的冲突，才是政府可以接受的变革中的"阵痛"。如果社会冲突演化成社会公众或社会中的一些组织、一部分"融合集团"（萨特语）针对政府甚至针对法律制度的冲突的话，那么，肯定是政府的改革方案和公共政策的危机。或者用现代政治学、社会学的术语来说，政府存在着"合法性"危机。如果一个社会出现了集体抗法、集体违法或公众多起捣毁政府机构的事件的话，那么，这个社会的政府合法性危机已经是一个必须引起充分注意的问题了。特别是在改革的过程中，改革的进程是由政府引导的，社会由于对政府以及国家公共机构的改革寄予很大的期望，一般情况下，社会的这种期望是可以消解针对政府的不满，不会采取针对政府的冲突性行为，更不会走向对立面。所以，当这些情况出现了，探讨问题的根源和探求根本性的解决方案，就成了刻不容缓的任务，任何程度的回避和漠视，都可能导致整个社会陷入全面失序的危机状态。

在社会发展的进程中，社会冲突是一种客观的社会现象，特别是当一个社会处于转型期的时候，社会冲突往往更加不可避免。这是因为，社会结构的转型意味着从传统的社会秩序惯性中走出来和建立起一种新型的社会秩序，在这两种社会秩序更替的过程中，存在着社会冲突甚至社会失序的可能性。这个时候，如果政府不能够提供积极的引导，社会失序的可能性就会变成现实，甚至有可能会出现严重的社会动荡。当然，政府所提供的社会秩序绝不是对原有的社会秩序的固守和维持。因为，这种提供社会秩序的方法，只能是以遏制社会的发展为代价的。而且，对旧秩序的固守和维持也总是不会长久，新的社会秩序由于根源于社会发展的需要，总有一天会通过自身的发展扫除一切前进路上的障碍。

所以说，政府在社会变革和社会结构转型过程中提供社会秩序的方式应当是积极的而不是消极的，应当是主动的而不是被动的，应当是通过为新的社会秩序的建立开辟道路的方式去实现新的社会秩序替代旧的社会秩序的顺利过渡。这样一来，又引发出一个新的问题，那就是政府需要对新的社会秩序即代表着人类社会发展前景的社会秩序有着前瞻性的觉识。我们知道，只有在一个稳定的社会中，社会结构的转型才能够顺利进行，而且，这种社会结构的转型所达致的社会发展的代价才是最低的。当然，通过社会的失序甚至动乱也可能最终达到社会转型的目标。但是，这样一种所谓"硬着陆"，将会使社会发展的过程付出巨大的代价。

前述已经揭示，任何一个社会都不可能完全消除社会冲突。在社会历史的某个断面上，即在社会历史的一定时期内，人与人之间的利益总和的绝对值是一个相对确定的值，最起码，相对于人们的利益追求来说，有着一个相对稳定的差距。因而，在利益分配的问题上，一部分人占有或过多地占有某方面的利益，就意味着另一个或另一些人群不能占有或只能较少地占有这方面的利益。这样，人群之间必然要发生利益矛盾和利益斗争。矛盾和斗争的展开，必然会促使相关人群的行为发生变化。若这种变化与社会整合方向相反，并使社会秩序受到冲击，社会就会陷入失序的状态。当然，一个社会谋求一切人的利益欲求都得到满足是不可能的，但是，若求绝大部分社会成员的利益追求公平实现，却是可能的。而且，只要绝大部分社会成员的利益追求能够得到公平的实现，人们就会在利益实现程度的比较中获得满足感。进而，奠立在这种满足感下的秩序就会转化为正常合理的社会秩序。

但是，在阶级统治的社会中，由于政府是统治阶级利益的代表，因而，在政府与社会之间存在着根本性的利益矛盾和冲突。所以，一切统治都意味着冲突与稳定的交替轮回。然而，在现代社会，政府成了公共利益实现的形式，政府所代表的是公共利益，是作为公众的代言人而出现的。在这种条件下，社会矛盾和社会冲突依然会存在，但不会演化成社会与政府的对立。如果存在着这样的对立，那么，政府可能已经被社会中的某个或某些集团所控制。当然，社会冲突也有可能由于其他原因所引致，如文化、价值观念等方面的因素也可能导致冲突。社会学家科塞就认为，冲突是"有关价值、对稀有地位的要求、权力和资源的斗争，在这种斗争中，对立双方的目的是要求破坏以至伤害对方"①。但是，利益矛盾和利益冲突是差异性社会中的根本性冲突，不仅马克思主义者这样认为，而且在当代社会已经是一种理论共识。比如，经济学家布坎南就认为："当一个人被他自己的利益所驱使的行动影响他人利益的时候就出现冲突。"② 所以，阶级社会中的矛盾与冲突主要是反映在人与人之间的利益关系上的，利益成了或隐或显地诱发冲突的根源，并不断地发挥着对社会的离散功能。

二、制度因素与道德因素

对于理解社会冲突来说，利益矛盾的解释只是马克思主义的一般性的和原则性的框架，它不能取代对特定社会中社会冲突的具体分析。根据抽象的理论分析，一般把我国当前存在的社会冲突归结为：第一，用相对固定的社会规范和相关管理制度调节多变的社会利益关系，因而不可避免地要出现一些偏差。这主要是由于政治改革和行政改革相对滞后所造成的。第二，政府驾驭和调节社会利益矛盾和各种社会关系的能力有限，以至于在调节社会利益矛盾和各种社会关系的过程中时常不能达到预期效果，有时还会出现某些失误。第三，政府行政管理方式的科学化、技术化程度不够，无法适应社会发展的需要。但是，在一切引致社会冲突特别是政府与社会之间的冲突的原因中，政府行政人员的滥用权力和腐败是最具危害性的因素。

因为，滥用权力总是表现为对私人领域中各项权利的直接侵害，而腐败则更加直接地造成资源配置和利益分配的不合理性。虽然腐败是表现在个人身上的，却是存在于政府中的，是发生在政府担负公共职责过程中的。只要存在着腐败，就会严重影响政府对社会责任和义务的承担，就会破坏政府维护社会公正和提供社会秩序的功能，就会有损于政府形象并使公众丧失对政府的信任。总之，滥用权力以及腐败在普遍的意义上破坏了公平和正义的原则，造成私人领域对公共领域普遍的不满和敌意，造成政治心理的混乱和无序。这样一来，在社会成员的个人那里，是通过违法犯罪来发泄不满情绪的；在利益集团那里，则是通过理智的方式诱导寻租活动的。进一步的结果，就是普遍的社会冲突以及社会与

---

① [美] 科塞：《社会冲突的功能》，"序言"，北京，华夏出版社，1989。
② [美] 布坎南：《自由、市场与国家——20 世纪 80 年代的政治经济学》，49 页，北京，北京经济学院出版社，1988。

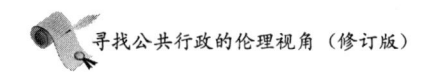

政府之间的冲突。

　　学理化的分析可以把社会冲突分为两类：一种是结构性的社会冲突；另一种是行为性的社会冲突。或者说，是由于结构方面的原因和行为方面的原因造成了社会冲突。还有一种对社会冲突的分类虽然与此提法不同，但内容是基本一致的，那就是说，存在着两种社会冲突的诱发因素，即制度因素和道德因素。所谓结构性的社会冲突是指，这种社会冲突是因为法律制度的不完善而引发的；所谓行为性的社会冲突则是指，社会冲突是由社会成员价值观念的混乱以及民意不张等原因引发的，特别是公共权力执掌者的道德缺失，往往造成了政府与社会的冲突。根据这样的分类来认识我国当前的社会冲突，应当把我国当前所存在的社会冲突放在哪一个类别中呢？应当说，两个方面的原因都是存在的。但是，哪一个方面的原因更为主要呢？这就需要通过分析才能看得清楚。

　　一般说来，对于一个致力于法律制度建设的国家来说，它的法律制度虽然远不完善，但法律制度建设每天都在进步之中。所以，它存在着结构性的缺陷，却不具有结构性的危机，更不存在导致社会冲突的结构性根源。这样一来，如果这些国家的现实表现出社会冲突频繁发生的情况，就应当断定是由于行为方面的原因引发的。而这种行为方面的原因主要就是利益分配的不公正、价值观念的混乱、民意不张甚至受到压制等等。在所有这些因素之中，最为主要的是民意不张。特别是当政府自身存在着腐败等因素的时候，它就会自觉或不自觉地压制民意。因为，政府的腐败往往是民意最大的指向，政府的本能反应就是把这种民意指向理解成对政府的挑战。所以，总是首先选择压制民意的方式。这样一来，如前文指出，民意因积聚而成为民怨，民怨如果得不到及时的发泄，就会演化成社会冲突，特别是演化成针对政府的冲突。

　　从我国的情况看，在分析社会冲突的原因时，我们发现，虽然存在着政治改革和行政改革相对滞后的原因，但这绝不是社会冲突的主要原因。因为，毕竟我们经历了几十年的改革开放，在这个过程中，改革使我国的民主和法制建设取得了很大的进步，而开放则使我们在政治运行和行政管理方面不断地汲取和采纳先进的方法和技术，特别是经济的发展，使全体社会成员的生活水平都得到了不同程度的提高。总体上说，改革开放是中国历史上政治发展、行政体制合理化以及社会管理科学化最有成就的时期。根据这种判断，是不应当存在着制度等结构性因素所导致的社会冲突的。也就是说，改革开放已经和正在不断地消除导致社会冲突的制度因素。在这种条件下，社会冲突仍然发生而且有不断扩大的趋势，也就不能不归结为人的行为方面的原因了，即由于人的道德方面的原因而造成的冲突，特别是由于行政人员的道德缺位而造成的冲突。具体地说，就是腐败成了一切社会冲突的总根源。

由于腐败，造成了社会利益分配的不公平，造成了贫富差距的扩大；由于腐败，加重了社会的负担，并使一部分人处于生存危机的状态；由于腐败，使法律制度扭曲变形而失去权威性；由于腐败，破坏了政府与社会公众之间的信任关系，使公众把发生在个人身上的腐败误读为政府的腐败；由于腐败，把整个社会引入情绪化的非理性的境地……而腐败本身，在我国恰恰是一个道德问题。有人认为，腐败是由于权力制约机制不健全而造成的，是制度性的腐败，可是，当前的权力制约机制建设与若干年前相比，应当如何评价呢？毫无疑问，当前的权力制约机制与若干年前相比要健全得多了，但是，为什么腐败却愈演愈烈呢？所以，我们认为这是一个道德问题。在这里，所要区分的只不过是腐败的前提是道德问题和腐败的治理需要通过法制途径这两个不同的问题而已。

一个时期以来，我们陷入片面的经济决定论，以为经济发展了，一切问题也就迎刃而解了。其实，经济的发展并不必然会带来社会的稳定与和谐，社会秩序的稳定发展必然需要有相应的道德价值作指导。一个社会如果以丧失道德价值为代价而获得经济的发展，那么，一切社会问题都会随着这种发展而迅速发展起来，而任何一个社会问题又都可能成为导致大规模、大范围社会冲突的导火索。经济的发展一旦失去了道德价值的协同发展，就必然会导致整个社会的失序。

经济的发展需要有一个把社会整体利益视为高于一切的自在的实体，需要通过这样一个实体去把社会利益的重要性放在首位，需要这样一个实体去证明一切指向社会利益的行为都是包含着至上意义的道德价值。这个实体就是政府，是依据一定的结构组织起来的行政人员所构成的政府。反思现实，我们看到，改革开放以来，在我国经济迅速发展的过程中，我们所缺失的恰恰是这样一个信奉公共利益和社会整体利益至上性的实体。因而，经济发展起来了，社会冲突也加剧了。所以说，当前我国存在的一切社会冲突，都是由那些手中掌握公共权力却运用这一权力谋取私利的人造成的。

三、社会冲突的控制

既然存在着社会冲突，就需要思考社会冲突的控制问题。在传统社会中，社会冲突的控制和社会秩序的获得，是通过凌驾于整个社会之上的统治力量提供的。我们把传统社会中的政府称为统治型政府，就是要指出这种类型的政府总是通过强力压制的手段去制止社会冲突和获得社会秩序。在这里，社会秩序的获得虽然是首先符合统治阶级的要求的，但是，我们也应看到，稳定的社会秩序并不专属于统治阶级，而是对每一个人都有益。在传统社会中，社会秩序当然是作为统治秩序而存在的，但一定的社会秩序总是一个社会的普遍利益，在合乎统治阶级利益的同时，也合乎被统治阶级的利益。所以，社会秩序是共同体存在的基础。

既然秩序的要求来源于社会的普遍利益和普遍要求，那么，为什么社会冲突总是频繁地发生呢？为什么总会有破坏和危及社会秩序的因素存在呢？这是因为，统治型政府所维护和建立的社会秩序是一种不平等的秩序，是一种试图把不平等制度化的做法。制度化的不平等无疑是违背人的本性的，为了使这种违背人的本性的不平等得到制度化的延伸和延续，就必然会经由政府而采取强制性的压制。从理论上说，压制本身就意味着冲突。但在现实表现上，压制往往只是潜在的冲突。只要现存的社会制度对被统治者的压制不是到了不能容忍的程度，冲突一般不会发生。因为，在统治者经由政府而制定出的一系列制度性规范使社会不平等实现了"合法化"的时候，作为被统治者的其他社会成员实际上已经在心理上接受了不平等的事实。但是，统治型政府往往并不满足于既有的不平等程度，一切统治都总是想通过扩大不平等来进一步适应统治者的要求。这样一来，统治型政府对被统治者的压制就会不断地加码，以至于其压制超过了被统治者的容忍度，冲突因而发生了，社会进入了一种冲突普遍化的状态。

当然，政府所掌握的权力是一种强制性的力量，政府在控制社会冲突的时候行使权力也就是对这种强制性力量的运用。而且，这种强制力是在一种不顾及对象是否情愿的情况下强迫对方服从一定意志的力量。强制力作为人为施加的阻碍或强迫的力量，它的作用方式就是一方强迫另一方服从自己的意志，在实质上，是违背对方意愿的行为。从其表现形式上看，强制力不是精神力量，而是一种物质力量，强制力是"运用或威胁要运用处以体罚、残害肢体或处以死刑等身体制裁；以限制活动的方式使人遭受挫折；或依靠武力控制食物、性、舒适等等需求的满足"[①] 等种种物理手

---

① [英]罗德里克·马丁：《权力社会学》，92 页，北京，三联书店，1992。

段，而不是通过说服、教育或诱导所形成的内在观念去获得服从。

强制力的基本内容是暴力，或者说，暴力是强制产生效力的基本力量。在终极的意义上讲，暴力之所以成为处理人类事务中最有威慑作用的力量，不在于暴力本身，而在于人对生命的珍重。"生命具有某种内在的基于对作为个人的人格的尊重这个基础之上的价值。"① 因为生命对人来说只有一次，生命的存在是维护其他所有利益的前提条件，所以，生命的存在是首要的价值。人们热爱生命这一事实使暴力具有了特殊意义，即对人产生一种威慑和约束效力。"一般的人都自然地认为，人类一切活动的本来目的便是生存；这是基于大多数人在大部分时间里都希望继续生存这个不言而喻的事实……不仅仅是因为绝大多数的人即使遭受可怕的痛苦也都希望活下去，而且，这也反映在人类的整个思维、语言结构之中……"②

人们对不服从的结果的恐惧和担心使服从成为可能。正是在此意义上，强制力所导致的服从是一种被迫的服从，反过来说，一切自愿的服从都是不需要强制的。被迫的服从不可能来自于道义上的尊重，只能是来自于对强力的畏惧。强制之所以能够产生服从，不是建立在以理服人的基础上的，而是建立在交往双方之间力量对比的悬殊关系上的。但是，在社会冲突普遍化的情况下，往往会出现所谓"民不畏死"的状况，这个时候，政府所拥有的强制性力量就会失去效力，这个时候，极有可能成为改朝换代的转折点。

近代社会的政治文明在于，用形式化的法律制度取代了传统的强制力。所以，近代社会是人类历史上对法律制度无上崇拜的时期。在各种各样的合理性设计中，都试图把一切社会问题的解决纳入法律制度的框架中。制度学派认为，制度是一个社会的游戏规则，它包括人类用来决定人们相互关系的任何形式的制约，并且通过向人们提供一个日常生活的结构来减少不确定性。或者说，制度是为了人类发生相互关系所提供的框架，并能以此确定和限制人们的选择集合。总之，制度作为一系列规范的系统化形式，对于调整社会秩序、协调社会冲突、减少不确定性而言，都是大有可为的。基于这种认识，社会冲突也是可以被纳入法律制度的框架之中的，甚至在一些国家或一些特定的时期，政府是鼓励法

---

① ［美］斯坦、香德：《西方社会的法律价值》，210 页，北京，中国人民公安大学出版社，1990。

② 同上书，199 页。

律制度框架中的社会冲突的发生和存在的。因为，有些理论认为，适当规模的社会冲突是社会张力中的泄气阀，这种冲突的存在本身对于社会的稳定是有利的。这是一种通过社会冲突来制止社会冲突并实现一个社会总体上稳定的措施。但是，如果我们不是抽象地谈论这个问题，而是具体地对社会冲突加以分析的话，对法律制度在社会控制中的作用的评价，就会是另一种情况。

广义的社会冲突大致存在于这样几种关系中，即纵向的和横向的政府间冲突、政府内部不同机构之间及行政人员之间的冲突、政府与社会的冲突以及政府外的社会冲突等。对于政府外的社会冲突来说，当然需要通过制度化的途径来加以控制，政府也只有通过制度化的途径来控制冲突才能够保证自己以一个整体的形式出现，否则，就会为行政人员控制冲突的个性化留下空间。这样一来，行政人员的个人素质、道德状况就不会影响到控制冲突的效果。但是，这仅仅是在工业社会低度复杂性和低度不确定性的条件下才显现出来的法律制度功能，才使行政人员的素质和道德状况显得不是那么重要。现在，人类已经进入一个高度复杂性和高度不确定性的状态，整个社会都弥漫着个性化的要求，社会冲突的个性化色彩也日益浓厚。在这种情况下，法律制度的功能显现出日益弱化的趋势，而行政人员在控制社会冲突的过程中也显现出自由裁量行为迅速增长的趋势。从而对行政人员的个人素质和道德状况提出了很高的要求。如果行政人员的个人素质和道德状况不合乎控制冲突的要求，不仅起不到控制冲突的作用，反而会使冲突进一步激化，甚至有可能把原本单纯的社会冲突即政府外冲突引向政府与社会的冲突。

至于对政府间的、政府内部的以及政府与社会的各类冲突的控制，任何时候，都对行政人员的道德状况提出很高的要求。在某种意义上，存在于政府内部的行政冲突，基本上都是由于行政人员的道德缺失所引发的，只有对这些冲突进行道德价值审视，才能找到控制这类冲突的措施。特别是政府与社会的冲突，基本上是由于政府行为方面的因素即行政人员的道德因素所引发的。在今天这样一个法制条件下，政府与社会之间的冲突由制度的原因引发的情况是不可能出现的，如果政府与社会之间出现了冲突的问题，那肯定是由于行政人员的行为不当所造成的，是由于行政人员的道德缺失而曲解了法律。我们经常看到一些群体抗法行为的出现，对于这些行为，如果孤立地看，也许会认为行为主体是一群"刁民"。其实，我们可以断然指出，每一起群体抗法行为的出现，肯定都是由行政人员的不当行为所引发的。

虽然传统的集权时代已经成为历史,但是,政府作为权力的执掌者和行使者,它拥有强制力的地位并没有改变,而且,这种强制力是由行政人员来执行的。政府与社会之间的矛盾如果不是已经到了社会无法容忍的地步,那么,就不会发生政府与社会之间的公开冲突。特别是在法制建设已经取得了积极成就的情况下,一般说来,法律的制定是不可能挑起政府与社会冲突的,只要政府与社会之间出现了冲突,都是行政人员用自己不道德的行为挑起的。不用说行政人员执法不严、选择性执法、有法不依等会引发社会冲突,单就行政人员的腐败而言,就会成为引发冲突的根源。总之,在法律制度已经确立的条件下,如果产生了政府与社会间的冲突问题,那就必然是由行政人员的不道德行为所引发的。

四、防止社会冲突的路径

一谈到社会控制,人们首先就会想到集权关系的确立。应当说这是不错的。但是,如果仅仅看到集权关系,还只是看到了现象的一面。集权在任何意义上都只是一种形式,关键的问题并不是集权还是分权的问题,而是集权与分权应当属于什么性质的问题。分权的体系如果没有道德价值因素的介入,如果不以道德为其基本内容,或者说,如果不以道德价值的因素作为它的基本性质的话,也会造成官僚主义和腐败,甚至会演化为"诸侯"。同样,集权的体系如果缺少同样的因素,就会导致专制。所以,无论是集权还是分权的政治权力形式和政府权力关系,都需要以道德价值的因素作为它的基本内容和根本性质。

在这个问题上,人们也许会问,封建社会的集权不是以道德教条为其基本内容和根本性质的吗?我们同意这种说法,但是,在今天的政治语境下能够对集权性质加以规定的道德价值却是不同的。封建社会的道德价值是封建等级秩序的伦理表述,而在公共领域与私人领域分化之后,一切道德价值都是从属于公平、正义的原则的。以发展最为充分的中国封建伦理为例,它是以一种"纲常"规范而存在的,是一种等级制的伦理,恰恰是与公平、正义的原则相对立的伦理形态。即便如此,我们也可以断定,同在封建制度之下,包含着伦理精神的治理行为与不包含伦理精神的治理行为在控制社会冲突方面的表现是完全不同的。谁也不会否认,在中国漫长的封建社会,如果没有健全的伦理道德体系的话,那么,由封建官僚的腐败所引发的社会冲突将是难以想象的,更不会有所

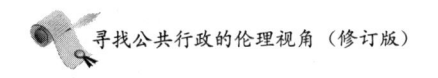

谓"盛世太平"景象了。

所以，在抽象的意义上，传统的伦理化社会秩序是包含着可以借鉴的合理性形式的。那就是，在这种社会秩序中，包含着高度社会化的共同体价值取向，包含着共同的社会政治理想。换言之，中国农业社会是在强调社会、传统、群体关系等非个人因素的基础性地位的条件下建立起社会秩序的，同时，它努力把社会秩序的获得与官僚个体的完美德性联系在一起。虽然这是反映在思想文化之中的理想，与中国历史上的实际情况并不一致，但是，在人们津津乐道的一些所谓"盛世"之中，我们是明显可以看到谋求伦理道德因素支持集权的行动的。

近代社会的法律制度化无疑是社会进步的标志。但是，它却包含着这样一个趋势，那就是在法律制度设置中过于注重形式的方面，这也就是韦伯所称的形式合理性。这种形式合理性的取向越是向前迈进，就越是放弃了伦理精神。所以，即使是作为现代公共行政科学模式的设计者的韦伯，也意识到仅仅走这样一条道路是不合适的。韦伯认为，公共行政的科学体制应是建立在资本主义精神之上的，如果不重视它的这一精神基础，那么，这种行政体制就会失去自己的灵魂。在实践上，近代西方对资本主义精神的张扬却着重表现在私人领域，而在公共领域中，恰恰忽视了这一精神。虽然在公共领域中有着絮絮叨叨的民主、人权等不绝于耳的声音，但在谈论这些问题时，更多地具有意识形态的色彩，而不是被作为伦理精神去加以奉行的。特别是在公共行政中，我们看到的主要是一种科学化、技术化的追求。

第二次世界大战以后，一些后发展国家在致力于行政和政治现代化的过程中，都自觉或不自觉地选取西方国家法律制度的形式合理性，在政府体系中抽空了道德价值的因素。所以，在这些国家的政府中，普遍存在着日益严重的腐败问题。也正是这种腐败问题，造成了这些国家的社会冲突。中国也不例外，虽然中国在致力于法制化的过程中对于此一问题有着清醒的认识和一定的心理准备，但是，在实践的进程中，却没有把已有的认识充分落到实处，没有把心理防线筑成坚固的堤墙。以至于在近些年来，原有的道德觉识和心理防线一溃千里，使腐败形成蔓延之势，并已成为政府间、政府与社会间各种各样社会冲突的根源。

毫无疑问，我们需要通过进一步的法律制度建设为社会秩序提供保障，需要通过改革去消除那些由于制度缺乏而产生的冲突。然而，当前我国社会秩序建构的主要努力应当放在控制腐败引致的社会冲突上。然而，消除腐败的根本出路也就在于政府的道德化。亚里士多德认为，人是天生的政治动物；"城邦以正义为原则"，"正义恰是树立社会秩序的基础"①。亚里士多德的这些论述是在广义的政府概念下谈论政治与道德的关系的，因而，有着政治哲学上的普遍意义。无疑，一个国家是人们生活在一起以求实现可能达致美好生活的共同体，这个共同体的生活是多样的，有物质的生活也有精神的生活，而生活的所有方面，又都从属于整个共同体道德的提升，并追求最高形式的善。只有这样，才能称得上是共同体的生活。否则，就无异于"原始丛林"的生活。正是基于这种认识，亚里士多德要求政体与道德的同构，认为家庭以及城邦的结合是合乎正义这类"义理"的结合，与城邦生活方式相同的善恶标准也适用于政体。

经历了两千多年，亚里士多德的这些看法直到今天都仍然是有价值的哲思。剩下的问题是，政治与道德的同构需要通过什么途径来实现？显然，只有政府才具有促进政治与道德同构的能力，而且，政府的存在也恰恰应当是以此为目的的。如果政府不能主动地推动政治与道德的同构，那么，共同体赖以存在的善就会远离这个社会，进而，这个社会就会陷入普遍的社会冲突之中，而冲突的最终结果就是，所有社会冲突都指向政府。政府首先是作为一个共同体中善的护卫者而存在的，然而，要能够担负起这个角色，它自己就必须首先是善的代表。如果一个社会存在着普遍的道德价值因素缺失的问题，那么，首先是由于政府中掌握权力的人们完全丧失了道德价值。所以，在我们面对日益扩展的社会冲突之时，只有选择政府道德化这条途径，才是一条可靠的出路。

第二节　政府社会秩序供给的路径

一、社会秩序的供给途径

我们已经看到，政府的社会秩序供给大致有这样几条途径：一条是通过强制性的高压手段来获得社会秩序，这表现为一种强权政治；第二条途径是通过建立稳定的规范、合理的政治经济制度，建立起金字塔式的权力等级结构和组织体系并凸显出法制精神；第三条道路则是通过伦

---

① [古希腊]亚里士多德：《政治学》，7、9页，北京，商务印书馆，1981。

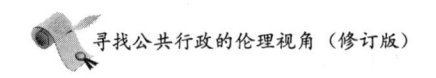

理精神的张扬来获得社会秩序。

强制性的社会秩序是以专制和集权为基础的。但是,这种专制和集权所创造的社会秩序是一种虚假的秩序,因为它并不是建立在人们甘心情愿地接受约束而获得的秩序。所以,在这种秩序中,"平静和谐就只是假象,紊乱和不满就会在暗中滋长。表面上被控制住的物欲随时可能迸发出来"①。所以,在历史上,我们看到这种通过强制性的高压手段去获得社会秩序的方式,往往带来的只是暂时性的秩序,是不长久的。这说明,只要一个社会无法走出专制与集权的政府形态,所获得的社会秩序也就只能是暂时的。

近年来,关于政治文化等问题的研究,对于社会秩序的理解和建构有着一定的积极意义,可以说,这项研究使人们走出了社会秩序政治学和社会学理解上的"线性决定论",至少,在理论上取得了这样一些进展,那就是形成了从文化的和"民意"的角度去发现社会秩序的基础的认识。根据这一新的理解,专制的和集权的政府之所以不能提供较为长久的秩序,那是由于这种政府总是根据自己的意志来安排社会的运行,无视那些来自于社会底层的民意要求。应当说,任何一个时代都会有自己特定的社会问题,这些社会问题对社会秩序的良性运转有着或大或小的危害,解决这些社会问题的要求和愿望总是首先在民众之中产生,这就是所谓"民意"。如果这些民意得不到政府正确的解读,就会发生转化,转而成为对政府的不满、对社会现状的抱怨等情绪。在这种情况下,政府可以作出两种选择:一是采取压制民意、民怨的方式,这可以获得暂时的和形式化的安定秩序,但受到压制的民意和民怨并不会消失,反而会在压制的过程中进一步地积聚和成长,并总有一天会爆发,进而造成社会秩序的彻底崩溃。第二种途径是政府选择了做民意代表者的角色,去随时随地发现民意的流向,并把这种民意转化成解决社会问题的动力。这样一来,社会秩序可能会在日常表现中不尽如人意,但是,这实际上是找到了一条化解严重的社会失序为每一个小的社会失序的途径。专制和集权的政府基本上都选择了前一条道路。

近代以来,人们崇尚的是建基于法律制度之上的秩序。建立这种社会秩序的基本原则是由启蒙思想家们提供的,经过几百年的精心设计和修缮,已经形成了一整套操作性极强的机制。特别是经过马克斯·韦伯

---

① [法]杜尔凯姆:《自杀论》,210页,杭州,浙江人民出版社,1988。

的官僚制理论，使政府在社会秩序供给方面有了科学化、技术化的固定程式。事实也证明，官僚制在实践中表现出了较强的秩序保障能力。这要归因于它是一个比较严密的技术性体系，能够实现常规性的社会控制。20世纪的实践证明，在官僚制发展得比较完善的国家或地区，一般说来，不会出现剧烈的社会动荡。当然，也会出现个人或小型的越轨行为，但它对于正常的社会秩序而言，了无大碍。正是由于这个原因，官僚制受到了普遍的接受，几乎所有的后发展现代化国家也都选择了对官僚制模式的复制。

但是，现代官僚制得以产生的社会是一个政治化了的社会，整个社会都是由来自上层的意志所调节和控制的。随着官僚制的充分发展，古典的自然秩序越来越失去了存在的合理性，代之而来的是建立在形式合理性基础上的现代官僚制秩序。虽然官僚制条件下的经济形式依然是市场经济，但这个时期的市场经济已经失去古典市场经济的自由性质，而是在政府的干预下运行的。所以，这种市场经济所提供的自主的经济秩序能力越来越弱，整个社会的秩序基本上是由政府加以提供的。

70年代以来，官僚制受到了普遍的批评，特别是人们在哲学层面上对它的工具理性、形式合理性及其缺陷所作出的反省，判定了它基于形式合理性的秩序由于压制了人的主体性而沦为一种虚假的秩序。正如马尔库塞所指出的那样，由于科学技术的工具理性化，使人的主体性丧失了。所谓秩序，无非是指人与人之间关系的结构形式，在人的主体性丧失了的条件下，秩序也就成了人的本质的异化。所以，它只是一种虚假的秩序。一种虚假的秩序无论具有多么稳定的表象，也是不可靠的，或者说，这种虚假的秩序越是稳定，对人性的摧残就越是残酷。因此，基于法律制度的原则和经由官僚而构建起来的形式化的社会秩序并不是可以在人类走上更高文明形态时还需要加以保持的社会秩序。真正属于人的社会秩序的建立，必须是对这种虚假秩序的扬弃，是一种对人进行了价值改造而建构起来的秩序，是一种使人能够在伦理体系中准确地找到自己位置的秩序。

所以，20世纪后期以来，人们把关注的焦点放置到了关于社会秩序供给的伦理学论证上来。这也正是哈贝马斯、罗尔斯以及与罗尔斯展开争论的诺齐克、麦金太尔等人的学说引起广泛关注的原因。一个时代的学术思潮总是反映着这个时代中人们的精神向往，在我们这个时代，人们经历过对传统型的基于专制和集权的社会秩序供给方式的痛斥之后，在对基于法律和制度的社会秩序感到失望之后,开始了社会秩序道德化供给的畅想。因为,包含着道德内容的社会秩序不同于集权秩序,也不同于官僚制的目的合理性秩序,它是一种通过人的行为系统的内在节制而创造的秩序,是一种不断处在行进中的、从现有到应有的更高指向的秩序,是一种根源于人的内在要求的秩序。这样一来,政府所提供的秩序就不再表现为一种需要强制性维护的秩序,而是表现在整个社会的成员视听言行上的道德品性和政治意向的自觉。集权条件下和官僚制条件下的那种秩序是一种因为对权力威吓和法律惩罚的恐惧而不得不服从的秩序,在新的秩序建构中,将完全转变成为全体社会成员的秩序高于一切的信念。

当然,政府行为必须建立在法律规范的基础之上,这也就是依法行政。或者说,政府行为如果不是任意的,政府行为如果是稳定的和制度化的,就需要时时置自己于法律制度的基础之上。对于政府来说,法律的功能就在于为不受限制的权力的行使设置障碍,防止残酷的和随意性的权力结构产生。但是,单纯地追求依法行政并不能真正实现完全的法治,也不可能真正实现合乎人类本性的社会秩序供给。稳定健全的社会秩序来源于政治、法律、经济、道德等所构成的有机性的和总体性的调控体系。当代人们追求的社会秩序供给的道德化,并不意味着对法律制度功能的排斥,而是一种在道德能够独立发挥调控功能的条件下去谋求与其他调控手段相结合的秩序供给路径。但是,在一个崇尚法律制度已经到了极端化程度的社会中,突出强调道德的功能是不为过的。因为,谁也不会怀疑,没有道德调控的秩序都是形式化的秩序,是缺乏精神支持和文化支持的秩序。

从历史的纵向视角看,政府社会秩序供给的上述三个途径不仅代表了人类历史的三个阶段,而且也意味着三种境界。专制集权的秩序供给所获得的是封闭的和僵化了的秩序,在这种秩序中,社会的活力受到压制,社会的发展趋于停滞。法律制度化的社会秩序供给所获得的是一种形式化的秩序,这种形式化的秩序由于具有科学化和技术化的可操作性,由于有着社会矛盾和冲突的程序化的解决机制,由于有着社会压力的舒缓机制和社会动荡的减压防震机制,因而,成了人们较为推崇的社会秩序供给途径。但是,法律制度化的社会秩序供给由于过于注重形式化而大大降低了政府及其行政人员在社会秩序供给中的作用,仅仅把政府及其行政人员视作一种程式化的工具。在这种程式化的背后,政府及其行政人员在具体地应用权力的过程中，除了按照制度的要求而执行权力的职能外，也在权力的应用过程中表现出了严重的官僚主义，甚至对法律制度阳奉阴违，用权力谋取个人私利。这样一来，权力的滥用和腐败又反过来成为破坏社会秩序的因素。所以，政府社会秩序供给的理想形式是实现道德化的供给。

二、政府道德化与社会秩序

只要社会以及社会的任何一个部分中存在着秩序要求，就必然需要政府的介入。但是，如上所述，政府通过什么手段和选择什么方式来提供社会秩序，却代表了人类社会文明的不同阶段。如果说古代社会中的政府是通过专制集权加伦理道德的方式来进行社会秩序供给的话，那么，近代社会则走上了一条片面法制化的道路。在法律制度的发展达到一定程度时，它在提供社会秩序方面所暴露出的缺陷也越来越明显。所以，在今天，当人们经历过立法的疯狂期之后，突然发现，法律并没有真正地得到执行，即使在那些被人们视为法律制度很健全的国家里，在法律制度背后，所看到的也是宗教信仰或近代的政治信念在起作用。结果，人们开始对形式化的法律制度产生了怀疑，要求政府走出官僚制，要求建立全新的政府理念。这也就是一场全球范围内的行政改革运动得以发生的真谛。无论人们关于行政改革方向的探索会有什么样的结果，要求政府道德化却是一个不易的趋势。政府道德化是反映了时代精神的社会期冀，其中也包含着政府社会秩序供给中的道德意蕴。

单就政府的社会秩序供给而言，法律与道德都是服务于政府的社会秩序供给这一目标的。当然，如上所述，在服务于社会秩序方面，法律由于主要表现为形式的合理性而具有强制性的特征，道德由于主要具有实质的合理性而具有非强制性的特征。但是，法律与道德如果不是有机地结合在一起的话，它们都很难真正成为社会秩序的充分保障。只有当法律与道德有机地结合在一起的时候，才能成为社会秩序的坚实保证。这种结合是以道德对法律的补充和法律对道德的支持为前提的。法律通过对人的行为的规范而对道德发生影响，通过肯定符合社会公德或社会秩序要求的道德行为而重塑道德观念体系，然而，道德是在法制的框架下去实现对法律的进一步超越的，对合乎法律的或法律所容许的行为进行进一步的道德审视。这样一来，有些合乎法律的或法律所容许的行为可能就会表现为不合乎道德，这种不合乎道德的行为尽管还不会对社会

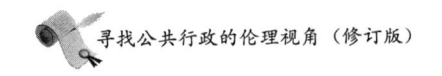

秩序形成挑战，却是破坏社会秩序的潜在因素。所以，道德对于社会秩序来说，是最为敏感的护卫者。

在法制社会中，法律对于社会秩序的保障所发挥的是基础性的作用，它对于社会成员的各种行为（包括不道德行为）起到了严肃的约束作用，是现代社会治理必不可少的手段。但是，法律能够发挥作用主要是在不法行为构成犯罪事实之后。我们知道，政府社会管理的目的是为了谋求社会的安定和人们的和谐生活，如果政府的社会管理是通过对犯罪行为的惩罚而去谋求秩序的话，实际上就是在社会的安定和和谐受到挑战与破坏的时候才去证明其功能。因此，依法治理中是包含着某种缺憾的。更何况，大量的不道德行为并不构成犯罪，法律虽然能够对其发挥威慑作用，却不能直接予以制裁。所以，法律所提供的秩序只是抽象意义上的基本秩序，而不是健全和完善的秩序。由于这个原因，人们总是希冀法律与道德的统合，希望去探求法律与道德共同发挥社会秩序供给作用的有机途径。

其实，关于法律与道德统合的一切抽象论证都是没有什么意义的，关键是要发现在现实的作用方式中由谁来实现这种统合。事实上，在现代社会，法律与道德协同作用的机制只能由政府来建立，也只有在政府自身拥有了这种机制的情况下，才能使法律与道德的协同作用成为现实。但是，政府作为法律与道德统合的承担者并不是通过行政执法的途径就能够实现这一统合目标的，而是需要通过一种战略性方向的确立去朝着这个目标努力，即通过对社会发展目标的确立，通过对某些社会价值的倡导，特别是通过政府自身行为的道德化，去实现对整个社会的影响，并综合性地获得法律与道德统合的效果。政府可以制定旨在促进国民道德提升的法律、条例、政策以及具体的实施方案，也可以通过强制性的方式迫使国民拥有道德，但是，那样做只是一种统治行为的回光返照，绝不可能在当代社会发挥积极作用。所以说，对于法律和道德的统合而言，政府的功能主要表现在引导方面，而不是表现在强制性的执行上。当然，在一定时期，政府通过强制性的执行也可以实现表面上的法律与道德的统合，但那种统合仅仅是一种假象。所以，惩罚与奖励等手段至多只是一种不得已而用的手段。

人们往往怀疑基于道德的社会秩序的可能性，这其实是对道德的误解所致，即把道德看作是一种自然生成的社会规范，把道德基础上的社会秩序看作是自然秩序。当然，与法律制度的强力相比，道德力量显得较为软弱,如果有人怀疑道德是一种充分性的社会整合力量,是有道理的。但是,我们相信,社会自身具有整合能力,能够在一定程度上对社会的良性运转提供支持。不过,也应看到,社会自身的整合能力所依据的规范力量并不是一种可靠的力量,因为这些社会规范还需要得到一定权威力量的支持、倡导和引导。在人类社会还没有实现自觉的时候,社会规范的自发过程是需要在一个相当长的历史时期中才能完成的。现在,人类已经进入到了一个普遍自觉的阶段,它的发展速度已经不容许人们有更多的时间去等待社会规范的自然形成,而且,社会规范成长上的任何一种滞后情况的出现,都会演变为社会秩序保障力量的削弱。在这种情况下,希望由社会自身的整合力量完成社会秩序的供给的想法,显然是不切合实际的。所以,在现代社会,主动地谋求社会规范的建立,并通过社会规范的建立去获得社会秩序,是一条具有现实性的途径。谁能够做到这一点呢?当然是政府,只有政府能够承担起这项责任。

我们已经指出,在国家结构和意识形态得到广泛认同的情况下,社会冲突往往是来自于道德的冲突,特别是社会公众与政府的冲突主要是由于行政人员的道德缺失而引发的。当然,人们可能会强调利益集团之间的利益冲突,并用以证明其非道德冲突的性质。事实上,在现代社会,利益冲突并不是基本的冲突,因为利益集团之间的所谓利益冲突都是可以在制度和法律的框架下找到直接的解决方案的,是相对比较简单的冲突。之所以利益冲突变得复杂化了,那是因为,这些冲突是在千方百计钻法律制度空子的利益经营策略中产生的,所以,利益集团之间的利益冲突也是可以归结为道德缺失而引发的。只有道德原因引发的冲突才是比较复杂的和不易觉察的,并会引致整个社会对政府的不满。也就是说,作为抽象权力关系的制度结构和法律规范一经确立之后,政府的运行,行政人员的行政行为方式也就有了制度化的基础。但是,仅仅有了这些依据还不够,因为政府的运行,特别是行政行为的发生,更多地属于具体权力行使的问题,政府运行的状况、行政行为的目标指向以及政府根本性质的保障,都需要通过价值因素来为其作出更为准确的定位。所以,在21世纪的政治生活中,政府的社会秩序供给,需要更多地依赖于对以往由于法律制度和政府运行程序建设中所丧失的道德价值的恢复和重建。

政府提供社会秩序的基本职能定位必然会要求政府自身首先是有秩序的,但是,绝不能推定政府自身有秩序就会成为社会秩序的保证。因为,政府自身的秩序对社会秩序的供给来说只有着有限的积极意义。也就是说，政府自身的有序性并不必然意味着社会秩序的良性化。这是因为，政府自身的秩序可以有不同的性质，政府可以根据合理性的法律制度建设来获得自身的秩序；也可能是通过政府结构的中心—边缘模式的强化而获得自身的秩序；还可能是由于政府自身的完全腐败而获得一种恶的利益结盟关系，并在这种利益结盟关系的基础上形成相对稳定的秩序。如果政府自身的秩序是建立在利益结盟的基础上的话，它不仅不能担负起提供社会秩序的职能，反而会成为社会秩序的最大的破坏力量。

在逻辑的意义上，政府中的利益结盟关系是完全可以成立的。因为，如果所有的政府官员都处于一种腐败状态中的话，他们就会结成一种相互利用的网络关系，这时，一个人的利益受损就有可能使整个政府机构中的所有政府官员的利益都遭受损失，所以，会在不得已的官官相护中形成一种默认的契约化的共存关系，这种共存关系也表现为政府自身的秩序。当然，就现实情况而言，一个政府完全基于腐败的原因而产生一种利益结盟关系，并在这种关系的基础上生成秩序，是很少见的。但是，有一种现象是我们经常看到的，那就是政府不敢直面公众，对一些问题往往遮遮掩掩，即使对于一些无法遮掩的问题，或者加以辩解，或者采取轻描淡写的方式加以回应。这也说明政府有着自身的整体利益，是站在社会及其公众的对立面上去维护政府自身的整体利益的。可以说，自从政府产生以来，它就经常性地站在社会及其公众的对立面上，它的许多思考问题的方式和行为方式都表明它是以公众为对手的。我们之所以提出建立服务型政府的主张，在某种意义上，也是出于让政府不要站在社会及其公众对立面上的要求。在政府站在社会及其公众的对立面上的时候，它自身的秩序也就是它的最大整体利益，如果这种秩序是一种恶的秩序的话，就必然会带来整个社会的失序。比如，政府在腐败的秩序中把自己置于同整个社会相对立的方面，社会为了表示对这种腐败的抗议，就可能采用各种各样的破坏社会秩序的方式：以个体的形式存在的抗议可能会以铤而走险的违法行为出现；以群体形式存在的反抗可能会以与政府的不合作甚至对立和冲突的方式出现；以社会形式存在的则可能是一种对政治的冷淡和对利益追逐的狂热……总的来说，会表现为整个社会的非理性化。

这就是我们把社会秩序供给与政府的道德化联系起来考虑的原因所在，我们认为，只有当政府不再迷信法律制度，而是应当在法律制度健全和完善的基础上建立起了道德秩序，或者说，只有当政府自身拥有了道德秩序，才能担负起为整个社会提供和谐秩序的责任和使命。假若政府舍此而为，就必然会在法律制度建设的过程中走向社会及其公众的对立面，就会有意无意地对社会秩序构成破坏。

三、社会秩序供给的道德途径

亚里士多德说："世上一切学问（知识）和技术，其终极（目的）各有一善；政治学术本来是一切学术中最重要的学术，其终极（目的）正是为大家所最重视的善德，也就是人间的至善。"[①] 所以，我们在思考社会秩序的问题时，也需要考虑道德的价值，考察"善德"对于社会秩序的意义。其实，道德与社会秩序两者之间是一种互动的过程。一方面，道德有赖于体现了公平与正义的社会秩序的支撑；另一方面，道德又是公平与正义的社会秩序得以出现的前提。特别是当政府实现了道德化，公平正义的社会秩序也就自然而然地出现了。因为，政府不是脱离社会环境而孤立存在的，政府自身的秩序也同样离不开一个国家的整个政治系统各要素的相应协变以及整个社会的支持和强化。如果政府在强调社会秩序和谋求社会稳定的过程中不是对社会秩序的性质进行考虑的话，仅仅依靠压制、剥夺公民基本自由权利来强化社会秩序，就包含着引致民怨沸腾进而使原有政治系统陷于更为被动不利的境地的可能性。然而，得不到社会认可和支持的政治系统是不可能长久地维持社会秩序的。

当前，我国也存在着大量不利于社会秩序安定的因素，所以，近年来的社会冲突表现得越来越频繁，而且在范围上有着不断扩大的趋势。从理论上说，控制这些社会冲突从而获得社会秩序可以有这样几条途径：第一，把发生在冲突主体间的各种社会冲突控制在有限的范围内，保证其不会扩散为大规模、大范围的冲突；第二，通过全社会范围内道德意识的提高而使社会成员远离冲突；第三，建立健全个人和社会利益诉求的表达机制，使每一项冲突具体化为个案和作为制度结构中的个性特征的冲突，使各类冲突之间不具有共性。社会冲突如果能够在一定的制度框架内有序地进行的话，那么冲突本身也就构成一种秩序力量。当前，我们控制社会冲突的方式主要是第一种，是以政府掌握的公共权力的强制力来实现的。根据上面的分析，这种选择不是长久性的最佳选择。当然，我们可以通过进一步的政治改革来作出第三种控制社会冲突方式的

[①] ［古希腊］亚里士多德：《政治学》，148页，北京，商务印书馆，1981。

选择，即建立健全个人和社会的利益诉求表达机制，降低利益诉求演化为社会冲突的可能性。这种方式是西方社会广泛使用的最为成功的方式，也是目前一切理论所能提供的最为直接的控制社会冲突的途径。但是，我们认为，最为根本的社会冲突控制方式是实现社会的道德整合，特别是通过政府的道德化来消解社会冲突。如果政府能够真正成为社会公平和正义的供给主体，就必然会带动整个社会道德水平的大幅度提升，就会实现对整个社会的道德整合，并获得稳定的社会秩序。

在20世纪的伦理学研究中，强调道德主体的个体性和突出道德主体的主体性是一个基本的学术趋势。但是，我们认为，道德主体的个体性并不意味着道德是属于个体的，其实，根本不存在所谓个体的道德，一切道德都是社会的。因为，任何一项道德规范一经形成，就必然带有某种超越个体意志的必然性。只要道德规范是从社会客观的存在中和从符合社会需要的社会关系中概括出来的，而不是伦理学家们人为地杜撰出来的，那么，这种道德规范的产生就具有客观的历史必然性。这种必然性在康德那里是以"道德律"来界说的，在中国古代思想家那里则以"天道"与"人道"的统一来体现的。其基本意蕴都在于强调道德具有社会整合的性质和功能。当然，个人如果能够在其行为中通过自觉遵守道德规范再到自为地合乎道德规范而实现自我超越，他也就可以超越道德规范，成为"从心所欲"的有道德的自由主体。但是，这是一个目标设定，是一种理想状态，在现实中，我们所注重的是道德在社会秩序获得中的价值。

道德是从社会集体生活和社会理想中产生的，所以，道德必然要为社会整体利益服务。就社会的整体利益而言，最大的利益就是稳定的社会秩序。因此，道德的功能就在于它对社会所实现的整合。如果道德不是为了社会整合而存在，集体生活中也就不会产生这种东西。同样，如果没有普遍化的道德规范，社会也就不可能实现整合。只有当社会的各部分、各成员之间达到和谐发展的地步，成为有着共同利益和共同兴趣的道德联合体，社会才能生存和发展，才会实现整合。但是，在我们所生活的社会中，却存在着严重的道德价值因素缺失的问题。自从20世纪80年代以来，无论是学术理论还是大众传媒，关于所谓道德滑坡的呼声一直是不绝于耳的。因而，有人甚至把腐败与社会环境联系起来，认为是整个社会环境道德价值缺失和非理性化引发了腐败的泛滥。但是，我们是否想过，在整个社会的道德价值因素缺失的问题上，行政人员扮演了什么样的角色？不正是行政人员利用手中所拥有的公共权力去谋取私利才造成了道德价值因素的普遍缺失？不正是存在于政府中的严重的腐败问题诱发了各种各样的社会冲突？所以，在当前，我们控制社会冲突的首选方案也就是加强对行政人员的控制，特别是在法律制度框架基本确立之后，应加强对行政人员的道德控制。

面对腐败，人们往往在法律的惩罚中获得快意。但是，法律的惩罚实际上是从"罪—赎"观念中发展出来的，是一种形式化的强行赎罪方式。也就是说，一个人有罪了，被判了刑，而刑满释放了，也就成了一个常人了，似乎他的所有罪行都在法律的惩罚中消失了。所以说，这是一种形式上的惩罚。对于一个在腐败中得到大量收益的人来说，他在若干年的惩罚之后，可能就会心安理得地享受他的收益。可见，法律的惩罚并不能从根本上制止腐败，并不能真正从源头上消除导致社会冲突的因素。所以，我们认为，在法律惩罚的基础上，还应当有着道德惩罚，即通过一种让人只有在自新中才能获得重新做人机会的手段来实现对腐败的遏制。也许道德惩罚比起法律的惩罚更加残酷，但却是政府道德化过程中所必不可少的环节。

法律对道德的影响是通过人的道德行为的中介而发生作用的。法律对道德实施干预的基本原则之一就是：个人的道德行为不侵犯、不损害他人的道德权益。因为，道德的行为既是个人行为也是社会行为，按照平等的社会原则，每个人在享受道德自由的同时如果对他人构成损害就是不道德的。如在经济行为中，因追求个人利益而损害了他人利益即是不道德行为，因而必须受到法律制裁。也就是说，当一个人的不道德观念外化为某种具体行为，而这种行为又为法律所禁止，法律就发挥了它的强制性道德规范作用。可见，法律与道德是密切联系的，正是这种联系及其互动的过程，成为社会秩序的保证。但是，法律与道德的互动作为一种社会整合机制又是以政府具体地执行这种整合功能为前提的，需要由政府来贯彻法律的原则、维护制度的框架和推动社会道德水平的广泛提升。

由于政府中存在着严重的腐败问题，往往使法律原则得不到贯彻，甚至使制度框架扭曲变形，进而使整个社会出现了道德败坏的问题。在这种情况下，不用说由政府来进行社会秩序的供给是不可能的，反而，恰恰是政府成了破坏社会秩序的恶的力量。一般说来，在政治文明得到充分发展的情况下，政府的权威不是来自于暴力，而是首先来自于政府

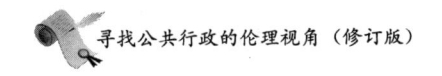

的公正、廉洁和高效。在政府中出现了严重腐败问题的时候，就不可能寄望于政府去提供社会公平和正义。所以，政府在社会秩序供给方面，除了暴力之外也就无可选择了。然而，暴力不仅不能增强政府的权威，反而会削弱政府的权威。一旦政府失去了权威，社会秩序的普遍混乱就是一个必然结果。所以，政府的道德化是一条根本出路，只有当政府彻底摆脱了腐败问题的困扰，才能够真正地贯彻法律的原则和维护制度的规范，才能带动整个社会的道德提升，才能实现社会秩序的道德整合。

第十三章
畅想"以德治国"

第一节 公共行政中的权利问题

一、关于权利的一般性思考

在人类历史上,统治行政的道德化是有过理论上的深入阐发和实践上的积极努力的。特别是在中国封建社会,作为统治行政的典型形态,它的行政道德化有着许多令人景仰的内容。但是,公共行政的道德化问题则是一个全新的课题。我们对这个问题的思考,特别是对如何实现道德制度化的问题,一直无法得到明确的思路。虽然具体的设计尚未出现成熟的契机,但是,从理论上提出一些规范性意见则应当是允许的,即使这些意见是不成熟的,也应当成为启发人们思考的因素。我们认为,对于公共行政道德化的问题,也需要从权利关系入手来加以规范和寻找道德制度化的切入点。

在整个近现代社会中,权利概念都是最神圣而又最含混的概念。从启蒙思想家确立起"权利"的概念以来,关于人的权利的理解一直从属于一种"普世精神"。近代以来的社会制度的设计,基本上就是建立在权利概念的基石上的。实际上,关于权利的认识,应当根据不同的社会生活领域而有不同的具体内容。从宏观的角度看,现代社会主要分为公共领域和私人领域,公共领域是权力的领域,而私人的领域才是真正权利的领域。在公共领域中,权利观念、权利意识必然会造成很大的混乱,会对行政人员的行为造成不良的误导。所以,我们要求在公共行政的领域中,拒绝行政人员关于自我的权利意识。

我们已经指出,权利与义务的关系问题是近代以来全部政治哲学和伦理学的核心问题。自从启蒙思想家提出了天赋人权以来,人的权利就具有了不容置疑的神圣性质。无论是哪一个阶级，也不管抱定什么主义，都必须无条件地接受人的权利的神圣性。正如中世纪对上帝的怀疑是不可饶恕的一样，在整个近代以来的社会中，对人的权利的怀疑也同样是对一种神圣原则的亵渎。每个人都拥有不可侵犯的权利，比如自由、平等等权利，这是一种信仰和理论设定，不管在实践上这一神圣原则能否得到执行，也不管人们是否用自己的行动捍卫了这一原则，但在口头上，谁也不敢承担亵渎这一原则的罪名。

其实，"权利"的概念仅仅属于近代社会，在古希腊语和古拉丁语中，都没有相当于现代权利概念的词。也就是说，权利观念作为一种社会意识也是历史的产物，是17世纪末和18世纪初以后的事情。正是17世纪末和18世纪初资产阶级革命的兴起，才使权利概念得到了社会的广泛认同，并在学术思想文献中得到了广泛运用。如果说在罗马法中出现了权利这个词语的话，它在实际上所指的却是一种特权。在政治和法律文献中，权利概念得到使用是在《弗吉尼亚权利宣言》（1776年）和《法兰西人权宣言》（1789年）。之后，在近一个多世纪中，权利的概念进入了人们的日常话语之中，是一个使用频率很高的词。但是，关于权利这一概念的确定含义从来没有过，以后也可能不会有。不同的人、不同的民族、不同的国家，对权利的理解和感受都是不同的。当代社会是一个人人都承认权利，人人都要求权利，却没有一个人能够确切地定义权利内涵的社会。关于权利问题上的歧见，要多大就有多大。

如果说人的权利作为一种信仰，也就罢了，但是，整个近代社会在权利的问题上有着无数的理论探究和证明，而所有的理论论证又都必然会陷入一些无法解决的矛盾之中，置这一问题的所有勇敢探索者于一种尴尬的境地。比如，权利与权力的关系问题，作为人的权利的具体内容的自由问题，关于平等问题的政治设定与经济现实之间的协调和平衡的问题等，都使人无法找到合理的解决办法，甚至希望在它们之间寻求平衡的努力也会失败。正如上帝的存在是不可证明的一样，要给人的权利以合理的论证也是不可能的。所以，在实践上，对人的权利，只能采取一种模糊的态度，对人的权利是否受到了侵害，只能凭着一些由感觉划定的界限来作为评判的标准。然而，这种感觉在每一个人那里都是不同的，而且不同的民族、不同的国家，在对人的权利的理解上，也都有很大的差别，更不用说建立在这种不同理解之上的感觉了。

既然权利是一个纷扰人们思想和情感的概念，那么，为什么不放弃这个概念呢？提出这个想法未免是对权利这个概念神圣性的亵渎，但我们并不能因为它是神圣的也就认为它一定是科学的和合理的。既然人类历史上有过不知权利为何的时代，那么，在人类历史的更高文明形态中，人们会不会放弃对权利的要求呢？会不会不再对权利是什么的问题加以追问呢？我想这是可能的。而且，在现实生活中，我们认为，有些领域应当是大力弘扬人们的权利意识的领域，而有些领域则应当是拒绝权利意识的领域。从大的方面说，我们认为，现代社会的私人领域就是一个权利的领域，而公共领域则是一个应当拒绝权利的领域。因为，公共领域是权力的领域。权力与权利的关系只是在公共领域与私人领域的相互作用中才有意义，如果单就某一个领域来说，就必须确立具体性的主张。比如，在公共行政的领域中，如果我们在理论导向上主张权利价值，就必然会把行政人员引向道德意识淡漠的境地。在公共领域中活动的人，就其作为人而言，无疑是有着人的权利的。但是，一旦人的权利被意识到了的时候，其实，已经不是在公共领域的概念中来认识和把握这个"人"了。所以，公共领域是否承认权利价值，是否需要倡导权利价值，那是另一回事。

整个近代社会关于权利问题的思考，都是建立在社会的个体取向上的，即从社会成员的个体出发来思考人在社会生活中的独立价值。从个人出发，权利的概念无疑是最具基础性的概念，只有这一概念，才能为独立、自主、平等、自由等所有有利于个体存在的要求提供合理性的根据。这对于充满竞争和利益角逐的领域来说，确实有着不容置疑的价值。但是，对于一些不允许个人的利益角逐和竞争的领域，权利的概念不仅没有任何正面的价值，反而会诱发人的个体化倾向，使个人与集体、与组织离心离德。

权利的概念产生于资本主义萌芽时期，在这一时期中，还没有形成一个成熟的不允许个人的利益角逐和竞争存在的领域，整个社会处于霍布斯所称的"原始丛林"状态，人与人之间就如狼一样。在这个特定的历史阶段中，人的个体性是最为突出的社会现实。为了理解和解释人的这种个体性，赋予人的这种个体性合法地位，保证人的个体性的社会普遍性，保证不因一部分人的个体性而使其他人的个体性受到威胁，提出权利的概念是积极的。而且，这也确实是对人类历史进步的一个巨大贡献。但是，权利概念的出现不是科学探索的结果，而是从属于社会规范需要的一种理论建构。一切为规范服务的理论及其概念，都是具有历史性的，都只有在一个特定的历史阶段中才是有价值的。随着历史的变迁，它的价值就会逐渐褪色。权利的概念就是这样。

当历史的发展已经造就了相对成熟的公共领域和私人领域的时候，当公共领域与私人领域的分离已经走到了自己合理边界的时候，权利概念的适应范围也就理所当然地应当退出公共领域，从而把公共领域让渡于新的规范结构。也就是说，在公共领域中，人的社会存在的个体取向不能满足公共意志的要求，个人在这个领域中的价值不在于突出个人的主体性和实现自己的利益愿望。相反，他在进入这个领域的同时，就是已经准备把个人的一切都贡献给公共利益的实现的，是随时准备把公共意志作为他的行为的标准和绝对命令的。

总之，把权利与权利主体联系起来思考，我们就可以大致确定在什么领域中的人有或没有权利，或者说有哪些权利。既然我们所处的社会现实是公共领域与私人领域的分离，公共领域与私人领域分别成了社会生活的两个不同的领域，那么，这两个领域又怎么可能共建于统一的权利观念的基础上呢？我们怎么可以要求私人领域中的追求个人利益最大化的人们与公共领域中把公共利益看作至高无上的责任的人们有着共同的出于利我意识的权利观念呢？所以，我们认为，公共领域与私人领域的不同决定了它们存在的基础和前提也是不同的。所有的不同归结到一点，那就是公共领域是权力的领域，私人领域则是权利的领域。当然，公共领域与私人领域的不同又恰恰是它们联系与互动的前提，这两个领域之间的联系与互动的全部过程，都可以归结为权力与权利关系的平衡问题。正如私人领域中不应有权力一样，公共领域中也是没有权利的位置的。如果说在私人领域中有了权力，或者说权力的主体介入了私人领域，就会破坏私人领域的契约关系。同样，在公共领域中如果重视人的权利的话，就会对权力的公共性造成损害。

二、权利观念的个人主义探源

权利概念的提出和权利观念的建立是从个人出发而取得的理论成果，一切从个人出发建立起来的思想体系，都是属于我们所命名的个人主义的理论。虽然个人主义的思想在近代社会有一个发展和演化的过程，而且，在不同的思想家那里有着不同的规定和理论论证，但就它们的基本理论特征来看，却是一个涵盖了整个近代以来西方社会的全部思想的统一理论范式。也就是说，近代西方社会的主流价值观是个人主义的。

在近代社会的准备阶段和起点上，就已经奠定了个人主义价值的基础。文艺复兴运动为了反对宗教神学及世俗权力对人的奴役，强调个人的自由权利和自我实现，从而表现出个人主义的倾向。在这一时期的思想和作品中所表现出来的个人主义倾向主要包括两个方面：其一，要求从神学禁欲主义中解放出来，强调人的世俗生活特别是物质欲求的正当性和合理性，揭露教会和专制国家宣扬的"利他主义"、"自我牺牲"的虚伪性；其二，要求从专制统治和等级制度的束缚中解放出来，强调个人的自由、平等和自我实现。正如布克哈特对文艺复兴运动作出的评价：在中世纪"人类只是作为一个种族、民族、党派、家族或团体的一员——只是通过某些一般的范畴，而意识到自己"，而现在，"人成了精神的个体"[1]。这种价值观念对资本主义经济因素的成长，特别是对自由贸易的发展，起到了思想导向的作用。

在启蒙时期，洛克是近代自由主义的典立者，也是近代个人主义方法论和价值原则最早的确立者。在洛克之前，霍布斯虽然已从人的本性是自私的观点出发描述了"人对人像狼一样"的自然状态，论证了他的社会契约论。但是，他一方面从原子式的个人出发，肯定了个人的天赋权利；另一方面，又维护专制王权和强调国家主义。因此，在霍布斯的思想体系中，存在着方法论上的个人主义与价值原则上的整体主义的深刻矛盾。洛克继承并修正了霍布斯的理论，他认为，个人先于社会而存在，人类的自然状态就是个人自由的状态；个人为获得更大的利益而与他人交往，在自然状态的基础上形成了社会；保护自己的生命、财产和自由不受侵犯，是人的天然的权利，政府的基本任务就是保护公民的这种天然权利。在《政府论》中，他从"天赋人权"和"契约论"出发，论述了个人的权利与国家的责任，提出了分权学说，这对西方后来政治思想的发展乃至政治制度的建构，都有着深刻的影响。在法国，孟德斯鸠和卢梭则进一步系统论述和发展了社会契约论。

与政治学中的个人主义相呼应，亚当·斯密等人是从经济自由的角度发展了个人主义。斯密一方面从原子式的个人出发，认为人的本性是自私自利的，同时，又认为人天生具有同情和怜悯他人之心。因此，他主张，人既要在经济活动中追求自己的利益，又要在道德方面关照他人，

---

[1] ［瑞士］布克哈特：《意大利文艺复兴时期的文化》，143 页，北京，商务印书馆，1979。

做到人己两利。在他看来，经济活动应当排斥国家的干预而放任个人的自由发展，只要人人都自由地追求自己的利益，整个社会在"看不见的手"的支配下，就会走向幸福和繁荣。在斯密的潜台词中，实际上包含着对早期启蒙思想中个人权利无需证明的接受，是在个人主义的既定视角中去观察经济活动和思考道德行为的。

在纯哲学或者说以本体论和认识论为主的哲学体系中，个人主义也以特定的方式获得了论证。笛卡儿哲学无疑是个人主义的，他的"我思故我在"的命题所表达的是人作为理性主体的个体独立性。至于斯宾诺莎对自由与必然的辨析，对理性利己主义的论证，也包含着明显的个人主义的倾向。在德国哲学家莱布尼茨那里，群体与个体、社会与个人的关系，事实上构成了他的哲学思考的核心，他的由"单子论"、"前定和谐论"等构成的形而上学体系，就是力图从本体论上证明个体是完全独立自主的存在物，认为正是这些独立自主的个体承载了社会的普遍和谐。

德国古典哲学意味着近代西方哲学的转型，对于个人或个体与社会或整体的关系作了辩证的理解。但是，另一方面，德国古典哲学也表明了它是个人主义发展的必然。如果说黑格尔哲学更多地倾向于国家和社会整体的话，那么，在康德的哲学中，则包含着个人主义的最高形态。那就是，康德在对实践理性的考察中所反复强调的把人作为目的而不是手段来看待的思想内涵，即对人有意志自由所作出的肯定。康德从义务论的立场上出发对功利主义所作出的批评，并不是要否定人的个体性，而是要更深入地认识人的个体性，即在个体性中发现主体性。康德认为，功利主义者从经验和利益中引申出道德原则的方法从根本上破坏了人在道德中的主体性，是不能接受的。所以，康德对个人主义的进一步发挥是，人有自由，这意味着道德行为就是要超越因果决定的必然性，需要根据善良意志发出的命令行事。显然，康德所关注的是人的内在的动机和作为这种内在动机外显形态的自主性，而不是外在规范的约束和行为的社会后果。这种伦理观点在实质上是远远高于功利主义的个人主义的更高境界。

当然，在个人与社会、个体与整体的关系上，黑格尔所代表的是另一个极端，在他的哲学中所贯穿的是整体主义精神。黑格尔批评了近代以来自由主义的社会原子论倾向，认为其主要错误就在于把社会整体放在个人愿望和个人利益等等既不确定也不可靠的因素的基础上了。黑格尔是把个人与社会的关系放在市民社会与国家的关系中来加以讨论的，所提出的是一种社会有机体的思想,认为社会整体利益不可简化为个别、特殊利益的相加。应当说,黑格尔也肯定了个人的自主性,并且认为这种自主性不应当消融在社会整体之中。由于黑格尔无处不运用他的辩证法,所以,他认为在个人与社会的关系上不应走极端,不能站在个人一头否认整体,也不能站在国家和社会一头否定个人,而是要寻求二者的统一性。但是,就思想倾向来看,黑格尔最终依然属于整体主义者和国家主义者,他所拥有的,是一种国家至上的价值取向。在黑格尔看来,"由于国家是客观精神,所以个人本身只有成为国家成员才具有客观性、真理性和伦理性"[1]。个人不仅要服从国家,而且有义务为国家作出牺牲,这种牺牲所放弃的是个人"偶然的个体性",获得的则是对"个人的实体性的个体性"[2]。

在近代历史上,基于黑格尔传统的理论在思想史上是很耀眼的,但是,对于实践,却没有产生成功的影响,即使在这一传统中发展出了实践方案,也是不成功的。相反,作为这一传统的对立面出现的个人主义,在实践中取得了无比巨大的成功。可以说,近代以来的制度安排以及生活方式和行为模式的塑造,都是由个人主义传统提供的。个人主义崇尚个人权利,所以,在西方社会,长期以来,受着个人权利至上理论规定的影响,新老自由主义都把个人权利作为思考一切问题、解决一切问题和设计任何社会行动方案的无可疑义的思想前提。其实,他们关于个人权利的思考从未走出抽象人的框架,是属于一切人的权利。至于不同的领域中的不同的人之间在权利问题上存在着什么差异,权利实现方式上应有什么不同,从来都没有进入自由主义的思维空间。

我们承认,在私人领域中,需要更多地强调个人权利的问题,需要不断地向公共领域提出维护和保障这种权利的要求,不允许公共领域产生对私人领域中的这种个人权利加以侵犯的问题。但是,在公共领域中,对个人权利的强调实际上是对公共权力的挑衅。无论思考这个问题的逻辑会是怎样的,在公共领域中,我们必须看到这样一个事实,那就是公共权力与公共领域中个人权利的矛盾。在这个领域中,任何对个人权利的强调,都会把公共权力置于滥用的境地。也就是说,在公共领域中,个人权利实际上不应具有存在的合理性,不仅是因为在公共领域中活动

---

[1] [德]黑格尔:《法哲学原理》,254页,北京,商务印书馆,1961。
[2] 同上书,340页。

的个人同时是掌握公共权力的人,而且是因为公共权力应有的公共性包含着把这个领域中的个人转化为"公共人"的要求,抽象地把公共权力与掌握这些权力的个人割裂开来,就会使公共权力丧失其拥有价值合理性的主体。所以,公共领域中的个人不应再被作为个人看待。当一个人作为私人领域中的个人存在时,他是完整的个人,一旦进入公共领域并执掌公共权力,他就不再是个人,而是公共权力主体中的一个因子,他的个人权利必须在对公共价值的追求和定位中发现合理的位置。

可见,公共领域与私人领域是有着不同的价值追求的,如果说私人领域可以在对个人权利的强调中走向普遍的道德化,那么,在公共领域中,对个人权利的强调不仅不会走向道德化的结果,反而会导致道德的普遍丧失。公共领域是一个特殊的领域,公共领域中的道德前提恰恰是从业于公共行政的个人对其权利的转让,即让个人权利服从公共权力的要求,行政人员对其作为个人的权利的放弃,恰恰是他能够掌握和行使公共权力的前提。就这一点而言,如果说当代西方的社团主义对人的社会责任的倡导不是指的私人领域,或者说,如果不是希望推广到整个社会,而是出于为公共领域立法的目的,那是合理的。同样,如果新自由主义对个人权利的重申不希望在公共领域中实现,而仅仅限制在私人领域,也是合理的理论设定。可是,他们都没有在公共领域与私人领域的特殊性中去思考问题,所以,他们的学说都存在着致命的缺陷,或者说,反映出了一种"致命的自负"。

在我们看来,近代以来关于权利的讨论都是在社会一般的意义上进行的,所以,这些思想在一定的社会范围内可以得到成功的实践,而在另一些社会范围内却会造成误导。一般性的讨论并不能带来普遍性的价值,只有具体地去认识和分析社会中的不同领域,并提出针对性的价值思考,才是有意义的。所以,我们主张对公共领域和私人领域作不同的价值思考。在私人领域中,提倡个人主义的价值观是可取的;在公共领域中,整体主义的价值思考就是必要的。正是因为我们看到了西方社会在个体本位的基础上作出的制度设计存在着许多缺陷,遭到无尽的诟病,也正是因为我们深刻地体验到在整体主义的思维框架下进行的制度建设的尝试遭遇了失败,才会要求在公共领域与私人领域分化的条件下为不同的领域寻求具体性的价值,而不愿空谈什么"普世价值"。我们认为,无论是在历史的纵向坐标中还是在现实的横向坐标中,都不存在什么"普世价值",如果谁把所谓"人权"宣称为普世价值的话,要么是无知的表现，要么是在制造欺骗和愚弄世人的谎言。

三、公共行政拒绝权利的理由

应当承认，个人权利意识的觉醒是近代以来这个历史阶段中的一项伟大的历史性进步。有了这项进步成果，使政治以及行政彻底告别了农业社会的阶级统治的政治及其行政。今天，几乎所有国家都对人的权利作出了规定，虽然具体规定的内容有所不同，但共同之处就在于尊重每一个人的权利。我们也需要承认，就行政人员作为社会的人而言，他与其他的人一样，也有着属于他的基本的权利。但是，他作为行政人员又是公共行政这一特殊职业的从业者，他作为人的权利与他的职业要求怎样才能统一起来就是一个必须追问的问题。根据传统的个人主义思路，我们不应当因为行政人员特殊的职业而否认行政人员作为人的应有权利。然而，问题是行政人员有没有超越于一般社会成员权利的额外权利呢？即使从个人主义的理论中所得出的结论也应当是：行政人员是不应当有超越于一般社会成员的额外权利的，即没有这种特权。但是，在实践上，行政人员由于手中掌握着公共权力，往往能够有着侵犯他人权利的"权利"，有着扩展自我权利的行为，从而在实际上拥有许多特权。这就迫使我们不得不重新考虑，在公共领域中是否需要保留权利的概念、权利的观念和权利的意识？

从权利发生学的角度看，我们在申述个人权利时并不意味着个人可以自己去建立或创造某种权利。因为，个人从来就不可能作为一个孤立的人而有任何权利，一切作为个人的权利都只是他作为社会成员的权利，人只有作为社会的人才有所谓权利，抽象的个人是无所谓权利的。所以，在实质上，一切权利都是社会性的权利。我们所说的个人权利，实际上是社会赋予个人的权利，是在整个社会历史发展中所形成的权利。如果说这种权利是天赋的话，那也是社会历史自然发展的结果，所具有的是历史的"天然性"，与自然意义上的"天赋性"是沾不上边的。在一个特定历史时期，个人的权利是通过国家的法律制度的形式赋予人的，是由政府所代表的公共权力提供保障的。这里需要注意的一点是，公共权力所保障的是一切社会成员平等拥有的权利，而绝不是少数人的特权。在历史上，特权也曾得到权力的保障，但为特权提供保障的绝不是公共权力，而是属于少数人的统治权力，或表面上是一种公共权力，而实际上则是一种统治权力。这种统治权力恰是一种通过剥夺社会中大多数人

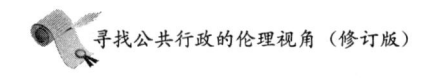

（假定意义上）的权利而建立起来的权力。

在现代社会，权力的公共性质已经是一个不证自明的公理，在理论上，谁也不会对公共权力的公共性提出质疑。既然权力是公共的，它就不应当用来仅仅为少数人的权利实现提供保障，更不应当用来扩展少数人甚至个人的权利，最不应当的是用来侵害他人的权利。总之，权利是由代表着社会的国家及其政府赋予社会成员个人的，而不是个人可以通过什么手段去占有的。所以，个人在提出权利要求时，在希望自己的权利得到维护时，也需要通过国家及其政府所拥有的公共力量去实现，而不是自己个人可以去私自实现的。个人权利只能通过公开公正的途径去加以实现，任何私自动用公共权力来为个人权利提供实现之方便的做法，都是绝对的腐败。公共行政领域中的问题恰恰是，行政人员总是存在着私自动用公共权力于实现其个人权利的倾向。或者说，只要公共领域中存在着权利意识，行政人员就必然会运用公共权力去为其个人权利的实现和扩张开辟道路。

一般社会成员手中并不掌握公共权力，他的个人权利的保障往往是寄托于公共部门的，他时常提出个人的权利要求，往往是因为他的个人权利受到了侵害，或者，他属于权利最易受到侵害的人群，他的权利受到侵害的可能性极大。对于行政人员来说，情况就完全不同了，他的个人权利是不可能受到侵害的，或者，行政人员的权利很少受到侵害。这样的人群有什么理由念念不忘自己的权利呢？所以说，对于行政人员来说，如果他还需要有权利意识的话，就不应当是关于自我的权利意识，而应当是关于他人的权利意识。因为，他手中所掌握的公共权力使他常常有可能自觉或不自觉地借助于这种公共力量去侵害他人的权利和扩展自己的权利。与其如此，倒不如干脆在公共领域中摒弃权利意识的干扰，用后现代主义所说的"他在性"意识取而代之。

在公共领域中，让行政人员排除权利意识的干扰，这样做是否合理？既然权利是由国家及其政府所赋予的，是通过成文的法律或不成文的规范而取得社会承认的，是作为规范的前提提出的，那么，改变规范如果对于根除社会的某种病态有利的话，如果能够促进社会走向更为文明进步的未来，又有什么不可以的呢？更何况这一点恰恰是根据公共领域与私人领域的不同特点提出的，所反映出的是公共领域的客观要求。当然，如果你把权利当作一种信仰，我们也就无法让你接受一个没有权利的世界了。

权利的概念总是与利益联系在一起的，权利概念的神圣性恰恰是人的个人利益不可侵犯的华丽表述。当我们审视人的利益时，也会发现，人的利益要求是一种文化熏染的结果，是近代社会利益至上的个人主义把人们引向了对利益的关注。其实，人并非都是利益的追逐者，也不是人的一切活动都属于利益追逐的范畴。在某种意义上，人的真实生活内容往往并不根源于利益，人应当是也完全可能是把人的人性的展现与确证作为人的生活的基本内容的。人之所以能够超越自身的动物需求，人之所以不愿把野兽争食时的哮声作为美妙的音乐，那是人对人自己的自觉。人是具有创造本性的，人作为人，恰恰是在他的创造性活动中才能获得生活的快乐和感受到作为万物之灵的神圣性的。也正是因为这个原因，人才会走人的路，才会有持续不懈的创造生活的努力和永不熄灭的追求幸福生活的热情，才会推动历史的进步。人们对利益的关注，从历史发展的纵向进程看，只是一个特定阶段的状态，人耽迷于这个状态的时间越久，人走出动物世界而通向文明的道路也就越远。在现代社会，人们已经确定无疑地把公共行政职业活动看作是专业化的活动，即把行政人员看作是特殊职业的从业者。对于这样一个职业群体，有什么理由不肩负起提供社会公正的责任呢？有什么理由不用自己的行动去正确行使公共权力和保证公共权力的公共性质呢？

所以，对于公共行政来说，以往关于权利问题的一切规定都不再适应，只有责任才是行政人员的全部行政行为的基本内容。在这里，行政人员的责任可以分为职务责任，也可以称为岗位责任；再一个就是职业责任，是其作为行政人员这个职业所必须承担的责任，是行政人员这个群体和作为这个群体的一员的责任。与此相对应，行政人员的责任还可以被看作是由法律责任和道德责任构成的一个整体。法律责任是与他的岗位责任相对应的，而道德责任则是与他的职业责任相对应的。行政人员首先是公共行政这个特殊职业的从业者，然后才是与他的岗位或职务联系在一起的行动者，行政人员的价值的神圣性是职业的神圣而不是职务或岗位的神圣。所以，行政人员的根本目标就在于其道德责任的实现上，他只要朝着道德责任实现的方向努力，就可以超越自己应有的法律责任。也就是说，行政人员在其职业活动中，用责任意识取代权利意识是他作为一个合格的行政人员的首要前提。在这个前提下，他如果能够具有这个职业所应有的道德责任意识的话，就能够在其职业活动中实现人格的升华，就踏上了成为完人的道路。这时，权利对他来说还有什么意义呢？

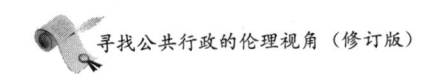

第二节 "以德治国"的前提

一、社会治理文明化的必然要求

改革开放以来，我们一直强调法制建设，就中国社会发展的特定阶段而言，这是一条正确的路线。但是，在法制建设的过程中，道德建设方面一直未能取得积极的进展，以至于各种社会关系受到扭曲，产生了许多问题。比如，公共部门中的腐败问题之所以泛滥，虽然有着法制还不健全的原因，但更为主要的是一个道德问题。再如，在对腐败问题的治理方面，我们可以说，惩治腐败需要通过法律的手段，但是在预防乃至消除腐败的问题上，就需要强调道德的功能。如果我们立足于"以德治国"的基点上，把"依法治国"与"以德治国"有机地统一起来，不仅可以在反腐败的问题上开拓出新的局面，而且会使中国的政治面貌焕然一新。"以德治国"的前提是"以德行政"，只有当行政体系、体制以及行政人员的行政行为实现了道德化，以德治国的局面才能到来。相反，如果不是把以德行政作为以德治国的前提来加以认识，那么，以德治国就会流于空谈。空谈是我们不希望看到的，因为，以德治国应当是一个制度目标，而不是出于宣示和教育的目的。

人类社会的发展是从强制走向自为的进程，一切与这一进程的总体趋势一致的人类行为都是进步的。在上述的分析中，我们看到，法制以及法治是一种文明的强制，但文明的强制依然是强制。所以，它绝不是人类治理文明的最高形态。在某种意义上，法制只是人类借以扬弃强制的强制性手段，是在通向非强制社会的过程中不可缺位的强制。在人类文明的较高形态中，人类不再需要强制性的手段来实施社会治理。但是，社会治理是不可能被废除的，那么，人类更高的文明形态中的社会治理是通过什么样的手段而得以实施的呢？我们说，那是"德治"。

在人类社会的早期，人类所受到的强制性压力主要来自于人类社会外部，即来自于自然界。随着生产力水平的提高，自然的强制性稍稍得到减轻之后，人类社会就开始遭受到了人类自己制造的强制力的压迫。这就是在阶级分化中所形成的统治阶级对被统治阶级的强制力压迫。由于体系化的制度文明的出现，这种强制性压力也开始有了稳定的、明确的对象，那就是统治阶级无时不用的对被统治阶级的强制，是通过社会的等级结构而使之成为无时不在的强制。

近代社会，人类用法制取代了传统社会的不规范性强制，从而在法制的合理性追求中获得了强制力，并把这种强制力运用于社会治理的过程之中。具体表现就是，人类建立了各种司法原则和程序来规范惩罚权力的使用。这样一来，强制力的行使就不仅要有道义上的合理根据，而且在程序上必须是合乎法律规范的。只有合乎法律规范，才被认为是正当的。因此，强制力的运用就被纳入了法制的范畴。在这之中，无疑也包含着道德正义的原则。例如，在司法实践中罪由法定、不溯及既往、无罪推定等原则的适用，司法审判过程中的起诉、回避、辩护、上诉等程序上的安排，其意义就在于保障惩罚权力使用上的准确和有效。即使根据法律而必须对罪犯实施处罚时，人们也总是竭力把它的残酷性减少到最低限度，这可以从刑罚方式（从各式各样的拷打、折磨、体罚到用监禁的时间长短来度量）的变迁过程得到证明。这证明人类在使用强制力的过程中，开始对强制力加以限制，这是人类从野蛮状态进入文明状态的标志。

法律制度的强制只不过是人类更为文明的强制而已，最多也只是行使强制力的方式的改变。根据历史唯物主义的观点，这种强制力的行使方式依然是具有历史性的，而不是人类的终极文明形态。那么，在人类现有的文明成就中，哪些因素才是通向人类终极文明的桥梁？无疑是人类不断发展和不断完善着的道德。法制文明是我们从近代社会中继承而来的积极成就，在当前乃至今后的一个很长的历史阶段中，法制文明的成就都是有益于人类社会健全的重要因素，我们需要坚持依法治国，我们需要在法制不断完善的过程中推动我们的事业。但是，即使是在现阶段，法制也绝不是一个社会健全的充分条件，不是唯一可以支撑一个社会的柱石。对于一个社会来说，仅仅有了法制还不够。我们在法制建设的同时，更要加强道德建设；在"依法治国"的同时，更要"以德治国"。"以德治国"不仅是代表人类文明发展方向的历史性选择，而且是在法制条件下自觉弥补法制之缺陷的积极行动。

二、马克思主义中的"德治"思想

对于马克思主义而言，建立一个合乎道德的理想社会是它的最高宗旨，而其他的理论部分都是为了证明建立这样一个社会的可能性。从马克思主义的经典作家终生致力于对资产阶级统治以及资本主义社会的不道德性的批判中,我们可以看到他们对人类未来社会合道德性的憧憬。当然,马克思和恩格斯都反对空谈道德的做法,所以,他们总是从经济分析入手来进行他们自己的理论建构。我们也看到,未来社会的道德理想目标不仅没有在他们的经济分析中受到淡化,反而在经济分析中更加突出了出来。应当说,马克思主义经典作家看到了资本主义社会中的个人的不道德,但他们却不把这个社会的不道德归结为个人的不道德,特别是不归结为这个社会底层民众的不道德,而是归结为这个社会制度的不道德。也正是因为如此,他们总是把理论着力点放在揭示资本主义社会统治体系的不道德上。

我们知道,早在《德意志意识形态》一书中,马克思和恩格斯在批判资产阶级道德虚伪性的同时,就从社会制度的存在和发展的角度强调了道德的重要性:"资产者对待自己制度的规章就像犹太人对待律法一样:他们在每一个别场合只要有可能就违反这些规章,但……如果全体资产者都一下子违反资产阶级的规章,那末,他们就不成其为资产者了……淫乱的资产者违反婚姻制度,偷偷地与人私通……实际上是为了自己而取消家庭。但是,婚姻、财产、家庭在理论上仍然是神圣不可侵犯的,因为它们构成资产阶级赖以建立自己的统治的实际基础,因为它们……是使资产者成其为资产者的条件……资产阶级道德就是资产者对其存在条件的这种关系的普遍形式之一。"[①] 恩格斯明确指出:"工人阶级处境悲惨的原因不应当到这些小的欺压现象中去寻找,而应当到**资本主义制度本身**中去寻找。"[②] 到资本主义制度中却寻找社会不公正、不平等的根源,无疑就包含着对资本主义条件下的社会治理方式不道德的谴责。也就是说,在资本主义条件下,没有什么"德治"可言。

根据上述马克思主义经典作家的观点,我们可以得出这样的结论,在社会主义国家中,德治应当是社会治理的主要特征,正是这一点使它区别于以往所有的国家形式。社会主义条件下的德治包括两个方面:一是以德治理国家,二是以德管理社会。这两个方面是联系在一起的。但是,德治不应当是出于策略性的考虑,而是应当把建立德治国家作为根本性出路。因为,对马克思主义德治思想的合理理解应当是,只有当一个国家在基本国策上体现出朝着以德治理国家的方向前行的时候,才能

---

① 《马克思恩格斯全集》,中文1版,第3卷,195~196页,北京,人民出版社,1960。
② 《马克思恩格斯全集》,中文1版,第22卷,370页,北京,人民出版社,1965。

在社会管理中实现道德化的管理,并得到社会公众的积极响应。总之,以德治国的前提首先是政府及其公共行政的道德化,只有在实现了政府及其公共行政的道德化的条件下,才可能实现对整个社会的以德治理。我们说建立"德治国",并不意味着对"法治国"的思想持否定的态度。我们认为,关于建构"法治国"的思想是有着历史合理性的,但是,随着人类社会的进步,我们不应满足于永远停留在"法治国"的状态之中,而是要在更高文明形态的"德治国"中去实现包含在"法治国"中的全部理想。关于"德治国"的思想是具有充分的包容性的,它只要求扬弃和超越"法治国",而不排斥和敌视"法治国",反而,从一些主张"法治国"的理论中,我们看到了对"德治国"的敌视。这是理论狭隘性的一种表现。

  在对公共行政道德化的思考中,我们特别突出了制度道德化的问题。这也是马克思主义的基本精神。正如我们所说的,马克思主义的经典作家在对资本主义的道德批判中从来也不把制度的不道德归结为个人的不道德,相反,总是坚定地指出制度的不道德才是个人不道德的根源。在对我国改革开放以来的现实考察中,我们也可以发现,在改革初期,人们可能只能从进口影片中才能获得对"黑社会"等各种社会丑恶现象的认识,但是,现在却成了人们身边随时可能触及的现实,从其发生的时间顺序来看,不正是政府及其公共行政中的腐败在先,而其他的社会丑恶现象随后出现了吗?至于政府中的腐败现象,如果不在制度建设对道德的排斥中去发现原因的话,是很难作出令人信服的解释的。在社会发展的过程中,我们是不难看到这样一些现象的,人的行为会在某个极短暂的时期发生极大的转变,也许在今天人们以作出了道德行为选择而感到光荣,明天却不敢让人知道他做了一件有道德的事;人们可能会把有道德的人视为"傻子",或加以猜疑,或加以嘲笑。社会风气为什么突然发生了改变?是什么因素有着这么大的力量?唯一的答案就是制度发生了改变。当制度失去道德关照,当制度排斥了道德,社会也就立马失去了道德基准。对于政府中的腐败泛滥的问题,只有作这种解释。

  我们也看到,思想是有力量的,在思想的力量面前,从事实际工作的实践者的抗拒是无力的。改革开放以来,"西化"思潮就呈现出不可遏制的局面,一开始,实践者试图加以抗拒,但在抗拒中又接受了其引导,到了后来,在抗拒的情感日益消损之后,就表现出了青睐和向往,采用咨询、征辟的方式主动去迎合"西化"思潮。结果,在实践中的各项安排中，复制了西方的制度非道德。由于制度的非道德，使行政人员的不道德行为有了滋生的土壤和发展的空间，因而，行政人员的不道德行为开始泛滥。进而，政府及其公共行政中存在着的那些行政人员的不道德问题，又引发了社会的不道德。改变这种状况的出路，无疑需要通过公共行政的道德化来实现整个社会道德水平的提升。从这个角度来看，也证明了公共行政的道德化是以德治国之理想实现的前提。

三、中华民族传统文化中的以德治国

在中华民族长达五千多年的历史发展中，形成了自己独特的文化传统和思想体系，在这一思想体系中，儒家的"仁爱"思想是有着现代价值的。因为，这种思想的价值目标是追求个人和社会、个人的身心、人和自然的协调与和谐的。如果对这种思想进行创造性的重建，是有助于建立一个以爱换取爱、以信任换取信任的社会生活环境的。儒家伦理强调整体、社会、民族的利益，同时也强调个人和社会的和谐发展，这显然有利于抑制个人主义的恶性发展，有利于促进社会生活的和谐发展，特别是对于国家工作人员的价值取向，有着极为重要的意义。

但是，长期以来，人们对于中国传统社会的治理方式往往用"人治"一词给予简单的否定。其实，"人治"本不应该是一个贬义词，更不应当把它与法治相对立。如果人依法而治，那么"人治"这个词就应当是对近代西方社会的描述，而人以德而治就应当是对中国古代某些时期的肯定，或者说是对儒家伦理治国理论的部分肯定。所以，"人治"可以有多种形式：可以是人以权力治理社会，也可以是人以法律治理社会，还可以是人以道德治理社会，它们分别是"权治""法治"和"德治"。中国古代社会强调德治，而在实际上，所实行的则是权治。在近代西方，建立起了法治，但是，存在于古希腊的德治主张也完全被抛弃了。也就是说，西方社会片面地发展了法治，结果是，西方社会由于片面强调法治而陷入了法兰克福学派所称的"单向度的社会"。中国古代社会强调德治，但是，在社会治理的实际过程中，德治无非是权治的饰物，以至于人们在中国历史上常常看到的是昏君佞臣而德治不得的情景。但是，在中国传统社会的治理文化中，毕竟保留了"德治"的精神，这些精神是可以加以批判地继承的。

首先，在中国传统文化中包含着一些值得注意的伦理设定。为了实现德治的目标，儒家要求治理国家的人应当成为圣人，但人如何才能成

为圣人呢？根据儒家的观点，如果履行"由内而外，由己而人"，"为仁由己"的修养原则，就可以达到目标。早期儒家代表孔子认为，"仁人"要修己、克己，不可强调外界的客观条件，而要从主观努力上去修养自己，为仁由己不由人，求仁、成仁是一种自觉的、主动的道德修养行为。他说："克己复礼为仁……为仁由己，而由人乎哉？""我欲仁，斯仁至矣。""仁"是依靠自己主观努力追求所要达到的崇高的精神境界，求仁而得仁，欲仁而仁至，为仁由己不由人，这是一个由内至外的过程。当然，在儒家把这种理论极端化了之后，就走向了否定外在规范必要性的歧路上去了，即认为，只要具有"内圣"就自然能施行王者之政，就能成为"仁人"，不需要外在行为规范的控制。这是一种因过于注重道德自律的价值而轻视法律对人的行为规范的意义的思想。

其次，在国家治理的问题上，中国传统的治国理论也被人们称作"民本思想"，即把国家安危、社稷兴衰看作是民心向背的结果，而民心之向背又取决于仁政、德治。概括地说，就是君以仁施政，臣以德治国。所以，儒家要求施政治国者都要以个人的人格修养来实现仁政和德治。孔子认为，治国应该以道德为主，刑政为辅。他说："道之以政，齐之以刑，民免而无耻；道之以德，齐之以礼，有耻且格。"（《论语·为政》）这里很清楚地表明，孔子认为"德礼"高于"刑政"。重德礼、行礼教，自然需要贤人治国。在中国传统治国理论中，我们看到这样一些积极因素，那就是为政之本在于尊重民意、关心民利。也就是说，这种理论强调得民之助才能为君，从而指明治理国家的关键应该是把政策的重点放在争取民众上，这种认识是人民群众在历史中的实际作用的反映。以孙中山为代表的中国近代先哲，在融会中国传统治国理论之后，也把这种思想提升为"民为邦本，吏为公仆"的思想。

当然，中国传统社会所强调的德治，重点是强调治理者的品德。也正是由于这个原因，人们才对这种德治理想抱持怀疑的态度，才用"人治"一词简单地把德治的合理性全部抹杀。如果根据德治思想突出强调治理者的品德而对德治提出怀疑的话，我们认为大可不必。因为，强调治理者的品德是没有错的，任何形式的社会治理都需要注重这一点，不管我们怎样强调法制，都必须认识到，法制绝不可能离开人而自动发挥作用。没有任何一种社会治理不是以品德作保证的，法制无论怎样完善，也会存在着可以供掌权无德者任意钻营的空隙；权力制约机制无论怎样完善，也避免不了腐败问题的存在，至多也只是腐败泛滥程度的高低

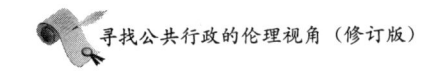

而已。

对于行政人员来说,以德治国的问题也就是一个如何以德行政的问题。以德治国突出了国家工作人员加强道德修养的必要性,从而给了他们一个向真、向善、向美发展的驱动力,这对于提高全社会的道德水准和文明程度来说,都具有积极意义。只要励志于以德治国,就能够用德治之长补法治之短,从而使二者互为体用,达到扬长避短之效果。所以,我们在致力于建设社会主义法制的同时,应当使这种法制区别于西方国家的法制,需要在吸收中国传统文化中的积极因素的过程中创建有中国特色的法制。这种法制就是依法治国与以德治国的有机统一。

当然,我们也应当看到,中国传统政治文化中的德治只不过是统治行政的遮羞布,而不是在实践中得到了充分证明的现实。在人类的行政已经进入到公共行政的时代,如何对待德治的问题,既需要继承传统政治文化中的积极因素,又必须根据公共行政的特殊性质加以创造性探索。具体地说,传统的德治思想由于着重于从发生学的角度来认识道德,认为德治的关键是解决"治者"的道德修养问题,以为只要这个问题解决了,也就会得到德治的结果。这是它的不足,或者说是一种片面性。强调"治者"的道德修养没有错,只是这种道德修养不应被看作仅仅是来自个体的,而应当将其与整个制度联系在一起。也就是说,德治不单纯是一个个体道德的发生过程就能够达成的结果,而是在整体道德的发生过程中实现的。对于现代公共行政来说,也就是在制度的道德化中才能获得的一种治理方式。

四、以德治国的关键是以德行政

一旦公共行政的制度实现了道德化,行政人员也就成了以德行政的主体,相对于国家来说,他也是以德治国的主体。我们知道,治国的关键在于治政,以德治国的思想能否得到落实,起关键作用的是行政人员,只有当行政人员能够以德行政,才能实现以德治国的目标。也正是在这一点上,我们说,中国古代的治理思想特别强调当政者的道德修养是有积极意义的。只有当政者能够具有良好的道德品质,凡事能够以身作则,其言行堪为社会的楷模,才能把国家治理好。这就是我们所一再强调的,法律制度是由人来制定的,一个好的法律制度,能否得到认真的贯彻,关键在于人,尤其在于那些最高的执法者和当权者。如果当政者腐败不堪,暴虐无道,即使有着再好的法律制度,再健全的权力制约机制,也无法起到对当政者的约束作用。所以说，以德治国的问题，实际上主要是一个以德行政的问题。

在还原论的思路中，关于制度的道德与行政人员的道德的关系问题，必然会陷入一个逻辑上的"先有鸡还是先有蛋"循环中，然而，对于辩证思维来说，道德的制度与有道德的行政人员则是共生和相互促进的。就现实而言，道德制度建设应当是我们优先进行理论关注的问题。只有当这个问题得到解决，我们才能避免政府行为而不是以行政人员的行为中出现的不道德问题。比如，我们的子孙后代也许不会记得，在中国历史上有过这样一页，伟大的中华民族蒙受了一种难以名状的耻辱，那就是：公共厕所是收费的，趁人之"急"而劫掠钱财。公共厕所是政府建的，政府通过规范性的文件颁布收费标准，政府指派专人对"如厕"价格进行督查。本来，"如厕"是文明的一种表现，在不文明的时代，人们是不需要在"急迫"的时候找厕所的。政府对公共厕所收费，实际上就是一种约束和限制文明行为的举动，也是一种反文明的做法。当然，由于中国人有着深厚的文明素养，没有因为政府的反文明举动而变得不文明。但是，中国人没有因为政府对公共厕所收费而变得不文明的现象，却反衬出了政府的不道德。虽然这只是历史上某个阶段的事件，但是，从这一事件中，我们看到，政府如果丧失了道德意识，什么样荒唐的事情都做得出来，甚至会使一个伟大民族为之蒙羞。

从当前的情况来看，以德行政是一个长期目标，它需要从公共行政领域中的道德建设开始。首先，需要突出制度道德的内容，即在行政改革的过程中，在制度设计、体制转型和政府再造的过程中，应充分地考虑把道德价值的因素吸纳于其中，使制度包含着道德化的内容，进而为行政人员的道德意识的成长提供充分的空间。其次，要加强行政人员的道德素质培养，在行政人员的选拔、使用、晋升等各个环节上都引进道德评价的手段，建立起一整套行政道德评价体系，以求通过若干年的努力，使行政人员的总体道德素质实现全面提升。再次，把法制建设与道德建设有机地结合起来，通过行政法制来促进行政道德的生成。同时，让行政道德促进法制的完善。

对于以德行政而言，行政人员的道德状况有着至关重要的意义。因为，行政人员的道德状况对于行政水平、行政质量及其效能，有着决定性的影响。正如隋代的王通所说："不能仁，则智息矣。"（《中说·问易第五》）只有有了良好的道德品性，智慧才能发挥作用。没有道德，必然目光短浅，智力得不到发挥。只有小聪明而不注意修德的人，必然事事无成。"事者，其取诸仁义而有谋乎？"（《中说·问易第五》）所以，首先需要教育行政人员如何为"官"。

在这方面，中国历史积淀下许许多多为官忠告，概括起来，主要体现在清廉、谨慎、勤劳这三种品德上。其中，清廉是第一位的，是为官的基本准则。特别是在当今腐败泛滥之际，清廉之德就显得更加重要，这也是以德行政的核心问题。对于行政人员来说，能否做到清廉，是衡量其能否做到以德行政的根本标准。如果行政人员不能自觉地拒绝腐败，不能做到清廉，不仅不可能以德行政，而且触犯法律也是必然的事情。特别是现代社会的行政已经属于公共行政的范畴，行政人员能否清廉，是直接关乎公共行政的性质能否得到保证的问题。

行政人员的以德行政是社会公正和公平得以实现的前提。在今天，虽然公平、公正的社会秩序是由法制来加以提供的，但是，这种秩序能否走出法律的文本而变成现实，则依赖于行政人员行政行为的公正性。只有有了行政人员的公正，社会资源的分配和再分配才可能是公平的。也就是说，如果行政人员在行政行为中包含着谋取私利的动机，他就不可能提供公正和主持公正，不仅如此，他的行为往往是对社会公正的破坏。如果这样的话，就会造成政府能力弱化的局面，从而降低政府的社会整合能力，进而造成社会主导价值观念和行为准则的迷茫，使社会处于混乱和无序状态。而且，社会公平的缺失会使为数众多的社会成员失去劳动的积极性，使之缺乏对社会的责任心和信任感，使社会发展中来源于社会层面的动力减弱，从而增大社会动荡的可能性。这也就是政府社会管理失灵的局面

以德行政是行政人员获得行政行为自主性的前提。在行政管理活动中，行政人员最为切身的感受是行政法律、规章、制度对他的约束甚至压迫，从而感到不自由、不自主。其实，行政人员要成为自主的人，要超越法律、规章、制度的约束，只有通过道德水平的提高和全部行政行为道德化的途径，才是可能的。也就是说，同所有的"社会人"一样，行政人员也只有在拥有道德的时候才是自主的。因为，一切超越于外在控制的自主性都是根源于道德自觉的。实际上，当道德主体理性地觉识到道德规范、规则和原则的时候，并使他自己的行为主动符合这些规范、规则和原则，他就获得了行为的自主性。在人类社会一切规范性程度较高的领域中，人的行为的自主性都体现在道德自觉上，是在道德自觉中

获得了自主性的。所以说，行政人员的道德自觉是把他从一切外在强制性中解脱出来的根本途径。只有当行政人员从公共行政的本质要求出发，把公共行政的理念和原则内化为自己的内在道德规范，才能超越公共行政领域中的一切法律制度的外在强制性。

以德行政之路，必将是一个漫漫长途。但是，只要我们有着不懈追求的精神，就必然能够使这个时代尽快地到来。我们所追求的是公共行政时代的以德行政，这与统治行政时代的"德治"有着根本性质上的区别。所以说，对于公共行政时代的德治来说，人类历史上的德治传统只是一些需要加以批判性利用的素材，而不是可以现成照搬的模式。正如我们不主张对西方近代以来的法制及其法治模式加以全盘照搬一样，我们也不应当在提倡德治的时候对中国历史上的德治思想估价过高。建立公共行政时代的德治，将是一项全新的创造性工作，从事这项工作，需要有着科学的创造精神。

主要参考文献

[法] 阿尔都塞. 列宁和哲学. 台北：台湾远流出版公司，1990

[美] 阿尔蒙德等. 比较政治学：体系、过程和政策. 上海：上海译文出版社，1987

[美] 安东尼·M·奥勒姆. 政治社会学导论. 杭州：浙江人民出版社，1989

[美] 戴维·奥斯本等. 改革政府：企业精神如何改革着公营部门. 上海：上海译文出版社，1996

[美] 文森特·奥斯特罗姆. 复合共和制的政治理论. 上海：上海三联书店，1999

[美] 巴克主编. 社会心理学. 天津：南开大学出版社，1984

[德] 柏伊姆. 当代政治理论. 北京：商务印书馆，1990

[美] 贝尔. 后工业社会的来临. 北京：商务印书馆，1984

[英] 比瑟姆. 马克斯·韦伯与现代政治理论. 杭州：浙江人民出版社，1989

[美] 博登海默. 法理学——法律哲学与法律方法. 北京：中国政法大学出版社，1999

[美] 布坎南. 自由、市场与国家——20世纪80年代的政治经济学. 北京：北京经济学院出版社，1988

[瑞士] 布克哈特. 意大利文艺复兴时期的文化. 北京：商务印书馆，1979

[法] 杜尔凯姆. 自杀论. 杭州：浙江人民出版社，1988

[德] 费希特. 伦理学体系. 北京：中国社会科学出版社，1995

[美] 弗里德曼. 资本主义与自由. 北京：商务印书馆，1986

[美] 古德诺. 政治与行政. 北京：华夏出版社，1987

[德] 哈贝马斯. 交往行动理论. 重庆：重庆出版社，1994

[德] 哈贝马斯. 交往与社会进化. 重庆：重庆出版社，1989

[英] 哈耶克. 个人主义与经济秩序. 北京：北京经济学院出版

社，1989

［德］黑格尔. 法哲学原理. 北京：商务印书馆，1961

［美］亨廷顿. 变革社会中的政治秩序. 北京：华夏出版社，1988

［美］霍贝尔. 初民的法律——法的动态比较研究. 北京：中国社会科学出版社，1993

［苏］季塔连科主编. 马克思主义伦理学. 北京：中国人民大学出版社，1984

［英］约翰·基恩. 公共生活与晚期资本主义. 北京：社会科学文献出版社，1992

［美］科塞. 社会冲突的功能. 北京：华夏出版社，1989

楼劲，刘光华. 中国古代文官制度. 兰州：甘肃人民出版社，1992

［匈］卢卡奇. 历史与阶级意识. 北京：商务印书馆，1995

［法］卢梭. 论政治经济学. 北京：商务印书馆，1962

［法］卢梭. 社会契约论. 北京：商务印书馆，1982

［美］罗尔斯. 正义论. 北京：中国社会科学出版社，1988

［英］马丁. 权力社会学. 北京：三联书店，1992

［英］密尔. 论自由. 北京：商务印书馆，1959

苗力田主编. 亚里士多德全集. 北京：中国人民大学出版社，1992

［美］缪勒. 公共选择. 157页. 上海：上海三联书店，1993

［美］诺兰等. 伦理学与现实生活. 北京：华夏出版社，1988

［美］诺思. 经济史中的结构与变迁. 上海：上海三联书店，1991

［英］弗兰克·帕金. 马克斯·韦伯. 成都：四川人民出版社，1987

［美］帕森斯. 现代社会的结构与过程. 北京：光明日报出版社，1988

彭和平等编译. 国外公共行政理论精选. 北京：中共中央党校出版社，1997

［美］塞森斯格. 价值与义务. 北京：中国人民大学出版社，1992

［英］亚当·斯密. 国民财富的性质和原因的研究. 北京：商务印书馆，1981

孙耀君. 西方管理学名著提要. 南昌：江西人民出版社，1987

［德］马克斯·韦伯. 经济与社会. 北京：商务印书馆，1997

［德］马克斯·韦伯. 儒教与道教. 北京：商务印书馆，1995

［德］韦伯. 社会科学方法论. 北京：中国人民大学出版社，1992

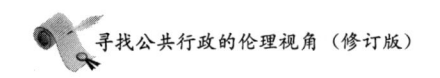

［德］维贝尔. 世界经济通史. 上海：上海译文出版社，1981

［德］马克斯·韦伯. 学术与政治. 北京：三联书店，1998

王亚南. 中国官僚政治研究. 北京：中国社会科学出版社，2005

［美］沃尔夫. 市场或政府. 北京：中国发展出版社，1994

［美］斯坦，香德. 西方社会的法律价值. 北京：中国人民公安大学出版社，1990

［美］戴维·伊斯顿. 政治生活的系统分析. 北京：华夏出版社，1999

［古希腊］亚里士多德. 政治学. 北京：商务印书馆，1981

于海. 西方社会思想史. 上海：复旦大学出版社，1993

赵修义，童世骏. 马克思恩格斯同时代的西方哲学. 上海：华东师范大学出版社，1994

邹永贤等. 现代西方国家学说. 福州：福建人民出版社，1993

周辅成主编. 西方伦理学名著选辑. 北京:. 商务印书馆，1987

后　记

中国人民大学出版社要求我对《寻找公共行政的伦理视角》和《公共行政中的哲学与伦理》两本书进行修订，我欣然接受了。

《寻找公共行政的伦理视角》写作于1998—2000年间，记录的是我初学行政学这个专业的一些体会，出版后受到读者的欢迎是我没有想到的。现在对其进行修订，并不准备做大的手术。尽管这些年来，随着学习和研究工作取得了一些进步，又有了一些新的学习心得，对一些问题的认识也变得清楚多了，但是，我尽可能保留该书的原貌，特别是对书的结构以及所反映的思想，尽量不作调整，只是对原来表述不甚清楚的地方，加以修改，力求说得更清楚一些。

我们正处在中国人文社会科学迅速发展的时代，一部著作出版后很快就会被人忘却，进行修订、再版的著作是很少的。但是，我现在却做着修订、再版该书的工作，为什么？因为这本书有着自身特殊的优势：它是一部由初入行政学学科之门的初学者写出的习作，与大学生读者的思想比较接近，容易理解，会有着促膝谈心的效果。也许正是这一原因，至今这本书还拥有一个很大的读者群，很多年轻学子见到我总会说读过我的这本书。既然有读者，那么，书中的错谬之处就应当得到更正。这次修订也就是出于更正谬误的目的，既更正谬误，又保留习作的品质，使其更贴近行政学的初学者。

1998年，中国改革开放后的"第四次机构改革"得以启动，学者们忙于为政府出谋划策，报刊上处处看到的都是讨论机构改革问题的文章，我当时也积极观察和努力思考，甚至也发表了一些文章。但是，我总觉得自己写出的那些东西很肤浅，并未找到行政实践的症结。基于这种感受，我觉得需要暂时离开现实，向书求道，即补一些理论方面的课。就这样，在看书的时候，我把心得写了下来，并编到了一起，成了这本书。

有同道与我谈起这本书的时候说，中国恢复和重建行政学后，学者们读了教科书后就开始成为政府顾问和专家,没有人有理论兴趣,这本书的出版激发了中国行政学界的理论兴趣。我认为,这个说法有些过了,不能给予这本书如此高的评价。但是,如果观察中国的行政学发展状况的话,我们可以看到,中国行政学界理论兴趣的增强,是在这本书的出版后那些年开始呈现出来的。我估计,可能许多中国学者与我有着同样的感受,那就是在关注现实的时候,发现了理论修养上的不足,并转向了对理论问题的探讨。所以说,是时代而不是这本书唤醒了中国学者的理论兴趣。

这本书既是行政学的一个学习者的学习体会,也是在遇到现实问题后向理论寻求答案的思考,是与名家的作品有着很大不同的。也正是这个原因,使这本书成为作者与读者交流学习体会的媒介。不过,这本书的出版得到了中国行政学界太多的关爱,甚至让我有一种受宠若惊的感受。根据不完全统计,关于这本书的思想交流和批评文章有:

陈先达:《在行政学研究中收获哲学——喜读〈寻找公共行政的伦理视角〉》,载《高校理论战线》,2002(11);

武玉英:《探寻理论和实践的坐标——评〈寻找公共行政的伦理视角〉》,载《中国行政管理》,2002(11);

胡启智:《〈寻找公共行政的伦理视角〉评介》,载《教学与研究》,2002(12);

刘祖云:《公共行政的逻辑:用责任取代权利——支援张康之教授"公共行政拒绝权利"的设想》,载《南京农业大学学报(社会科学版)》,2003(1);

唐兴霖:《再造公共行政的伦理向度——由〈寻找公共行政的伦理视角〉引发的思考》,载《学术研究》,2003(1);

宋惠昌:《科学与道德:行政权力道德化质疑——对张康之〈寻找公共行政的伦理视角〉的阅读与商榷》,载《中国人民大学学报》,2003(1);

徐君:《公共行政道德化:一个时代的课题——评张康之教授的新书〈寻找公共行政的伦理视角〉》,载《长春市委党校学报》,2003(1);

王冬芳:《推动行政发展的新方案——评〈寻找公共行政的伦理视角〉》,载《北京行政学院学报》,2003(2);

张铭:《建构公共行政学的新框架——〈寻找公共行政的伦理视角〉读后》,载《天津社会科学》,2003(3);

孔金平：《总体性与乌托邦——对〈寻找公共行政的伦理视角〉一书的深层解读》，载《行政论坛》，2003（2）；

王育：《以德行政是社会公正和公平的前提——介绍张康之的〈寻找公共行政的伦理视角〉》，载《海淀走读大学学报》，2003（4）；

乔耀章：《一部现代行政伦理学的开拓性著作——评张康之教授的〈寻找公共行政的伦理视角〉》，载《新视野》，2003（6）；

唐钧：《公共行政制度缺陷的伦理补救——阅读〈寻找公共行政的伦理视角〉》，载《首都师范大学学报（社会科学版）》，2003（4）；

陈忠：《以德行政与行政伦理学何以可能——评张康之教授〈寻找公共行政的伦理视角〉》，载《社会科学研究》，2004（1）；

苏晓云、蒋伟：《"以德行政"关键在于培养契约精神——读张康之〈寻找公共行政的伦理视角〉》，载《学术论坛》，2004（4）；

范绍庆：《公共行政的道德化：超越现代官僚制的途径——评张康之先生的〈寻找公共行政的伦理视角〉》，载《长春市委党校学报》，2004（1）；

黄永辉：《也谈超越官僚制——读〈寻找公共行政的伦理视角〉》，载《中国学术论坛》，2005（11）；

张乾友、张玉：《社会公正实现的一个新的切入点——从"公共行政拒绝权利"的设想谈起》，载《学习论坛》，2007（6）。

现在修订、再版《寻找公共行政的伦理视角》，心中是有些感慨的。因为，当初这本书的出版是很不顺利的。我于2000年底完成这本书，将书稿投递中国人民大学出版社，出版社请专家对书稿进行审读，审稿专家的意见是："这本书没有出版价值"。这样一来，这本书的出版也就成了问题。不过，我自己觉得辛辛苦苦写了几年的东西怎么会"没有出版价值"呢？2001年9月出差回来后，便跑过去同出版社的有关同志进行交涉，最后在出版社社长和总编出面的情况下，重新找专家审读我的稿子。结果，与第一位审稿专家的意见完全相反，给予这本书很高的评价。这本书出版后得到了读者的欢迎，让我有所释怀，读者的态度证明这本书不是"没有出版价值"的文字垃圾，而且现在还有了修订、再版的机会。这种事本不应拿出来说的，但是，我的经历在中国是不是具有普遍性呢？其他学者，特别是年轻学者，会不会遇到类似的事情呢？是值得深思的问题。我是一个一直显得躁动不安的书生，很多人认为我的行为怪异。其实，我的行为只是我向往一种良好的科学研究环境的表现。中国正在崛起，但目前还只是表现在经济方面。中国在科学研究方面能否也崛起呢？特别是在人文社会科学的研究方面，我们能否为人类作出贡献？这在一定程度上取决于我们的科学研究环境。我们每个人是否有着去营造一个良好科学研究环境的责任呢？

　　思想史是在后人对前人的否定中得以续写的，同样，在个人这里，如果希望不断地取得进步的话，也需要自觉地否定自己，不要满足于已经获得的认识和已经形成的观点。然而，否定前人或否定他人易，否定自我难。我们看到，一些学者在提出一些观点后，往往努力地去对自己的观点加以论证，一旦遇到别人的批评，总会立即作出捍卫自己观点的反应。我认为，这对自己的进步只能起到一种阻碍作用。我经常告诫自己的是，要增强自我否定的勇气，在别人对自己提出批评的时候，要首先去发现批评意见的合理性；在没有人批评的时候，要先否定自我，在无法否定自我的情况下，再去加以进一步的阐释。不过，这是我为个人确立的一个研究原则，而在修订这本书的时候，我所遵从的则是尽可能保留历史原貌的原则。所以，读者一定会发现，这本书中的一些观点在我后来写作的作品中已经得到了否定和超越，但我在修订这本书的时候没有作出调整，而是将它们保留了下来。在修订的过程中，我也发现该书存在着对主题重复阐释的问题，使主题展开的逻辑线索显得不是很顺畅。对此，我也没有进行调整。因为，如果在这方面加以调整的话，就不属于修订的范畴了。本着尊重历史的原则，还是让本书保留原貌吧。

　　这本书的修订得力于中国人民大学出版社的朱海燕同志，她给予了我督促和支持，如果读者还能够表达出对这本书的喜欢，是要感谢朱海燕同志所作出的努力的。

张康之
2012 年 4 月